Controlling der Migration in Produktionsnetzwerken

Controlling of Migration in Global Production Networks

Von der Fakultät für Maschinenwesen
der Rheinisch-Westfälischen Technischen Hochschule Aachen
zur Erlangung des akademischen Grades eines
Doktors der Ingenieurwissenschaften
genehmigte Dissertation

vorgelegt von

Sven Alexander Cremer

Berichter/in:

Univ.-Prof. Dr.-Ing. Dipl.-Wirt. Ing. Günther Schuh
apl. Professor Dr.-Ing. Wolfgang Boos

Tag der mündlichen Prüfung: 25. Oktober 2022

ERGEBNISSE AUS DER PRODUKTIONSTECHNIK

Sven Cremer

Controlling der Migration in Produktionsnetzwerken

Herausgeber:
Prof. Dr.-Ing. T. Bergs
Prof. Dr.-Ing. Dipl.-Wirt. Ing. G. Schuh
Prof. Dr.-Ing. C. Brecher
Prof. Dr.-Ing. R. H. Schmitt

Band 6/2023

WZL | RWTH AACHEN UNIVERSITY

Fraunhofer IPT

Bibliografische Information der Deutschen Nationalbibliothek
Die Deutsche Nationalbibliothek verzeichnet diese Publikation in der Deutschen Nationalbibliografie; detaillierte bibliografische Daten sind im Internet über https://portal.dnb.de abrufbar.

Sven Cremer:

Controlling der Migration in Produktionsnetzwerken

1. Auflage, 2023

Gedruckt auf holz- und säurefreiem Papier, 100% chlorfrei gebleicht.

Apprimus Verlag, Aachen, 2023
Wissenschaftsverlag des Instituts für Industriekommunikation und Fachmedien an der RWTH Aachen
Steinbachstr. 25, 52074 Aachen
Internet: www.apprimus-verlag.de, E-Mail: info@apprimus-verlag.de

Druck: CPI Druckdienstleistungen GmbH, Ferdinand-Jühlke-Straße 7 | 99095 Erfurt

ISBN 978-3-98555-145-3

D 82 (Diss. RWTH Aachen University, 2022)

Vorwort

Der Beginn dieses Buches markiert das Ende eines Kapitels: Außergewöhnlich und prägend war die Zeit als Wissenschaftlicher Mitarbeiter am Lehrstuhl für Produktionssystematik des Werkzeugmaschinenlabor WZL der RWTH Aachen.

Unsere Generation hatte das Privileg eines selbstverstärkenden Ökosystems. Als Forscher durften wir Herausforderungen noch während ihres Herannahens lösen. Als Berater durften wir unsere Lösungen in der Praxis verwirklichen und mit Unternehmen durch ihre schweren oder schillernden Momente schreiten. Und als Dozenten durften wir das dabei formalisierte Wissen nach außen vertreten und andere damit begeistern. Die Aufgaben führten 6,15-fach um die ganze Welt, konstituierten 17-fache wissenschaftliche Autorschaft, bewirkten 3,95 cm gestapelte Visitenkarten als Sinnbild für ein vielmehr unschätzbares Netzwerk und sie lotsten vom Hiwi bis zum Gruppenleiter durch vier mehr oder weniger explizierte Stufen einer rasanten und trotzdem gewogen klaren Lernkurve, die sowohl Momente der Verantwortung als des Glanzes verlangte und erlaubte.

Prof. Dr. Günther Schuh hält dieses Ökosystem zusammen und hat diese Dissertation von Genese bis Gratulation begleitet. Dafür danke ich ihm und freue mich über die weiteren Projekte, die wir auch danach gemeinsam bewältigen.

Das Koreferat dieser Arbeit hat Prof. Dr. Wolfgang Boos übernommen. Nicht nur dafür, sondern ausdrücklich für sein geradliniges Wohlwollen und das Vertrauen in der Zeit am WZL und darüber hinaus danke ich ihm sehr!

Für ihre Unterstützung meiner Promotion gilt mein Dank auch Prof. Dr. Carlo Holly für den Vorsitz und Prof. Dr. Anna Mechler für den Beisitz der Prüfung. Ein freundliches Dankeschön geht zudem an die Deutsche Forschungsgemeinschaft DFG, die früh von der Migration in Produktionsnetzwerken (SCHU 1495/116-1) überzeugt war.

Weil die Gelegenheiten einer aufrichtigen Wertschätzung so selten sind, seien sowohl Wegbereiter als Wegbegleiter und ihre oftmals verschwimmenden Rollen gewürdigt:

Erst waren es Hiwis und Studienarbeiter, die oft auch Kollegen hätten sein oder werden können – viele sind es geworden. Und dann wurden und waren es die Kolleginnen und Kollegen, die stets auch Freunde hätten sein können – so ist es geschehen!

Noch während ihres Studiums durfte ich Judith Fulterer, Robert Zinke, Christoph Utz, Christian Schöndeling, Lars Geesmann, Dino Hardjosuwito und ihren grandiosen Einsatz für das „Team crm“ kennenlernen. Die Gruppe Prozessmanagement und unsere freundschaftliche Zusammenarbeit verbinde ich immer mit Shari Wlecke, Marco Schopen, Seth Schmitz, Yuan Liu und Marco Molitor. Euch und Frederick Sauermann, Katharina Hast, Melanie Luckert und Michael Riesener danke ich für heitere Stunden während und neben der Arbeit. Für meine Zugehörigkeit e. h. zu den „GP-Friends“ revanchiere ich mich mit manch folgender Seite. Ein besonderer Dank gilt Andreas Gützlaff für den wertvollen Austausch und viele zusammen zurückgelegte Kilometer.

Torben Schmitz war die Konstante meiner vorangegangenen Hiwi-Zeit und Christina Reuter hat im entscheidenden Moment an mich geglaubt. Harald Denckmann erahnt vielleicht nur am Rande seinen wichtigen Einfluss auf den Lebensweg so vieler heranwachsender Menschen. Euer wohlgesinntes Öffnen von Türen verdient Achtung.

André Kottlewski, Florian Feyler, Jens Kaiser und Nils Wild sowie Patrick Scholz und Anna und Michael Grimmelt waren in der Aachener Dekade alle Schritte des Weges mit dabei. Warm appreciation extends to my transatlantic friends, foremost Ted Rothstein, to whom I will be forever grateful, and to Ashley Casperite and Oscar Beteta.

Die Unterstützung meiner Familie, ihre Verbundenheit, auch ihre gut gemeinten Schubser und dass wir ein so starkes Team sind, verdient die größte aller Anerkennung. Hierher stammen die Grundsteine und die Breite der Möglichkeiten bei der Wahl dieses Weges. Meine Großeltern Jo und Fritz und Inge und Franz haben mir so früh die Welt und ihre Vielfalt gezeigt und meine Eltern Elena und Ralf haben mir so großzügig und vertrauensvoll den Rückhalt, die Neugierde, die Offenheit und den Mut geschenkt, sie selbstbewusst in ihren differenzierten Facetten zu navigieren. Nico, Kristin und Keanu machen es wert, sie stets zu bereisen. Ich danke euch für unseren unerschütterlichen Zusammenhalt und die gemeinsamen Werte.

Aachen, im Oktober 2022
Sven Cremer

Inhalt

Inhaltsverzeichnis

Abbildungen

Formeln

Formelzeichen

Zeichen	Bedeutung	Anwendungsfall
$\propto$	Glättungsfaktor mit $b = \{s, t\}$	Trendanalyse
Δ	Differenz	divers
δ_{s,k,mr_k}	Einzelnes Migrationsdelta	Migrationsdeltas, Selektion u. Skalierung
$\eta(A)$	Verfallsparameter der Datenspeicherdauer	Unsicherheiten
σ	Standardabweichung	divers
σ_t	Standardabweichung der Werte aus den letzten betrachteten Erhebungsintervallen	Volatilitätsanalyse
$\mathcal{T}$	Menge der möglichen Startzeitperioden identisch zur Menge $\{0, \ldots, T-1\}$	Reihenfolgebildung
A	Attribut für Berechnung und Zusammenführung der Unsicherheitswerte	Unsicherheiten
AC	Actual Cost	Projektcontrolling
av_{s,k,mr_k,ms^v}	Binäre (Entscheidungs-) Auswahlvariable	Selektion u. Skalierung
$bv_{s,k,mr_k,ms^v,t}$	Binäre (Entscheidung-) Anfangs, bzw. Startvariable	Reihenfolgebildung
$C_{s,k}$	An einem Standort verfügbare Migrationskapazität	Reihenfolgebildung
C_{s,k,mr_k,ms^v}	Geforderte Migrationskapazität	Reihenfolgebildung
$C^b_{s,k,t}$	Verplante Migrationskapazität	Reihenfolgebildung
CPI	Cost-Performance-Index für Kosteneffizienz	Projektcontrolling
D^{ges}_{s,k,mr_k,ms^v}	Dauer eines Migrationsschrittes zu einem Startzeitpunkt	Reihenfolgebildung
dau_A	Unsicherheit der Datenaktualität	Unsicherheiten
dqu_A	Unsicherheit der Datenqualität	Unsicherheiten

EAC	Estimate-At-Completion zur Vorausschau des Kostenverlaufs	Projektcontrolling
EMA_k	Kurzer exponentiell gleitender Durchschnitt	Trendanalyse
EMA_l	Langer exponentiell gleitender Durchschnitt	Trendanalyse
ES	Earned Schedule	Projektcontrolling
EV	Earned Value	Projektcontrolling
f	Flächen (unterschiedlich ausgeprägt)	Migrationsdeltas
f_F	Erhebungsintervall, bzw. -frequenz	Erhebungshäufigkeit
f_S	Störungsfrequenz	Erhebungshäufigkeit
g	Gebäude (unterschiedlich ausgeprägt)	Migrationsdeltas
G_a	Gewichtungsfaktoren für ein Attribut $a \in \{A_1, \dots, A_n\}$	Unsicherheiten
I	Nächst höher gelegene Aggregationsebene	Unsicherheiten
i	Laufindex für Migrationsschritte	Migrationsschritte
i	Laufindex für das Erhebungsintervall	Trendanalyse
ist_{s,k,mr_k}	Ist-Anzahl einer Ressource	Migrationsressourcen, Migrationsdeltas
k	Migrationskategorie	Migrationsressourcen, Migrationsdeltas, Reihenfolgebildung
K^{fix}_{s,k,mr_k,ms^v}	Fixe Kosten eines Migrationsschrittes ms^v	Selektion u. Skalierung
K^{ges}_{s,k,mr_k,ms^v}	Gesamtkosten	Reihenfolgebildung
k^U	Migrationskategorie für die Umwandlung möglich ist	Selektion u. Skalierung, Reihenfolgebildung
K^U	Menge der Migrationskategorien für die Umwandlung möglich ist, auch K^{umw}	Selektion u. Skalierung
k^V	Migrationskategorie für die Verlagerungsschritte möglich sind	Reihenfolgebildung, Selektion u. Skalierung
K^{var}_{s,k,mr_k,ms^v}	Variable Kosten eines Migrationsschrittes ms^v	Selektion u. Skalierung
m	Maschinen (unterschiedlich ausgeprägt)	Migrationsdeltas

M	sehr groß zu wählender Hilfsparameter; $M \ggg sf_{s,k,mr_k,ms^v}$	Selektion u. Skalierung
M	Verhältnis von Periodendauer und Frequenz $M = \frac{1}{f_F}$	Erhebungshäufigkeit
$mod(ms^v)$	Vorzeichenmultiplikator für Migrationsmodus Steigerung oder Reduktion	Selektion u. Skalierung
$mr_{Flächen}$	Eindeutiger Flächentyp	Migrationskategorien
$MR_{Flächen}$	Menge der Flächentypen identisch zur Menge $\{FT_1, \ldots, FT_n\}$	Migrationskategorien
$mr_{Gebäude}$	Eindeutiger Gebäudetyp	Migrationskategorien
$MR_{Gebäude}$	Menge der Gebäudetypen identisch zur Menge $\{GT_1, \ldots, GT_n\}$	Migrationskategorien
mr_k	Migrationsressource	Migrationsdeltas
mr_k	Zu migrierende Migrationsressource	Reihenfolgebildung
mr_k^*	Migrationsressource	Reihenfolgebildung
$mr_{Maschinen}$	Eindeutiger Maschinentyp	Migrationskategorien
$MR_{Maschinen}$	Menge der Maschinentypen identisch zur Menge $\{MT_1, \ldots, MT_n\}$	Migrationskategorien
$mr_{Mitarbeiter}$	Eindeutiges Mitarbeiter-Qualifikationslevel	Migrationskategorien
$MR_{Mitarbeiter}$	Menge der Mitarbeiter-Qualifikationslevel identisch zur Menge $\{QL_1, \ldots, QL_n\}$	Migrationskategorien
ms_r^v	Migrationsschrittvorlagen einer Region r	Migrationsschritte
ms^b	Bestimmter Migrationsschritt	Migrationsschritte
ms_s^b	Bestimmte Migrationsschritte für die Anwendung an einem Standort s	Migrationsschritte
$ms_{s',k^V,mr_k}^{v,Red}$	Reduktionsschritt aller Standorte $s' \neq s^*$	Reihenfolgebildung
$ms_{s^*,k^V,mr_k}^{v,St}$	Steigerungsschritt	Reihenfolgebildung
$ms_{s,k^U,mr_k^*}^{v,St}$	Migrationsschritte des Migrationsmodus „Steigerung"	Reihenfolgebildung
$ms_{s,k^U,mr_k'}^{v,St}$	Migrationsschritte des Migrationsmodus „Reduktion" aller Migrationsressourcen $mr_k' \neq mr_k^*$	Reihenfolgebildung

ms^v	Eindeutige verfügbare Migrationsschrittvorlage, bzw. Migrationsschritt	Migrationsschritte, Selektion u. Skalierung, Reihenfolgebildung
$MS^v_{r_s,k,mr_k}$	Menge der verfügbaren Migrationsschrittvorlagen, bzw. Migrationsschritte	Migrationsschritte, Selektion u. Skalierung
MS^b_{s,k,mr_k}	Menge der bestimmten Migrationsschritte	Migrationsschritte
n	Oberes Ende des Laufindex	Migrationsschritte
n	Anzahl bisheriger Erhebungsintervalle	Volatilitätsanalyse, Trendanalyse
$\mathbb{N}$	Menge der natürlichen Zahlen	Migrationsressourcen
OG	Obere Grenze zur Bestimmung von Volatilität	Volatilitätsanalyse
pu_A	Unsicherheit der Prognose	Unsicherheiten
PV	Planned Value	Projektcontrolling
q	Mitarbeiter (unterschiedlich ausgeprägte Qualifikation)	Migrationsdeltas
r	Eindeutige Region in Produktionsnetzwerken	Modellelemente
R	Menge der Regionen in Produktionsnetzwerken	Modellelemente
s	Eindeutiger Standort	Modellelemente, Migrationsdeltas, Reihenfolgebildung
s^*	Standort	Reihenfolgebildung
S	Menge aller Standorte	Modellelemente
s, t	Anzahl vom Glättungsfaktor umfasster Messwerte für EMA_k bzw. EMA_l	Trendanalyse
sf_{s,k,mr_k,ms^b}	Skalierungsfaktor der zuvor bestimmten Migrationsschritte	Migrationsdeltas
sf_{s,k,mr_k,ms^v}	Ganzzahliger Skalierungsfaktor	Selektion u. Skalierung
SMA_t	Arithmetisch gleitender Durchschnitt	Volatilitätsanalyse
SPIt	Schedule-Performance-Index(time) für Zeiteffizienz	Projektcontrolling

t	Eindeutige Zeitperiode und aktuelles Erhebungsintervall	Reihenfolgebildung, Volatilitätsanalyse
t^*	Startperiode zum Beginn eines Steigerungsschrittes	Reihenfolgebildung
T	Mögliche Startperiode der Optimierung in gegebenem Zeithorizont	Selektion u. Skalierung
T	Erlaubter oder gegebener Zeithorizont	Reihenfolgebildung
$t' + D_{ms^{v,Red}}^{ges}$	Abschlusszeitpunkt eines Reduktionsschrittes	Reihenfolgebildung
t_A	Speicherdauer der Daten	Unsicherheiten
TAC	Time-At-Completion zur Vorausschau der Umsetzungsdauer	Projektcontrolling
TCPI	To-Complete-Performance-Index gibt zu erzielende Kosteneffizienz vor	Projektcontrolling
$TSPI_t$	To-Complete-Schedule-Performance-Index gibt zu erzielende zeitliche Effizienz vor	Projektcontrolling
UG	Untere Grenze zur Bestimmung von Volatilität	Volatilitätsanalyse
u_A	Unsicherheitswert	Unsicherheiten
u_I	Unsicherheit höherer Aggregationsebenen	Unsicherheiten
V_A	Verlässlichkeitswert für eine Ausprägung A	Unsicherheiten
V_{max}	Maximaler Verlässlichkeitswert	Unsicherheiten
$w(i)$	Prozentuale Abweichung im Erhebungsintervall i	Trendanalyse
$X_{A,max}$	Prognostizierter Maximalwert einer Ausprägung A	Unsicherheiten
$X_{A,min}$	Prognostizierter Minimalwert einer Ausprägung A	Unsicherheiten
Z_R	Zielfunktion für die Reihenfolgeoptimierung	Reihenfolgebildung
Z_S	Zielfunktion der Optimierung für Selektion und Skalierung	Selektion u. Skalierung
$ziel_{s,k,mr_k}$	Ziel-Anzahl einer Ressource	Migrationsressourcen
$ziel_{s,k,mr_k}$	Soll-Wert einer Ressource	Migrationsdeltas

Abkürzungen

AI	Artificial Intelligence, engl.: Künstliche Intelligenz
aktual.	aktualisiert
Aufl.	Auflage
AWK	Aachener Werkzeugmaschinen-Kolloquium
bearb.	bearbeitet
BMBF	Bundesministerium für Bildung und Forschung
BMWi	Bundesministerium für Wirtschaft und Energie
Bsp.	Beispiel
bzw.	beziehungsweise
ca.	circa, Bedeutung: ungefähr, etwa, annähernd
CIRP	College International pour la Recherche en Productique, französisch: Internationale Akademie für Produktionstechnik
COO	Chief Operating Officer, engl.: oberster Manager des operativen Geschäfts eines Unternehmens
CRISP-DM	Cross-Industry Standard Process for Data Mining
DAX	Deutscher Aktienindex
DevOps	Abkürzung aus Dev (kurz für Software Development, engl.: Softwareentwicklung) und Ops (kurz für IT-Operations, engl.: Betrieb von informationstechnologischen Systemen)
DFG	Deutsche Forschungsgemeinschaft e.V.
DIN	Deutsches Institut für Normung e.V.
e. h.	ehrenhalber, vgl. auch h.c.

e.V.	eingetragener Verein
EDI	Electronic Data Interchange, engl.: Elektronischer Datenaustausch
EDV	elektronische Datenverarbeitung
engl.	englisch
etc.	et cetera, lateinisch: und die Übrigen, sinngemäß: und so weiter
et al.	et alii (Maskulinum), et aliae (Femininum) oder et alia (Neutrum), lateinisch: und andere
ETH	Eidgenössische Technische Hochschule Zürich
EU	Europäische Union
f.	folgend (auf der nächsten Seite)
ff.	folgend (auf der nächsten und weiteren folgenden Seiten)
FTE	Full Time Equivalent, engl.: vollzeitäquivalente Arbeitskraft
h.c.	honoris causa, lateinisch: ehrenhalber
Hrsg.	Herausgeber
i.A.a.	in Anlehnung an
ID	Identificator, engl.: Identifikationsschlüssel
IEEE	Institute of Electrical and Electronics Engineers, engl. Name eines Berufsverbands für Ingenieure, Techniker, Wissenschaftler, etc.
IoT	Internet of Things, engl.: Internet der Dinge
IPA	Fraunhofer-Institut für Produktionstechnik und Automatisierung
IT	Informationstechnologie
Jg.	Jahrgang
KIT	Karlsruher Institut für Technologie
KMU	kleine und mittlere Unternehmen
MACD	Moving Average Convergence/Divergence, engl.: Indikator für Zusammen-/Auseinanderlaufen des gleitenden Durchschnitts
MEP	Markovscher Entscheidungsprozess

Nr.	Nummer
OptiWo	Eigenname eines Softwaretools des WZL der RWTH Aachen zur Entscheidungsunterstützung in Produktionsnetzwerken
OR	Operations Research, engl. für das Forschungsfeld der Entwicklung und des Einsatzes quantitativer Modelle und Methoden zur Entscheidungsunterstützung
PuLP	Eigenname einer quelloffenen Hochsprachen-Modellierungsbibliothek für die Programmiersprache Python, die es Benutzern ermöglicht, mathematische Programme zu beschreiben
RPZ	Risikoprioritätszahl
RWTH	Rheinisch-Westfälische Technische Hochschule Aachen
S.	Seite
TLC	Total Landed Cost, engl.: Gesamtkosten (im Produktionsnetzwerk)
u.	und
überarb.	überarbeitet
UML	Unified Modelling Language, engl.: vereinheitlichte Modellierungssprache
URL	Uniform Resource Locator, engl.: einheitlicher Ressourcenanzeiger, gebräuchlich zur Lokalisierung von Internetseiten
USA	United States of America, engl.: Vereinigte Staaten von Amerika
VDI	Verein Deutscher Ingenieure e.V.
vgl.	vergleiche
WGP	Wissenschaftliche Gesellschaft für Produktionstechnik
WKS	Whittaker-Kotelnikow-Shannon-Abtasttheorem aus der Nachrichtentechnik; auch Nyquist-Shannon-Abtasttheorem
WT	Wandlungstreiber
WZL	Werkzeugmaschinenlabor WZL der RWTH Aachen
z.B.	zum Beispiel

Zusammenfassung

Produzierende Unternehmen sind inzwischen wahre Orchestratoren ihrer globalen Produktionsnetzwerke. Die Globalisierung hat eine solch tiefe Vernetzung weltweiter Märkte geschaffen, dass nur diejenigen daraus als Gewinner hervorgehen, die die flankierende Dynamik und Komplexität ihrer Wertschöpfungsketten erfolgreich durch gute, informierte Entscheidungen zu beherrschen lernen.

Eine Dimension verbleibt in der Praxis jedoch unbeherrscht – trotz aller wirtschaftlichen und organisatorischen Potenziale: Die Migration, also die operative Überführung von Produktionsnetzwerken aus bestehenden in sorgsam ausgeplante zukünftige Konfigurationen, wird weiterhin unsystematisch der Intuition überlassen.

Es ist notwendig, Migration in Netzwerkmodellen von Beginn zu betrachten, dabei die Dynamik der Aufgabe zu beherrschen und durch ein systematisches Gesamtvorgehen mit klaren Methoden zu nachvollziehbaren, praxisrelevanten Entscheidungen zu gelangen. Das gelingt bis heute nicht; neben der Praxis ringt damit auch die Forschung: Bestehende Ansätze behandeln Migration oft als Randnotiz und adressieren höchstens Teile der Anforderungen.

So stellte sich der Autor die Forschungsfrage, wie eine Methodik für das Controlling der Migration in Produktionsnetzwerken zu gestalten ist. Er entwickelt eine Methodik rund um einen kontinuierlichen Gesamtprozess: die Controlling-Acht der Migration. Sie enthält eine Planungsphase, die zu datenbasierten und mathematisch optimierten Empfehlungen einer Migrationsschrittreihenfolge führt. Die Planung wird an die Umsetzungsphase übergeben. Sie konkretisiert die Planung, überwacht und steuert die Umsetzung und meldet bewertete Ergebnisse zurück. Der kontinuierliche Prozess wird begleitet von Vorschlägen für die prozessuale Einbettung sowie einer begleitenden (Daten-) Infrastruktur mit einem digitalen Schatten der Migration. Der Autor zeigt, wie sein Vorgehen in eine Software-App überführt wird, die – im Sinne heutiger Referenzarchitekturen für die Produktion – datenbasiertes Entscheiden unterstützt.

Summary

Manufacturing companies have become true orchestrators of their global production networks. Globalization has created a profound interlinkage across the world's markets, to the point where only those emerge as winners who learn to successfully master the accompanying dynamics and complexity of their value chains by making smart, well-informed decisions.

In practice, however, one dimension remains unmastered – despite all economic and organizational potential: Migration, that is the operational transformation of production networks from an existing to a meticulously planned future configuration, continues to be unsystematically left to intuition.

It is imperative to consider migration in network models from the very beginning, to master the dynamics of the problem, and to arrive at comprehensible, actionable decisions by means of a systematic overall proceeding with distinct methods. This has not been achieved to date; besides the industrial practice, research struggles just the same: Existing approaches often treat migration as a peripheral remark and at best only address parts of the requirements.

This is why the author raised the research question of how to design a methodology for controlling migration in production networks. He develops a methodology around a continuous overall process: the Controlling-Eight of Migration. It contains a planning phase that leads to data-based and mathematically optimized recommendations for a migration step sequence. That planning is then forwarded to the implementation phase. This substantiates the planning, monitors and guides the implementation, and reports back evaluated results. The continuous process is complemented by suggestions for process integration and an accompanying (data) infrastructure with a digital shadow of the migration. The author shows how his approach is transferred into a software-app that – in the spirit of modern production reference architectures – provides data-based decision support.

1 Einleitung

1.1 Ausgangssituation

Die Corona-Pandemie legt das Verständnis der globalen Welt[1] in den kompletten Stillstand.[2] Ein festgefahrenes Schiff im Suezkanal blockiert über Wochen den Welthandel.[3] Demokratische Staaten vereidigen Regierungschefs mit autokratischem Politikverständnis.[4] Eine wachsende gesellschaftliche Debatte zwingt Unternehmen zusehends zu Transparenz über die Nachhaltigkeit ihrer Produkte und Lieferketten.[5] Neue Geschäftsmodelle versprechen selbst im konservativen Maschinen- und Anlagenbau die Disruption der Art und Weise, wie produzierende Unternehmen global Geld verdienen.[6] Und die Digitalisierung wird Verlierer und Gewinner hervorbringen, denn

---

1 Über globale Verflechtung: Friedman, T. (2020) How We Broke The World. In: The New York Times, S. 4

2 Rückgang deutscher Exporte im April 2020 um 31,1 Prozent ggü. Vorjahresmonat, vgl. Brandt, M. (2020) Größter Einbruch der Exporte seit 1950; Rückgang des deutschen BIP 2020 um -4,9 Prozent ggü. Vorjahr, vgl. Sachverständigenrat (2021) Konjungturprognose der Wirtschaftsweisen 2021 und 2022

3 Industrie und Logistikexperten warnen vor einer Störung der Lieferketten, vgl. Sokola, I.; Luther, C. (2021) Mindestens 150 Schiffe durch Frachter blockiert, In: ZEIT online; Experten erwarten Engpässe wegen gestörter Lieferketten, vgl. Frankfurter Rundschau (2021) Sorge um Weihnachtsgeschenke, S. 18

4 Dies verunsichert u. a. die Märkte, z. B. in den Fällen USA und Ungarn: vgl. Reuters Staff (2016) Auswärtiges Amt warnt vor Wahl von Trump; vgl. Neshitov, T.; Puhl, J. (2019) Im Labor des Populisten; vgl. Maas, H. (2020) Außenminister über USA: „Wir lassen uns das nicht gefallen"; vgl. Maas, H. (2021) Außenminister über USA: „Das kam nicht aus heiterem Himmel"; vgl. Krauß, I. (2021) Wie ein Autokrat die EU vorführt

5 Kunden, Industrie und Gesetzgebung reagieren: vgl. Fasse, M. (2020) BMW-Chef macht Nachhaltigkeit zur Überlegensfrage; vgl. Müller, G. (2021) Bundesentwicklungsminister: Das Lieferkettengesetz ist da

6 Ein hervorragendes Beispiel sind Subskriptions-Geschäftsmodelle, vgl. Tzuo, T.; Weisert, G. (2018) Subscribed: Why the subscription model will be your company's future

Industrie 4.0 ist von einer fernen Vision zu einer realen Lösung mit konkreten Anwendungsfällen geworden.[7]

Jede dieser Schlagzeilen hätte auch schon einzeln genommen das Potential gehabt, diese Dissertation zu motivieren – sie stammen aus den letzten vier Jahren, in denen aus einer Idee dieses Buch erwuchs. Und sie zeigen nachdrücklich, mit welch steigender Intensität und Frequenz globale Märkte unter Druck[8] stehen. Die durch die Informationstechnologie noch stärker befeuerte[9] Globalisierung hat eine solch tief durchdrungene Vernetzung[10] erschaffen, dass Märkte im Wandel zur neuen Konstante wurden – mit aller Unsicherheit und fein verästelten Interdependenzen[11]. In einem sehr komplexen Lösungsraum[12] müssen Entscheidungsträgerinnen und Entscheidungsträger statt einzelner Standorte ganze Produktionsnetzwerke navigieren.[13] Das sind Netzwerke, die sie aus der Historie geerbt haben[14], aus einer Zeit als Globalisierung geordneter verlief und vornehmlich der Präsenz in fernen Märkten diente.[15] Über 80 Prozent des weltweiten Handels tritt in globalen Produktionsnetzwerken auf.[16] Inzwischen ist Globalisierung keine freie Entscheidung oder ein „nice to have" mehr[17], sondern eine Wettbewerbsarena, aus der diejenigen als Gewinner hervorgehen, denen es gelingt, nachgefragte Produkte[18] unter bestmöglicher Erschließung wirtschaftlicher Potentiale[19] in hoher Qualität und schnell[20] an ihre Kunden zu bringen.

Wer heute ein Produktionsnetzwerk verantwortet, ist damit betraut, Produktionskapazitäten zu steuern, Lieferketten zu verändern, Technologien zu verlagern, Märkte neu zu erschließen, Zulieferer zu evaluieren.[21] Lange bestand im Management der

---

7 Die Mitbegründer der Industrie 4.0 resümieren dies in Kagermann, H.; Wahlster, W. (2021) Zehn Jahre Industrie 4.0. In: F.A.Z. S. 18; vgl. ebenfalls den Ausblick in Knitterscheidt, K. (2021) Industrie 4.0 ist eine deutsche Erfolgsgeschichte – nun muss der nächste Schritt folgen

8 vgl. Sprich, C. (2020) Globale Wertschöpfungsketten unter Druck

9 vgl. World Trade Organization (2018) The future of world trade, S. 24 ff.

10 vgl. Zukunftsinstitut (2021) Die Potenziale der Globalisierung

11 vgl. Neuner, C. (2009) Konfiguration internationaler Produktionsnetzwerke, S. 2 f.

12 vgl. Arpe, J. (2012) Die Globalisierung und ihre Komplexität, S. 3

13 vgl. Schuh, G.; Prote, J.-P. et al. (2018) Reduction of Decision Complexity, S. 247 f.

14 vgl. Friedli, T.; Mundt, A. et al. (2014) Strategic Management of Global Manufacturing Networks, S. 7 f.

15 vgl. Abele, E.; Meyer, T. et al. (2008) Global Production, S. 3 ff.

16 vgl. Lanza, G.; Ferdows, K. et al. (2019) Global Production Networks, S. 823

17 Vielmehr wird ein proaktives Einstellen der Agilität im Produktionsnetzwerk erforderlich, vgl. Schuh, G.; Prote, J.-P. et al. (2018) Dedicated Agility, S. 1 ff.

18 vgl. strategy& (2017) Manufacturing's new world order, S. 7

19 vgl. Boston Consulting Group (2014) Shifting Economics of Global Manufacturing, S. 20 f.

20 vgl. Srai, J.; Christodoulou, P. (2014) Capturing value from global networks, S. 26

21 vgl. Ferdows, K. (2018) Keeping up with growing complexity of managing global operations, S. 400

Glaube, Netzwerkkonfiguration könne ein Projekt sein, das „vor zwei Jahren abgeschlossen wurde“[22] – inzwischen (und spätestens mit Blick auf obige Schlagzeilen) ist klar: Einen stabilen eingeschwungenen Zustand bietet nicht einmal mehr die Theorie. Vielmehr steigt die Verbreitungsgeschwindigkeit der globalen Vernetzung weiter an.[23] Diverse Managementmodelle und Ansätze zur Strategiebildung und Konfiguration von Produktionsnetzwerken systematisieren den Umgang mit Unsicherheit. So gelingt es inzwischen auf strategischer Ebene, Ziele für die Netzwerke zu formulieren, und auf taktischer Ebene, möglichst gute Netzwerkkonfigurationen zu entwickeln. [24]

Die darauffolgende operative Überführung von Produktionsnetzwerken aus bestehenden in zukünftige Konfigurationen nennt sich Migration. Sie muss das Produktionsnetzwerk so transformieren, dass es stets an die Rahmenbedingungen angepasst ist oder sogar deren Veränderungen antizipiert. [25] Es ist umso erstaunlicher, wie – nach oftmals sehr sorgfältiger Ausplanung zukünftiger Netzwerkkonfigurationen[26] – spätestens mit Beginn der Migrationsvorhaben ein Zustand der Überforderung und Unkenntnis entsteht: Durch die komplexe Aufgabe mit ihren dynamischen Wechselwirkungen fällt das Strukturieren der Migrationsvorhaben schwer[27] und die darin versteckten Kostenpotentiale sind kleinteiliger und werden schnell unterschätzt[28] – das Ergebnis ist: Die Planung bleibt der Intuition überlassen[29]. Darüber hinaus ist spätestens in der Umsetzung von strategischen Führungskräften bis zur Fachplanung einer Verlagerung eine viel zu große Spanne von Anspruchsgruppen involviert.[30] Nicht nur die Praxis kommt mit der systematischen Migration von Produktionsnetzwerken an ihre Grenzen, auch die Forschung bietet kaum probate Ansätze dafür an.[31]

Dabei sind die Potentiale nicht nur wirtschaftlich, sondern auch organisatorisch. Die Digitalisierung und Vernetzung machen sie inzwischen immer besser beherrschbar.[32]

---

22 vgl. Srai, J.; Christodoulou, P. (2014) Capturing value from global networks, S. 15

23 vgl. Manyika, J.; Bughin, J. et al. (2014) Global flows in a Digital Age, S. 17

24 vgl. Friedli, T.; Mundt, A. et al. (2014) Strategic Management of Global Manufacturing Networks

25 Siehe Teilkapitel 2.1.3.2

26 Für eine aktuelle Übersicht relevanter Ansätze zur Konfiguration von Produktionsnetzwerken vgl. zum Beispiel Witthohn, C. (2019) Konfiguration globaler Produktionsnetzwerke, S. 47 ff.

27 vgl. Schuh, G.; Gützlaff, A. et al. (2020) Controlling of Migration in Production Networks, S. 863

28 vgl. Schuh, G.; Potente, T. et al. (2014) Global Footprint Design based on Genetic Algorithms, S. 436

29 vgl. Justus, A. (2009) Management globaler Produktionsnetzwerke, S. 5; vgl. Reuter, C.; Prote, J.-P. et al. (2015) Ermittlung eines strategischen Migrationsplans, S. 425 ff.

30 Siehe Unterkapitel 3.3

31 Für eine Übersicht bestehender und tangierender Ansätze siehe Kapitel 3

32 vgl. Friedli, T.; Schuh, G. et al. (2019) Next Level Production Networks

Darüber hinaus bestehen in den angrenzenden Disziplinen des Controllings und der datenbasierten Entscheidungsunterstützung ungenutzte Potentiale zur Anknüpfung.

Unter wachsendem Druck globaler Einflüsse mit Produktionsnetzwerken am optimalen Betriebspunkt zu operieren, erfordert auch kontinuierliches Migrieren.[33] Es ist die Motivation dieser Dissertation, hier anzusetzen und Praxis und Wissenschaft ein Angebot zu unterbreiten: Die kontinuierliche Migration soll für die beteiligten Anspruchsgruppen in Planung und Umsetzung systematisch unterstützt werden, komplexe Wirkzusammenhänge erfassen, informationstechnologische Potentiale einschließen sowie prozessuale und methodische Unterstützung in der Aufgabe anbieten.

1.2 Zielsetzung

Das zuvor motivierte Angebot an Praxis und Wissenschaft ist zugleich das übergeordnete Ziel dieser Dissertation. Sie soll einen Beitrag zur Migration in globalen Produktionsnetzwerken leisten. Damit adressiert sie die operativen Aufgaben des Managements von Produktionsnetzwerken. Der Fokus liegt auf einem prozessualen Rahmenwerk und dessen informationstechnischer Anreicherung. Das Ziel der Dissertation lautet:

Ziel der Dissertation ist die Entwicklung eines Vorgehens zur Planung, Steuerung und Überwachung der Migration,

1. ... in der die Planung durch eine datenbasierte und quantitative Bewertung optimiert und als Roadmap (Reihenfolgeoptimierung) beschrieben wird,
2. ... in der Umsetzung und (Erfolgs-)Kontrolle operativ organisiert und durchgeführt werden und erlangte Erkenntnisse die Planungsdaten evolutionär anreichern,
3. ... mit der methodischen Möglichkeit und der etablierten Mentalität, diese als fortwährende Aufgabe (und nicht als Projekt) in einem kontinuierlichen Prozess wahrzunehmen.

Diese ingenieurswissenschaftliche Zielstellung ist von vornherein auf Erfahrungsgewinnung ausgerichtet. Zu ihrer Lösung empfiehlt sich ein Voranschreiten entlang der

[33] vgl. Moser, E.; Stricker, N. et al. (2016) Risk Efficient Migration Strategies; vgl. Schuh, G.; Prote, J.-P. et al. (2017) Reference Process

Konstruktionsstrategie empirischer Forschung von KUBICEK – er systematisiert die forscherische Neugierde und beschreibt den Lernprozess als Wechselspiel zwischen konzeptionellen und verfahrenstechnischen Komponenten, die sich bei Offenheit des Forschers stets weiter vertiefen. Neu hinzu gewonnene Erfahrungen bilden dann wieder den Ausgangspunkt für die nächsten tieferführenden Fragen. Das erlaubt wissenschaftlichen Fortschritt auch abseits der strikt empirischen Prüfung von Hypothesen. Vielmehr dienen theoretisch geleitete Fragen an die Realität der Gewinnung von weiterem Erfahrungswissen, welches wiederum die Konstruktion allgemeiner Aussagen über die Realität erlaubt, und zwar in Form von "erfahrungsgestützter Theorie". [34]

An dieses Verständnis und die Ausgangssituation sowie die Zielstellung knüpft die die dieser Forschungsarbeit zugrundeliegende Forschungsfrage daher an. Sie lautet:

Wie ist eine Methodik für das **Controlling der Migration in Produktionsnetzwerken** zu gestalten?

Diese zentrale Fragestellung wird durch vier untergeordnete Teilfragestellungen darüber hinaus weiter präzisiert, sie unterstützen die Strukturierung der Forschung:

I. Wie können **Dynamik und Interdependenzen** im Produktionsnetzwerk so **modelliert** werden, dass ein Controlling der Migration ermöglicht wird?

II. Wie kann aus dem Abgleich von bestehenden und zukünftigen Strukturen eines Produktionsnetzwerks der **Migrationsbedarf** ermittelt werden?

III. Wie kann mittels datenbasierter Methoden ein aus dem Migrationsbedarf folgender **reihenfolgenoptimierter Migrationsplan** ermittelt werden?

IV. Wie sollte eine **kontinuierliche Planungsmethode** gestaltet und verankert werden, so dass aus der fortwährenden Ermittlung des Migrationsbedarfs und des Migrationsplans Handlungsempfehlungen für die Umsetzung von Migrationsvorhaben abgeleitet werden können?

Diese Forschungsfragen leiten zur Vertiefung des Erfahrungswissens über und dienen der Annäherung an die formulierte Zielstellung und deren Lösung. Ihre Beantwortung soll eine Methodik zur Planung, Steuerung und Überwachung der Migration in Produktionsnetzwerken hervorbringen.

---

[34] vgl. Kubicek, H. (1977) Heuristische Bezugsrahmen, S. 14 f.

1.3 Forschungsmethodik und -vorgehen

Die Zielstellung und Forschungsfrage dieser Dissertation sind für die Migration in Produktionsnetzwerken eingeleitet und formuliert worden. Dieses Themenfeld ist dem Forschungsthema der globalen Produktion unterzuordnen, die wiederum Teil des Produktionsmanagements und somit der Produktionswissenschaft ist. Die Produktionswissenschaft ist eine Disziplin der Ingenieurswissenschaften. Zusammen mit dem starken Anwendungsbezug der formulierten Zielstellung, steht das Thema in einem direkten Praxiszusammenhang.

ULRICH UND HILL unterscheiden innerhalb der Realwissenschaften die realen Grundlagenwissenschaften von den angewandten Handlungswissenschaften. Das Ingenieurswesen fällt unter die Handlungswissenschaften.[35] Die Abbildung 1.1 verdeutlicht die Einordnung.

Sie postulieren, dass Realwissenschaften den Zweck verfolgen, subjektiv wahrgenommene Wirklichkeitsausschnitte zu explizieren, diese zu generalisieren und dafür Handlungsalternativen zu entwerfen. Das Problem dabei ist, dass die zu gewinnenden Theorien nicht allein aus empirischen Aussagen abgeleitet werden dürfen, weil es in der Praxis höchstens eine unvollständige Induktion geben kann.[36]

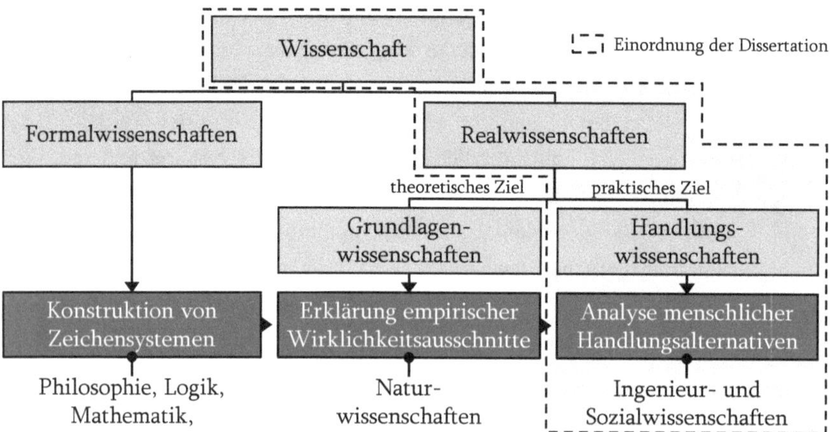

Abbildung 1.1: Einordnung der Dissertation in die Wissenschaftssystematik[37]

---

[35] vgl. Ulrich, P.; Hill, W. (1976) Wissenschaftstheoretische Grundlagen, S. 305

[36] vgl. Ulrich, P.; Hill, W. (1976) Wissenschaftstheoretische Grundlagen, S. 306 f.

[37] vgl. Ulrich, P.; Hill, W. (1976) Wissenschaftstheoretische Grundlagen, S. 305

Der Impuls zu Technikwissenschaften der ACATECH geht gar einen Schritt weiter; die Autoren stellen fest, eine Theorie in den Technikwissenschaften sei „eine Menge von explizit benennbaren, untereinander verknüpften Regeln, die sich im Test als effektiv erwiesen haben und die untereinander im Hinblick auf ihre Effektivität konsistent sind.“[38] Die Begründung technischer Praxis geschieht somit nicht mehr durch Wissen in Form von Gesetzen, also mit Fokus auf das Zutreffen des Wissens, sondern durch Regeln und damit mit Fokus auf die Wirkung bei der Anwendung oder Umsetzung des Wissens. Damit verändert sich auch die Schlussweise: Von Teileigenschaften wird auf das Zutreffen von Gesamteigenschaften geschlossen. Wenngleich in der Logik nicht zugelassen, liefert eine solche abduktive Schlussweise für die Technikwissenschaften zunächst vielfältige Erklärungsansätze – derartige Vermutungen müssen daraufhin überprüft werden, denn sie sind nicht deduktiv sicher. Auf diese Art werden Kausalrelationen durch konkrete Ziel-Mittel-Relationen ersetzt. [39]

So sind angewandte Handlungswissenschaften anfällig für Tendenzen zur Subjektivität und zu Wertungen der Autoren; zu dieser Überzeugung gelangten auch bereits ULRICH UND HILL.[40] Damit ist das erzielte Wissen nicht mehr rein deskriptiv, sondern normativ, weil eine Wertung eingeflossen ist.[41] Um diese Effekte mindestens erklärbar oder nachvollziehbar zu machen, und die Subjektivität zu mildern, entspricht es der wissenschaftlichen Praxis, dass Forscher ihr Vorverständnis des behandelten Themas explizieren und problematisieren:[42]

Der Autor hat diese Dissertation parallel zu seiner Tätigkeit als wissenschaftlicher Mitarbeiter und späterer Leiter der Gruppe Prozessmanagement am Werkzeugmaschinenlabor WZL der RWTH Aachen verfasst. Die Erfahrungen und Diskussionen schärften unmittelbar das theoretische Vorverständnis. Es fußt auf vielen Aktivitäten mit der Industrie und den eigenen Forschungsarbeiten sowie dem lokalen und internationalen wissenschaftlichen Austausch über das Produktionsmanagement, speziell zu den Themen Prozessmanagement und globaler Produktion.[43]

---

38 Kornwachs, K. (2013) Technikwissenschaften, S. 22

39 vgl. Kornwachs, K. (2013) Technikwissenschaften, S. 22

40 vgl. Ulrich, P.; Hill, W. (1976) Wissenschaftstheoretische Grundlagen, S. 306

41 vgl. Kornwachs, K. (2013) Technikwissenschaften, S. 22

42 vgl. Kubicek, H. (1977) Heuristische Bezugsrahmen, S. 16

43 Der Erstellungsprozess wird in den Unterkapiteln 4.3 und 6.1 detailliert und mit Beispielen ergänzt

Dieser grob beschriebene heuristische Bezugsrahmen des Autors bildet die Grundlage für die iterative Heuristik von KUBICEK im Sinne seiner Konstruktionsstrategie: Ausgehend von diesem Vorverständnis, wird der Autor nicht auf die Suche nach gesicherten Aussagen über die Realität gehen, sondern vielmehr neue, das Vorverständnis erweiternde, Fragen stellen.[44] TOMCZAK adressiert mit dem explorativen Forschungszyklus diese iterative Heuristik und übersetzt damit die Frage, wie man Fragen an die Realität stellt. Der explorative Forschungszyklus ist in Abbildung 1.2 dargestellt.

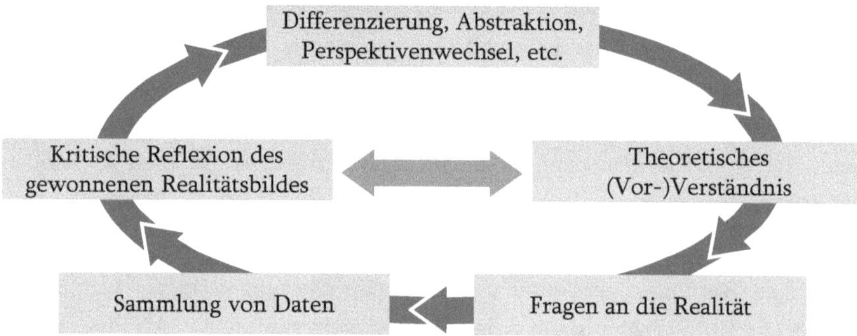

Abbildung 1.2: Explorativer Forschungszyklus[45]

Das bestehende Verständnis ist Ausgangspunkt für Fragen an die Realität, denen eine Sammlung von Daten folgt. Die Erkenntnisse daraus formen durch Reflexion und Abgleich mit dem bestehenden Verständnis ein neues Bild der Realität. Ein Perspektivwechsel sowie Abstraktion und Differenzierung erschaffen dann einen weiterentwickelten Status Quo des theoretischen Verständnisses. [46] Der Forschungszyklus endet erst dann, wenn das theoretische Verständnis ausreicht, um die Problemstellung zu beherrschen.[47]

1.4 Aufbau der Dissertation

Die Dokumentation der Forschungsergebnisse lehnt sich an die zuvor diskutierten praxisorientierten realwissenschaftlichen Vorgehensweisen an. ULRICH schlägt sieben Phasen der angewandten Forschung vor[48] – an diese lehnt sich diese Dissertation an.

---

[44] vgl. Kubicek, H. (1977) Heuristische Bezugsrahmen, S. 14
[45] vgl. Tomczak, T. (1992) Forschungsmethoden in der Marketingwissenschaft, S. 84
[46] vgl. Tomczak, T. (1992) Forschungsmethoden in der Marketingwissenschaft, S. 84
[47] vgl. Kubicek, H. (1977) Heuristische Bezugsrahmen, S. 29
[48] vgl. Ulrich, H. (1984) Management, S. 192 f.

Hierin manifestieren sich die iterative Heuristik von KUBICEK und der Forschungszyklus von TOMCZAK. Denn es liegt für die logische Abfolge der sieben Kapitel dieser Dissertation im Fokus, durch stets wiederkehrenden Bezug zu Praxis die Anwendbarkeit der entwickelten Erkenntnisse sicherzustellen. Die Gliederung der Arbeit und die Phasen angewandter Forschung werden in der Abbildung 1.3 miteinander in Zusammenhang gebracht.

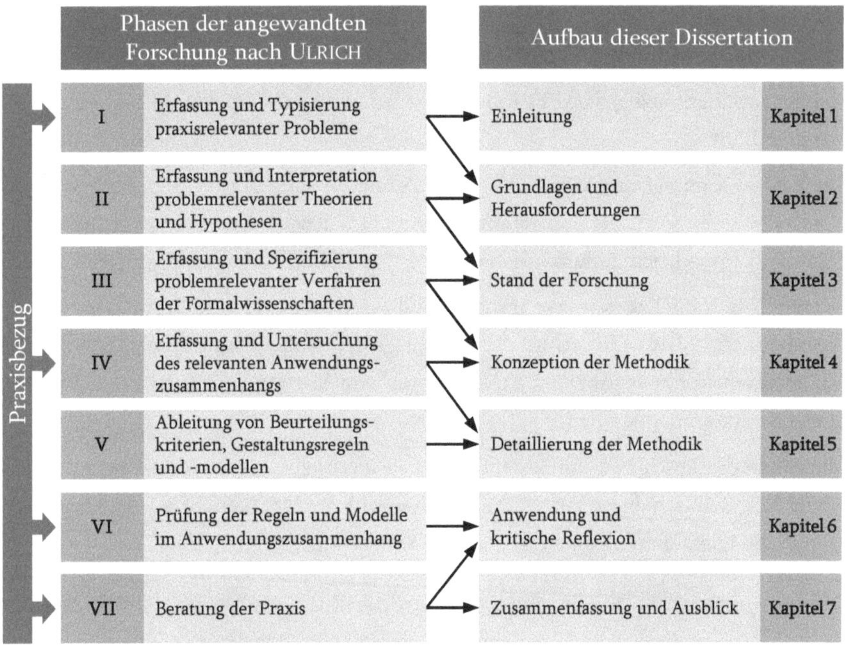

Abbildung 1.3: Gliederung der Arbeit und die Phasen angewandter Forschung

Das einleitende Kapitel 1 motiviert das Forschungsthema und stellt dessen Zielsetzung vor. Es dient zudem einer Reflexion der Forschungsmethodik.

In Kapitel 2 werden die Grundlagen dreier für das Forschungsthema relevanter Themenfelder erarbeitet. Die jeweiligen Herausforderungen werden dabei erfasst; sie werden später konsolidiert und dienen als Grundlage zur Formulierung von Handlungsbedarfen aus der Praxis. Das Kapitel adressiert Leser, die zwar mit der Produktionssystematik und weitestgehend mit der Produktion in globalen Produktionsnetzwerken vertraut sind – es schärft aber das Verständnis hierüber, über grundlegende Begriffe und ordnet das betrachtete Handlungsfeld ein.

Kapitel 3 dient der Bewertung bestehender Erkenntnisse. Lösungsansätze aus der Theorie werden dahingehend überprüft, wie weit sie den beschriebenen Praxisherausforderungen bereits begegnen. Sofern danach Handlungsbedarfe verbleiben, oder sich gar weitere Handlungsbedarfe auftun, werden diese als Theoriedefizit mit in die Konzeption einer Lösung eingebunden.

Das Kapitel 4 verfolgt genau diesen Zweck: Aus Zielstellung sowie praktischen und theoretischen Handlungsbedarfen wird eine Lösungsidee konzipiert und hinsichtlich ihrer potentiellen Effektivität in der Bewältigung der Herausforderungen überprüft.

Dieses Lösungskonzept wird in Kapitel 5 in sinnvolle Teilaspekte untergliedert und ausdetailliert.

In Kapitel 6 erfolgt die Anwendung der Lösung für die vorgestellten Analysen und Optimierungen sowie als Implementierung einer Software-App. Darüber hinaus wird die entworfene Lösung hinsichtlich der an sie gestellten Anforderungen reflektiert.

Kapitel 7 fasst die Erkenntnisse abschließend zusammen und diskutiert weiterführenden Forschungsbedarf. Denn auf der Grundlage des dann erzielten neuen Erkenntnisstandes, entspricht es ganz den Ausführungen von KUBICEK und TOMCZAK, dass neue Fragen aufkommen werden.

Im Sinne der Lesbarkeit und aufgrund der Bedeutung mancher Aspekte für den Erkenntnisgewinn in dieser Forschung, werden wichtige Passagen ihrer Dokumentation durch die folgenden Informationskästen hervorgehoben:

Der Text enthält zahlreiche **Begriffserklärungen, Definitionen, Eingrenzungen** und **Verortungen**. Sie werden an geeigneter Stelle für die Leserinnen und Leser durch diesen Informationskasten hervorgehoben

Im Text werden oftmals verschiedene **Herausforderungen** diskutiert. Diese werden in einem solchen Informationskasten übersichtlich zusammengefasst und nochmal besonders hervorgehoben.

Diese Arbeit bietet Hinweise auf ergänzenden Kontext, auf **weitere Informationen und Hintergründe** oder auf weiterführende oder alternative **Methoden**. Sie sind in diesem Informationskasten aufgeführt.

2 Grundlagen und Herausforderungen

Das zweite Kapitel stellt die Grundlagen und Herausforderungen für das Controlling von Migration in Produktionsnetzwerken vor. Ein Verständnis der Herausforderungen und die Herleitung eines Handlungsbedarfes erfordern den Blick von drei Seiten:

Zunächst werden die gegenwärtigen Aufgaben und Herausforderungen der Migration im breiten Kontext der Produktion in globalen Produktionsnetzwerken diskutiert. Welches Verständnis und welche Herausforderungen verbergen sich hinter der Produktion in globalen Netzwerken? Welche Aufgaben umfasst deren Management? Was ist speziell bei der Gestaltung zu betrachten? Und welche Rolle spielt die Migration bei dieser Aufgabe? Das wird im Teilkapitel 2.1 erörtert.

Das dann gebildete Verständnis der Migration überdeckt sich mit zentralen Gedanken des Controllings – ein Verständnis aktueller Herausforderungen ist ebenfalls notwendig. Welche Rolle spielen die im Controlling zentralen Aufgaben Planung, Steuerung und Überwachung in der Migration und welche Herausforderungen ergeben sich hierbei? Dieser Transfer wird im Teilkapitel 2.2 vorbereitend diskutiert.

Weitere Potentiale für die Herausforderungen der Migration liegen in den Grundideen der datenunterstützen Entscheidungsunterstützung, die manche Möglichkeit für die Migration überhaupt erst erschließen. Welche Chancen bietet die datenbasierte Entscheidungsunterstützung für die Migration, wie sie etwa in der Referenzarchitektur des Internet of Production vorgedacht wird? Teilkapitel 2.3 beleuchtet das.

Die Betrachtung der drei Perspektiven erlaubt die Auseinandersetzung mit Aufgaben, Kernbegriffen und Lösungselementen der Themenfelder und schafft eine Abgrenzung des Betrachtungsraums. Die Dimensionen gliedern Kapitel 2; Abbildung 2.1 zeigt das.

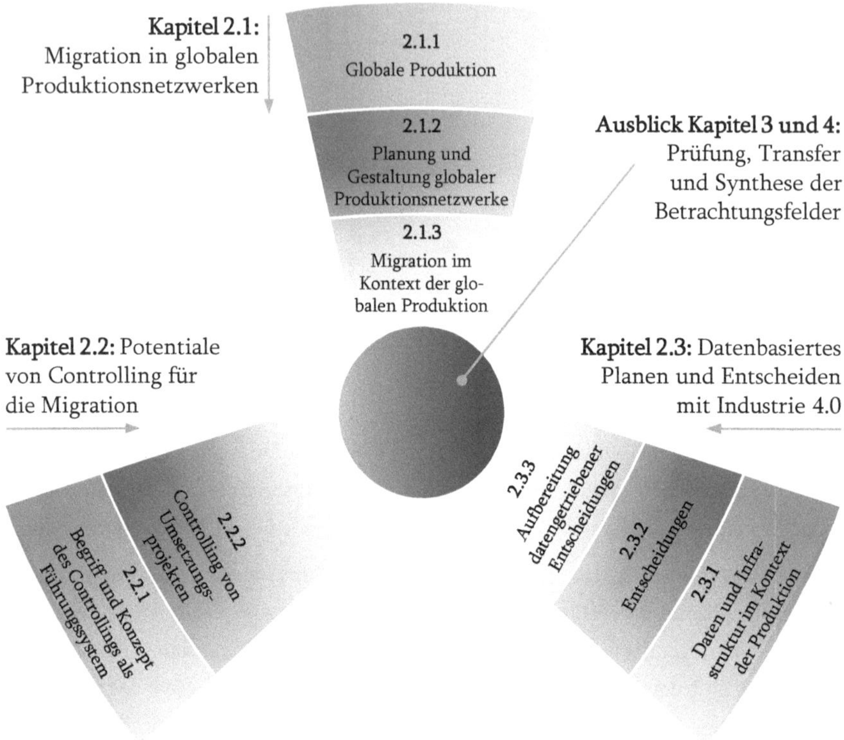

Abbildung 2.1: Betrachtungsfelder und Gliederung für das Kapitel 2

2.1 Migration in globalen Produktionsnetzwerken

Die Auseinandersetzung mit Migrationsvorhaben in Produktionsnetzwerken erfordert zunächst ein Verständnis rund um die Begrifflichkeiten und die Historie der globalen Produktion. Diese hat sich inzwischen in Form der Planungs- und Gestaltungsaufgabe globaler Produktionsnetzwerke formalisiert und kommt mit einem eigenen Vokabular daher. Auch das konkrete Herunterbrechen von Migration in Produktionsnetzwerken erfordert eine nicht weniger dedizierte Betrachtung.

In diesen drei Ebenen bestehen – obwohl das Themenfeld in der Forschung inzwischen verbreitet diskutiert wird – jeweils vielseitige Herausforderungen für die Praxis und Potentiale durch neue technologische und organisatorische Entwicklungen.

Sowohl grundlegende Eigenheiten der Ebenen als auch der gegenwärtige Stand der Entwicklungen mit seinen Herausforderungen, werden nachfolgend beleuchtet.

2.1.1 Globale Produktion

Die Produktion wurde mit dem Verlauf der Industrialisierung und Globalisierung internationaler und mündete in organisierten Produktionsnetzwerken. Um diese Evolution nachzuvollziehen, wird zunächst die Produktion isoliert adressiert und dann deren Entwicklung in die globalen Märkte hinein reflektiert.

2.1.1.1 Produktion

Eine Annäherung an den Begriff der **Produktion** gelingt aus zwei Perspektiven: Die Wirtschaftswissenschaft beschreibt Produktion als die „Erzeugung von Ausbringungsgütern (Produkten) aus materiellen und nichtmateriellen Einsatzgütern (Produktionsfaktoren)“[50] So werden Objekte und Rohstoffe durch eine qualitative, räumliche oder zeitliche Veränderung gezielt zu Halb- oder Fertigfabrikaten transformiert. [51] Diese Umwandlung der Produktionsfaktoren in Outputfaktoren wird dabei als Leistungserbringung oder Wertschöpfung verstanden. [52] Schon der produzierenden Wirtschaft allein wird zugeschrieben, den Wohlstand eines Landes sichern zu können. [53]

Eine weiterführende Perspektive ist auf die ingenieurswissenschaftliche Bedeutung der Produktion zurückzuführen. Sie nähert sich dem Begriff über die technischen und organisatorischen Maßnahmen für die Herstellung von Material oder Erzeugnissen: Das umfasst neben den offensichtlichen Tätigkeiten zur Erstellung der Produkte in der Fertigung und Montage[54] auch diverse indirekte Aktivitäten entlang der Auftragsabwicklung[55]. Das sind etwa die technische Angebotsbearbeitung, Konstruktion, Arbeitsvorbereitung sowie Materialwirtschaft und das Qualitätsmanagement. [56]

Eine Beschäftigung mit Migration in Produktionsnetzwerken muss in wirtschaftlichen, beziehungsweise unternehmerischen Zielsystemen bestehen und ist zugleich

---

[50] Günther, H.-O.; Tempelmeier, H. (2012) Produktion und Logistik, S. 6

[51] vgl. Dyckhoff, H. (2006) Produktionstheorie, S. 3; vgl. Gabler Wirtschaftslexikon (2018) Stichwort: Produktion

[52] vgl. International Institution for Production Engineering Research (2004) Wörterbuch der Fertigungstechnik, S. 17; vgl. Dyckhoff, H. (2006) Produktionstheorie, S. 3; vgl. Gabler Wirtschaftslexikon (2018) Stichwort: Produktion

[53] vgl. Westkämper, E.; Zahn, E. (2009) Wandlungsfähige Produktionsunternehmen, S. 7 f.

[54] vgl. Warnecke, H.-J. (1984) Der Produktionsbetrieb, S. 437

[55] Eversheim, W.; Schuh, G. (2014) Produktion und Management, S. 1 ff.

[56] vgl. Eversheim, W. (1996) Organisation in der Produktionstechnik, S. 3; Eversheim, W.; Schuh, G. (2014) Produktion und Management, S. 1 ff.

technologischen und organisatorischen Implikationen ausgesetzt. Daher und übereinstimmend mit der Argumentation von SCHMITZ [57] schafft die kombinierte wirtschaftswissenschaftliche und ingenieurswissenschaftliche Perspektive eine geeignete Grundlage für das Verständnis von Produktion im Kontext globaler Produktionsnetzwerke. Im Verlauf dieser Arbeit wird sie folgendermaßen verstanden:

> Produktion bezeichnet „die Auftragsabwicklung zur zielgerichteten Herstellung von Produkten aus Produktionsfaktoren in den Funktionsbereichen Fertigung und Montage verstanden, die durch indirekte Funktionen, wie innerbetriebliche Logistik oder Fertigungssteuerung unterstützt werden.“[58]

2.1.1.2 Treiber und Ziele globaler Produktion

Erst Industrialisierung und die **Treiber globaler Produktion** setzen Produktion in globalen Maßstab. Lange fokussierte die Produktion lokale Absatzmärkte und erst sinkende Transport- und Kommunikationskosten beschleunigten globalen Handel. [59] Zugleich erreichte das Wachstum lokaler Märkte seine Grenzen, neue Fertigungsverfahren entstanden und Handelshemmnisse, etwa Zölle, gingen zurück oder verschwanden gänzlich. [60] Auf erste ausländische Vertriebsstandorte folgte etwa ab den 1930er Jahren die Gründung unabhängiger Produktionsstätten an Auslandsstandorten, deren Bedeutung stets weiter stieg. [61] Aus einst isolierten Produktionsstätten um die 1980er Jahre wurden Netzwerke mit komplizierten Liefer- und Leistungsverflechtungen. [62] Sie nutzen Skaleneffekten und Standardisierung für niedrigere Verkaufspreise und zur Verdrängung. [63] Produktion in den Absatzmärkten aufstrebender Nationen erschließt

---

[57] vgl. Schmitz, T. (2018) Kostenmodellierung von Produktallokationen, S. 14 f.

[58] Schmitz, T. (2018) Kostenmodellierung von Produktallokationen, S. 15

[59] vgl. Friedli, T.; Thomas, S. et al. (2013) Management globaler Produktionsnetzwerke, S. 1

[60] vgl. Abele, E.; Kluge, J. et al. (2006) Handbuch globale Produktion, S. 9 f.; vgl. Jacob, F. (2006) Quantitative Optimierung dynamischer Produktionsnetzwerke, S. 2; vgl. Hochdörffer, J.; Arndt, T. et al. (2015) Evaluation of global manufacturing networks, S. 1

[61] vgl. Abele, E.; Meyer, T. et al. (2008) Global Production, S. 3 ff.; Zur Veranschaulichung: Die reale Warenproduktion ist zwischen 1960 und 2020 um 613 Prozent gestiegen und in gleicher Zeit stieg der reale Warenexport um 1783 Prozent – der Anteil exportierter Waren am Welt-Bruttoinlandsprodukt steigt und lag in 2020 bei 20,8 Prozent, dazu vgl. Bundeszentrale für politische Bildung (2021) Thema: Globalisierung

[62] vgl. Abele, E.; Meyer, T. et al. (2008) Global Production, S. 3 ff.; vgl. Friedli, T.; Thomas, S. et al. (2013) Management globaler Produktionsnetzwerke, S. 1; vgl. Thomas, S. (2013) Produktionsnetzwerksysteme; vgl. Arndt, T.; Lemmer, C. et al. (2017) Steuerung globaler Produktionsnetzwerke, S. 241

[63] vgl. Levitt, T. (1983) Globalization of Markets, S. 3

geringere Kostenstrukturen und Wachstumsdifferenzen durch die größeren Wachstumspotentiale [64] in der Region. [65] Dies erlaubt den Zugang zu lokal verfügbaren Ressourcen und eine verbesserte Nähe zu Absatzmarkt, Kunden, Zulieferern und Fachkräften. [66] Heute ist globale Produktion bedeutsam für die gesamte Weltwirtschaft. [67] Die Abbildung 2.2 fasst die drei Entwicklungsstufen globaler Produktion zusammen.

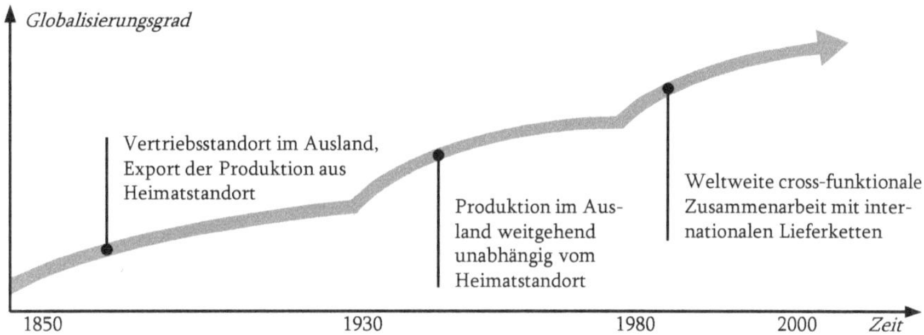

Abbildung 2.2: Globalisierung im Verlauf der Industrialisierung [68]

In der Historie und den Treibern zeigen sich die **Ziele der globalen Produktion**: zwei primären Ziele, Markterschließung und Kostensenkung, und die sekundären Ziele. [69]

- Das **absatzorientierte Ziel der Markterschließung** folgt aus der Transformation globaler Vertriebsstandorten zur lokalen Produktion in den Märkten. Reine Dienstleistungs- und Vertriebsstandorte reichen vielen Unternehmen nicht aus[70], um Kapazität und das Verständnis lokaler Marktanforderungen

[64] vgl. Abele, E.; Kluge, J. et al. (2006) Handbuch globale Produktion, S. 9 f.; vgl. Abele, E.; Meyer, T. et al. (2008) Global Production, S. 9 ff.

[65] vgl. Schmaußer, T. (2011) Gestaltung globaler Produktionsnetzwerke, S. 29

[66] vgl. Zanker, C.; Kinkel, S. et al. (2013) Globale Produktion von einer starken Heimatbasis aus, S. 9

[67] Die Relevanz der globalen Produktion für die Weltwirtschaft ist bedeutsam – etwa 80 Prozent des weltweiten Handels sind auf global produzierende Unternehmen zurückzuführen. Dabei spielen global operierende multinationale Großkonzerne eine Rolle, aber auch kleine und mittelständige Unternehmen, sogenannte KMU, beweisen sich längst auf internationaler Ebene – auch sie sind mit der Komplexität unvorhersehbarer Geschäftsumfelder konfrontiert. Dazu vgl. Friedli, T.; Mundt, A. et al. (2014) Strategic Management of Global Manufacturing Networks, S. 2; vgl. Lanza, G.; Moser, R. (2014) Multi-Objective Optimization, S. 397; vgl. Lanza, G.; Ferdows, K. et al. (2019) Global Production Networks, S. 823

[68] i.A.a. Abele, E.; Kluge, J. et al. (2006) Handbuch globale Produktion, S. 4

[69] Hierüber besteht in der Literatur weitestgehend Einigkeit, wobei die Begrifflichkeiten leicht abweichen. Das Motiv Markterschließung korrespondiert mit den absatzorientierten Zielen, das Motiv Kostensenkung entspricht den kostenorientierten Zielen und es werden stets sekundäre Ziele benannt. Vgl. dazu Stremme, U. (2001) Internationales Produktionsmanagement, S. 119 ff.; vgl. Jacob, F.; Strube, G. (2008) Why Go Global?, S. 14 ff.; vgl. Merchiers, A. (2008) Bewertung globaler Standortstrukturalternativen, S. 34 ff.; vgl. Neuner, C. (2009) Konfiguration internationaler Produktionsnetzwerke, S. 33

[70] vgl. Jacob, F.; Strube, G. (2008) Why Go Global?, S. 15

zu garantieren[71]. Wird ein entfernter Markt erschlossen und können die Produkte dafür nur vor Ort mit den erforderlichen Preisen, der nötigen Flexibilität und eventuell unter Einhaltung externer Regularien oder staatlicher Vorschriften eingehalten werden, werden lokale Produktionsstandorte nötig. [72] Die lokale Nähe spart transaktionale Kosten, wie Transport- oder Zollkosten und zugleich geht mit dem Bekenntnis zu lokaler Produktion oft eine vertrauensvollere Wahrnehmung durch die Kunden einher. [73]

- Das **kostenorientierte Ziel, bzw. die Kostensenkung** existiert als betriebswirtschaftliche Optimierungsgröße auch im globalen Maßstab: Die Faktorkostensenkung ist neben Steuervergünstigungen, Subventionen oder reduzierten Transaktionskosten ein gängiges Motiv der Standortwahl. [74] Personalkostenminderung ist ein entscheidender Grund für globale Produktionsaktivitäten. [75]
- Neben den primären Zielen existieren diverse **sekundäre Ziele**, die nicht allein, aber in Kombination mit den Primärzielen globales Produzieren motivieren. Diese Ziele liegen oft entweder in der Erschließung von Ressourcen oder in der Minimierung von Risiken. [76] Sie reichen unter anderem von guter Material- und Vorproduktbeschaffung über Verfügbarkeit von Know-How und geeigneten Qualifikationsniveaus bis hin zu Kooperationen und Netzwerken an den Standorten. Auch die Eindämmung von ökonomischen und politischen (Geschäfts-) Risiken, zum Beispiel durch Wechselkursschwankungen oder politische Instabilität, Terror oder Krieg spielen neben regulatorischen Anforderungen oder Auflagen eine relevante Rolle. [77]

Unternehmen verlagerten also mit Beginn der Industrialisierung ihre Produktionsaktivitäten zunehmend an ausländische Standorte. Das verhalf der globalen Produktion zu Relevanz und Motive und Treiber wirken bis heute fort.

---

[71] vgl. Meyer, T. (2006) Globale Produktionsnetzwerke, S. 23

[72] i.A.a. Jacob, F.; Strube, G. (2008) Why Go Global?, S. 16; vgl. Merchiers, A. (2008) Bewertung globaler Standortstrukturalternativen, S. 35

[73] vgl. Jacob, F. (2006) Quantitative Optimierung dynamischer Produktionsnetzwerke, S. 3

[74] vgl. Jacob, F.; Strube, G. (2008) Why Go Global?, S. 20 f.; vgl. Merchiers, A. (2008) Bewertung globaler Standortstrukturalternativen, S. 34

[75] vgl. Zanker, C.; Kinkel, S. et al. (2013) Globale Produktion von einer starken Heimatbasis aus, S. 9 f.

[76] vgl. Abele, E.; Kluge, J. et al. (2006) Handbuch globale Produktion, S. 22

[77] vgl. Abele, E.; Kluge, J. et al. (2006) Handbuch globale Produktion, S. 14; vgl. Meyer, T. (2006) Globale Produktionsnetzwerke, S. 25 f.; vgl. Merchiers, A. (2008) Bewertung globaler Standortstrukturalternativen, S. 35 f.; vgl. Hochdörffer, J.; Arndt, T. et al. (2015) Evaluation of global manufacturing networks

2.1.1.3 Produktionsstandorte und -netzwerke und deren Struktur

Diese Treiber und Ziele führen zu einer ungebremsten Relevanz des globalen Produzierens. Internationale Produktionsaktivitäten finden heute meist in Produktionsnetzwerken statt.[78] Ein (internationales) Produktionsnetzwerk liegt vor, wenn es aus mehr als zwei Produktionsstandorten in unterschiedlichen Ländern besteht.[79]

Produktionsstandorte bezeichnen einen geografischen Ort, an dem Wertschöpfung in Teilumfängen oder in Gänze betrieben wird.[80] Sie bilden als Teil der betrieblichen Leistungserstellung die Heimat der Produktion.[81] Die Begrifflichkeiten *Betriebsstandort*, *Produktionsstätte*, *Betriebsstätte*[82] oder verkürzt einfach nur *Standort* werden bisweilen synonym verwendet. Wenngleich der Begriff der Produktionsstandorte auch als eine innerbetriebliche Ortsangabe für Arbeitsplätze oder Maschinen verwendet werden kann,[83] so wird der Begriff im hiesigen Kontext und unter anderem in Anlehnung an PROTE folgendermaßen verstanden.

> Produktionsstandorte bezeichnen den Ort zur „Produktion eines Produktes, insbesondere die Fertigung, Montage und die dafür notwendigen indirekten dispositiven Tätigkeiten“[84].

Die Summe der Produktionsstandorte bildet die Standortstruktur, beschreibt deren geografische Verteilung und die räumliche Verteilung von Ressourcen auf Standorte.[85] Standorte sind die kleinste geografische Einheit eines Produktionsnetzwerks.[86]

Eine Annäherung an **Produktionsnetzwerke** gelingt mittels Netzwerketheorie: Ein Netzwerk besteht aus Systemelementen in Form von Knoten, und Systemrelationen, die als Kanten modelliert werden.[87] Produktionsnetzwerken bilden Akteure, wie Individuen und Organisationen sowie Produktionsstandorte, Distributionszentren oder

---

[78] vgl. Thomas, S. (2013) Produktionsnetzwerksysteme, S. 25; vgl. Cheng, Y.; Farooq, S. et al. (2015) International manufacturing network, S. 394

[79] vgl. Hagedorn, A. (1994) Planung und Kontrolle von Produktionsstandorten, S. 2; vgl. Neuner, C. (2009) Konfiguration internationaler Produktionsnetzwerke, S. 7

[80] vgl. Hansmann, K.-W. (1974) Entscheidungsmodelle zur Standortplanung, S. 74

[81] i.A.a. Kontny, H. (1999) Standortplanung für internationale Verbundproduktionssysteme, S. 36

[82] vgl. Harre, J. (2006) Strategische Standortstrukturplanung, S. 41

[83] vgl. Hansmann, K.-W. (1974) Entscheidungsmodelle zur Standortplanung, S. 20; vgl. Bankhofer, U. (2001) Industrielles Standortmanagement, S. 13

[84] Prote, J.-P. (2018) Verursachungsgerechte Bewertung von Standortalternativen, S. 13

[85] vgl. Neuner, C. (2009) Konfiguration internationaler Produktionsnetzwerke, S. 6 ff.

[86] vgl. Hansmann, K.-W. (1974) Entscheidungsmodelle zur Standortplanung, S. 74

[87] vgl. Kutschker, M.; Schmid, S. (2011) Internationales Management, S. 534 f.

Zulieferer als Knoten ab. Sie werden durch Interaktionen und Aktivitäten, also durch Kanten, miteinander verknüpft. Das stellt wertschöpfende und assoziierte Transformationsprozesse der Produktion sowie die Leistungsaustauschbeziehungen durch Informations- und Materialflüsse dar und charakterisiert Produktionsnetzwerke. [88] Die Produktionsstandorte und ihre Matrixverbindungen beeinflussen sich gegenseitig so, dass sie innerhalb des Netzwerks kaum isoliert gesteuert werden können. [89]

Produktionsnetzwerke bezeichnen den Verbund verschiedener Produktionsentitäten, die durch den Austausch oder die Lieferung von Produktion, Materialien, Informationen oder Wissen in einer Beziehung zueinander stehen.[90]

Die Begriffe *Produktionsverbund*[91], *Wertschöpfungsnetzwerk*[92], *Standortstruktur*[93] und *Global Footprint*[94] werden neben Produktionsnetzwerken mit definitorischer Überdeckung – nicht immer aber in Kongruenz – verwendet. Oft unterscheiden sie sich in der Begriffsherkunft oder im betrachteten Umfang leicht voneinander.

Es existieren verschiedene **Strukturen von Produktionsnetzwerken**. Die Kombination der Perspektiven aus Produktionswirtschaft und Standortlehre mit den Perspektiven des Supply-Chain-Managements[95] wirft vier Möglichkeiten zur Klassifizierung der Zusammenschlüsse zu Netzwerken im produzierenden Gewerbe auf. Dabei existieren zwei Dimensionen: die Anzahl an Organisationen im Netzwerk und die Anzahl der Standorte pro Organisation. [96] Die Abbildung 2.3 verdeutlicht die Klassifizierung.

---

[88] vgl. Stengel, R. (1999) Gestaltung von Wertschöpfungsnetzwerken, S. 1; vgl. Justus, A. (2009) Management globaler Produktionsnetzwerke, S. 24 f.; vgl. Kutschker, M.; Schmid, S. (2011) Internationales Management, S. 534 f.; vgl. Moser, R. (2014) Strategische Planung globaler Produktionsnetzwerke, S. 9

[89] vgl. Shi, Y.; Gregory, M. (1998) International manufacturing networks, S. 199

[90] vgl. Meyer, T. (2006) Globale Produktionsnetzwerke, S. 19

[91] vgl. Kontny, H. (1999) Standortplanung für internationale Verbundproduktionssysteme

[92] vgl. Ude, J. (2010) Entscheidungsunterstützung für die Konfig. glob. Wertschöpfungsnetzwerke

[93] Die Standortplanung betrachtete im Gegensatz zur Netzwerksicht der Produktionswirtschaft ursprünglich den einzelnen Standort, an dessen Bilanzgrenze funktionale Beziehungen zu anderen Standorten beschrieben wurden und diskutierte dann die Verknüpfung mehrerer Standorte, vgl. dafür Zantow, D. (2000) Prozeßorientierte Bewertung von Produktionsstandorten, S. 15; vgl. Neuner, C. (2009) Konfiguration internationaler Produktionsnetzwerke, S. 7

[94] Quasi synonym zur Standortplanung wird der Begriff Global Footprint als globale Ausbreitung eines Unternehmens in internationalen Märkten beschrieben, z.B. in Harre, J. (2006) Strategische Standortstrukturplanung, S. 4

[95] Für eine Definition des Begriffs der Supply Chain, vgl. Becker, T. (2018) Prozesse in Produktion und Supply Chain, S. 9

[96] vgl. Rudberg, M.; Olhager, J. (2003) Manufacturing networks and supply chains, S. 29 ff.

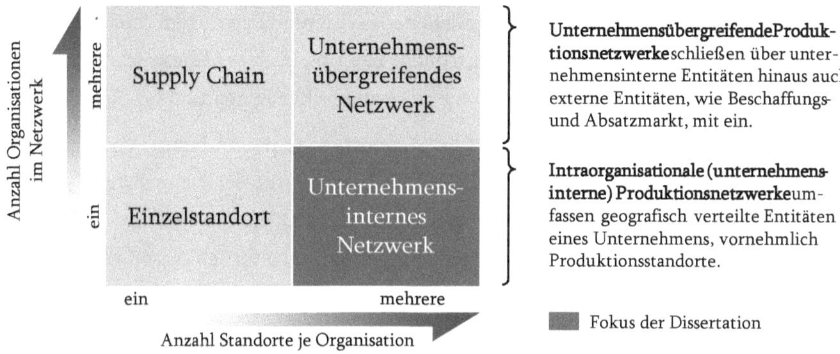

Abbildung 2.3: Klassifizierung von Netzwerktypen [97]

Erstere Dimension unterscheidet die intraorganisationale Sicht von unternehmensübergreifenden Netzwerken.[98] Ein Netzwerk mit genau einer Organisation an einem Standort ist ein *Einzelstandort*. Mehrere Organisationen mit einem Standort sind eine *Lieferkette*. Mehrere Standorte innerhalb einer Organisation sind ein *unternehmensinternes Netzwerk*. Mehrere Organisationen mit jeweils mehreren Standorten, zum Beispiel in einer Beziehung als Produzenten und Lieferanten, sind als *unternehmensübergreifendes Netzwerk* vernetzt.[99]

Die Literatur offeriert verschiedene Klassifizierungen der Wertschöpfung in Netzwerken. So unterscheiden KAPHAHN UND LÜCKE drei Produktionsnetzwerk-Typen.[100] FELDMANN UND OLHAGER identifizieren vier Netzwerktypen.[101] HAAS UND OBST spannen eine 3x3-Matrix aus den Dimensionen Netzwerkkonfiguration und Netzwerkkoordination auf.[102] SCHELLBERG und auch REICHERT unterscheiden zwischen regionalen, nationalen, multinationalen und weltweiten Netzwerken.[103] PROTE aggregiert die Systemebenen der Produktion[104] mit Fokus auf die Produktionsnetzwerk-Gestaltung.[105]

---

97 Eigene Darstellung i.A.a. Rudberg, M.; Olhager, J. (2003) Manufacturing networks and supply chains, S. 35; und i.A.a. Thomas, S. (2013) Produktionsnetzwerksysteme, S. 25 ff.

98 vgl. Thomas, S. (2013) Produktionsnetzwerksysteme, S. 24 ff.

99 vgl. Rudberg, M.; Olhager, J. (2003) Manufacturing networks and supply chains, S. 29 ff.

100 vgl. Kaphahn, A.; Lücke, T. (2006) Koordination interner Produktionsnetzwerke, S. 440 ff.

101 vgl. Feldmann, A.; Olhager, J. (2019) Taxonomy of Manufacturing Networks, S. 170 ff.

102 vgl. Haas, M.; Obst, N. (2012) Gestaltung von globalen Produktionsnetzwerken, S. 253

103 vgl. Schellberg, O. (2002) Effiziente Gestaltung von globalen Produktionsnetzwerken, S. 11 f.; vgl. Reichert, F. (2009) Struktur- und kompetenzbasierte globale Produktionsplanung, S. 16

104 i.A.a. Wiendahl, H.-P.; ElMaraghy, H. et al. (2007) Changeable Manufacturing, S. 785; i.A.a. Westkämper, E.; Löffler, C. (2016) Strategien der Produktion, S. 60

105 vgl. Prote, J.-P. (2018) Verursachungsgerechte Bewertung von Standortalternativen, S. 17

Neben der übergeordneten Netzwerkebene existieren Typologien auf Standortebene[106], üblicherweise durch Standortrollen. Exemplarisch sei Ferdows hervorgehoben, der Standorte nach Kompetenzen und strategischer Bedeutung typologisiert.[107]

Die Klassifizierungen auf Netzwerk- und Standortebene helfen beim Typologisieren spezieller Anwendungsfälle. Sie grenzen den hier relevanten Betrachtungsbereich aber über die eingeführten Abgrenzungen von Rudberg und Olhager sowie Thomas hinaus nicht weiter ein. Der Fokus liegt auf organisationsinternen Netzwerken.

Trotzdem zeichnen sich Produktionsnetzwerken durch die Verknüpfung von Funktionen, Operationen und Transaktionen aus, um daraus Produkte zu fertigen. [108] Die einhergehende Organisation und geografische Verteilung induzieren Dynamik und Komplexität. Mit jedem Standort erhöhen sich Koordinationsaufwände, Schnittstellen, Informationsasymmetrien und Undurchschaubarkeiten; viele Unternehmen versuchen daher, die Komplexität ihres globalen Engagements zu verringern. [109]

Varandani argumentiert, dass Aktivitäten in internen Produktionsnetzwerken vom vorgelagerten Beschaffungs- und nachgelagerten Absatzmarkt flankiert sind – innerhalb des Unternehmens wird jedoch nur das interne Produktionsnetzwerk tatsächlich gesteuert und gestaltet. [110] Nur dieses ist Teil des hiesigen Betrachtungsbereichs.

Zulieferer und Kunden werden durch Aktivitäten innerhalb einer Organisation im Sinne dieses Gestaltungsspielraums nicht unmittelbar beeinflusst. Trotzdem bleibt es wegen der angeführten Komplexität und Dynamik elementar, dieser Umgebung auch außerhalb des internen Netzwerks große Beachtung zu schenken.

Strukturausprägungen von Produktionsnetzwerken werden – in Abgrenzung zum Begriff der Supply Chain – als die unternehmensinterne Leistungserstellung sowie deren Beinflussbarkeit im internen Netzwerk verstanden. Das Umfeld wird hierbei trotzdem eng beobachtet.

In Konsequenz heißt das, Produktionsnetzwerke bilden eine geeignete Struktur, um den Treibern und Zielen der globalen Produktion mit System zu begegnen.

[106] vgl. Justus, A. (2009) Management globaler Produktionsnetzwerke, S. 23 ff.
[107] vgl. Ferdows, K. (1997) Foreign Factories, S. 76 ff.
[108] vgl. Coe, N.; Dicken, P. et al. (2008) Global production networks, S. 272 ff.
[109] vgl. Capgemini (2008) Manufacturing in 2020, S. 22 f.
[110] vgl. Varandani, R. (2014) Managementkomplexität als Gestaltungsgröße, S. 16 f.

2.1.1.4 Zwischenfazit zur Globalen Produktion

Mit der Erkenntnis, dass Produktion an verschiedenen Standorten in Produktionsnetzwerken zur Markterschießung und Kostensenkung beiträgt, zeichnen sich erste Herausforderungen ab, die im Unterkapitel 2.4 tiefer beleuchtet werden, hier aber bereits angedeutet werden sollen:

> Die Treiber, Trends und gegenwärtige Strukturen der globalen Produktion erfahren folgende Herauforderungen:[111]
>
> - **Märkte** sind geprägt von hoher Volatilität und **Unsicherheit**
> - Steigender globaler **Wettbewerb**

Das Herunterbrechen der Globalen Produktion bis hin zur Migration erfordert ein klares Bild darüber, wie globale Produktionsnetzwerke geplant und gestaltet werden.

2.1.2 Planung und Gestaltung globaler Produktionsnetzwerke

Mit dem Verständnis über komplexe und dynamische Verflechtungen in Produktionsnetzwerken in der ebenso dynamischen und komplexen Umwelt internationaler Märkte[112] geht unweigerlich deren dedizierte Planung und Gestaltung einher. Es existieren verschiedene Ansätze, die unterschiedlich mit den fast immanenten Einflussfaktoren und Unsicherheiten umgehen. Die Aspekte werden nachfolgend beleuchtet.

2.1.2.1 Planungsphasen und Management

Durch unternehmensinterne und -externe Faktoren und deren konstanten Wandel lastet ein kontinuierlicher Wandlungsdruck auf Produktionsnetzwerken. [113] Das sind etwa unsichere Marktbedingungen oder veränderliche Kundenwünsche. [114] Produktionsnetzwerke müssen diesen Veränderungen folgen. [115] Das betrifft die Wahl von Standorten, Fertigungstechnologien oder Produktallokationen – jede solche Entscheidung wird durch diverse **Planungshorizonte und Realisierungszeiträume** begleitet. [116]

---

[111] Die hier benannten Herausforderungen werden nachfolgend in Teilkapitel 2.4.1.1 detailliert erläutert

[112] Siehe dafür insbesondere die vorangegangenen Teilkapitel zu den Treibern globaler Produktion in Abschnitt 2.1.1.2 sowie zu Strukturen von Produktionsnetzwerken in Abschnitt 2.1.1.3

[113] vgl. Haag, H.-C.; Radimersky, A. et al. (2012) Wandlungstreiber in Wertschöpfungsnetzen, S. 633 f.

[114] vgl. Abele, E.; Dervisopoulos, M. et al. (2006) Herausforderungen globaler Produktionsnetzwerke, S. 219

[115] vgl. Gausemeier, J.; Wiendahl, H.-P. (2011) Wertschöpfung und Beschäftigung in Deutschland; vgl. Wirth, S.; Schenk, M. et al. (2011) Fabrik – Ort innovativer und kreativer Wertschöpfung, S. 691

[116] vgl. Günther, H.-O.; Tempelmeier, H. (2012) Produktion und Logistik, S. 25 f.

Auch Einflussfaktoren[117] auf Gestaltungsentscheidungen reichen von langfristigen bis kurzfristigen Herausforderungen. Mit den Planungshorizonten variieren auch Aggregationsgrad und eingebundene Managementebene.

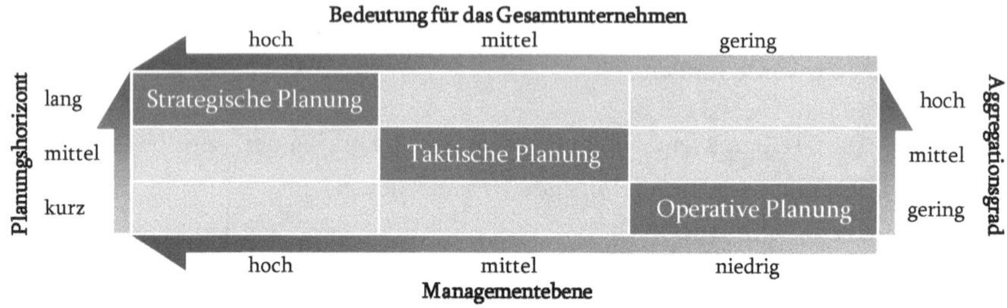

Abbildung 2.4: Planungsebenen für Produktionsnetzwerke [118]

Bestehende Ansätze teilen die Planung und Gestaltung meist in drei konsequente Phasen: strategische, taktische und operative Planung. [119] Die Ausführungen von KONTNY und von GÜNTHER UND TEMPELMEIER sowie die Abbildung 2.4 erklären die Aufteilung.

Die drei Planungsebenen ergeben verschiedene Anforderungen und Entscheidungen:

- Die **strategische Planung** bezweckt die Entwicklung entscheidender Kompetenzen über Zeiträume von vier Jahren hinaus. [120] Sie muss dabei die Überlebensfähigkeit eines Unternehmens gewährleisten, wird primär durch das obere Management verantwortet und mündet in der Netzwerkstrategie. [121] Beispielhafte Entscheidungen dieser Ebene – im langen Zeithorizont – sind die Festlegung von Produktionsstandorten oder -technologien. [122]
- Die **taktische Planung** umfasst ein bis vier Jahre und dient der Festlegung konkreter Handlungsalternativen. [123] Sie ist zur Ausplanung einer Netzwerkstruktur aus Vorgaben zuvor gefällter strategischer Entscheidungen

[117] Einflussfaktoren, bzw. sogenannte Wandlungstreiber werden in Abschnitt 2.1.2.2 ausführlicher behandelt

[118] Eigene Darstellung i.A.a. Günther, H.-O.; Tempelmeier, H. (2012) Produktion und Logistik, S. 26

[119] vgl. Kontny, H. (1999) Standortplanung für internationale Verbundproduktionssysteme, S. 60 ff.; vgl. Abele, E.; Dervisopoulos, M. et al. (2006) Herausforderungen globaler Produktionsnetzwerke, S. 219 f.; vgl. Günther, H.-O.; Tempelmeier, H. (2012) Produktion und Logistik, S. 26

[120] vgl. Kontny, H. (1999) Standortplanung für internationale Verbundproduktionssysteme, S. 61; vgl. Kriesel, C. (2005) Szenarioorientierte Unternehmensstrukturgestaltung, S. 22

[121] vgl. Pörner, R. (2003) Status und aktuelle Trends des Strategischen Managements, S. 8; vgl. Schuh, G.; Prote, J.-P. et al. (2017) Reference Process, S. 448

[122] vgl. Biesenbach, A. (2007) Multi-Site-Scheduling, S. 34

[123] vgl. Kontny, H. (1999) Standortplanung für internationale Verbundproduktionssysteme, S. 61; vgl. Kriesel, C. (2005) Szenarioorientierte Unternehmensstrukturgestaltung, S. 22

meist in mittleren Führungsebenen verortet. [124] Maßgebliche Entscheidungen umfassen die Netzwerkkonfiguration, bzw. die Strukturalternativen. [125] Mit methodischen Hilfsmitteln, wie der Szenarioanalyse[126], werden alternative Netzwerkkonfigurationen bewertet, um die beste anzustrebende Konfiguration zu finden. [127] Die taktische Planung muss erforderliche Ressourcen für die spätere Umsetzung der Planungsergebnisse bereitstellen. [128]

- Die **operative Planung** muss im Zeithorizont bis zu einem Jahr die verfügbaren Unternehmensressourcen optimal zur Zielerreichung einsetzen. [129] Sie bezweckt die Umsetzung der strategischen und taktischen Vorgaben. [130] Das Umsetzungscontrolling[131] begleitet Planung und Bereitstellung nötiger Ressourcen und ist eine Kernaufgabe der operativen Planung und Steuerung. [132]

Der Blick auf die Entscheidungen in den Planungsebenen zeigt: Diverse Einzelentscheidungen innerhalb der Phasen weisen komplexe Interdependenzen zu den getroffenen oder noch zu treffenden Entscheidungen in den anderen Phasen auf. [133]

Das erfordert eine integrierte Betrachtung der Gestaltungsaufgabe in Form eines geeigneten Managements. Für das **Management von Produktionsnetzwerken** existieren diverse Ansätze, teils aus Sicht der Einzelstandorte, aber auch aus Sicht des Gesamtnetzwerks.[134] Neben der physischen Netzwerkstruktur und der Organisation der Aktivitäten als Aufgabe des Netzwerkmanagement[135] muss auch die Netzwerkstrategie dabei berücksichtigt werden[136]; so werden auch die drei zuvor detaillierten Planungsebenen im gesamten Planungshorizont abgedeckt.

---

[124] vgl. Biesenbach, A. (2007) Multi-Site-Scheduling, S. 35; vgl. Schuh, G.; Prote, J.-P. et al. (2017) Reference Process, S. 448

[125] vgl. Neuner, C. (2009) Konfiguration internationaler Produktionsnetzwerke, S. 8 f.

[126] Weiterführende Details zur Szenariotechnik bieten zum Beispiel Gausemeier, J.; Fink, A. et al. (1996) Szenario-Management

[127] vgl. Schuh, G.; Prote, J.-P. et al. (2017) Reference Process, S. 448

[128] vgl. Biesenbach, A. (2007) Multi-Site-Scheduling, S. 35

[129] vgl. Kontny, H. (1999) Standortplanung für internationale Verbundproduktionssysteme, S. 61; vgl. Kriesel, C. (2005) Szenarioorientierte Unternehmensstrukturgestaltung, S. 22

[130] vgl. Günther, H.-O.; Tempelmeier, H. (2012) Produktion und Logistik, S. 27

[131] Dem Begriff des Controllings ist mit dem Unterkapitel 2.2 ein eigener Abschnitt gewidmet

[132] vgl. Bleicher, K. (2011) Integriertes Management, S. 88 ff.

[133] vgl. Günther, H.-O.; Tempelmeier, H. (2012) Produktion und Logistik, S. 25 f.

[134] vgl. Thomas, S. (2013) Produktionsnetzwerksysteme, S. 29 ff.; eine umfangreiche und strukturierte Auflistung bestehender Managementansätze findet sich auch bei Cheng, Y.; Farooq, S. et al. (2015) International manufacturing network, S. 403 ff.

[135] vgl. Thomas, S. (2013) Produktionsnetzwerksysteme, S. 36

[136] vgl. Jacob, F. (2006) Quantitative Optimierung dynamischer Produktionsnetzwerke, S. 274

Diese Aufgaben fassen FRIEDLI ET AL. als Rahmenmodell für das Management und die Gestaltung von Produktionsnetzwerken in drei Dimensionen Strategie, Koordination und Konfiguration zusammen. [137] Siehe dazu auch Abbildung 2.5.

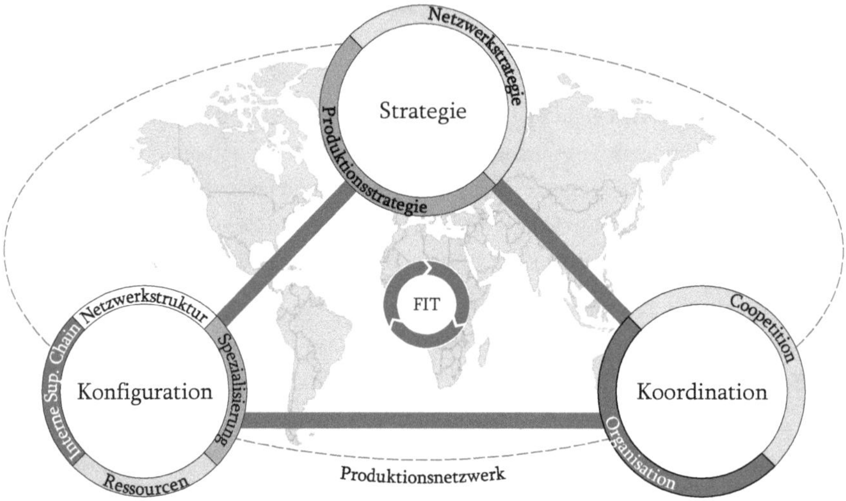

Abbildung 2.5: Managementrahmen für Produktionsnetzwerke [138]

Diese Gestaltungs- und Managementebenen ergänzen die diskutieren Planungsphasen um Aufgaben zur Planung, Gestaltung und Steuerung von Produktionsnetzwerken:

- Die Festlegung der **Strategie** ist wesentlich zum Aufbau nachhaltiger Wettbewerbsvorteile (nicht nur) in volatilen globalen Märkten. [139] Hierbei werden zwei Entscheidungsfaktoren unterschieden: Die Produktionsstrategie wird über Preis, Qualität, Flexibilität, Innovation, Lieferfähigkeit und Service differenziert. [140] Die Netzwerkstrategie gibt die Ausrichtung des Produktionsnetzwerks vor und bestimmt damit die Handlungen des Unternehmens; zu treffende strukturelle Entscheidungen wirken sich auf Konfiguration und Koordination des Netzwerks aus. [141] Differenzierungsfaktoren sind Markt- und Ressourcenzugang, Effizienz und Mobilität sowie Lernen. [142]

[137] vgl. Friedli, T.; Thomas, S. et al. (2013) Management globaler Produktionsnetzwerke, S. 45 f.

[138] Eigene Darstellung i.A.a. Friedli, T.; Thomas, S. et al. (2013) Management globaler Produktionsnetzwerke, S. 46; u. Friedli, T.; Mundt, A. et al. (2014) Strategic Management of Global Manufacturing Networks, S. 46

[139] vgl. Friedli, T.; Thomas, S. et al. (2013) Management globaler Produktionsnetzwerke, S. 5

[140] vgl. Friedli, T.; Thomas, S. et al. (2013) Management globaler Produktionsnetzwerke, S. 47

[141] vgl. Ferdows, K. (2008) Managing the Evolving Global Production Network, S. 152

[142] vgl. Friedli, T.; Thomas, S. et al. (2013) Management globaler Produktionsnetzwerke, S. 48

- Die **Netzwerkkonfiguration** bewirkt die physische Erscheinung des Netzwerks mitsamt dessen Standorten und deren Beziehungen untereinander. [143] Ziel der Netzwerkkonfiguration ist eine optimale Netzwerkstruktur unter lokalen Gegebenheiten. [144] Die Konfiguration umfasst Entscheidungen über die Netzwerkstruktur, Spezialisierung, Ressourcen und die interne Supply Chain. [145] Hierunter können auch die Planung der Forschung und Entwicklung, die Festlegung des Produktportfolios, die Vertriebsplanung, die Verteilung von Ressourcen, Technologien und Fähigkeiten sowie die Materialströme zwischen Standorten fallen. [146] So bestimmt die Konfiguration die Maßnahmen zum Aufbau oder zur Umgestaltung des Netzwerks. [147]
- Die **Netzwerkkoordination** dient der Organisation, also dem Management des Netzwerks. [148] Das erfordert ganzheitliche und durchgängige Informationsflüsse. [149] Für die Koordination werden zwei Sichtweisen unterschieden: Die Organisationssichtweise dient der Festlegung von Verantwortlichkeiten und Führungsstrukturen, z.B. einer Aufbauorganisation zur Steuerung von Produktionsnetzwerken. [150] Die Beziehungssichtweise (Coopetition) gestaltet die Beziehung zwischen Netzwerkpartnern, speziell die effektive und effiziente Auf- und Verteilung von Wissen und Ressourcen zwischen zugleich kooperierenden und konkurrierenden Produktionsstätten. [151]

Um Produktionsnetzwerke zu managen, müssen deren Ziele und Kompetenzen transparent sein, um die strategische Ausrichtung an der gesamten Kosten- und Wertschöpfungsstruktur des Unternehmens und den dynamischen Bedingungen zu gewähren.[152] Auch operatives Steuern muss der erhöhten Anpassungsgeschwindigkeit standhalten. Ein kontinuierlicher operativer Steuerungsprozess hat das Potential, das Produktionsnetzwerk antizipativ und iterativ an veränderliche Faktoren zu adaptieren.[153]

[143] vgl. Friedli, T.; Schuh, G. (2012) Wettbewerbsfähigkeit der Produktion an Hochlohnstandorten, S. 193
[144] vgl. Chakravarty, A. (2005) Plant Capacity and Product Allocation, S. 158
[145] vgl. Friedli, T.; Thomas, S. et al. (2013) Management globaler Produktionsnetzwerke, S. 50
[146] vgl. Knüppel, K.; Tschöpe, S. et al. (2012) Reifegradbasierte Bewertung der Anlauffähigkeit, S. 428; vgl. Torbjørn H. N.; Aspelund, A. (2014) Multi-plant improvement programmes
[147] vgl. Wiezorrek, A. (2017) Konfiguration von globalen Wertschöpfungsnetzwerken, S. 46
[148] vgl. Friedli, T.; Thomas, S. et al. (2013) Management globaler Produktionsnetzwerke, S. 56
[149] vgl. Schuh, G. (2007) Produktionsplanung und -steuerung, S. 423
[150] vgl. Friedli, T.; Thomas, S. et al. (2013) Management globaler Produktionsnetzwerke, S. 56 f.
[151] vgl. Friedli, T.; Thomas, S. et al. (2013) Management globaler Produktionsnetzwerke, S. 56; vgl. Torbjørn H. N.; Aspelund, A. (2014) Multi-plant improvement programmes
[152] Vgl. vgl. Friedli, T.; Lanza, G. et al. (2017) Aktive Gestaltung globaler Produktionsnetzwerke, S. 280
[153] Vgl. vgl. Friedli, T.; Lanza, G. et al. (2017) Aktive Gestaltung globaler Produktionsnetzwerke, S. 281

2.1.2.2 Wandlungstreiber und Unsicherheit

Viele Ansätze der Gestaltung von Produktionsnetzwerken bezwecken eine zeitdiskrete Optimierung – unter dem Gesichtspunkt vieler und wandelbarer Einflüsse müssen Gestaltungsentscheidungen insbesondere veränderliche Einflussfaktoren mitberücksichtigen. [154] Denn innerhalb des komplexen und dynamischen Marktumfeldes von Produktionsnetzwerken wirken vielfältige nicht minder dynamische Einflüsse darauf ein. [155] Diese Einflussfaktoren werden auch **Wandlungstreiber** genannt. [156]

Die einschlägige Literatur erfasste bereits nach der Jahrtausendwende intensiv Einflussfaktoren und Rahmenbedingungen[157] und versuchte schließlich, diese zu verallgemeinern und zu klassifizieren[158]. Dennoch ist die einheitliche Beschreibung der Wandlungstreiber kaum möglich, denn sie sind so vielfältig und individuell, wie Unternehmen und Marktbedingungen selbst. Sogar Wandlungstreiber, die alle Unternehmen oder ganze Märkte betreffen, lassen sich spätestens hinsichtlich ihrer Auswirkungen und Interdependenzen nicht mehr generalisieren. Die schwierige Verallgemeinerung bedeutet aber auf keinen Fall, dass Wandlungstreiber vernachlässigt werden dürfen.[159] Vielmehr gingen die Bemühungen darauf über, Ansätze anzubieten, die das Suchfeld für die Bestimmung der Wandlungstreiber greifbar machen. [160]

Viele Ansätze für praxisnahe Netzwerkgestaltung[161] erfordern die Einbindung von Expertinnen und Experten im Unternehmen, um relevante Wandlungstreiber akuter

---

[154] vgl. Schuh, G.; Potente, T. et al. (2014) Global Footprint Design based on Genetic Algorithms, S. 433

[155] vgl. Schmaußer, T. (2011) Gestaltung globaler Produktionsnetzwerke, S. 47; vgl. Grundig, C.-G. (2018) Grundlagen der Fabrikplanung, S. 14

[156] vgl. Lanza, G.; Moser, R. et al. (2011) Planung und Optimierung, S. 58 f.

[157] vgl. exemplarisch dafür Heinrich, P. (2002) Strategische Gestaltung von Produktionssystemen, S. 107 ff.; vgl. Abele, E.; Kluge, J. et al. (2006) Handbuch globale Produktion, S. 220; vgl. Meyer, T. (2006) Globale Produktionsnetzwerke, S. 30; vgl. Abele, E.; Liebeck, T. et al. (2008) Globale Produktion – eine Frage des Standorts, S. 2 f.; vgl. Neuner, C. (2009) Konfiguration internationaler Produktionsnetzwerke, S. 99; vgl. Schmaußer, T. (2011) Gestaltung globaler Produktionsnetzwerke, S. 47 ff.

[158] vgl. exemplarisch dafür Nyhuis, P.; Deuse, J. et al. (2013) Wandlungsfähige Produktion, S. 30 f.; vgl. Zwißler, F.; Gebhardt, M. (2013) Kostentechnische Beurteilung wandlungsfähiger Gestaltungsalternativen, S. 316 f.; vgl. Ullrich, A. (2018) Eigenschaften wandlungsfähiger Systeme, S. 42 ff.

[159] vgl. Löffler, C. (2011) Systematik der strat. Strukturplanung, S. 28; vgl. Nyhuis, P.; Deuse, J. et al. (2013) Wandlungsfähige Produktion, S. 30 f.

[160] vgl. Gille, C.; Zwißler, F. (2011) Bewertung von Wandlungstreibern, S. 310 f.; vgl. Haag, H.-C.; Radimersky, A. et al. (2012) Wandlungstreiber in Wertschöpfungsnetzen, S. 635; vgl. Lanza, G.; Moser, R. et al. (2012) Wandlungstreiber global agierender Produktionsunternehmen, S. 201; vgl. Moser, E. (2018) Migrationsplanung globaler Produktionsnetzwerke, S. 157

[161] Der Autor blickt im Zuge seiner wissenschaftlichen Tätigkeit auf Beratungsaktivitäten in der industriellen Praxis zurück und war dort in Fragen der Planung und Gestaltung von Produktionsnetzwerken involviert.

Entscheidungssituationen zu identifizieren. Diese müssen schon in der Planungsphase für die jeweiligen Netzwerkveränderungen konsultiert werden. [162]

Trotz fehlender Klassifizierung und spezifischer Erhebung, sind interne und externe Wandlungstreiber zu unterscheiden. Abbildung 2.6 gibt hierüber einen Überblick.

- **Interne Wandlungstreiber** sind noch überschaubar, denn ihre Entwicklung wird durch das Management beeinflusst und durch Unternehmensstrategie festgesetzt.[163] Beispiele für solch interne Wandlungstreiber sind Qualitätsstandards, Unternehmensressourcen oder Marktstrategien. Dynamik verbleibt etwa durch Störungen oder unvorhergesehene Ausfälle von Maschinen oder Personal.[164]
- **Externe Wandlungstreiber** sind weitaus komplexer und vielfältiger. Sie entstehen durch jegliche Form äußerlicher dynamischer Einflüsse auf die Unternehmensumgebung. Einige Beispiele verdeutlichen die Vielfalt: Konkurrenz durch Anzahl und Innovationsvermögen des Wettbewerbs übt Einfluss aus.[165] Auch geografisch verteilte und zunehmend dominante Kunden sowie ihr Nachfrageverhalten mit wechselnden Produktanforderungen wirken von außen ein.[166] Unternehmen stehen in unterschiedlichster Abhängigkeit zu ihren Zulieferern, mit jeweils unterschiedlicher Qualität und Zuverlässigkeit.[167] Die Umwelt beeinflusst ein Unternehmen innerhalb der Ökonomie, politisch-rechtlichen Rahmenbedingungen, Ökologie, Soziokultur, Demografie und Technologie.[168] Dazu gehören etwa Wandlungstreiber mit direktem Kosteneinfluss, wie zum Beispiel Zölle und Handelshemmnisse[169] oder Währungskurseffekte[170]. Auch die Marktentwicklung ist ein relevanter

---

[162] vgl. Gille, C.; Zwißler, F. (2011) Bewertung von Wandlungstreibern, S. 311; vgl. Heinzen, S.; Fischl, M. et al. (2012) Zur Gestaltung globaler Produktionsnetzwerke, S. 908 ff.

[163] vgl. Lanza, G.; Moser, R. et al. (2012) Wandlungstreiber global agierender Produktionsunternehmen, S. 201; vgl. Prote, J.-P. (2018) Verursachungsgerechte Bewertung von Standortalternativen, S. 62

[164] vgl. Lanza, G.; Stricker, N. et al. (2013) Ad-hoc Rescheduling, S. 123

[165] vgl. Lanza, G.; Stricker, N. et al. (2013) Ad-hoc Rescheduling, S. 123

[166] vgl. Grundig, C.-G. (2018) Fabrikplanung, S. 14

[167] vgl. Lanza, G.; Stricker, N. et al. (2013) Ad-hoc Rescheduling, S. 123

[168] vgl. Haag, H.-C.; Radimersky, A. et al. (2012) Wandlungstreiber in Wertschöpfungsnetzen, S. 634 f.

[169] vgl. Abele, E.; Dervisopoulos, M. et al. (2006) Herausforderungen globaler Produktionsnetzwerke, S. 222

[170] vgl. Abele, E.; Dervisopoulos, M. et al. (2006) Herausforderungen globaler Produktionsnetzwerke, S. 220; vgl. Abele, E.; Kluge, J. et al. (2006) Handbuch globale Produktion, S. 85; vgl. Schmaußer, T. (2011) Gestaltung globaler Produktionsnetzwerke, S. 66

Einflussfaktor[171] und verändert einzuplanende Kapazitäten oder Kundenanforderungen an Produkte mit drastisch kürzer werdenden Lebenszyklen. [172] Diese externen Wandlungstreiber sind unsicher und können durch Unternehmen nicht beeinflusst werden. Und diese Liste ist bei weitem nicht vollständig; einige andere Beispiele werden in Abbildung 2.6 benannt.

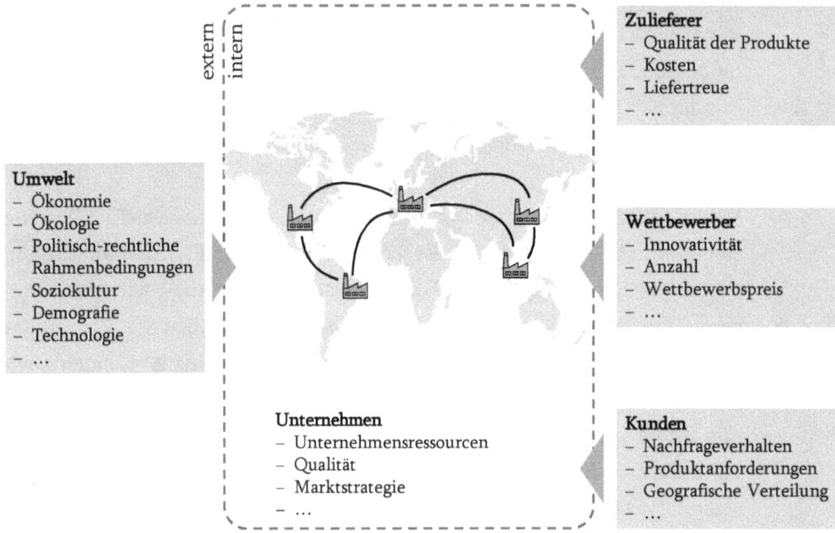

Abbildung 2.6: Beispiele für Wandlungstreiber

Insbesondere die Entwicklung externer Wandlungstreiber ist **unsicher** und nicht innerhalb der Organisation beeinflussbar. Dennoch kann die zu erwartende Entwicklung solcher unbeeinflussbarer Wandlungstreiber eingeschätzt werden. Ein Wandlungstreiber kann dabei dauerhaft oder nur vorrübergehend unsicher und dessen Entwicklung unterschiedlich gut vorhersehbar sein; daraus ergeben sich vier Typen[173], die in Abbildung 2.7 vorgestellt und mit Beispielen angereichert werden.

Die Typisierung hilft bei der Einschätzung und Prognose der Wandlungstreiber. Sie erlaubt ein Fortschreiben künftiger Entwicklungen durch vergangene Verläufe und lässt so die Unsicherheit des Umfelds in die Entscheidungsfindung einfließen. [174]

---

[171] vgl. Abele, E.; Dervisopoulos, M. et al. (2006) Herausforderungen globaler Produktionsnetzwerke, S. 220; vgl. Lanza, G.; Moser, R. (2012) Strategic Planning of Global Changeable Production Networks, S. 257

[172] vgl. Witthohn, C. (2019) Konfiguration globaler Produktionsnetzwerke, S. 2

[173] vgl. Neuner, C. (2009) Konfiguration internationaler Produktionsnetzwerke, S. 214

[174] i.A.a. Gille, C.; Zwißler, F. (2011) Bewertung von Wandlungstreibern, S. 312

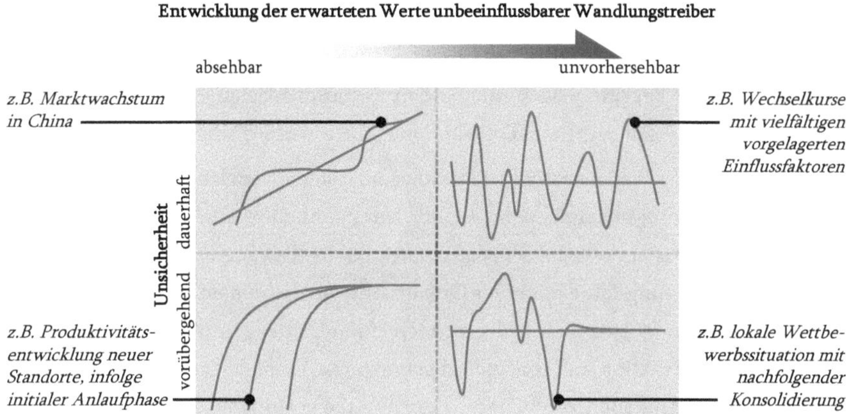

Abbildung 2.7: Typische Unsicherheit unbeeinflussbarer Wandlungstreiber [175]

Wandlungstreiber beeinflussen Produktionsnetzwerke, deren Optimierung und deren Wirtschaftlichkeit erheblich. Obwohl es wegen der teilweisen Unvorhersehbarkeit schwerfällt und aufgrund der Vielfalt mühsam ist, kommt die Netzwerkplanung nicht um ihre Berücksichtigung herum. Die Auswirkungen veränderlicher Wandlungstreibern können dann gedämpft werden, wenn auch die Produktionsnetzwerke und ihre Planung- und Gestaltung veränderungsfähig aufgebaut sind und betrieben werden.[176]

2.1.2.3 Veränderungsfähigkeit und Agilität

Wandlungstreiber und ihre Unsicherheit verdeutlichen: Unternehmen müssen Produktionsnetzwerke **veränderungsfähig** gestalten und so Wandel besser adaptieren. [177]

Wie schon für das Umfeld der globalen Produktion herausgearbeitet, erfordern hohe Volatilität und Wettbewerbsdruck sowie die zuvor beschriebenen Wandlungstreiber die Ressourcenflexibilisierung – um agil und kurzfristig auf Veränderungen zu reagieren.[178] Auch Produktionsnetzwerke müssen ebenso flexibel anpassungsfähig sein. [179]

---

[175] Eigene Darstellung i.A.a. Neuner, C. (2009) Konfiguration internationaler Produktionsnetzwerke, S. 214

[176] vgl. Löffler, C. (2011) Systematik der strat. Strukturplanung, S. 30 f.; vgl. Westkämper, E.; Löffler, C. (2016) Strategien der Produktion, S. 107 ff.; vgl. Schuh, G.; Prote, J.-P. et al. (2018) Dedicated Agility, S. 1

[177] vgl. Löffler, C. (2011) Systematik der strat. Strukturplanung, S. 24 ff.; vgl. Lanza, G.; Moser, R. et al. (2012) Wandlungstreiber global agierender Produktionsunternehmen, S. 200; vgl. Westkämper, E.; Löffler, C. (2016) Strategien der Produktion, S. 107 ff.; vgl. Schuh, G.; Prote, J.-P. et al. (2018) Dedicated Agility, S. 1

[178] vgl. Moser, R. (2014) Strategische Planung globaler Produktionsnetzwerke, S. 11; vgl. Schurig, M.; Ramsauer, C. (2015) Messung der Agilität von Produktionsnetzwerken, S. 114; vgl. Ramsauer, C.; Kayser, D. et al. (2017) Erfolgsfaktor Agilität, S. 80

[179] vgl. Lanza, G.; Häfner, B. et al. (2019) Produktionsnetzwerke und Fabriktypen der Zukunft, S. 797

Die Literatur zu Produktionsnetzwerken verwendet die Begriffe Flexibilität[180], Wandlungsfähigkeit[181] und Agilität oft uneinheitlich oder gar synonym. WIENDAHL ET AL. nuancieren diese Begriffe jedoch und beschreiben fünf Klassen der Veränderlichkeit für Produktionssysteme, die auch in Abbildung 2.8 illustriert sind.

Hierbei gilt Agilität im Übertrag von Produktionssystemen auch für Produktionsnetzwerke als Gestaltungsmaxime, denn Agilität umspannt dabei alle Produktionsebenen bis hinein ins Netzwerk und das Produktportfolio. Sie beschreibt zugleich die kontinuierliche Anpassungsfähigkeit einer Organisation an das dynamische und komplexe Unternehmensumfeld. Agilität bedeutet auch einen Umgang mit Unsicherheiten, der die frühzeitige Reaktion auf kontinuierliche externe Veränderungen vorsieht. [182] So ist es darüber hinaus auch zur Sicherung der Wettbewerbsfähigkeit erforderlich, dass Agilität für die Gestaltung der Ausrichtung von Produktionsnetzwerken maßgeblich ist.[183] In der Praxis erfüllen Unternehmen die Maßgabe jedoch nur selten.

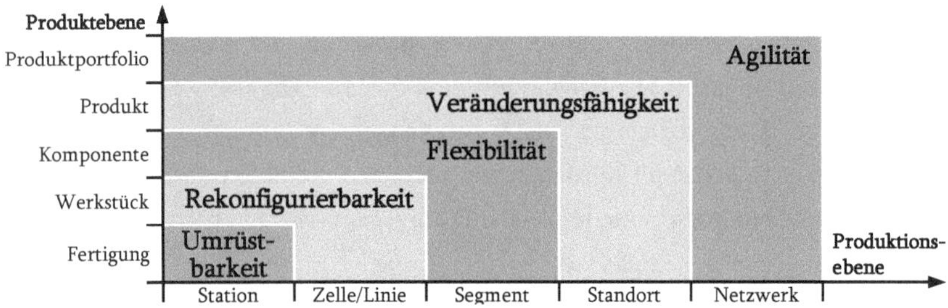

Abbildung 2.8: Klassen der Veränderlichkeit [184]

[180] Flexibilität in Produktionsnetzwerken beschreibt die Fähigkeit der schnellen und kostgünstigen Anpassung an neue Gegebenheiten innerhalb vorhandener, bzw. gegebener Flexibilitätskorridore. Abhängig von der Gestalt eines Produktionsnetzwerks sind der Flexibilität technische Grenzen gesetzt, die nur mit unverhältnismäßigem wirtschaftlichen Aufwand zu überwinden wären. Vgl. dafür Abele, E.; Liebeck, T. et al. (2006) Measuring Flexibility in Investment Decisions, S. 433 f.; vgl. Nyhuis, P.; Reinhart, G. et al. (2008) Wandlungsfähige Produktionssysteme, S. 24

[181] Wandlungsfähigkeit von Produktionsnetzwerken wird über Flexibilität hinaus als Systemeigenschaft verstanden, dabei werden wechselwirkende Systemelemente berücksichtigt und so auch Veränderung außerhalb gegebener Flexibilitätskorridore ermöglicht, sodass ein wandlungsfähiges System auch kurzfristig mit geringen Aufwänden auf Herausforderungen in verschiedenen Dimensionen reagieren kann. Vgl. dazu Nyhuis, P.; Deuse, J. et al. (2013) Wandlungsfähige Produktion, S. 23 f.; vgl. Moser, R. (2014) Strategische Planung globaler Produktionsnetzwerke, S. 12 f.; vgl. Lanza, G.; Häfner, B. et al. (2019) Produktionsnetzwerke und Fabriktypen der Zukunft, S. 799

[182] vgl. Schurig, M.; Ramsauer, C. (2015) Messung der Agilität von Produktionsnetzwerken, S. 114; vgl. Mörth, O.; Hulla, M. et al. (2020) Erfolgsfaktor Agilität in der digitalen Transformation, S. 40

[183] vgl. Häusling, A. (2018) Agile Organisationen, S. 28

[184] Eigene Darstellung i.A.a. Wiendahl, H.-P.; ElMaraghy, H. et al. (2007) Changeable Manufacturing, S. 786

2.1.2.4 Antagonismus in der Netzwerkplanung

Die Netzwerkgestaltung entspricht in der Praxis noch nicht der erforderlichen Agilität; vielmehr beobachtet der Autor dieser Arbeit im Jahr 2018 mit SCHUH ET AL. einen **Antagonismus in der praktischen Planung von Produktionsnetzwerken**: [185]

Die Praxis nutzt zwei Vorgehensweisen, um Produktionsnetzwerke zu verändern. Entweder werden dafür aufwändige Veränderungsprojekte initiiert, oder es kommt zu einzelnen inkrementellen, oft lokal begrenzten, Investitionsentscheidungen.

Ersterer Fall bedeutet oftmals die Initiierung einer unternehmensumspannenden strategische Initiative in Form eines (Re-)Konfigurationsprojektes durch das Top-Management. Schon einfache Verlagerungen einzelner Produktionskapazitäten erfordern komplexe Business-Case-Berechnungen.[186] Solche Projekte dauern oft mehrere Jahre an und sind auf einen diskreten künftigen Zeitpunkt für die Netzwerkgestaltung ausgerichtet. Solche Vorhaben kommen aufgrund des Aufwands und der weitreichenden Implikationen nur selten vor. Das Ziel mit diesem Vorgehen ist die integrierte Berücksichtigung vielfältigster Interdependenzen im Netzwerk – wenngleich äußere Rahmenbedingungen mit Projektstart quasi eingefroren werden. Dadurch werden die Projektergebnisse mir ihren initialen Prämissen von der Realität neuer Umwelt- und Rahmenbedingungen überholt. [187] Diese Planungsansätze unterliegen dem Irrglauben, dass die Produktionsnetzwerkstrategie ein Projekt ist, nach dessen Abschluss man zur Tagesordnung zurückkehrt; sie ignorieren, dass sich das Ziel der Planung aufgrund von makroökonomischen und technologischen Entwicklungen ständig verändert. [188]

Der dazu antithetische zweite Ansatz beruht auf der Abfolge einzelner Investitionsentscheidungen. Diese finden fast kontinuierlich, weil bedarfsinduziert, statt, etwa zum Aufbau lokaler Produktionskapazitäten. Allerdings führt eine jede solche Einzelentscheidung – meist getroffen auf Werksebene – zu einer Veränderung im Netzwerk, die ohne Berücksichtigung netzwerkweiter Interdependenzen getroffen wurde. [189] So

---

[185] vgl. Schuh, G.; Prote, J.-P. et al. (2018) Rolling Planning of Migration, S. 17

[186] Dies bestätigten Interviews mit Industrie-Experten in Führungspositionen im Rahmen der durch das WZL initiierten Konsortial-Benchmarking-Studie "Gestaltung exzellenter globaler Produktionsnetzwerke" vgl. Schuh, G.; Reuter, C. et al. (2016) Konsortial-Benchmarking

[187] vgl. Schuh, G.; Prote, J.-P. et al. (2018) Rolling Planning of Migration, S. 17

[188] vgl. Srai, J.; Christodoulou, P. (2014) Capturing value from global networks, S. 15

[189] Dies bestätigten Interviews mit Industrie-Experten in Führungspositionen im Rahmen der durch das WZL initiierten Konsortial-Benchmarking-Studie "Gestaltung exzellenter globaler Produktionsnetzwerke" vgl. Schuh, G.; Reuter, C. et al. (2016) Konsortial-Benchmarking

sind Produktionsnetzwerke über die Jahre aus vielen einzelnen, inkrementellen Entscheidungen entstanden, die stets durch scheinbar überzeugende Argumente oder Kostenanalysen gerechtfertigt wurden. [190] Bei den Entscheidungen werden jedoch deren ganzheitliche, unbeabsichtigte Konsequenzen vernachlässigt – je größer der Fokus auf den Einzelentscheidungen liegt, desto geringer ist die Berücksichtigung der langfristigen Strategie und der Gesamtübersicht. [191] Die beiden Vorgehensweisen stehen sich antagonistisch gegenüber; Abbildung 2.9 verdeutlicht das.

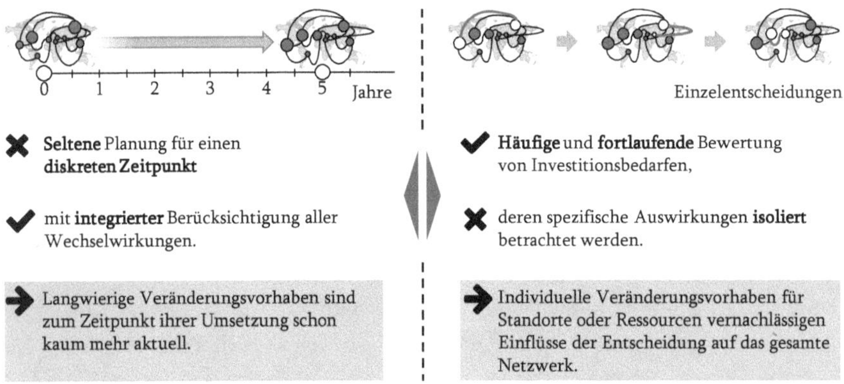

Abbildung 2.9: Antagonismus in der Planung von Produktionsnetzwerken

Soll dieser Antagonismus aufgehoben werden, erfordert das zwei Konsequenzen: Es wird ein Sinneswandel notwendig, der die Gestaltung von Produktionsnetzwerken als kontinuierlichen Prozess versteht[192], also als die häufige und kontinuierliche Planung des Netzwerkdesigns und der resultierenden Migration. Zugleich ist eine integrierte Betrachtung von Interdependenzen auf Netzwerkebene in beiden Fällen erforderlich.

2.1.2.5 Referenzprozess für kontinuierliche Netzwerkgestaltung

Das Ziel einer ganzheitlich integrierten und zeitlich kontinuierlichen Planung[193] in agil veränderlichen[194] Produktionsnetzwerken bedeutet zugleich, dass eine zeitdiskrete Betrachtung der Planungsebenen selbst durch etablierte Managementmodelle[195] nicht länger ausreicht. Vielmehr muss die Umgestaltung der Wertschöpfungskette als

---

[190] vgl. Ferdows, K. (2008) Managing the Evolving Global Production Network, S. 149
[191] vgl. Schuh, G.; Prote, J.-P. et al. (2018) Rolling Planning of Migration, S. 17
[192] vgl. Srai, J.; Christodoulou, P. (2014) Capturing value from global networks, S. 20
[193] Siehe Abschnitt 2.1.2.4
[194] Siehe Abschnitt 2.1.2.3
[195] Für Ausführungen zu den Planungsebenen und Managementmodellen siehe insbesondere Abschnitt 2.1.2.1

ein **kontinuierlicher Prozess** verstanden werden, damit die Potentiale des globalen Produktionsnetzwerks bestmöglich genutzt werden können. [196]

Für ihre Produktionsnetzwerke fehlt produzierenden Unternehmen meist ein solcher Prozess. Dann sind die nötige Kontinuität und die integrierte Berücksichtigung des gesamten Netzwerkes nicht gewährleistet. [197] Daraus leitet sich die Forderung nach Geschäftsprozessen ab, die dies als etabliertes Hilfsmittel in Unternehmen leisten. SCHUH ET AL. schlagen dafür einen **Referenzprozess** vor; siehe dazu Abbildung 2.10. [198]

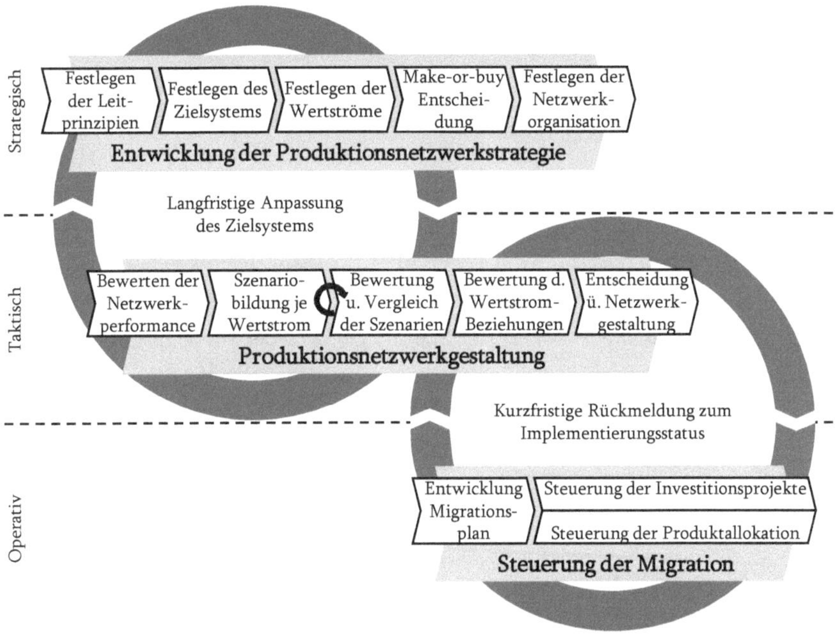

Abbildung 2.10: Referenzprozess für die kontinuierliche Netzwerkgestaltung [199]

Der Prozess lehnt sich am Verständnis der in Abschnitt 2.1.2.1 bereits eingeführten drei Planungsebenen[200] an. Dabei besteht ein Informationsfluss von der obersten strategischen Ebene nach unten gerichtet, z.B. mit Entscheidungen und Vorgaben. Dies

[196] vgl. Stoffel, M. (2016) V-Modell zur Auslegung großer Produktionsnetzwerke, S. 3

[197] vgl. Ferdows, K. (2008) Managing the Evolving Global Production Network, S. 149; vgl. Srai, J.; Christodoulou, P. (2014) Capturing value from global networks, S. 20; vgl. Schuh, G.; Prote, J.-P. et al. (2017) Reference Process, S. 446

[198] vgl. Schuh, G.; Prote, J.-P. et al. (2017) Reference Process, S. 446 ff.

[199] Eigene Darstellung i.A.a. Schuh, G.; Prote, J.-P. et al. (2017) Reference Process, S. 448

[200] vgl. beispielsweise Jacob, F. (2006) Quantitative Optimierung dynamischer Produktionsnetzwerke, S. 13 f.

läuft einem nach oben gerichteten Informationsfluss von der unteren operativen Ebene entgegen, z.B. über Status und Fortschritt der Umsetzungsmaßnahmen. Diese Informationsflüsse sind zwischen den angrenzenden Ebenen rückgekoppelt, um in der Kommunikation flexibel mit veränderlichen Gegebenheiten umzugehen. Die kontinuierliche Rückmeldung gewährleistet, dass strategische Entscheidungen tatsächlich umsetzbar sind, oder, dass erforderliche Anpassungen vorgenommen werden. [201]

- Das Prozessmodul auf der **strategischen** Ebene des Referenzprozesses dient der Entwicklung der **Produktionsnetzwerkstrategie**. Hier werden die Ziele und Gestaltungsrichtlinien für die Netzwerkgestaltung definiert. Grundlage dafür sind etwa die Unternehmensstrategie, geplante Absatzmengen sowie das Marktumfeld. Es werden erst Leitprinzipien und dann spezifische Ziele formuliert. Dann werden Wertströme auf Netzwerkebene segmentiert und dafür wird abhängig von Technologie- und Kapazitätsverfügbarkeit jeweils über Umfänge der Eigenfertigung entschieden. Zuletzt wird die Organisation des Netzwerks definiert und damit z.B. über Wertstromverantwortlichkeiten und Standortrollen entschieden. [202] Durch das klare prozessgetriebene Vorgehen unterscheiden sich SCHUH ET AL. von der Strategie-Ebene des Managementrahmens von FRIEDLI ET AL. [203], wie in Abschnitt 2.1.2.1 vorgestellt.
- Das Prozessmodul auf der **taktischen** Ebene des Referenzprozesses dient der **Gestaltung des Produktionsnetzwerks**. Aus der definierten Produktionsstrategie werden detaillierte Szenarien für die Entwicklung des Produktionsnetzwerkes abgeleitet. Zunächst wird der Handlungsbedarf ermittelt, um damit eine iterative Entwicklung und Bewertung von Szenarien für einzelne Wertströme vorzunehmen. SCHUH ET AL. verweisen auf bestehende Ansätze, die auch ein umfangreiches Zielsystem und Unsicherheit berücksichtigen; dafür sei z.B. auf den Ansatz von LANZA UND MOSER[204] verwiesen. Erst nach Berücksichtigung möglicher Interdependenzen kann ein Netzwerkszenario für jeden Wertstrom zur Genehmigung kommen. [205] Dedizierte Ansätze befassen sich mit der Netzwerkplanung in der taktischen Ebene. [206]

[201] vgl. Schuh, G.; Prote, J.-P. et al. (2017) Reference Process, S. 447 f.

[202] vgl. Schuh, G.; Prote, J.-P. et al. (2017) Reference Process, S. 448

[203] vgl. Friedli, T.; Thomas, S. et al. (2013) Management globaler Produktionsnetzwerke, S. 48

[204] vgl. Lanza, G.; Moser, R. (2014) Multi-Objective Optimization

[205] vgl. Schuh, G.; Prote, J.-P. et al. (2017) Reference Process, S. 448

[206] Hierfür sei die Dissertation „Entscheidungsprozess zur kontinuierlichen Gestaltung von Produktionsnetzwerken“ von Andreas Gützlaff erwähnt, die parallel zu der hier vorliegenden Arbeit entstand.

- Das Prozessmodul auf der **operativen** Ebene des Referenzprozesses bezweckt das Management, bzw. die **Planung und Steuerung der Migration**. Zuvor erarbeitete und freigegebene Netzwerkszenarien werden nun implementiert. SCHUH ET AL. betrachten besonders das Management vielzähliger Umsetzungsprojekte. Dafür werden die zur Umsetzung erforderlichen Schritte detailliert und in eine sinnvolle Reihenfolge gebracht. Die Autoren unterscheiden für die Implementierung angelehnt an SCHILLING[207] zwischen Management von (Des-)Investitionsprojekten und Produktallokationen. [208]

Der Referenzprozess von SCHUH ET AL. versteht die Netzwerkgestaltung als ganzheitlichen und kontinuierlichen Prozess – er berücksichtigt Interdependenzen und erlaubt Rückkopplungen in die taktische und strategische Ebene. So trägt er auch zu einem hohen Grad an Fähigkeit zur Veränderung in Produktionsnetzwerken bei.

Ziel der hier vorliegenden Arbeit ist die Planung, Steuerung und Überwachung von Migration in Produktionsnetzwerken[209]. Damit lässt die Arbeit sich ideal – wie in Abbildung 2.10 herausgestellt – an das dritte Prozessmodul *Planung und Steuerung der Migration* des Referenzmodells von SCHUH ET AL.[210] angliedern.

Der Referenzprozess bietet also ein Rahmenwerk, den bis hierher angeklungenen Herausforderungen zu begegnen. Dies sind etwa eine komplexe Planungsaufgabe oder vielfältige unvorhersehbare Wandlungstreiber.

2.1.2.6 Zwischenfazit zu globalen Produktionsnetzwerken

Die letzten Abschnitte zeigten: Die Planung und das Management von Produktionsnetzwerken müssen eine eigenständige Aufgabe sein, sie müssen diverse Wandlungstreiber und Unsicherheit in Kauf nehmen und zugleich agil sein; dabei müssen sie den Antagonismus aus fortwährender und integrierter Planung überwinden und dabei hilft eine kontinuierlich prozessuale Sichtweise über einen Referenzprozess. Auch aus diesen Sichtweisen zeigen sich in der Praxis vielfältige Herausforderungen; diese werden im Unterkapitel 2.4 detailliert behandelt, hier aber bereits angerissen:

---

[207] vgl. Schilling, R. (2012) Manufacturing network development

[208] vgl. Schuh, G.; Prote, J.-P. et al. (2017) Reference Process, S. 449

[209] Siehe auch Teilkapitel 1.2

[210] vgl. Schuh, G.; Prote, J.-P. et al. (2017) Reference Process

Die Planung und Gestaltung von Produktionsnetzwerken erfährt folgende Herauforderungen:[211]

- **Anpassung** an globalen Produktionsnetzwerken regelmäßig erforderlich
- **Verzögertes** Reagieren auf Veränderungen ist nachteilhaft
- Hohe **Anzahl** sowie große **Veränderlichkeit** der Einflüsse auf Netzwerk und Veränderungsvorhaben
- **Antagonismus**: Planung entweder (selten) integriert für eine diskrete Zukunft oder (öfter) isoliert für alltägliche Bedarfe
- Produktionsnetzwerke und deren Veränderungsvorhaben sind durch eine hohe Anzahl an **Interdependenzen** charakterisiert

Neben einem Verständnis der Planung und Gestaltung von Produktionsnetzwerken ist eine Annäherung an den Begriff der Migration im folgenden Kapitel erforderlich.

2.1.3 Migration im Kontext der globalen Produktion

Der Begriff Migration ist wohl für jedes gesellschaftliche und wissenschaftliche Feld individuell belegt und weckt so vielfältige Assoziationen, wie es derartiger Themenfelder gibt. Umso notwendiger ist die Eingrenzung auf die globale Produktion.

2.1.3.1 Der Begriff Migration

Die Etymologie führt ins Lateinische, wo das Verb *migrare* für wandern oder auswandern steht [212], oder auf das Nomen *migratio* zurückgeht, das (Aus-)Wanderung oder Umsiedlung bedeutet [213]. Die soziologische Definition beschreibt mit Migration, wenn Menschen durch Wanderungsbewegungen dauerhaft ihren Aufenthaltsort ändern. [214] Auch die Eingrenzung auf die technischen Wissenschaften verschafft noch nicht die erhoffte Klarheit: Darin ist Migration allgemein die Veränderung, den Fortschritt und die Entwicklung von Produkten, Zuständen und Systeme.[215]

[211] Die hier benannten Herausforderungen werden nachfolgend in Teilkapitel 2.4.1.1 detailliert erläutert

[212] vgl. Han, P. (2016) Soziologie der Migration, S. 5 - 6

[213] vgl. Duden (2021) Stichwort: Migration

[214] vgl. Gabler Wirtschaftslexikon (2018) Stichwort: Migration

[215] vgl. Gartzen, T. (2012) Diskrete Migration als Anlaufstrategie für Montagesysteme, S. 23 f.

Erst ein gezielter Blick in die produktionstechnische Forschung schärft das Bild: Migration ist hier die Überführung eines Produktionssystems von einer Ausgangskonfiguration in eine Zielkonfiguration. [216] Dies geschieht durch einen evolutionären und längerfristigen Prozess unter dem Einfluss kontinuierlicher Veränderungen. [217] Und damit ähnelt diese Vorstellung der Migration in globalen Produktionsnetzwerken, denn diese meint die zielgerichtete Überführung der Ausgangskonfiguration eines Produktionsnetzwerks in eine zu realisierende Zielkonfiguration [218] mitsamt den erforderlichen vordefinierten Zwischengrößen und Zwischenzuständen[219]. Das beinhaltet auch die für die Migration erforderlichen Umsetzungsmaßnahmen, diese reichen von der Umstrukturierung von Prozessketten über die Verlagerung von Ressourcen bis hin zum Auf- oder Umbau von Standorten – so kann die Migration als Konfigurationsprozess angesehen werden. [220]

2.1.3.2 Funktion von Migration in Produktionsnetzwerken

Welche Bedeutung hat Migration also in Produktionsnetzwerken? Die schiere Notwendigkeit, geplante Veränderungen im Netzwerk auch umzusetzen, steht für sich: Zahlreiche Ansätze oder Methoden zur Netzwerkgestaltung erkennen Migration als eigenständigen und bedeutsamen Bestandteil der gesamten Netzwerkgestaltung. [221]

Neben reiner Notwendigkeit zur Veränderung sprechen gute Gründe für eine Auseinandersetzung mit Migrationsaktivitäten und deren optimaler Durchführung:

In Gestaltung und Betrieb von Produktionsnetzwerken stellt die Migration einen entscheidenden **Kostentreiber** dar. SCHUH ET AL. beschreiben, dass etwa der Zukauf von Maschinen, das Anwerben und Qualifizieren neuen Personals aber auch Transporte und die Logistik für die geografische Verlagerung von Ressourcen im Netzwerk Aufwände verursachen, die direkt mit der Migration zusammenhängen. [222] Obwohl diese Transaktionskosten einmalig und nicht-periodisch auftreten[223], summieren sich diese

---

[216] vgl. Gartzen, T. (2012) Diskrete Migration als Anlaufstrategie für Montagesysteme, S. 23

[217] vgl. Gartzen, T. (2012) Diskrete Migration als Anlaufstrategie für Montagesysteme, S. 23 f.

[218] vgl. Neuner, C. (2009) Konfiguration internationaler Produktionsnetzwerke, S. 11

[219] vgl. Mößmer, H. (1999) Simulationsbasierte Regelung zeitvarianter Produktionssysteme, S. 53

[220] vgl. Reuter, C.; Prote, J.-P. et al. (2015) Ermittlung eines strategischen Migrationsplans, S. 425

[221] Ein möglichst geregelter Rahmen für Migration empfiehlt sich, wie z.B. mit dem in Abschnitt 2.1.2.5 vorgestellten Referenzprozess. Die meisten bestehenden Ansätze für ganzheitliche Netzwerkgestaltung adressieren diese Aspekte nicht speziell für Migration und so gelingt es ihnen nicht, diese Potentiale zu heben. Siehe dazu auch die Herausforderungen der Migration, wie sie in Abschnitt 2.1.3.7 zusammengefasst sind.

[222] vgl. Schuh, G.; Potente, T. et al. (2014) Global Footprint Design based on Genetic Algorithms, S. 434

[223] vgl. Jacob, F. (2006) Quantitative Optimierung dynamischer Produktionsnetzwerke, S. 8

Kosten im Verlauf kontinuierlicher Netzwerkplanung – mit stets neuen Migrationsaktivitäten – auf. Besonders signifikant sind Aufwendungen, die dem Aufbau von Ressourcen dienen, die später überflüssig und wieder abgebaut werden. Dies ist besonders gewichtig für Migration mit Zwischenschritten über mehrere Perioden hinweg. [224]

Zugleich ist es charakteristisch für Migrationsaktivitäten, dass die Umsetzung eine gewisse **Zeitdauer** in Anspruch nimmt: Zwischen Entscheidung für eine Konfigurationsänderung im Netzwerk mit allen erforderlichen Investitionen besteht ein Zeitversatz bis zur abgeschlossenen Umsetzung. Erst nach dem Abschluss können die Potentiale durch das nunmehr profitablere Produktionsnetzwerk zur Geltung kommen. Zugleich kann ein bewusstes Steuern der Umsetzungsgeschwindigkeit von Migration oder das Segmentieren in einzelne Schritte ein Steuerungsinstrument für die in einem Zeitraum erforderlichen Investitionsaufwände und zugleich das Risiko sein. [225]

Aus Sicht der Auswirkungen auf die gesamte Netzwerkperformance sind sowohl Kosten als auch Zeitdauer relevant für die Beschreibung und Optimierung von Migration.

2.1.3.3 Dimensionen von Migration

Verschiedene Ausgangssituationen können Migration erfordern; sie können ein Resultat aus Entscheidungen in der (taktischen) Netzwerkkonfiguration[226] sein. Damit bestehen Unterschiede im **Betrachtungsgegenstand.** Abhängig von der bestehenden und der anzustrebenden Standortstruktur unterscheidet sich die Migrationsaktivität zwischen Greenfield-Migration und Brownfield-Migration. Analog findet etwa Fabrikplanung auf leerer „grüner Wiese“ oder auf bewirtschafteten Geländen statt. [227]

- **Greenfield-Migration** ist der Aufbau neuer Produktionsstandorte und die damit einhergehende Integration jeweils zugehöriger Produktionsprozesse.
- **Brownfield-Migration** bezweckt hingegen die Veränderung innerhalb bereits bestehender Standortstrukturen. [228] Hier wirken im besonderen Maße die Wandlungstreiber und dadurch induzierte Interdependenzen. [229] Auch die Kosten für die Umstellung der Strukturen des existierenden Netzwerks

[224] vgl. Schuh, G.; Potente, T. et al. (2014) Global Footprint Design based on Genetic Algorithms, S. 434

[225] vgl. Abele, E.; Meyer, T. et al. (2008) Global Production, S. 179

[226] Siehe auch die taktische Ebene im Referenzprozess von SCHUH ET AL. sowie den Abschnitt 2.1.2.5; vgl. Schuh, G.; Prote, J.-P. et al. (2017) Reference Process

[227] Die Fabrikplanung kennt verschiedene solcher Planungsgrundfälle. Dazu vgl. Grundig, C.-G. (2018) Grundlagen der Fabrikplanung, S. 18 ff.

[228] vgl. Hagedorn, A. (1994) Planung und Kontrolle von Produktionsstandorten, S. 18

[229] Bezüglich der Wandlungstreiber siehe auch Abschnitt 2.1.2.2

müssen im Brownfield-Ansatz berücksichtigt werden. Im Zeitraum von oft eine Dekade oder darüber hinaus, kann Migration über den zeitlichen Verlauf dargestellt und hinsichtlich der Wirtschaftlichkeit bewertet werden. [230] Die Dauer von Migrationsaktivitäten hängt von der konkreten Aufgabe ab: Kapazitätserweiterungen, Produktverschiebungen oder gar der Aufbau zusätzlicher Standorte benötigen in der Praxis unterschiedlich viel Zeit. [231]

Die Differenzierung zwischen Greenfield und Brownfield ist im Sinne dieser Arbeit unerheblich – eine kontinuierliche Migration muss beide Anwendungsfälle abdecken.

Eine weitere gängige Differenzierung des Begriffs liegt in der **Systematik des Vorgehens** in der Migrationsplanung. Für die Wirtschaftlichkeit des Übergangsprozesses unterscheiden sich die pragmatische Migration und die optimierte Migration: [232]

- Die **pragmatische Migration** verfolgt die unmittelbare Umsetzung von Veränderungsmaßnahmen für das Erreichen einer optimierten Netzwerkstruktur. Dieses Vorgehen berücksichtigt zwar Einschränkungen, sieht aber die frühestmögliche Umsetzung in einem Zug vor. Manche Restriktionen werden berücksichtigt, etwa die Verfügbarkeit von Personalkapazitäten oder der Lebenszyklusstatus der zu verlagernden Produkte. Eine einfache Bewertung der pragmatischen Migration gelingt etwa mit einfacher Kapitalwertberechnung, beispielsweise auf Grundlage geschätzter oder zukünftiger Einsparungen. Solche Zahlungsströme entstehen mit fortschreitendem Umsetzungsfortschritt, etwa durch Verkaufserlöse oder zusätzliche Investitionen. Die entscheidende „pragmatische" Grundannahme dieses Vorgehens ist, dass der schnellstmögliche Pfad zugleich der wirtschaftlichste ist. Das muss jedoch nicht zutreffen, insbesondere, wenn die Einmalaufwendungen und Investitionskosten im Vergleich das Einsparpotenzial deutlich übersteigen. [233]
- Die **optimierte Migration** setzt hier an: Variation der Umsetzungsgeschwindigkeit und gezielte Reihenfolgenauswahl der Migrationsschritte kann die Kapitalwertentwicklung erheblich verbessern. So wird insbesondere der Faktor Zeit berücksichtigt. Besonders im veränderlichen Umfeld ermöglicht eine dynamische, bzw. regelmäßige Beobachtung und Neubewertung, dass ein völlig neues Zielszenario – im Vergleich des zu Beginn der Migration

[230] vgl. Jacob, F. (2006) Quantitative Optimierung dynamischer Produktionsnetzwerke, S. 20

[231] vgl. Neuner, C. (2009) Konfiguration internationaler Produktionsnetzwerke, S. 183

[232] vgl. Abele, E.; Meyer, T. et al. (2008) Global Production, S. 161 f.

[233] vgl. Abele, E.; Meyer, T. et al. (2008) Global Production, S. 161 f.

angestrebten Szenarios – wirtschaftlicher erscheint. Das wird möglich, wenn die Analyse nicht mehr allein die zu erzielenden Einsparungen fokussiert, sondern auch hohe interne Verzinsungen oder die schnellere Amortisation von Auszahlungen mit einbezieht. Die Literatur benennt ein Verhältnis von drei zu eins im Vergleich von Investitionskosten zu Ersparnissen, ab welchem sich der optimierte Weg gegenüber dem pragmatischen lohnt. Der Einbezug der Dimension Zeit in die Migrationsplanung bedeutet, dass diese zugleich die Entscheidungen der Migration maßgeblich mit beeinflusst. [234]

Auf Grundlage der in vorigen Kapiteln abgeleiteten Treiber und Herausforderungen bei der Gestaltung globaler Produktionsnetzwerke und mit den ebenfalls ausgeführten Potentialen einer systematischen Planung und Durchführung der Migration, ist die optimierende Migration die geeignete Anknüpfung für die weiteren Ausführungen. Die Zeit spielt für die Migrationsplanung eine berücksichtigenswerte Rolle[235] und das letztliche Planungsergebnis für die Migration umfasst neben der zeitlichen auch die sequenzielle Anordnung der Migrationsschritte und bietet damit eine Grundlage zu weiterer Optimierung.[236] Diese Erkenntnis deckt sich mit dem Fazit aus Abschnitt 2.1.3.2; auch dort ging die große Bedeutung von **Kosten** und **Zeitdauer** für das gesamte Produktionsnetzwerk hervor. Die **technologische Machbarkeit** ist ebenfalls wichtig.

2.1.3.4 Weiterführende Begriffe im Kontext der Migration

Mit dem Eintauchen in die Aktivitäten zur Planung und Durchführung von Migration gehen abgestufte Begrifflichkeiten einher; die Abbildung 2.11 fasst sie zusammen.

Migrationsplanung beschreibt die tatsächliche Aktivität der Planung und Steuerung des langfristigen Übergangsprozesses von einer bestehenden Netzwerkkonfiguration in eine Zielkonfiguration. Die Migrationsplanung ist zugleich die Hauptaufgabe der operativen Ebene im zuvor beschriebenen Referenzprozess nach SCHUH ET AL. und soll die Entscheidungen und Vorgaben aus der taktischen und damit implizit auch aus der strategischen Ebene in einen Plan übersetzen. [237] Dieser Plan hat die Aufgabe, eine

---

[234] vgl. Meyer, T. (2006) Globale Produktionsnetzwerke, S. 131 f.; vgl. Abele, E.; Meyer, T. et al. (2008) Global Production, S. 161 f.

[235] vgl. Neuner, C. (2009) Konfiguration internationaler Produktionsnetzwerke, S. 131 f.

[236] vgl. Abele, E.; Kluge, J. et al. (2006) Handbuch globale Produktion, S. 113; vgl. Reuter, C.; Prote, J.-P. et al. (2015) Ermittlung eines strategischen Migrationsplans, S. 426; vgl. Schuh, G.; Prote, J.-P. et al. (2018) Rolling Planning of Migration, S. 17 ff.; vgl. Maibaum, J.; Cremer, S. et al. (2019) Integrated Process for Optimized Planning of Migration, S. 633 ff.

[237] vgl. Schuh, G.; Prote, J.-P. et al. (2017) Reference Process, S. 448

möglichst wirtschaftliche Migrationsstrategie zur Anpassung des Netzwerks an volatile und dynamische Rahmenbedingungen zu identifizieren und spielt dadurch eine entscheidende Rolle, den effizienten Betrieb von Produktionsnetzwerken aufrecht zu erhalten.[238] Das Ergebnis der Migrationsplanung sind insbesondere die Auswahl und die Terminierung der für die Migration erforderlichen Restrukturierungsmaßnahmen, die dazu beitragen, das Zielnetzwerk zu erreichen. [239] Zudem soll die Migrationsplanung eine konkrete Handlungsempfehlung für eine Reihenfolge, bzw. Sequenz der Umsetzungsschritte formulieren. [240] Es existieren einige Ansätze und Methoden, die sich der Migrationsplanung verschreiben. Diese werden für die Reflektion des gegenwärtigen Erkenntnisstands mitsamt den darin formulierten Anforderungen an die Migrationsplanung in den Teilkapiteln 2.1.3.7 und 2.4 diskutiert. Das (Zwischen-) Ergebnis der Migrationsplanung kann als ein **Migrationsplan** ausgedrückt werden.

Die Begriffe **Migrationsprojekt** oder **Migrationsvorhaben** beschreiben die Migration eines Ist-Netzwerks. Das bedeutet die konkrete Überführung einer Ausgangskonfiguration in die Zielkonfiguration.[241] Damit ist ein Migrationsprojekt oder -vorhaben der fortlaufenden Migrationsaufgabe untergeordnet und eine darin zeitlich abgeschlossene Aktivität. Auch für Migrationsprojekte werden zu migrierende Netzwerkressourcen ermittelt und Ausgangs- und Zielkonfigurationen des Netzwerkes verglichen.

Das **Migrationspotenzial** beschreibt die Differenz von einer bestehenden Struktur des Produktionsnetzwerkes hin zu einer angestrebten Zielstruktur.[242] Ein Potenzial beschreibt allgemein eine Gesamtheit vorhandener Mittel, Möglichkeiten, Fähigkeiten oder Energien.[243] Ein Produktionsnetzwerk wird erst bei Erreichen des Zielnetzwerks optimal betrieben. Dafür muss das Migrationspotenzial überwunden werden.

Migrationspfade beschreiben denjenigen individuellen Verlauf der Migration, der zur Überwindung eines Migrationspotenzials führt. Sie ermöglichen, einen definierten

[238] vgl. Gartzen, T. (2012) Diskrete Migration als Anlaufstrategie für Montagesysteme, S. 88; vgl. Moser, E.; Stricker, N. et al. (2016) Risk Efficient Migration Strategies, S. 104

[239] i.A.a. Meyer, T. (2006) Globale Produktionsnetzwerke, S. 131

[240] vgl. Schuh, G.; Potente, T. et al. (2014) Global Footprint Design based on Genetic Algorithms, S. 435; vgl. Reuter, C.; Prote, J.-P. et al. (2015) Ermittlung eines strategischen Migrationsplans, S. 426

[241] vgl. Neuner, C. (2009) Konfiguration internationaler Produktionsnetzwerke, S. 11

[242] vgl. Neuner, C. (2009) Konfiguration internationaler Produktionsnetzwerke, S. 110; vgl. Gartzen, T. (2012) Diskrete Migration als Anlaufstrategie für Montagesysteme, S. 23; vgl. Schuh, G.; Prote, J.-P. et al. (2018) Rolling Planning of Migration, S. 18 f.; vgl. Maibaum, J.; Cremer, S. et al. (2019) Integrated Process for Optimized Planning of Migration, S. 636

[243] vgl. Duden (2021) Stichwort: Potenzial

Anfangszustand in einen definierten Zielzustand zu überführen und sind so die „Landkarte" der Migration. Diese Überbrückung erfordert etwa veränderte Produktionskapazitäten, verlagerte Wertschöpfungsstufen oder angepasste Produktionstechnologie.[244] Meist existieren mehreren Varianten der Migrationspfade, die wiederum unterschiedlichste Auswirkungen auf das Produktionsnetzwerk haben.[245] Die Migration wird entweder ohne Gliederung oder mit (periodischer) Gliederung des Zeitablaufs beschrieben. Eine zeitliche Gliederung ermöglicht die Variation des Zeitpunkts, zu dem einzelne (sonst identische) Schritte der Pfade überbrückt werden. Das macht die Betrachtung mehrerer zeitlicher Perioden realitätsnäher, erhöht aber zugleich die Komplexität.[246] In der mehrperiodischen Migrationsplanung sind Planungshorizonte im Sinne der agilen Anpassung an unsichere Einflussfaktoren meist kurzfristig.[247] Die zeitliche Gliederung erlaubt Entscheidungen über die ideale Sequenz einzelner Teilschritte, die auch Teil des Migrationspfads sind.[248] Neben Zeitverlauf und einhergehender Sequenz weichen oft die Kosten einzelner Pfade stark ab. Verschiedene Aufwendungen für Verlagerungsaktivitäten von Produkten in alternativen Varianten von Migrationspfaden zu unterschiedlichen Zeitpunkten sind denkbar; je nach beschrittenem Migrationspfad können ein Produktivitätsrückgang oder Know-How-Verluste verschiedene Verlagerungs- oder Opportunitätskosten hervorrufen.[249] Diese Unterschiede bestehen, obwohl Migrationspfade das gleiche Migrationspotenzial überbrücken. Ein Migrationspfad besteht aus der Abfolge verschiedener Migrationsschritte.

Migrationsschritte sind einzelne Maßnahmen zur Beschreitung eines Migrationspfads. Da sie auf unterster Ebene die Umsetzung des Migrationsvorhabens unmittelbar bedingen, wird ihnen bereits in der Planung hinsichtlich Sequenz und Ausprägung eine wichtige Rolle zuteil. Sie beschreiben die Maßnahmen und Aufgaben, die Ressourcen[250] verändern. Migrationsschritte sollen zugleich kosteneffizient und robust sein, damit ein Migrationsvorhaben wie geplant erfolgt.[251] Individuelle Migrations-

[244] vgl. Friedli, T.; Lanza, G. et al. (2017) Aktive Gestaltung globaler Produktionsnetzwerke, S. 281
[245] vgl. Neuner, C. (2009) Konfiguration internationaler Produktionsnetzwerke, S. 110
[246] vgl. Neuner, C. (2009) Konfiguration internationaler Produktionsnetzwerke, S. 110
[247] vgl. Moser, E. (2018) Migrationsplanung globaler Produktionsnetzwerke, S. 28
[248] vgl. Schuh, G.; Potente, T. et al. (2014) Global Footprint Design based on Genetic Algorithms, S. 435; vgl. Reuter, C.; Prote, J.-P. et al. (2015) Ermittlung eines strategischen Migrationsplans, S. 426
[249] vgl. Neuner, C. (2009) Konfiguration internationaler Produktionsnetzwerke, S. 110 f.
[250] Siehe dazu auch Teilkapitel 2.1.3.5
[251] vgl. Reuter, C.; Prote, J.-P. et al. (2015) Ermittlung eines strategischen Migrationsplans, S. 427

schritte können zudem einen unterschiedlich starken Beitrag zur Umsetzung des gesamten Migrationsvorhabens leisten. Es sind also solche Migrationsschritte vorteilhaft, die zugleich kosteneffizient sind einen hohen Umsetzungsbeitrag leisten.[252]

Migrationsplanung	Tatsächliche Aktivität der Planung und Steuerung des langfristigen Übergangsprozesses von einer bestehenden Netzwerkkonfiguration in eine Zielkonfiguration
Migrationsplan	Die zeitliche und sequentielle Anordnung der durchzuführenden Migrationsschritte sowie zugeordneter Zielvorgaben; Ergebnis der Migrationsplanung
Migrationsvorhaben	Konkrete Überführung einer Ausgangsnetzwerkkonfiguration in die Zielnetzwerkkonfiguration als der Migration untergeordnete zeitlich abgeschlossene Aktivität
Migrationspotenzial	Zu überwindende Differenz der aktuellen und angestrebten Netzwerkkonfiguration
Migrationspfade	Individueller Verlauf der Migration, der durch eine Abfolge durchzuführender Migrationsschritte zur Überwindung eines Migrationspotenzials führt.
Migrationsschritte	Einzelne von mehreren geplanten Änderungsmaßnahmen der Netzwerkkonfiguration zur Beschreitung eines Migrationspfads, die in Summe das Migrationspotenzial möglichst effizient überwinden, indem sie Ressourcen verändern.

Abbildung 2.11: Begriffe der Migration in Produktionsnetzwerken

2.1.3.5 Implikationen der Migration auf Struktur und Ressourcen

Migration verändert Netzwerke – sowohl die Strukturen von Standorten verändern sich und auch die zugehörigen Ressourcen und Interdependenzen werden beeinflusst.

Die Überführung eines Netzwerks zu dessen Zielkonfiguration führt oft zu diversen **Veränderungen der Standortstruktur**. Das beeinflusst auch bestehende Standortstrukturen und -strategien, weshalb eine Auseinandersetzung mit den hierzu gängigen Konzepten die Implikationen darauf besser verständlich macht.

Die Standortstrukturplanung ist ein eigener Forschungs- und Handlungsstrang innerhalb der Gestaltung von Produktionsnetzwerken. Ihr Ziel ist die Bestimmung von Standortstrategien für Produktionsbereiche für das adressierte Produktportfolio.[253]

Nach HAGEDORN und IHDE existieren vier Grundformen der Standortstruktur, die durch Menge, Art und Fertigungsstufen unterteilt sind. [254] Eine Standorteinheit besteht, wenn alle Aktivitäten des Leistungserstellungsprozesses an einem Standort vereint sind. Darüber hinaus unterscheiden sie zwischen Standortspaltung (Mengentei-

[252] vgl. Reuter, C.; Prote, J.-P. et al. (2015) Ermittlung eines strategischen Migrationsplans, S. 427

[253] vgl. Kontny, H. (1999) Standortplanung für internationale Verbundproduktionssysteme, S. 43 f.

[254] vgl. Götze, U.; Meyer, M. (1993) Strategische Standortstrukturplanung, S. 4; vgl. Hagedorn, A. (1994) Planung und Kontrolle von Produktionsstandorten, S. 16 f.; vgl. Ihde, G. (2001) Transport, Verkehr, Logistik, S. 142 f.

lung), produktorientierter Standortteilung (Artenteilung), fertigungsstufenorientierter Standortteilung (Teilung nach Fertigungsstufen) sowie Standortdiversifikation (Kombination der Teilungen).[255] Diese Formen sind in Abbildung 2.12 visualisiert. Mengenteilung meint die Verteilung von Prozessen mit gleicher Funktions-, Produkt- und Fertigungsstufenorientierung auf mehrere Standorte, während die Artenteilung die Verteilung verschiedener Leistungsarten auf verschiedene Standorte beschreibt.

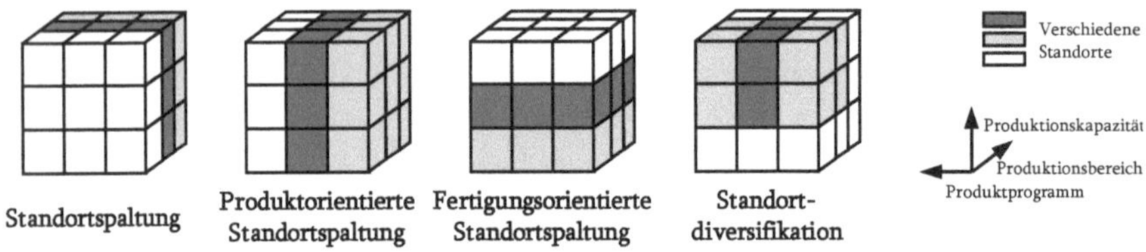

Abbildung 2.12: Standortstrukturwürfel [256]

Standortstrukturen werden durch Migrationsvorhaben im Produktionsnetzwerk verändert: Standorte können errichtet, erweitert, stillgelegt oder teilweise stillgelegt werden. Errichtung und Erweiterung entstehen meist aus Unternehmenswachstum. Stilllegung und Teilstillegung deuten auf Reduzierung oder geografische Umverteilung zur Konsolidierung oder Sicherung der Wettbewerbsfähigkeit hin. Die Kombination dieser Dimensionen miteinander verdeutlicht vier Mobilitätsformen: Abbildung 2.13 stellt dar, dass daraus Verlagerung, Vereinigung, Aufteilung oder Teilverlagerung hervorgehen, die jeweils mit einer Veränderung der Standortanzahl einhergehen.[257]

	Stilllegung	Teilstilllegung
Errichtung	Verlagerung →	Aufteilung ↑
Erweiterung	Vereinigung ↓	Teilverlagerung →

↑ **Erhöhung Standortanzahl** → **Konstante Standortanzahl** ↓ **Verringerung Standortanzahl**

Abbildung 2.13: Mobilitätsformen der Standortstrukturveränderungen [258]

[255] vgl. Hagedorn, A. (1994) Planung und Kontrolle von Produktionsstandorten, S. 16 f.; vgl. Kontny, H. (1999) Standortplanung für internationale Verbundproduktionssysteme, S. 144 f.; vgl. Ihde, G. (2001) Transport, Verkehr, Logistik, S. 142 f.

[256] Eigene Darstellung i.A.a. Hagedorn, A. (1994) Planung und Kontrolle von Produktionsstandorten, S. 17

[257] vgl. Sälzer, B. (1985) Standortdynamik von Industrieunternehmungen, S. 46; vgl. Hagedorn, A. (1994) Planung und Kontrolle von Produktionsstandorten, S. 18

[258] Eigene Darstellung i.A.a. Sälzer, B. (1985) Standortdynamik von Industrieunternehmungen, S. 46; und Hagedorn, A. (1994) Planung und Kontrolle von Produktionsstandorten, S. 18

Die beschriebenen Mobilitätsformen der Standortstrukturveränderungen sind aus Sicht der Migration ein makroskopischer Effekt. Für die Migration sind mikroskopische **Ressourcenveränderungen** wichtiger, weil jeder individuelle Migrationsschritt eine Ressourcenänderung bedingt. Dies verändert im Einzelfall noch nicht die makroskopische Struktur des Standortes. Trotzdem kann die Summe mehrerer Ressourcenveränderungen Implikationen auf Ebene ganzer Standorte bewirken.

Ressourcenveränderungen unterscheiden sich zwischen Aufbau, Verschiebung oder Abbau. Das bedeutet, ein Standort wird entweder um eine Ressource erweitert, eine Netzwerkressource verringert, oder diese wird innerhalb des Bilanzraums zwar umverteilt, aber bewirkt so keinen Effekt auf die Gesamtmenge der Ressourcen im Netzwerk. [259] Diese Dimensionen werden in Abbildung 2.14 dargestellt.

Die Veränderung der Ressourcen beeinflusst auch deren Interdependenzen. Schon eine Ressourcenverlagerung zwischen zwei Standorten bewirkt zum Beispiel veränderte Interdependenzen im Netzwerk. Das zeigt einmal mehr die Komplexität der Planungsaufgabe und dass neben den Ressourcen auch deren Interdependenzen und der Einfluss der Migration darauf zu beachten sind. [260] Jede Ressourcenveränderung hat eine Auswirkung auf die operativen Kosten des Netzwerks und kann selber mit einem Kostenbetrag für die Migration beziffert werden; zudem bewirken die Veränderungen auch Veränderungen im Netzwerkpotential und im Wertschöpfungsbeitrag. [261]

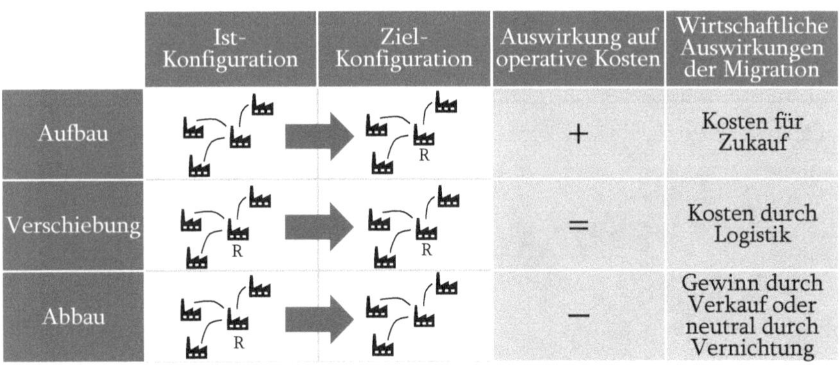

Abbildung 2.14: Ressourcenveränderungen in der Migration [262]

---

[259] vgl. Reuter, C.; Prote, J.-P. et al. (2015) Ermittlung eines strategischen Migrationsplans, S. 426 f.

[260] vgl. Neuner, C. (2009) Konfiguration internationaler Produktionsnetzwerke, S. 131

[261] vgl. Reuter, C.; Prote, J.-P. et al. (2015) Ermittlung eines strategischen Migrationsplans, S. 426

[262] Eigene Darstellung i.A.a. Reuter, C.; Prote, J.-P. et al. (2015) Ermittlung eines strategischen Migrationsplans

Die Ressourcenveränderungen wirken sich auf die erläuterten Standortstrukturen aus:

Der **Aufbau** geht mit Errichtung und Erweiterung einher. Die Errichtung bezeichnet den Neubau eines Standorts, besonders für eine Greenfield-Migration. Erweiterungen bei Brownfield-Migration vergrößern bestehende Standorte durch Ressourcenaufbau.

Der **Abbau** kennt Stilllegung und Teilstillegung. Stilllegung ist der gesamte Standortrückbau, also Abbau aller Ressourcen. Bei Teilstillegung werden Ressourcen teilweise abgezogen. Abgebaute Ressourcen und Prozesse werden veräußert oder vernichtet.

Verlagerung bedeutet, bestehende Ressourcen, Technologien oder Produkte werden im Netzwerk zwischen verschiedenen Standorten verschoben. Hierbei kann es ebenfalls zu Stilllegungen oder Teilstilllegungen kommen, wenn (alle) Ressourcen eines Standortes von dort abgezogen werden. Es kann auch zu einer Errichtung oder Erweiterung kommen, wenn Ressourcen an einen (neuen) Standort umgesiedelt werden.

2.1.3.6 Umsetzung von Migration

Die Implementierung nach oder während der Migrationsplanung ist die **Migrationsumsetzung**. Sie ist der eigentliche Vorgang der Migration und Abschluss für einen (Teil-)Veränderungsprozess im Netzwerk.[263] Sie ist eine eigenständige Aufgabe und organisatorisch verankert, etwa durch zentrale Koordination oder vergebene Teilaufgaben an Standorte oder Unternehmensbereiche. Ressourcenverfügbarkeit und operativen Fähigkeiten der betrauten Mitarbeiter werden berücksichtigt.[264]

Eine zeitliche Differenzierung, wie schon für Migrationspfade diskutiert, gilt auch für die Migrationsumsetzung: Migration wird sofort oder verzögert sowie schlagartig oder sukzessive umgesetzt. Diese Dimensionen sind auch in Abbildung 2.15 dargestellt.

Beginn der Migrationsumsetzung	Sofort
	Verzögert
Form der Migrationsumsetzung	Schlagartig
	Sukzessive (schnell, langsam)

Abbildung 2.15: Zeitliche Ausprägungsform der Migrationsumsetzung[265]

[263] vgl. Reuter, C.; Prote, J.-P. et al. (2015) Ermittlung eines strategischen Migrationsplans, S. 426 f.

[264] vgl. Abele, E.; Kluge, J. et al. (2006) Handbuch globale Produktion, S. 168

[265] Eigene Darstellung i.A.a. Neuner, C. (2009) Konfiguration internationaler Produktionsnetzwerke, S. 133

Die Verteilung der Aufgaben der Migration in geografischer sowie funktionaler Form über ein ganzes Netzwerk hinweg, erfordert Koordination. Und auch integrierte Koordinationsprozesse, wie z.B. SCHUH ET AL.[266] sie vorgeschlagen, erfordern die damit einhergehende Überwachung und Rückmeldung des Implementierungsfortschritts.

NEUNER differenziert die Kontrolle von Migration in die strategische und operative Kontrolle. Die operative Kontrolle umfasst auch die Überwachung der Umsetzung.[267]

Innerhalb der Kontrolle werden zwar Informationen über Umsetzungsfortschritt und zeitlichen Verlauf erhoben, aktuelle Literatur begrenzt sie auf den reinen Abgleich der erfassten Ist-Werte mit den Soll-Werten.[268] Dieser Abgleich wird einer adäquaten Umsetzungssteuerung für die komplexe Steuerungsaufgabe jedoch nicht gerecht.

2.1.3.7 Zwischenfazit zur Migration

Die Diskussion vielfältiger Aspekte von Migration in den vorigen Teilkapiteln erlaubt zusammenfassend die Formulierung einer Definition des Migrationsbegriffes:

Migration in Produktionsnetzwerken beschreibt in dieser Arbeit…

… einen **Übergangsvorgang** von einer beliebigen bestehenden in eine beliebige zukünftige Netzwerkstruktur

… unter Anwendung einer gezielten **optimierenden** Gestaltungs-**Systematik**,

… die sich durch die Planung von **Migrationsprojekten** oder **Migrationsvorhaben** auszeichnet

… und ein **Migrationspotential** überwindet, indem einzelne **Migrationsschritte** in **Migrationspfaden** durchlaufen werden

… mit resultierenden Implikationen auf die **Standortstruktur** und Ressourcen durch deren **Aufbau**, **Abbau** oder **Verschiebung**

… in einem **kontinuierlich und integriert** koordinierten Prozess,

… der die **Planung**, **Steuerung** und **Überwachung** vereint.

---

266 vgl. Schuh, G.; Prote, J.-P. et al. (2017) Reference Process

267 vgl. Neuner, C. (2009) Konfiguration internationaler Produktionsnetzwerke, S. 132 f.

268 vgl. Neuner, C. (2009) Konfiguration internationaler Produktionsnetzwerke, S. 129

Auch für das hergeleitete Verständnis der Migration in Produktionsnetzwerken zeigen sich vielfältige Herausforderungen in der Praxis, die sich entlang aller drei Schritte vom Planen, über das Überwachen und Steuern bis zur Kontrolle zeigen. Sie sind im Unterkapitel 2.4 ausgeführt, jedoch hier schon zusammengefasst vorweggenommen:

Die Planung von Migration in Produktionsnetzwerken erfährt folgende Herauforderungen:[269]

- **Unzureichende Berücksichtigung**, Planung, Steuerung und Bewertung von Migration in der Gestaltung von Produktionsnetzwerken
- **Wenige Tools** für die Anwendung
- Planung zu **sehr vereinfacht** durch Mangel an quantitativer Betrachtung in den Methoden der Migration
- Migration geprägt von **hohem Aufwand** durch individuelle Ermittlung
- Migrationsplanung oft **workshopintensiv**
- **Erfolgsbewertung** der durchgeführten Migration ist **unvollständig** und liegt den weiteren Entscheidungen nicht zugrunde
- Vielseitige oft unerkannte oder unbekannte **auslösende Gründe** machen Migration erforderlich

Auf Grundlage der hergeleiteten Erkenntnisse über die Migration in globalen Produktionsnetzwerken, zeigt das folgende Unterkapitel auf, welche Potentiale sich aus den Methoden des Controllings für die Migration eröffnen.

2.2 Potentiale von Controlling für die Migration

Controlling bedeutet, zu planen, zu steuern und zu überwachen. [270] Das vorherige Kapitel 2.1 deutet an, dass Komplexität und Defizite in genau diesem Planen, Steuern und Überwachen zu den Herausforderungen der Planungs- und Gestaltungsaufgabe für globale Produktionsnetzwerke zählen. Eine solche ganzheitliche Betrachtung der

[269] Die hier benannten Herausforderungen werden nachfolgend in Teilkapitel 2.4.1.1 detailliert erläutert
[270] Siehe auch die weiterführenden Ausführungen dazu in den folgenden Abschnitten 2.2.1 und 2.2.2.2

Aufgabe ist insbesondere für die Migration erforderlich. Diese Herausforderungen werden durch die Grundfunktionen des Controllings bedient.

Mit der Grundannahme, dass ein dediziertes Controlling sowohl für die Gestaltung als auch die Migration von Produktionsnetzwerken, signifikantes Potential verspricht, wird der Übertrag von Vorgehensweisen und Ansätzen des Controllings diskutiert.

Beim Controlling – ursächlich eingesetzt in Betriebswirtschaft oder Projektmanagement – handelt es sich um eine wirtschaftswissenschaftliche Disziplin, die bislang nicht explizit mit Migration in Produktionsnetzwerken im Zusammenhang stand.

Es ist also erforderlich, die Begrifflichkeiten, das Grundverständnis und zugleich gegenwärtige Herausforderungen des Controllings zu verstehen. Ebenso ist ein Ausblick in zu erwartende Entwicklungen nötig. Nur so kann der Transfer des Controllings auf Planung, Gestaltung und Migration von globalen Produktionsnetzwerken reflektiert deren Synergien und Potentiale herausstellen. Das bereitet dieses Unterkapitel vor.

Nicht zuletzt liegt ein großes Potential in rollierenden Ansätzen des Controllings, die bei integrierter Anwendung eine Selbstvalidierung der Planung versprechen.

2.2.1 Begriff und Konzept des Controllings als Führungssystem

Obwohl das Controlling im Grundwortschatz der unternehmerischen Praxis einen Stammplatz hat und (nicht nur) dort als etablierter Begriff bekannt ist, bietet die wirtschaftswissenschaftliche Literatur bis heute keine umfassend anerkannte und einheitliche Definition dafür. Controlling entwickelte sich vielmehr zu einer Art Sammelbegriff – Einigkeit besteht aber darüber, dass Controlling immer Steuerung- und Koordinationsaufgaben versteht.[271]

> HORVATH beschreibt Controlling als einen Teilbereich des unternehmerischen Führungssystems, das die Unternehmensleitung unterstützt: Es gewährt, dass sich das Gesamtsystem, also das Unternehmen, gut an äußere Einflüsse anpasst. [272] Zudem hat Controlling eine Informationsaufgabe und leistet koordinierte Informationsflüsse. [273]

[271] vgl. Zirkler, B.; Nobach, K. et al. (2019) Projektcontrolling, S. 24

[272] vgl. Horváth, P.; Gleich, R. et al. (2019) Controlling, S. 60 ff.

[273] vgl. Weber, J.; Schäffer, U. (2000) Controlling als Koordinationsfunktion?, S. 109 f.

Dies trennt GROB in systemnutzende und systemgestaltende Aufgaben des Controllings: Die systemgestaltenden Aufgaben dienen wesentlich der Informationsversorgung des Managements über wirtschaftliche Vorgänge im Unternehmen. Dazu muss das Controlling die erforderliche Infrastruktur schaffen und nötige Informationsflüsse formalisieren. Mit dem so geschaffenen System dient die Informationsversorgung der Durchführung und Koordination der Planung und Steuerung im Unternehmen. [274] Die so zusammengetragenen Informationen werden durch verschiedene Controlling-Instrumente transparent als Entscheidungsunterstützung für das Management aufbereitet.[275] Die strukturierte Beschaffung von Daten, die in die Entscheidungsunterstützung einfließen sowie deren Aufbereitung, Analyse und Kommunikation ist durchaus ein Schwerpunkt des Controllings [276] und solche Informationen sind oft Kosten und Erlöse, die als Rechengrößen aus dem internen Rechnungswesen aggregiert werden. [277]

Zusammengefasst hat Controlling drei Aufgaben: ergebnisorientierte Planung, Überwachung und Steuerung sowie Analyse und Kontrolle aller Unternehmensbereiche.

Diese Aktivitäten lassen sich – um den Zwischenschritt der Analyse ergänzt – in Form eines kybernetischen Kreislaufs in Bezug setzen; die Abbildung 2.16 stellt diesen dar.

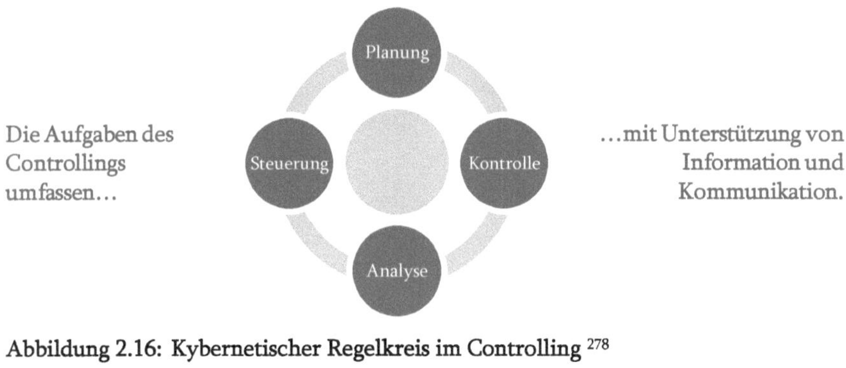

Abbildung 2.16: Kybernetischer Regelkreis im Controlling [278]

Dieser kybernetische Regelkreis ist entscheidend für die systematischen Erfassung und Bewertung von Informationen über – etwa durch eine hohe Dynamik der Entscheidungssituation – veränderte Rahmenbedingungen. Eine derart implementierte

---

[274] vgl. Grob, H. (1996) Positionsbestimmung des Controlling, S. 139
[275] vgl. Grob, H. (1996) Positionsbestimmung des Controlling, S. 139 f.
[276] vgl. Gottmann, J. (2019) Produktionscontrolling, S. 20
[277] vgl. Gabler Wirtschaftslexikon (2019) Stichwort: Controlling
[278] Eigene Darstellung i.A.a. Zirkler, B.; Nobach, K. et al. (2019) Projektcontrolling, S. 24

Systematik ist die Voraussetzung dafür, frühzeitig neue Einflüsse zu erkennen, darauf zu reagieren und im erforderlichen Maße korrigierend eingreifen zu können.[279]

2.2.2 Controlling von Umsetzungsprojekten

An das übergeordnete Verständnis von Controlling knüpft auch das Projektcontrolling an. Mit der Grundannahme, wesentliche Elemente der Planung und Gestaltung von Migration profitieren von einem Transfer der Strategien und Methoden aus dem Projektcontrolling, erfolgen Exkurse in das Verständnis von Projekten und Projektcontrolling, um Potentiale für den Übertrag auf die Migrationsplanung zu reflektieren.

2.2.2.1 Exkurs in Projekte

Ein **Projekt** ist definiert als ein Vorhaben, das wesentlich durch Einmaligkeit der Bedingungen in ihrer Gesamtheit gekennzeichnet ist; dies ist in der Norm DIN 69901-5 so festgehalten.[280] Anders als kontinuierlich bestehende Aufgaben, haben Projekte stets einen abgesteckten Zeitrahmen, der oftmals eine zeitkritische Komponente beinhaltet. Zugleich erfordern sie ein klar definiertes Ziel, das mit der Durchführung des Projektes zu erzielen ist. Projekte sind meist in ihren Ressourcen klar eingegrenzt; das kann sich beispielsweise durch formulierte Kostenbudgets oder zugewiesene Personalressourcen manifestieren. Weiterhin unterliegen Projekte einer imminenten Unsicherheit, denn ihr Verlauf ist zu Beginn nicht im Detail vorherzusagen.[281]

2.2.2.2 Begriff, Ebenen und Organisation des Projektcontrollings

Ein **organisiertes Projektcontrolling** will Projekte erfolgreich in der Umsetzung begleiten und zugleich eindeutige Prüfkriterien für die Projektsteuerung festlegen.[282] Die DIN 69901 beschreibt Projektcontrolling als Teilbereich von Controlling und drückt es als Regelkreis aus. Hauptziel des Projektcontrollings ist dabei das Erreichen der Projektziele durch Soll-Ist-Vergleich, Feststellung der Abweichungen, Bewerten der Konsequenzen und Vorschlagen von Korrekturmaßnahmen, Mitwirkung bei der Maßnahmenplanung sowie Kontrolle der Durchführung.[283]

---

[279] vgl. Grob, H. (1996) Positionsbestimmung des Controlling, S. 141; vgl. Zirkler, B.; Nobach, K. et al. (2019) Projektcontrolling, S. 24

[280] Deutsches Institut für Normung e.V. (2009) DIN 69901-5:2009

[281] vgl. Fiedler, R. (2014) Controlling von Projekten, S. 2 f.

[282] vgl. Fiedler, R. (2014) Controlling von Projekten, S. 36

[283] Deutsches Institut für Normung e.V. (2009) DIN 69901-5:2009

Es gibt keine einheitliche Meinung, was diese Aufgaben für die konkreten Praxis bedeuten.[284] Abbildung 2.17 zeigt teils abweichende Ansichten verschiedener Autoren.

Autor	Aufgaben des Projektcontrollings
ALTER	– Beurteilung von Projektalternativen – Mitwirkung bei der Erstellung des Abschlussberichts
BEA ET AL.	– Unterstützungsfunktion für alle Projektmanagementaufgaben – Verbindung des (Multi)Projekt- und Unternehmenscontrolling – Begleitung des gesamten Managementprozesses vom Projektstart bis zum Abschluss des Projektes
DAUM ET AL.	– Mitwirkung bei der Erarbeitung von Projektzielen – Unterstützung der Risikomanagements – Mitwirkung bei der Festlegung der Projektorganisation – Durchführung der Kostenplanung – Detaillierung der Ressourcen- und Terminplanung – Mitwirkung der Maßnahmenplanung
KOREIMANN	– Laufende Überwachung der Projekte – Beratung der Projektinstanzen – Definition der Kontrollobjekte

Abbildung 2.17: Bandbreite des Verständnisses von Projektcontrolling [285]

Diese Ansichten zeigen, das Projektcontrolling fokussiert nicht allein Planungs- und Kontrollfunktionen – es ist ein Hilfsmittel für Projektmanagement und Projektleitung und dient der Informationsaggregation für strategische Funktionen im Unternehmen.

So ist Projektcontrolling zwischen Projektmanagement und Unternehmenscontrollings angesiedelt. Zugleich variiert die **Spannbreite des Projektcontrollings** zwischen strategischem zentralen Projektcontrolling, operativem Multiprojektcontrolling oder Einzelprojektcontrolling.

- Auf Ebene eines individuellen Projektes bezweckt das **Einzelprojektcontrolling** die Einhaltung relevanter Ziele, wie Zeit, Kosten, Ergebnisqualität oder -funktionalität. Es begleitet Projekte über deren Lebenszyklus und stellt Methoden und Werkzeuge, z.B. den Projektstrukturplan, bereit. [286]

---

[284] vgl. Fiedler, R. (2014) Controlling von Projekten, S. 12

[285] vgl. Alter, R. (1991) Integriertes Projektcontrolling; vgl. Daum, A.; Lawa, D. (1998) Projekt-Controlling, S. 909; vgl. Koreimann, D. (2005) Projekt-Controlling, S. 65 ff.; vgl. Bea, F.; Scheurer, S. et al. (2011) Projektmanagement, S. 61

[286] vgl. Fiedler, R. (2014) Controlling von Projekten, S. 15

- Das **operative Multiprojektcontrolling** dient der Koordination mehrerer verschiedener Projekte mit unterschiedlichen Terminen und Fertigstellungsständen gleichzeitig. Auch hier sind – jedoch über mehrere Einzelprojekte hinweg – Kosten und Kapazitäten einzuhalten und dabei strategische Ziele umzusetzen, die Projektablaufplanung bestmöglich abzustimmen und Nebenbedingungen einzuhalten. Dafür werden Unternehmensressourcen projektübergreifend koordiniert und Informationen aus Einzelprojekten, in sinnvolle Projektgruppen gegliedert, aggregiert. Die zeitliche Dimension dieser Aufgabe hängt nicht mehr an Einzelprojekten, sondern orientiert sich üblicherweise an einer kalendarischen Abrechnungsperiode. [287]
- Für das **strategische Projektcontrolling** laufen die Auswahl von Projekten, deren Priorisierung sowie deren Bewertung zusammen. Dafür werden die erforderlichen Instrumente und Informationen bereitgestellt und die strategischen Ziele für das jeweilige Projektmanagement übersetzt. Das strategische Projektcontrolling ist als dauerhafte Aufgabe zu verstehen. [288]

Der jeweils unterschiedliche Fokus der drei Ebenen ist in Abbildung 2.18 dargestellt.

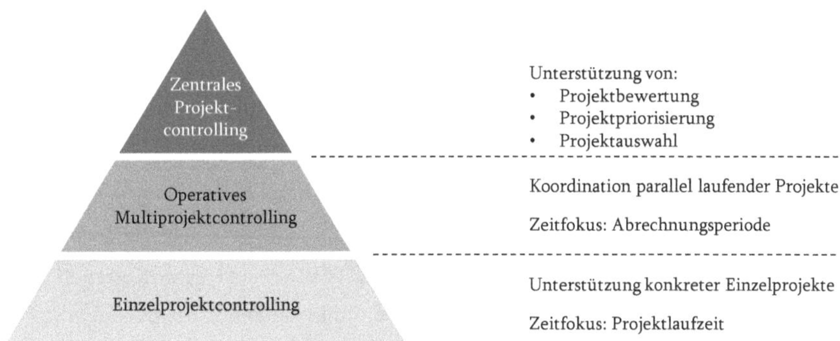

Abbildung 2.18: Ebenen des Projektcontrollings [289]

Projektcontrolling ist **organisatorisch** nicht immer eigenständig **verankert**. Abbildung 2.19 zeigt eine übliche Aufgabenverteilung zwischen Projektleitung und -controlling.

In kleinen Projekten übernimmt oft die Projektleitung das Projektcontrolling, während großen Projekte ein eigenständiges Projektcontrolling zur Verfügung steht. Das

---

[287] vgl. Fiedler, R. (2014) Controlling von Projekten, S. 15 ff.
[288] vgl. Fiedler, R. (2014) Controlling von Projekten, S. 16 f.
[289] Eigene Darstellung i.A.a. Fiedler, R. (2014) Controlling von Projekten, S. 26

Controlling steht dann helfend zur Seite und bietet Unterstützung bei Entscheidungen an, steuert aber meist keine fertigen Lösungen bei. Dennoch trägt das Projektcontrolling maßgeblich zu Transparenz in Projekten bei, denn die große Herausforderung liegt in der aufwändigen Selektion und Aufbereitung von Daten. Das erfordert fachliche Expertise sowohl im Projektmanagement als auch in der Projektabwicklung. [290] Das Projektcontrolling selbst ist ein Kostenpunkt von Migrationsprojekten, da auch die kontinuierliche Überwachung durch Controlling-Systeme Kosten verursacht.[291]

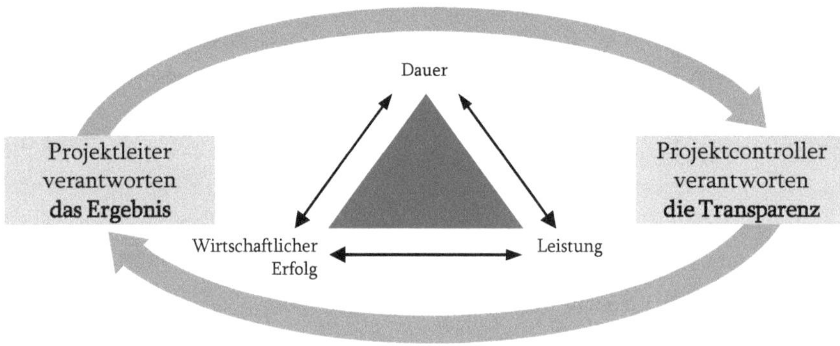

Abbildung 2.19: Aufgaben von Projektleiter und Projektcontroller [292]

2.2.2.3 Einsatz von Kennzahlen im Projektcontrolling

Im Projektcontrolling gibt es etablierte Werkzeuge, um Projektfortschritt kennzahlenbasiert zu verfolgen. Mit der Earned Value-Analyse bietet die Literatur Vorschläge für diverse Kennzahlen und deren Grenzwerte an.[293] Abbildung 2.20 führt einige auf.

Die Leistungskennzahl Cost-Performance-Index (CPI) drückt etwa Kosteneffizienz aus und der Schedule-Performance-Index(time) (SPI_t) die Zeiteffizienz. Wird der CPI kleiner eins, beschreibt dies die Überschreitung des Kostenziels; ein Wert größer eins beschreibt deren Unterschreitung und ist wünschenswert. Analog gilt dies für den SPI_t und ein Wert größer eins ist wünschenswert mit guter zeitlicher Effizienz.[294]

Die Kennzahlen CPI und SPI_t eignen sich für die Migrationsplanung. Abbildung 2.20 stellt etwaige Grenzwerte dar. Unternehmen können die Grenzen beliebig fassen.

[290] vgl. Fiedler, R. (2014) Controlling von Projekten, S. 20 ff.
[291] vgl. Meyer, T. (2006) Globale Produktionsnetzwerke, S. 70
[292] Eigene Darstellung i.A.a. Fiedler, R. (2014) Controlling von Projekten, S. 24
[293] vgl. Chang, A. (2001) Defining cost/schedule performance indices, S. 124
[294] vgl. Fiedler, R. (2020) Controlling von Projekten, S. 149 ff.

Kennzahl	Formelzusammenhang	Erklärung
Earned Value (EV)	$EV = Ist - Umsetzungsgrad \times Soll - Gesamtkosten$	Geplante Kosten für die erbrachte Ist-Leistung
Planned Value (PV)	$PV = Soll - Umsetzungsgrad \times Soll - Gesamtkosten$	Geplante Kosten für die Soll-Leistung
Actual Cost (AC)	*kein Formelzusammenhang*	Tatsächliche Ist-Kosten
Cost-Performance-Index (CPI)	$\frac{EV}{AC}$	Kosteneffizienz
Schedule-Performance-Index (SPI)	$\frac{EV}{PV}$	Verhältnis von tatsächlichem zu geplantem Umsetzungsgrad am besagten Zeitpunkt
Schedule-Performance-Index(time) (SPI_t)	$\frac{ES}{Ist - Dauer}$	Zeiteffizienz
Earned Schedule (ES)	$Dauer_t + \frac{EV_{t+1} - PV_t}{PV_{t+1} - PV_t}$	Geplante Soll-Dauer für die aktuelle erbrachte Ist-Leistung (Umsetzungsgrad)

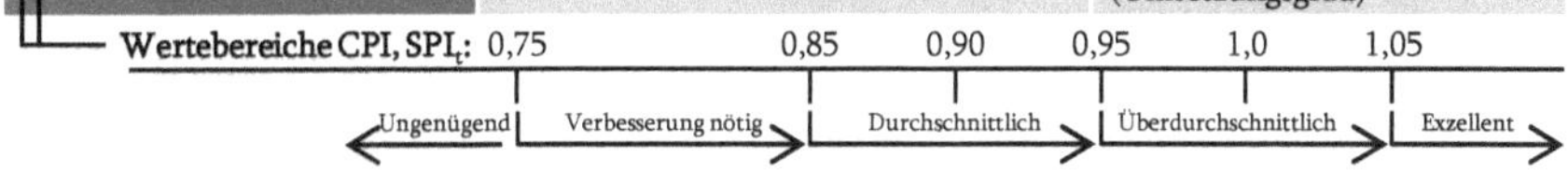

Abbildung 2.20: Kennzahlen der Earned-Value-Analyse im Projektcontrolling [295]

Neben den Kennzahlen der Earned-Value-Analyse existieren weitere Kennzahlen:

- Die Time-At-Completion (TAC) erlaubt die Vorausschau über die Gesamtdauer der Umsetzung nach aktuellem Stand. Hierbei skaliert die bisherige Verzögerung mit weiterem Verlauf linear. Ein Verzug um 10% zum Betrachtungszeitpunkt würde als Verzug um 10% für die Gesamtdauer prognostiziert. Je fortgeschrittener die Aktivität, desto robuster ist die Prognose. [296]
- Die Kennzahl Estimate-At-Completion (EAC) funktioniert für den bisherigen Kostenverlauf dazu analog. Die Kennzahl entsteht aus den Soll-Gesamtkosten und der Kosteneffizienz, also den Cost-Performance-Index (CPI). [297]
- Der To-Complete-Performance-Index (TCPI) gibt an, wie eine Kosteneffizienz aussehen müsste, damit die vorgegeben Ziele für die Gesamtkosten von der gegenwärtigen Situation aus in der verbleibenden Umsetzung noch erreicht werden. Nimmt der TCPI etwa den Wert von 1,17 an, müssten die Kosten der verbleibenden Umsetzung die weiteren Soll-Vorgaben um 17 Prozent unterschreiten, um das avisierte Gesamtbudget zu erreichen. [298]

[295] Eigene Darstellung i.A.a. Chang, A. (2001) Defining cost/schedule performance indices, S. 124; und i.A.a. Fiedler, R. (2020) Controlling von Projekten, S. 146 ff.

[296] vgl. Fiedler, R. (2020) Controlling von Projekten, S. 151

[297] vgl. Fiedler, R. (2020) Controlling von Projekten, S. 149 ff.

[298] vgl. Fiedler, R. (2020) Controlling von Projekten, S. 151 f.

- Der To-Complete-Schedule-Performance-Index ($TSPI_t$) drückt analog zum TCPI die für den verbleibenden Verlauf nötige zeitliche Effizienz aus.

2.2.3 Zwischenfazit zum Controlling für die Migrationsplanung

Das Controlling bietet Hilfsmittel und greifbare Methoden, die das Planen, Steuern und Überwachen in Unternehmen und in konkreten Projekten unterstützen. Es kommt so seiner Informationsaufgabe nach und ermöglicht koordinierte Informationsflüsse. Damit eignet es sich ideal für eine Anwendung im Kontext der Migrationsplanung. Transfer und Synthese der Themen werden im Teilkapitel 3.1.10 diskutiert.

Mit Blick auf diesen Transfer zeichnen sich drei zentrale Herausforderungen ab.

Das Controlling im Kontext von Migration in Produktionsnetzwerken erfährt folgende Herauforderungen:[299]

- Wiederkehrende Planungsaufgabe für (zeitlich) **volatile Zielzustände**
- **Abhängigkeiten** zwischen Umsetzungsschritten, Einflussfaktoren und deren Wechselwirkungen sind **unsichtbar** und veränderlich
- Unzureichende Berücksichtigung der **Wechselwirkungen** in den Methoden der Migration

Mit dem gewonnenen Verständnis über Methoden des Controllings, diskutiert das folgende Unterkapitel die Ideen einer datenunterstützen Entscheidungsfindung, deren Einsatz manche Möglichkeit für die Migration überhaupt erst erschließt.

2.3 Datenbasiertes Planen und Entscheiden mit Industrie 4.0

Die Herausforderungen für Planung und Gestaltung von Produktionsnetzwerken sowie deren Migration sind mannigfaltig. Sie entspringen der sehr komplexen Planungsaufgabe in einem Lösungsraum, der sich in einem jeden Augenblick verändert und darüber hinaus auf den gesamten Globus verteilt ist. [300] Auch für Controlling zeigt das Zwischenfazit große Herausforderungen in Datenbeschaffung und -analyse. [301]

---

[299] Die hier benannten Herausforderungen werden nachfolgend in Teilkapitel 2.4.1.2 detailliert erläutert

[300] Siehe Abschnitt 2.1.3.7

[301] Siehe Abschnitt 2.2.3

Wenngleich der Transfer aus dem Controlling für die Beherrschung der Migration Potentiale verspricht, verbleiben auch hier große Herausforderungen in der echtzeitnahen Berücksichtigung von Wandlungstreibern oder der aufwandsgerechten Planung innerhalb der volatilen Zielzustände. [302] Es ist erforderlich, dass Empfehlungen aufwandsarm und entscheidungsgerecht aufbereitet werden. [303]

Zugleich bringt die Produktionsforschung Ideen und Konzepte für datenbasierte Entscheidungsfindung hervor. Infrastrukturkonzepte ermöglichen breite und schnelle Datenerfassung und deren Aufbereitung durch datenbasierte Analysemethoden.

Migration wird erst durch eine systematische Entscheidungsunterstützung auf Grundlage vernetzter und zielgerichtet in Datensysteme überführter Informationen wirklich controllt – also geplant, gesteuert und überwacht. Auf dieser Basis sind im folgenden Kapitel weitere Potentiale für Planung und Gestaltung von Migration zu diskutieren.

2.3.1 Daten und Infrastruktur im Kontext der Produktion

Das Controlling von Migration erfordert die situative Kollaboration über fachspezifische Domänen hinweg und die Entscheidungsaufbereitung [304] und war damit bislang für Produktionsnetzwerke ohne unverhältnismäßigen Aufwand kaum zu bewältigen. Neue Technologien und Infrastrukturen machen das erstmals beherrschbar.

Anwender im Alltag sind schon mit der Interaktion mit dem Internet of Things (IoT) für Visualisierungen oder Entscheidungsunterstützungen vertraut. Die Nutzung vergleichbarer Technologie zur situativen Entscheidungsunterstützung im komplexen Umfeld der Produktion mitsamt ihren Prozessen ist weitaus schwieriger. [305]

2.3.1.1 Kurze Einführung in Industrie 4.0

Der Begriff Industrie 4.0 wurde im Jahr 2011 als Schlagwort für die vierte industrielle Revolution ausgerufen [306] und meint im Kern „die intelligente Vernetzung von Maschinen und Abläufen in der Industrie mit Hilfe von Informations- und Kommunikationstechnologie“[307]. Seitdem haben das Verständnis und die Deutungshoheit rund um

[302] Für Wandlungstreiber und Unsicherheit, siehe Abschnitt 2.1.2.2

[303] Die Herleitung der Handlungsbedarfe erfolgt im Unterkapitel 2.5

[304] Für Details zum Begriff des Controllings siehe Teilkapitel 2.2.1

[305] vgl. Bhardwaj, S.; Kole, A. (2016) Internet of Things, S. 47 ff.; vgl. Schuh, G.; Prote, J.-P. et al. (2017) Internet of Production, S. 3

[306] vgl. Kagermann, H.; Lukas, W.-D. et al. (2011) Industrie 4.0

[307] Plattform Industrie 4.0 von BMWi und BMBF (2021) Was ist Industrie 4.0?

den Begriff zwischen politischer Hightech-Strategie[308] und technologischer Fortentwicklung steten Wandel erfahren – und zahlreiche Anwendungsfälle und Technologieentwicklungen im Umfeld der digitalen Transformation in der Produktion wurden damit übertitelt[309]. Die Potentiale von Industrie 4.0 können die Gestalt einer schnelleren Produktentwicklung, flexibler Produktion in wandelbaren Fabriken oder des Einsatzes von Daten zur Entscheidungsunterstützung annehmen. Und so sind mit dem Begriff die Hoffnungen der Industrie nach deutlichen Steigerungen der Produktivität und Bruttowertschöpfung durch die Vernetzung verbunden. [310]

Die Wissenschaftliche Gesellschaft für Produktionstechnik (WGP) formuliert: „Mit den neuen hochvernetzten Technologien und den darauf basierenden serviceorientierten Geschäftsmodellen sind in fast allen Bereichen der Wertschöpfung Einsparpotenziale durch eine Steigerung der Gesamtproduktivität von bis zu 50% möglich.“ [311]

> Das Verständnis von Industrie 4.0 im WGP-Standpunkt gilt auch hier als Grundlage; es adressiert im produktionswissenschaftlichen Sinne die horizontale Vernetzung, die vertikale Integration und die Nutzung strukturierter und unstrukturierter Echtzeit-Daten als Grundlage zur Gestaltung und Optimierung von Wertschöpfungssystemen. [312]

Die Definition deckt die Anforderungen der Migration in Produktionsnetzwerken.

2.3.1.2 Dateninfrastruktur im Internet of Production

Als Referenz-Infrastruktur für Industrie 4.0 wird das Internet of Production an der RWTH Aachen im Rahmen eines Exzellenzclusters entwickelt. Ein Ziel dahinter ist die Auswertung vieler Prozess- und Produktionsdaten zum Zwecke der Entscheidungsunterstützung. Dafür ist es erforderlich, die realen Zustände situativ in unterschiedlicher Aggregationstiefe und Verknüpfung in digitale Abbilder zu überführen.

[308] vgl. Reinheimer, S. (2017) Industrie 4.0, S. V

[309] vgl. Bauernhansl, T.; Krüger, J. et al. (2016) WGP-Standpunkt Industrie 4.0, S. 3

[310] Siehe dazu diverse Beobachtungen oder Studien mit Blick in die industrielle Praxis, vgl. Bauer, W.; Schlund, S. et al. (2014) Industrie 4.0; vgl. Wischmann, S.; Wangler, L. et al. (2015) Studie Industrie 4.0; vgl. Geissbauer, R.; Schrauf, S. et al. (2017) Digital Factories 2020; vgl. Neuhold, M.; Bley, S. et al. (2018) Industrie 4.0; vgl. Pavleski, S.; Gabler, J. (2018) Rethink! SPMS 2018; vgl. Rumpel, A.; Gabler, J. (2019) Rethink! SPMS Europe 2019

[311] Bauernhansl, T.; Krüger, J. et al. (2016) WGP-Standpunkt Industrie 4.0, S. 3

[312] vgl. Bauernhansl, T.; Krüger, J. et al. (2016) WGP-Standpunkt Industrie 4.0, S. 3

Dies gelingt, indem zwischen den vielfältigen verfügbaren heterogenen Daten und produktionstechnischen Modellen vermittelt wird.[313]

Das Internet of Produktion besteht aus vier Architekturebenen und drei Phasen über den gesamten Produktlebenszyklus. Abbildung 2.21 zeigt das Infrastruktur-Bild.

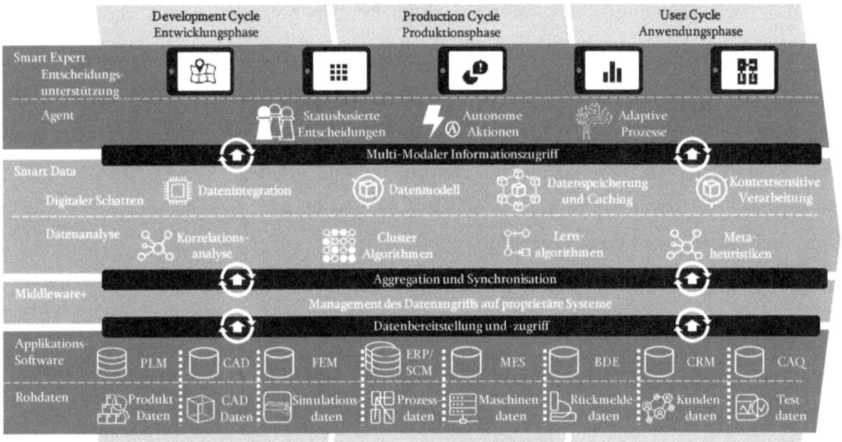

Abbildung 2.21: Infrastruktur des Internet of Production [314]

Auf der obersten Ebene **Smart Experts** finden die Entscheidungssituation sowie Interaktion mit Entscheidern statt. Apps, die auf spezifische Entscheidungssituationen zugeschnitten sind, unterstützen das und bereiten wiederum weitergereichte Daten auf.

Die Daten für die Anwenderebene werden in der Ebene **Smart Data** aggregiert, analysiert und synchronisiert. Der multimodale Datenzugriff auf verfeinerte Rohdaten aus verschiedenen Produktlebenszyklen und die Verknüpfung relevanter Prozessbeziehungen und Modelle sind dafür zentral. Hier erfolgen komplexe Datenanalysen. Deren Ergebnis ist ein digitaler Schatten – „das um eine „smarte Intelligenz" angereicherte und hinreichend akkurate Abbild produktionstechnischer Modelle und heterogener Rohdaten, die von Anwendungen und Prozessen entlang des Produktlebenszyklus erzeugt werden."[315] Das ist abzugrenzen vom digitalen Zwilling, einem exakten

[313] vgl. Schuh, G.; Brettel, M. et al. (2019) From a Theory of Production to Data-Based Business Models, S. 277 ff.; vgl. Schuh, G.; Prote, J.-P. et al. (2020) Internet of Production, S. 3

[314] Eigene Darstellung i.A.a. Schuh, G.; Prote, J.-P. et al. (2020) Internet of Production, S. 4

[315] Schuh, G.; Prote, J.-P. et al. (2020) Internet of Production, S. 5

digitalen Abbild der Produktion[316], denn der digitale Schatten beinhaltet nur die für die spezifische Entscheidungssituation wichtigsten Informationen und Daten[317].

Die Ebene **Middleware+** harmonisiert die Semantik der Rohdaten, die als Datenbestände aus diversen Quellen und proprietären Anwendungssystemen vorliegen. Sie werden zur Verwendung in höheren analytischen Ebenen verwaltet und organisiert.

Die Ebene **Applikationssoftware** und **Rohdaten** erfasst, speichert und stellt Rohdaten bereit. Jede Aktivität, etwa durch Anwender oder Maschinen, hinterlässt Daten in ihren jeweiligen Systemen. Datenquellen können beliebig ergänzt und verändert werden. Diese Daten sind die Grundlage für die zuvor adressierte Verarbeitung.

Infos und Hintergründe:
Weiterführende Literatur zu Industrie 4.0 und Internet of Production

Die Beschreibungen von Industrie 4.0 und des Internet of Production sind hier verkürzt wiedergegeben und dienen der oberflächlichen Erklärung von Begriffen und deren Verständnis für diese Dissertation. Tiefergehend interessierten Lesern sei die weiterführende, grundlegende Lektüre empfohlen:

- Kagermann, Lukas, Wahlster (2011) Industrie 4.0: Mit dem Internet der Dinge auf dem Weg zur vierten industriellen Revolution. In: VDI Nachrichten, 01.04.2011 [318]
- Bauernhansl, Krüger, Reinhart, Schuh, (2016) WGP-Standpunkt Industrie 4.0 [319]
- Plattform Industrie 4.0 von BMWi und BMBF (2021) Was ist Industrie 4.0? [320]
- Schuh et al. (2019) Industrie 4.0: Agile Entwicklung und Produktion im Internet of Production [321]
- Brecher, Klocke, Schmitt, Schuh (2017) Internet of Production für agile Unternehmen - AWK Aachener Werkzeugmaschinen-Kolloquium 2017 [322]
- Schuh, Brecher, Klocke, Schmitt (2017) Engineering Valley – Internet of Production auf dem RWTH Aachen Campus [323]
- Schuh et al. (2020) Internet of Production – Steigerung des Wertschöpfungsanteils durch domänenübergreifende Kollaboration. In: ten Hompel et al. (Hrsg.) Handbuch Industrie 4.0 [324]

---

316 vgl. Hehenberger, P.; Bradley, D. (2016) Mechatronic Futures, S. 59 ff.
317 vgl. Schuh, G.; Stich, V. et al. (2017) Change Request im Produktionsbetrieb, S. 109 ff.
318 vgl. Kagermann, H.; Lukas, W.-D. et al. (2011) Industrie 4.0
319 vgl. Bauernhansl, T.; Krüger, J. et al. (2016) WGP-Standpunkt Industrie 4.0
320 vgl. Plattform Industrie 4.0 von BMWi und BMBF (2021) Was ist Industrie 4.0?
321 vgl. Schuh, G.; Riesener, M. et al. (2019) Industrie 4.0
322 vgl. Brecher, C.; Klocke, F. et al. (2017) Internet of Production
323 vgl. Schuh, G.; Brecher, C. et al. (2017) Internet of Production
324 vgl. Schuh, G.; Prote, J.-P. et al. (2020) Internet of Production

Die Anwendungsmöglichkeiten des Internet of Production sind vielfältig und reichen von Entscheidungen in der Produktentwicklung, die dabei die tatsächliche Kundeninteraktion berücksichtigen, über eine Echtzeit-Planung der Produktionsplanung und -steuerung auf Ebene des Shops-Floors bis hin zu Transparenz und Entscheidungen über Produktionsnetzwerk-Kapazitäten in einem „Globalen Leitstand".[325]

2.3.2 Entscheidungen

Eine Entscheidung ist die bewusste „Auswahl einer Handlungsalternative aus einer Menge verfügbarer Alternativen" und setzt einen Willen dazu voraus.[326] Die Entscheidung für eine der Alternativen bedingt gleichzeitig den Verzicht auf die anderen Alternativen, selbst wenn eine solche Alternative das Unterlassen ist. [327]

Der Begriff Entscheiden fällt oft synonym zum Entscheidungsprozess. Damit wird die Entscheidung nicht nur als eigentlicher Entscheidungsmoment verstanden, sondern als das Ergebnis eines vorangegangenen und teils sogar nachgelagerten Prozesses. [328]

Ein solcher Entscheidungsprozess ist eine „Bezeichnung für den geistigen Arbeitsablauf einer Individualentscheidung. Wird mit dem Begriff Entscheidung nicht allein der Entschluss, sondern auch dessen Vorbereitung bezeichnet, so lässt sich eine Entscheidung als ein im Zeitablauf sich vollziehender Prozess auffassen, der aus Vorentscheidungen, der eigentlichen Entscheidung und nachfolgenden weiteren Entscheidungen besteht."[329] Die Literatur nennt diverse Grundmodelle für Entscheidungsprozesse: LAUX ET AL. stellen fünf Schritte vor. [330] Ein Grundmodell nach PFOHL kennt sieben Schritte[331] und wird in Abbildung 2.22 vorgestellt. Das Planen, Steuern und Kontrollieren für Migration und deren Controlling können hier zugeordnet werden.

Die Entscheidungstheorie wird einerseits deskriptiv, also beschreibend und im Rückblick erklärend, und andererseits präskriptiv, also vorschreibend, erforscht. Die präskriptive Entscheidungstheorie behandelt insbesondere diverse komplementär in Bezug stehende Zielgrößen in einer unsicheren oder ungewissen Zukunft. [332]

---

[325] vgl. Friedli, T.; Schuh, G. et al. (2019) Next Level Production Networks, S. 102
[326] vgl. Gabler Wirtschaftslexikon (2018) Stichwort: Entscheidung
[327] vgl. Bungenstock, C. (1995) Entscheidungsorientierte Kostenrechnungssysteme, S. 38
[328] vgl. Pfohl, H.-C. (2004) Stichwort: Entscheidungsprozess, S. 171 f.
[329] Gabler Wirtschaftslexikon (2018) Stichwort: Entscheidungsprozess
[330] vgl. Laux, H.; Gillenkirch, R. et al. (2014) Entscheidungstheorie, S. 12
[331] vgl. Pfohl, H.-C. (2004) Stichwort: Entscheidungsprozess, S. 173
[332] vgl. Laux, H.; Gillenkirch, R. et al. (2014) Entscheidungstheorie, S. 4

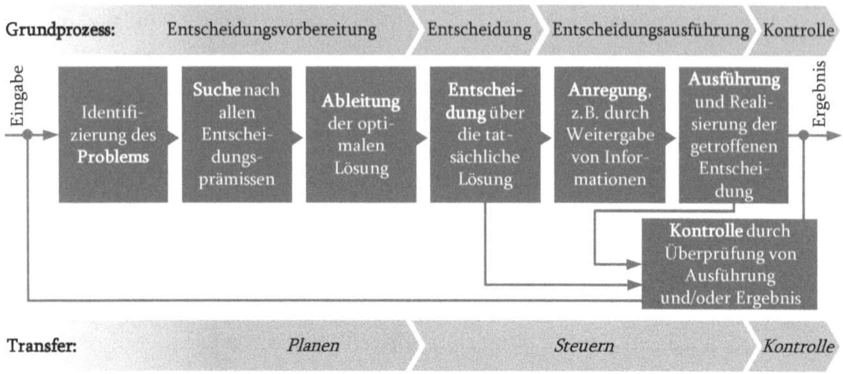

Abbildung 2.22: Grundmodell eines Entscheidungsprozesses[333]

2.3.3 Aufbereitung datengetriebener Entscheidungen

Die vorangegangenen Exkurse in Daten sowie Entscheidungen der Produktion bereiten die Grundlage zur Datenaufbereitung für die Entscheidungsunterstützung: Die für Migration nötigen Eingangsdaten werden über ein Datenmodell miteinander in Bezug gesetzt, um durch geeignete Analyseverfahren zielgerichtet aufbereitet und schließlich entscheidungsgerecht dargestellt zu werden. Zugleich werden Informationen von der Entscheidungsebene zurück in Rohdaten überführt. Diese horizontalen und teils vertikalen Informationsflüsse sind für die Planung und Gestaltung der Migration zu erfüllen und analog zu denjenigen im Internet of Production zu verstehen.

Abbildung 2.23 veranschaulicht vereinfacht die Analogie zwischen den vorzusehenden Datenflüssen für die Migration im Kontext mit dem Internet of Production.

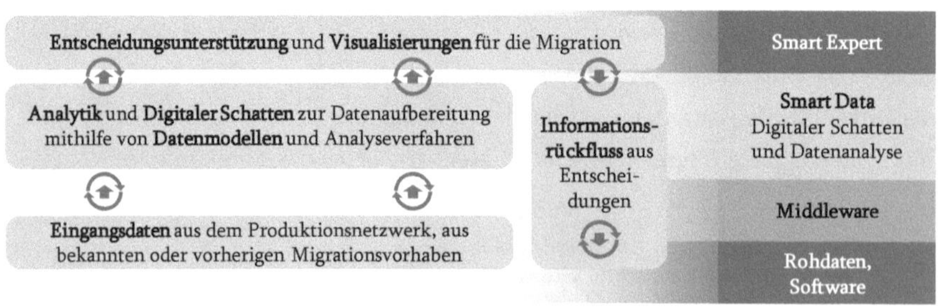

Abbildung 2.23: Datenmodell, Analytik und Visualisierung

[333] Eigene Darstellung i.A.a. Pfohl, H.-C. (2004) Stichwort: Entscheidungsprozess, S. 173

Die Analytik für die Aufbereitung der Informationen in der Migration wird spezifisch dafür in Kapitel 5.1.3 hergeleitet, denn es bestehen noch keine als grundlegend anerkannten Vorarbeiten dazu. Für Datenmodelle und die Darstellung von Entscheidungen gibt es hingegen verbreitete Ansätze, die in Grundlagen kurz angerissen werden.

2.3.3.1 Datenmodell als Schnittstelle zwischen System und Prozess

Datenmodellierung beschreibt in Wirtschaftsinformatik oder Software-Entwicklung das Vorgehen zur systematischen Datenstrukturierung. Sie bildet die Grundordnungsstruktur für Daten, auf die informationsverarbeitende Datensysteme zugreifen.[334]

Die Datenmodellierung hat eine Übersetzungsrolle: Informationsobjekte aus Geschäftsprozessen (zum Beispiel Kundenbestellungen) werden darin strukturiert beschrieben und mit anderen Informationsobjekten in Bezug gesetzt.[335]

Ein **Datenmodell** ist das Resultat der Datenmodellierung. Es ist sowohl in der unternehmerischen Anwendung als auch in der Software-Entwicklung von Bedeutung: Wenn Datenmodelle konsistent und einheitlich umgesetzt und durch Datenbanken realisiert wurden, ergeben sich daraus vielfältige Zugriffsmöglichkeiten und Sichtweisen auf Unternehmensdaten sowie eine effiziente Verwaltung der Datenbestände.[336]

Die Ähnlichkeiten zwischen der Datenmodellierung und der Datenerhebung, -aggregation und -bereitstellung, wie sie im Internet of Production stattfinden, haben andere Autoren bereits dazu bewogen, ein Datenmodell als Vorbereitung und Lösungsvehikel zur einfachen und pragmatischen Erzeugung eines digitalen Schattens einzusetzen.[337]

Klassendiagramme ermöglichen die anwendungsorientierte Erzeugung von Datenmodellen. Das sind grafische Repräsentationen der statischen Klassen einer Datenstruktur. Datentypen oder Entitätstypen werden als Klassen definiert. Sie sind durch Attribute und eventuell relevante Funktionen beschrieben.[338] Klassen bilden die Struktur, nach der ihr zugehörige Objekte gebildet werden.[339] Sie sind die Schablone, die als Vorlage für die formale Struktur der ihr zugehörigen Objekte dient. Objekte besitzen eine eindeutig zugewiesene Identität und sind durch Eigenschaften beschrieben.[340]

---

[334] vgl. Gadatsch, A. (2017) Datenmodellierung für Einsteiger, S. 4
[335] vgl. Gadatsch, A. (2017) Datenmodellierung für Einsteiger, S. 7
[336] vgl. Fink, A.; Schneidereit, G. et al. (2005) Grundlagen der Wirtschaftsinformatik, S. 105
[337] vgl. Molitor, M. (2019) Generative Montageablaufplanung, S. 92
[338] vgl. Spitta, T.; Bick, M. (2008) Informationswirtschaft, S. 195
[339] vgl. Kleuker, S. (2009) Software-Engineering mit UML, S. 94 f.
[340] vgl. Kleuker, S. (2009) Software-Engineering mit UML, S. 95 ff.

Datenmodell und Klassendiagramm sind Beschreibungen der rein statischen Beziehungen von Daten – dynamische Prozessflüsse werden hierüber nicht abgebildet.[341]

2.3.3.2 Analytik für die Aufbereitung und Veredlung von Daten

Datenanalyse ist der Überbegriff für die Anwendung datenbasierter, meist statistischer Methoden, mit deren Hilfe bestehende Einzeldaten in zusammengehörige Informationen überführt werden. Nach der Gewinnung dieser Informationen werden sie – beispielsweise in grafischer Form – dokumentiert. Datenanalyse reicht dabei von ihrer deskriptiven Form über die inferenzielle Analyse bis hin zur explorativen und konfirmatorischen Datenanalyse. Letztere dienen der Entdeckung und Hervorstellung, beziehungsweise der Überprüfung von Strukturen oder Zusammenhängen in Daten. [342]

Auch das Analysieren von sehr großen Datenbeständen mit den Methoden des Data Mining fällt unter den Überbegriff der Datenanalyse. Die Knowledge Discovery in Databases[343] ist ein Konzept der Datenanalyse, unter das viele zeitgemäße Ansätze für das Entdecken und Explizieren von implizit vorhandenem Wissen in großen Datenbeständen fallen. FAYYAD ET AL. erklären, dass und wie die Begriffe Data Mining und Knowledge Discovery in Databases untereinander zusammenhängen und mit dem maschinellen Lernen, der Statistik und Datenbanken unmittelbar verwandt sind. [344]

Datenbasiertes Controlling von Migration erfordert spezifische Methoden der Datenanalyse, um aus Daten im Produktionsnetzwerk Informationen und Wissen für Planung und Steuerung der Migration zu gewinnen; darauf geht Teilkapitel 5.1.4 ein.

2.3.3.3 Darstellung und Visualisierung von Entscheidungsdaten

Die Darstellung von Informationen durch Visualisierungen ist weit verbreitet und das menschliche Auge ist ein gutes und etabliertes Werkzeug zur Analyse von Daten. Visualisierte Daten sind zudem ein gutes Werkzeug für Expertendiskussionen. [345]

Bildhafte Darstellungen vermitteln Erkenntnisse intuitiv: Zusammenhänge, Strukturen oder Daten werden so effizient analysiert und deren Aussagen kommuniziert. [346]

---

[341] vgl. Spitta, T.; Bick, M. (2008) Informationswirtschaft, S. 195
[342] vgl. Gabler Wirtschaftslexikon (2018) Stichwort: Datenanalyse
[343] KDD, engl.: Wissenserkennung in Datenbeständen
[344] vgl. Fayyad, U.; Piatetsky-Shapiro, G. et al. (1996) From Data Mining to KDD
[345] vgl. Runkler, T. (2010) Data-Mining, S. 35
[346] vgl. Schumann, H.; Müller, W. (2000) Visualisierung, S. 15 f.

Zur Erstellung von Visualisierungen stellen SCHUMANN und MÜLLER eine Visualisierungspipeline vor, wie in Abbildung 2.24 dargestellt. Sie zeigt den Weg von Rohdaten über deren Aufbereitung über das geometrische Konzept bis hin zum fertigen Bild.

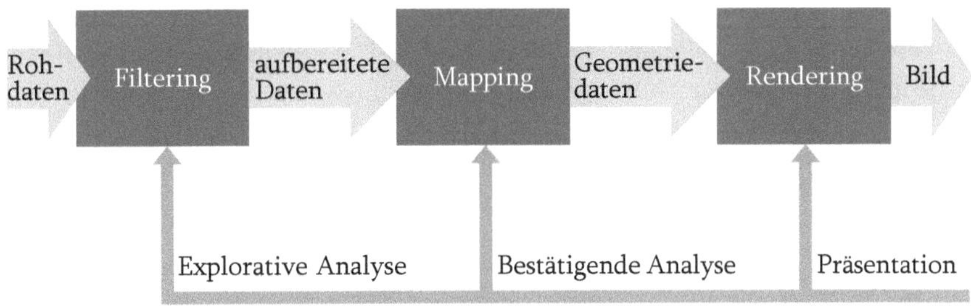

Abbildung 2.24: Stufen der Visualisierung [347]

Die Datengrundlage für Visualisierungen sind meist quantitative Daten, ordinale Daten oder nominale Daten in unterschiedlichen Darstellungsformen. So können zum Beispiel verschiedene Formen Relationen verdeutlichen oder etwa Farbwerte Unterschiede hervorstellen. Je nach Entscheidungssituation werden dadurch Größenvergleiche, qualitative Vergleiche oder Kategorisierungen jeweils ideal dargestellt. [348]

Visualisierungen sind hervorragend geeignet, um Entscheidungsvorgänge zu unterstützen. Obacht gilt bei wiederkehrenden Berichten, wie sie für die kontinuierlichen Migration erforderlich sind, denn die Notation muss einheitlich und wiedererkennbar sein. Klare Standards für eine zeitgemäße und zielgerichtete Informationsvisualisierung[349] beugen Verwechslungen vor und tragen zu effizienter Wiederkennbarkeit und Vergleichbarkeit über mehrere Visualisierungen hinweg bei.[350]

Das betriebliche Berichtswesen oder Management Reporting, wie es auch im Controlling von Bedeutung ist, setzt durch eine gute Empfängerorientierung effiziente Entscheidungsimpulse. Das Reporting und seine Visualisierung müssen mit der häufigen Datenaktualisierung Schritt halten können und stets adäquat aufbereitet sein.[351]

---

347 i.A.a. Schumann, H.; Müller, W. (2000) Visualisierung, S. 15

348 i.A.a. Schumann, H.; Müller, W. (2000) Visualisierung, S. 127 ff.

349 Siehe vertiefend auch das sogenannte RANDI-Modell: Rahmenbedingungen klären, Ausbildung der Mitarbeiter, Notation festlegen, Design der Berichte und Dashboards, Implementierung in Wiener, A.; Schneider, C. et al. (2016) Managementberichte gekonnt visualisieren, S. 45 ff.

350 vgl. Wiener, A.; Schneider, C. et al. (2016) Managementberichte gekonnt visualisieren, S. 45

351 vgl. Wiener, A.; Schneider, C. et al. (2016) Managementberichte gekonnt visualisieren, S. 23

2.3.4 Zwischenfazit zur Datenunterstützung für die Migration

Das datenbasierte Planen und Entscheiden mit Industrie 4.0 erfordert den Einblick in zeitgemäße Ansätze zur Vernetzung von Daten und der Dateninfrastruktur in der Produktion, in Entscheidungen und in die Datenaufbereitung zur Entscheidungsunterstützung. Datenbasierte Verfahren der Entscheidungsunterstützung sowie eine eindeutige und klar modellierte Datenlage versprechen für eine Anwendung im Kontext der Migrationsplanung ein großes Potential. Ihr Transfer und ihre Synthese werden im Teilkapitel 3.1.10 diskutiert.

Mit Fokus auf die Migrationsplanung ergeben sich zahlreiche Herausforderungen:

Das Entscheiden mit Daten im Zeitalter von Industrie 4.0 im Kontext von Migration erfährt folgende Herauforderungen:[352]

- Planungsaufgabe erfordert große **unstrukturierte Datenmengen** aus lebenden IT-Systemen
- **Subjektivität** bei der Ergebnisfindung und -interpretation
- **Fehlende Nachvollziehbarkeit** von Planungsentscheidungen
- **Geringe Transparenz** über Ergebnisse und deren Auswirkungen

2.4 Herausforderungen aus der Praxis

In den vorangegangenen Teilkapiteln wurden die Herausforderungen aus der Praxis bereits sichtbar und sie wurden an mehreren Stellen angedeutet:

Die Herausforderungen in der Gestaltung von Produktionsnetzwerken allgemein und besonders für deren Migration, wie in den Abschnitten 2.1.1.4 und 2.1.2.6 und 2.1.3.7 angedeutet, liegen besonders in der Komplexität und der unsystematischen Planung. Im Abschnitt 2.2.3 wurden die Herausforderungen rund um das Controlling von Migration mit der großen Dynamik des Lösungsraums angerissen; der Abschnitt 2.3.4 formulierte ein Zwischenfazit zu den Herausforderungen des datenbasierten Planen und Entscheidens insbesondere über die Transparenz und die Schwierigkeiten einer klaren Entscheidungsfindung. All die Herausforderungen sollen nachfolgend entlang der Struktur des Kapitel 2 ausführlich hergeleitet und diskutiert werden.

[352] Die hier benannten Herausforderungen werden nachfolgend in Teilkapitel 2.4.1.3 detailliert erläutert

2.4.1.1 Herausforderungen der Migration im Produktionsnetzwerk

Der Blick auf die ***Herausforderungen der globalen Produktion***, deren globale Treiber und die Struktur von Netzwerken zeigt, **Märkte** sind **volatil und unsicher**:

Globales Produzieren wandelt sich rapide.[353] Zunehmende Volatilität und hochfrequente Veränderungen induzieren Komplexität in unternehmerisches Handeln[354] und Megatrends, wie Digitalisierung und technologischer und demografischer Wandel, beschleunigen Veränderungen der Märkte.[355] Das erzeugt Unsicherheit und Dynamik[356], die in der praktischen Netzwerkgestaltung kaum berücksichtigt werden.[357]

Auch die Globalisierungstreiber unterliegen kurzfristig veränderlichen Wechselkursschwankungen, politischen Unsicherheiten, Nachfrageschwankungen, Umweltkatastrophen oder Transport- und Lohnkostenänderungen.[358] Frühere Low-Cost-Länder durchlaufen eine Evolution:[359] China etwa beansprucht eine marktführende Rolle in der Produktion qualitativer und innovativer Produkte; Länder wie Malaysia, Indien, Thailand, Indonesien und Vietnam übernehmen die Rolle als „Werkbank der Welt".[360]

Darüber hinaus erfahren Netzwerkstrukturen Komplexität[361] und Unsicherheit. So wie Netzwerke oft das Ergebnis evolutionären, opportunistischen Wachstums sind, nimmt auch ihre Struktur einen zufälligen, teils chaotischen, Charakter ohne Nutzung von Synergien an. [362] Traditionell gewachsene Netzwerke genügen oft nicht mehr den Anforderungen aus Flexibilität, Transparenz und Kosteneffizienz.[363]

Der **globale Wettbewerb** wird durch zunehmende Globalisierung international ausgetragen und die Verlagerung von Produktionsstandorten **steigt weiter**:[364]

---

[353] vgl. KPMG (2014) Unternehmen in der digitalen Transformation, S. 3

[354] vgl. Boston Consulting Group (2014) Shifting Economics of Global Manufacturing, S. 20 f.; vgl. Schurig, M.; Ramsauer, C. (2015) Messung der Agilität von Produktionsnetzwerken, S. 114

[355] vgl. Westkämper, E.; Löffler, C. (2016) Strategien der Produktion, S. 50 f.

[356] vgl. Friedli, T.; Heinzen, S. et al. (2011) Strategisches Management globaler Produktionsnetzwerke, S. 612

[357] vgl. Meyer, T. (2006) Globale Produktionsnetzwerke, S. 94

[358] vgl. Reuter, C.; Prote, J.-P. et al. (2016) Global Production Networks, S. 532 - 533

[359] vgl. Bearing Point (2014) Herausforderungen globaler Supply Chains, S. 9

[360] vgl. Deloitte (2016) Global Manufacturing Competitiveness, S. 14

[361] vgl. Moser, E. (2018) Migrationsplanung globaler Produktionsnetzwerke, S. 2

[362] vgl. Jacob, F. (2006) Quantitative Optimierung dynamischer Produktionsnetzwerke, S. 6; vgl. Reuter, C.; Prote, J.-P. et al. (2016) Global Production Networks, S. 532 ff.

[363] vgl. Schuh, G.; Reuter, C. et al. (2016) Konsortial-Benchmarking, S. 10 ff.; vgl. Thomas, S. (2013) Produktionsnetzwerksysteme, S. 6

[364] vgl. Bearing Point (2014) Herausforderungen globaler Supply Chains, S. 8 ff.

Kostendruck, Einsparungen bei Arbeits- oder Transportkosten und die Nähe zu Absatzmärkten beeinflussen Entscheidungssituationen.[365] Langsame oder keine Reaktionen schwächen die Marktposition.[366] Unternehmen müssen Wertschöpfung aktiv globalisieren und den Veränderungsprozess aktiv gestalten, um langfristig zu bestehen.[367]

Globalisierungstreiber müssen verstanden und versteckte Kostenvorteile genutzt werden. So können Unternehmen Markteinführungszeiten durch kürzere Lieferketten verkürzen, Flexibilität steigern und lokale Produktwünsche bedienen.[368] Es ist entscheidend, Trends vorherzusehen und zur richtigen Zeit den richtigen Markt mit den richtigen Produkten zu bedienen.[369] Auch drastisch verkürzte Produktlebenszyklen und der einhergehende Wettbewerbsdruck sind als Herausforderung zu meistern.[370]

Auch die globale Struktur entscheidet – teils erzielen Unternehmen Wettbewerbsvorteile allein aus der Standortkoordination, wohingegen schlechte Koordination zu Einbußen in Agilität und Leistungsfähigkeit führt.[371] Schnelligkeit, Flexibilität und Innovationen erfordern systematische Verankerung[372] und Produktionsinfrastruktur muss Technologiesprüngen folgen, damit Potenziale früh und proaktiv entdeckt werden.[373]

Mit Blick auf die ***Herausforderungen für globale Produktionsnetzwerke*** gilt, **Anpassungen an globalen Produktionsnetzwerken** sind **regelmäßig** vorzunehmen. Wie für globale Märkte erklärt, verkürzen sich Produktlebenszyklen[374] und Einflussfaktoren unterliegen einem zeitlichen Wandel[375]. Das unterstreicht die Rolle der Zeit in der Konfiguration von Produktionsnetzwerken:[376] Netzwerkstrukturen – seien sie noch so

---

[365] vgl. Reuter, C.; Prote, J.-P. et al. (2016) Global Production Networks, S. 532

[366] vgl. van der Heijden, K. (1996) Scenarios

[367] vgl. Abele, E.; Kluge, J. et al. (2006) Handbuch globale Produktion, S. 27

[368] vgl. Boston Consulting Group (2014) Shifting Economics of Global Manufacturing, S. 20

[369] vgl. Lanza, G.; Moser, R. (2012) Strategic Planning of Global Changeable Production Networks, S. 257; vgl. strategy& (2017) Manufacturing's new world order, S. 4

[370] vgl. Wirth, S.; Schenk, M. et al. (2011) Fabrik – Ort innovativer und kreativer Wertschöpfung, S. 691 f.; vgl. Haag, H.-C.; Radimersky, A. et al. (2012) Wandlungstreiber in Wertschöpfungsnetzen, S. 633 ff.; vgl. strategy& (2017) Manufacturing's new world order, S. 7 - 10

[371] vgl. Ferdows, K. (2008) Managing the Evolving Global Production Network, S. 149

[372] vgl. Hays (2015) Von starren Prozessen zu agilen Projekten, S. 8 ff.

[373] vgl. Bearing Point (2014) Herausforderungen globaler Supply Chains, S. 5; vgl. Schurig, M.; Ramsauer, C. (2015) Messung der Agilität von Produktionsnetzwerken, S. 114; vgl. Schuh, G.; Prote, J.-P. et al. (2017) Reference Process, S. 447

[374] vgl. Witthohn, C. (2019) Konfiguration globaler Produktionsnetzwerke, S. 2; vgl. Schuh, G.; Prote, J.-P. et al. (2020) Concept for cost prognosis, S. 99

[375] vgl. Schuh, G.; Prote, J.-P. et al. (2019) Planning and Controlling Migration, S. 365

[376] vgl. Moser, E.; Stricker, N. et al. (2016) Risk Efficient Migration Strategies, S. 104

ambitioniert entwickelt worden – verbleiben nur zeitlich begrenzt im optimalen Zustand. Unternehmen planen oft unflexibel und zu langfristig.[377] Durch langwierige Entscheidungshorizonte mangelt es an systematisch etablierter Anpassungsfähigkeit, die zu fehlender Wandlungsfähigkeit führt.[378] Das wirkt sich direkt auf die Wettbewerbsfähigkeit aus.[379] Hingegen müssen Produktionsnetzwerke agiler werden, um flexibel am richtigen Ort für den richtigen Markt zu produzieren.[380] Netzwerke können deshalb kaum ohne Zielkonflikt gestaltet werden. Abwägung ist nötig zwischen kontinuierlicher Anpassung und Effizienz bei Veränderungen sowie Entscheidungen zwischen Flexibilität und Produktivität oder Standardisierung und Diversifikation.[381] Langfristige Auslegung genügt in der dynamischen Umwelt nicht mehr.[382]

Weiterhin ist ein **verzögertes Reagieren auf Veränderungen nachteilhaft**. Fehlende Anpassungsfähigkeit und Proaktivität sind schon durch Unterlassung wettbewerbsrelevant. Unternehmen, die sich der Dynamik im internationalen Wettbewerb stellen, erzielen Kosteneinsparungen und sind innovationsstärker als die Konkurrenz.[383] Schwerfällige Strukturen größerer Unternehmen bedingen oft unübersichtliche Entscheidungssituationen und langwierige Einigungsprozesse – dadurch verzögern sich Gestaltungsvorgaben für Produktionsnetzwerke.[384] Intransparente und zugleich unpassend modellierte und umgesetzte Gestaltungsvorgaben erfordern erst Eintritt und Erkenntnis eines Schadens, bevor Entscheidungen revidiert werden. Dieses Vorgehen erzeugt Unruhe, Intransparenz und hohe Kosten für weitere Umstrukturierungen.[385]

Die Problemstellung wird auch durch **hohe Anzahl sowie große Veränderlichkeit der Einflüsse auf das Netzwerk und die Veränderungsvorhaben** komplex. Oft werden sie bei der Planung und Gestaltung von Produktionsnetzwerken kaum berücksichtigt.[386]

---

[377] vgl. Wiezorrek, A. (2017) Konfiguration von globalen Wertschöpfungsnetzwerken, S. 66 - 67

[378] vgl. Sager, B. (2019) Konfiguration globaler Produktionsnetzwerke, S. 4; vgl. Schuh, G.; Prote, J.-P. et al. (2019) Fixed Cost Management, S. 626; vgl. Schuh, G.; Prote, J.-P. et al. (2019) Gestaltung von Produktionsnetzwerken, S. 7

[379] vgl. Maibaum, J.; Cremer, S. et al. (2019) Integrated Process for Optimized Planning of Migration, S. 633 ff.

[380] vgl. strategy& (2017) Manufacturing's new world order, S. 4

[381] vgl. Friedli, T.; Heinzen, S. et al. (2011) Strategisches Management globaler Produktionsnetzwerke, S. 610 ff.; vgl. Moser, E.; Stricker, N. et al. (2016) Migration Planning for Global Production Networks, S. 35 f.

[382] vgl. strategy& (2017) Manufacturing's new world order, S. 6 ff.

[383] vgl. Meyer, T. (2006) Globale Produktionsnetzwerke, S. 8

[384] vgl. Thomas, S. (2013) Produktionsnetzwerksysteme, S. 7

[385] vgl. Thomas, S. (2013) Produktionsnetzwerksysteme, S. 259; vgl. Schuh, G.; Reuter, C. et al. (2016) Konsortial-Benchmarking, S. 19

[386] vgl. Meyer, T. (2006) Globale Produktionsnetzwerke, S. 94

Einerseits bringt stärkere Berücksichtigung kleinerer regionaler Märkte mehr Individualität in Entwicklungsmöglichkeiten, Einflüssen und der Komplexität mit. Andererseits wirken die strategischen Vorgaben der Umsetzung. Inkonsistente Netzwerkentscheidungen werden zusehends abgelöst von komplex modellierten Entscheidungen mit vielen Einflussfaktoren. [387] Diese Einflussfaktoren und ihre Wechselwirkungen beeinflussen das Netzwerk von außen und innerhalb; sie zu berücksichtigen hilft, frühzeitig Potentiale zu identifizieren.[388] Organisatorische und technische Herausforderungen komplexer Produktionsnetzwerke überlagern Einsparpotentiale derart, dass sie in der Netzwerkoptimierung unterschätzt oder nicht wahrgenommen werden. Unternehmen sind durch die Komplexität der eigenen, zufällig gewachsenen Netzwerke häufig organisatorisch und technisch herausgefordert. Dabei unterschätzen sie tatsächliche Einsparpotenziale aus einer Netzwerkoptimierung.[389]

Teilkapitel 2.1.2.4 zeigte schon den **Antagonismus, dass Planung entweder (selten) integriert für eine diskrete Zukunft oder (öfter) isoliert für alltägliche Bedarfe** stattfindet. Einzelne Werke agieren autark, ohne Berücksichtigung der Auswirkungen im Gesamtnetzwerk, oder Langzeitprojekte finden netzwerkübergreifend statt.[390] Einmalige zeitdiskret anberaumte Projekte mit langem Planungshorizont entstehen oft aus einer zentral organisierten Netzwerkplanung.[391] Konkrete Veränderungsprojekte dienen hingegen oft der kontinuierlichen Optimierung und sind lokal initiiert. Diese isolierte lokale Planung vernachlässigt netzwerkweite Interdependenzen, Synergien und Ressourcen. Die Netzwerkkonfiguration wird weitaus langfristiger geplant als die Umsetzung.[392] Diese Unterschiede stellen Effizienz und Kontinuität in der Netzwerkanpassung zueinander in Konflikt.[393] Daher darf Netzwerkplanung nicht länger statisch und langfristig angegangen werden. Sie muss anpassungsfähig, kontinuierlich und unter Berücksichtigung aller Interdependenzen auf Änderungen reagieren können.

---

[387] vgl. Reuter, C.; Prote, J.-P. et al. (2016) Global Production Networks, S. 532 ff.; vgl. Maibaum, J.; Cremer, S. et al. (2019) Integrated Process for Optimized Planning of Migration, S. 633 ff.; vgl. Verhaelen, B.; Thomas, K. et al. (2019) Potenziale datenbasierter Produktallokationen, S. 96 ff.

[388] vgl. Moser, E. (2018) Migrationsplanung globaler Produktionsnetzwerke, S. 19 ff.

[389] vgl. Abele, E.; Kluge, J. et al. (2006) Handbuch globale Produktion, S. 15; vgl. Meyer, T. (2006) Globale Produktionsnetzwerke, S. 13

[390] vgl. Wiezorrek, A. (2017) Konfiguration von globalen Wertschöpfungsnetzwerken, S. 65 f.

[391] vgl. Schuh, G.; Prote, J.-P. et al. (2017) Reference Process, S. 446

[392] vgl. Wiezorrek, A. (2017) Konfiguration von globalen Wertschöpfungsnetzwerken, S. 62 ff.

[393] vgl. Schuh, G.; Prote, J.-P. et al. (2017) Reference Process, S. 446 f.; vgl. Wiezorrek, A. (2017) Konfiguration von globalen Wertschöpfungsnetzwerken, S. 62 ff.

Der Lösungsraum der Planungsaufgabe zeigt, **Produktionsnetzwerke und deren Veränderungsvorhaben sind durch eine hohe Anzahl an Interdependenzen charakterisiert.** Die Komplexität durch innere Strukturen und Beziehungen in den Netzwerken und die Komplexität des Umfelds und Auswirkungen der Einflussfaktoren prägen, wie Produktionsnetzwerke operieren und sich entwickeln.[394] Netzwerke sind durch geografisch verteilte Subsysteme und ihre Beziehung zueinander charakterisiert. Innerhalb vernetzter Standorte wirken Beziehungen zu Lieferanten und Kunden, die durch ihre Anzahl sowie dazwischen wirkende Wechselwirkungen weitere Interdependenzen bedingen.[395] Obwohl und weil Netzwerke nicht strukturiert, sondern in historisch verketteten Entscheidungen entstanden[396], zeichnen sie sich durch Verflechtungen und Interdependenzen zwischen Standorten, Lieferanten und Kunden aus.[397]

Die ***Praxisherausforderungen für Migration in Produktionsnetzwerken*** zeigen sich entlang aller Schritte von Planung über Überwachen und Steuern bis zur Kontrolle.

Während strategische Entwicklung des Netzwerks und taktische Netzwerkgestaltung im Management präsent sind, wird die operative Ebene vernachlässigt – das führt zu **unzureichender Berücksichtigung, Planung, Steuerung und Bewertung von Migration in der Gestaltung von Produktionsnetzwerken.** Dabei sind Herausforderungen, wie die Komplexität, die schon für die globale Produktion und die Gestaltung der Netzwerke galten, für die Migration gleichsam wichtig.[398] Erfolgreiche Umsetzung der Gestaltung erfordert gewissenhafte Migrationsplanung. Trotzdem werden Migrationsschritte in der Praxis unzureichend bewertet.[399] Oft werden zu wenige oder zu viele Bewertungsparameter genutzt und wichtige Zielgrößen nicht berücksichtigt.[400]

---

[394] vgl. Lanza, G.; Ferdows, K. et al. (2019) Global Production Networks, S. 830 ff.; vgl. Sager, B. (2019) Konfiguration globaler Produktionsnetzwerke, S. 3 f.; vgl. Schuh, G.; Prote, J.-P. et al. (2020) Data-based identification of knowledge transfer needs in global production networks, S. 69

[395] vgl. Lanza, G.; Ferdows, K. et al. (2019) Global Production Networks, S. 823 ff.; vgl. Maibaum, J.; Cremer, S. et al. (2019) Integrated Process for Optimized Planning of Migration, S. 633 ff.; vgl. Schuh, G.; Prote, J.-P. et al. (2019) Gestaltung von Produktionsnetzwerken, S. 7 ff.; vgl. Schuh, G.; Prote, J.-P. et al. (2019) Planning and Controlling Migration, S. 365

[396] vgl. Friedli, T.; Schuh, G. et al. (2019) Next Level Production Networks, S. 101; vgl. Lanza, G.; Ferdows, K. et al. (2019) Global Production Networks, S. 823; vgl. Verhaelen, B.; Thomas, K. et al. (2019) Potenziale datenbasierter Produktallokationen, S. 96; vgl. Witthohn, C. (2019) Konfiguration globaler Produktionsnetzwerke, S. 2

[397] vgl. Ferdows, K. (2008) Managing the Evolving Global Production Network, S. 149 ff.

[398] vgl. Ferdows, K. (2008) Managing the Evolving Global Production Network, S. 149 ff.

[399] vgl. Reuter, C.; Prote, J.-P. et al. (2015) Ermittlung eines strategischen Migrationsplans, S. 425

[400] vgl. Ferdows, K. (2008) Managing the Evolving Global Production Network, S. 149 ff.; vgl. Wiezorrek, A. (2017) Konfiguration von globalen Wertschöpfungsnetzwerken, S. 65 f.

Im Teilkapitel 2.1.3.4 wurden die pragmatische und optimierte Migration unterschieden; es wurde deutlich, dass es für die **Anwendung nur wenige Tools** gibt. Für Planung und Gestaltung der Konfiguration von Produktionsnetzwerken existieren Optimierungsansätze, die es aus der Forschung auch in die praktische Anwendung geschafft haben – doch die Optimierung der Planung von Migrationsvorhaben wird weiterhin nur inadäquat behandelt.[401] Fehlende Verfügbarkeit oder mangelnde Anwendbarkeit theoretischer Modelle und Methoden bleiben eine Herausforderung. Methoden müssen Komplexität anforderungsgerecht abbilden; denn die Bestimmung geeigneter Abfolgen von Migrationsschritten[402] und klare Vorgehensbeschreibungen für die Umsetzung[403] sind zwei Ziele der Migrationsplanung. Ansätze müssen praktisch und hinreichend aussagekräftig sein, um damit Migrationsvorhaben erfolgreich zu planen.[404]

Anknüpfend wird deutlich, die **Planung ist durch einen Mangel an quantitativer Betrachtung in den Methoden der Migration oft zu sehr vereinfacht**. Einerseits haben umfangreiche Optimierungsansätze für die Steuerung und Erzielung von Kosteneffizienz im Netzwerk großes Potential.[405] Andererseits gilt Optimierung, besonders mit stochastischen Modellen, als wenig intuitiv und das führt oft zu ihrem Scheitern.[406] Unternehmen behelfen sich lieber mit einfachen qualitativen Hilfsmitteln, wie Checklisten, und werden so der komplexen Planung von Migrationsvorhaben nicht gerecht. [407] Wenn dafür keine ausreichend umfassenden Methoden eingesetzt werden und zu stark vereinfacht wird, verzögert das in Konsequenz das gesamte Vorhaben. [408]

Durch die folglich **individuelle Ermittlung ist Migration aufwändig.** Der oft projektbasierte Charakter der Migrationsumsetzung und fehlende Strategien zur einfacheren Planung, fordern die manuelle Bewältigung der Komplexität aus vielen Migrationspfadalternativen [409] und Interdependenzen im Netzwerk. [410]

---

[401] vgl. Maibaum, J.; Cremer, S. et al. (2019) Integrated Process for Optimized Planning of Migration, S. 634

[402] vgl. Schuh, G.; Prote, J.-P. et al. (2017) Reference Process, S. 449

[403] vgl. Schuh, G.; Potente, T. et al. (2014) Global Footprint Design based on Genetic Algorithms, S. 433 f.,

[404] vgl. Treber, S.; Moser, E. et al. (2019) Reallocating Production Technologies, S. 291

[405] vgl. Boston Consulting Group; Fraunhofer IPA (2015) The Proximity Paradox, S. 10

[406] vgl. Sager, B. (2019) Konfiguration globaler Produktionsnetzwerke, S. 63

[407] vgl. Wiezorrek, A. (2017) Konfiguration von globalen Wertschöpfungsnetzwerken, S. 53

[408] vgl. Reuter, C.; Prote, J.-P. et al. (2015) Ermittlung eines strategischen Migrationsplans, S. 425 ff.; vgl. Sager, B. (2019) Konfiguration globaler Produktionsnetzwerke, S. 5; vgl. Schuh, G.; Prote, J.-P. et al. (2019) Planning and Controlling Migration, S. 365 ff.

[409] vgl. Moser, E. (2018) Migrationsplanung globaler Produktionsnetzwerke, S. 22 f.; vgl. Maibaum, J.; Cremer, S. et al. (2019) Integrated Process for Optimized Planning of Migration, S. 633 ff.

[410] vgl. Moser, E.; Stricker, N. et al. (2016) Risk Efficient Migration Strategies, S. 104 ff.

Um Aufwände und Komplexität zu überbrücken, ist **Migrationsplanung oft workshopintensiv**. Informationserfassung und Ermittlung einzelner Migrationsschritte und ihrer Wechselwirkungen werden oft in Workshops mit Experten, Planern und Entscheidungsträgern diskutiert. Prozessual und softwareseitig automatisierte Ansätze versprechen neben weniger Subjektivität, zielgerichteterer Informationserfassung und weniger Zeiteinsatz Flexibilität und aufwandsgerechte Praxistauglichkeit. [411]

Der Referenzprozess aus Abschnitt 2.1.2.5 zeigt, dass die **Erfolgsbewertung der durchgeführten Migration unvollständig ist und nicht für weitere Entscheidungen genutzt wird**, denn Informationen fließen nicht zurück. Die Auswirkungen der Migration werden entsprechend dem aktuellen Migrationsstatus kaum berücksichtigt. [412]

Vielseitige oft unerkannte oder unbekannte auslösende Gründe, machen Migration erforderlich. Oft werden Netzwerkentscheidungen nur bezüglich Kosten und Zeit bewertet. Dabei unterliegen globale Märkte vielen Einflüssen, etwa durch variierende Lohnkosten, politische Unruhen, schwankende Materialkosten oder Naturkatastrophen.[413] Zusammenhänge der Einflüsse und Wechselwirkungen im Netzwerk bleiben unberücksichtigt[414] und Technologiesprünge werden nur auf strategischer Ebene verfolgt und nicht aus der Migration heraus identifiziert. Einwirkungen würden jedoch bei ihrer Entstehung inmitten der Migrationsumsetzung schneller identifiziert und sind in übergeordnete Planungs- und Entscheidungsebenen zurückzuspielen.

2.4.1.2 Herausforderungen des Controllings für Migration

Controlling der Migration muss als **Planungsaufgabe für (zeitlich) volatile Zielzustände wiederkehren**. Obwohl Migration selten kontinuierlich betrachtet wird, ist ein angemessenes und zeitnahes Reagieren auf veränderte Umwelteinflüsse oder interne Komplikationen in der Umsetzung nötig.[415] **Abhängigkeiten zwischen Umsetzungsschritten, Einflussfaktoren und Wechselwirkungen** sind bislang **unsichtbar und veränderlich**[416] und Controlling bewirkt ein neues Selbstverständnis für Aggregation und Reporting von Informationen und Abhängigkeiten.

---

[411] vgl. Schuh, G.; Prote, J.-P. et al. (2019) Planning and Controlling Migration, S. 369

[412] vgl. Wiezorrek, A. (2017) Konfiguration von globalen Wertschöpfungsnetzwerken, S. 65 f.

[413] vgl. Sager, B. (2019) Konfiguration globaler Produktionsnetzwerke, S. 5 f.; vgl. Schuh, G.; Prote, J.-P. et al. (2019) Fixed Cost Management, S. 625 f.; vgl. Witthohn, C. (2019) Konfiguration globaler Produktionsnetzwerke, S. 3

[414] vgl. Wiezorrek, A. (2017) Konfiguration von globalen Wertschöpfungsnetzwerken, S. 65 f.

[415] vgl. Moser, E.; Stricker, N. et al. (2016) Migration Planning for Global Production Networks, S. 35 f.

[416] vgl. Schuh, G.; Prote, J.-P. et al. (2018) Rolling Planning of Migration, S. 17 f.

Die Methoden der Migration berücksichtigen Wechselwirkungen unzureichend; die Planung vernachlässigt zeitliche Veränderung[417], Unsicherheit[418] und Synergien durch Ressourcenverschiebungen.[419] Das erschwert die Entscheidungsfindung für geeignete Migrationspfade.[420] Ein verankerter Gesamtprozess für das Controlling der Migration muss das in Planung, Gestaltung und Überwachung unterstützen.

Drei weitere Herausforderungen wurden schon diskutiert, sie sind auch für das Controlling relevant: Für hohe **Aufwände** und **workshopintensives** Vorgehen mit **geringer Ergebnistransparenz** birgt technologieunterstütztes Controlling starkes Potential.

2.4.1.3 Herausforderungen der Datenunterstützung für Migration

Die **Planungsaufgabe erfordert** zur umfangreichen Informationserfassung mit aktuellen Daten **große unstrukturierte Datenmengen aus lebenden IT-Systemen**. Unstrukturierte und unverknüpfte Datenmengen erhöhen die Komplexität der Planung.[421] Entscheidungen unterliegen **Subjektivität bei der Ergebnisfindung und -interpretation**. Oft qualitative Einschätzungen der Entscheidungsträger[422] beruhen etwa auf Nutzwertanalysen unter Einfluss persönlicher Präferenzen.[423] Dies ist begleitet von **fehlender Nachvollziehbarkeit von Planungsentscheidungen**. Transparenz und Nachvollziehbarkeit von Entscheidungen sind jedoch elementar.[424] In Folge herrscht **geringe Transparenz über Ergebnisse und deren Auswirkungen**. Neben einer problematischen Herleitung der Entscheidungen, kann gar keine Verbesserung künftiger Entscheidungen vorgesehen werden, denn auch die Erfolgswirksamkeit der Maßnahmen ist unklar und bringt kaum belastbare Ergebnisse und mangelnde Transparenz.[425] Auch der adressierte Mangel geeigneter Methoden und des notwendigen Informationsaustauschs erschwert Transparenz in Produktionsnetzwerken, die zu frühem Erkennen und Verhindern disruptiver Einflüsse auf das Netzwerk beitrüge.[426]

---

417 vgl. Schuh, G.; Prote, J.-P. et al. (2018) Rolling Planning of Migration, S. 17 f.

418 vgl. Schuh, G.; Prote, J.-P. et al. (2019) Fixed Cost Management, S. 626

419 vgl. Wiezorrek, A. (2017) Konfiguration von globalen Wertschöpfungsnetzwerken, S. 62 ff.

420 vgl. Moser, E.; Stricker, N. et al. (2016) Risk Efficient Migration Strategies, S. 104 f.

421 vgl. Friedli, T.; Schuh, G. et al. (2019) Next Level Production Networks, S. 101

422 vgl. Wiezorrek, A. (2017) Konfiguration von globalen Wertschöpfungsnetzwerken, S. 64 f.

423 vgl. Wiezorrek, A. (2017) Konfiguration von globalen Wertschöpfungsnetzwerken, S. 64 f.; vgl. Lanza, G.; Treber, S. (2019) Transparency Increase in Global Production Networks, S. 439 ff.

424 vgl. Sager, B. (2019) Konfiguration globaler Produktionsnetzwerke, S. 4

425 vgl. Wiezorrek, A. (2017) Konfiguration von globalen Wertschöpfungsnetzwerken, S. 64 f.; vgl. Lanza, G.; Treber, S. (2019) Transparency Increase in Global Production Networks, S. 439 ff.

426 vgl. Lanza, G.; Treber, S. (2019) Transparency Increase in Global Production Networks, S. 439 f.

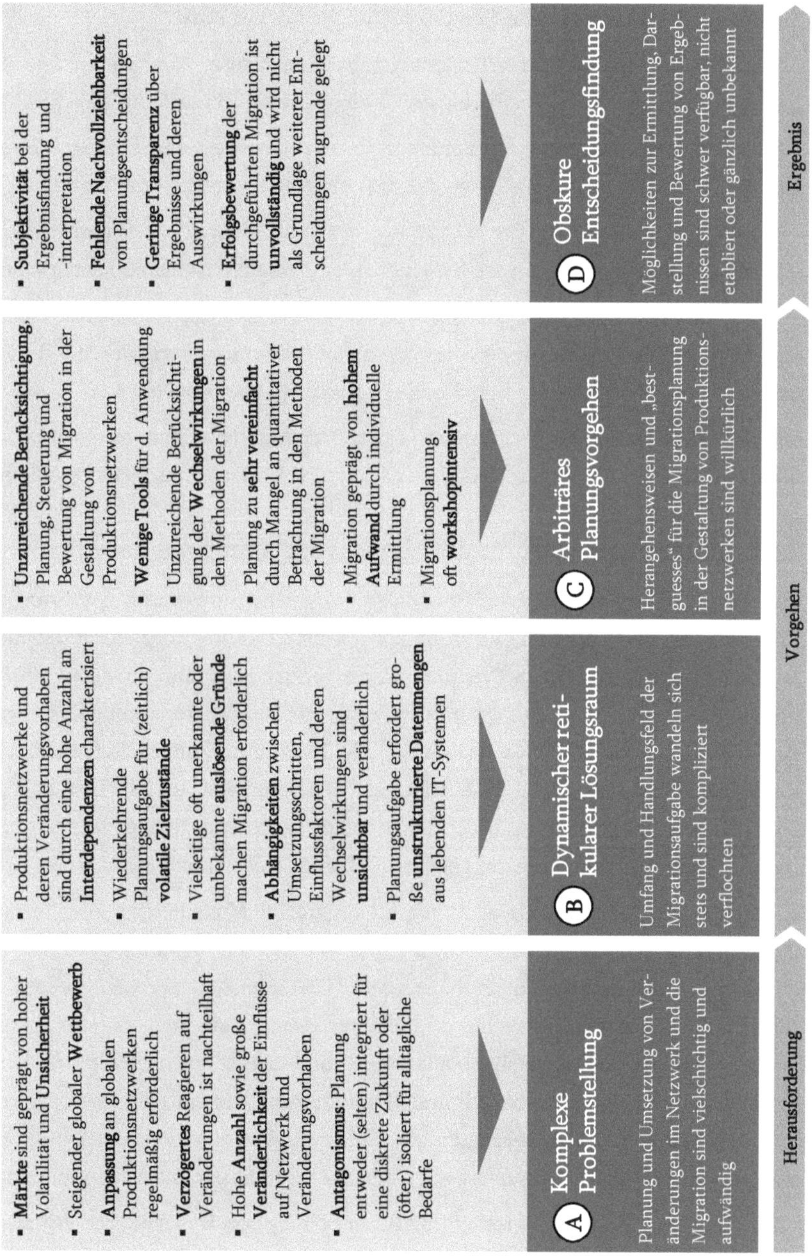

Abbildung 2.25: Herausforderungen für die Migrationsplanung aus der Praxis

2.4.1.4 Zusammengefasste Herausforderungen aus der Praxis

Abbildung 2.25 fasst die Herausforderungen aus den vorigen Abschnitten 2.4.1.1 bis 2.4.1.3 zusammen. Deren Gliederung ergibt vier zentrale Herausforderungen:

Die Planung und Umsetzung von Veränderungen im Netzwerk und die Migration sind vielschichtig und aufwändig – es handelt sich um **eine komplexe Problemstellung**.

Umfang und Handlungsfeld der Migrationsaufgabe wandeln sich stets und sind kompliziert verflochten – die Aufgabe hat einen **dynamischen retikularen Lösungsraum**.

Es bestehen nur willkürliche Herangehensweisen und „best-guesses“ für die Planung der Migration als Teilaufgabe der Gestaltung von Produktionsnetzwerken – die Migrationsplanung kennzeichnet sich durch ein **arbiträres Planungsvorgehen**.

Möglichkeiten zur Ergebnisermittlung, -darstellung und -bewertung sind schwer verfügbar, nicht etabliert oder unbekannt – daraus folgt **obskure Entscheidungsfindung**.

2.5 Handlungsbedarf für die Migrationsplanung aus der Praxis

Ziel dieser Arbeit ist die Entwicklung eines Vorgehens zur Planung, Steuerung und Überwachung der Migration, wie in Kapitel 1 erörtert. In Kapitel 2 wurde Migration als Teilaufgabe von globalen Produktionsnetzwerken eingeführt sowie Controlling und datenbasierte Entscheidungsunterstützung erörtert. Neben Potentialen zeigten sich die in Unterkapitel 2.4 zusammengefassten Herausforderungen. Sie zeigen, Controlling von Migration gelingt gegenwärtig nicht hinreichend gut. Hier besteht Handlungsbedarf. Dieser Handlungsbedarf leitet sich direkt aus den Herausforderungen ab, lässt sich in fünf Handlungsfelder gliedern und wird in der Abbildung 2.26 vorgestellt.

Controlling von Migration erfordert **migrationsgerechte Modellierung**. Dies übersetzt die Komplexität aus der Problemstellung. Der Bedarf nach migrationsgerechter Modellierung adressiert primär die Herausforderung der komplexen Problemstellung und zahlt zudem auf den dynamischen retikularen Lösungsraum ein. Migrationsgerecht modellieren bedeutet im Detail die migrations- und methodengerechte Modellierung des Netzwerks mitsamt Ressourcen und Migrationsschritten zur Reduktion der Problemkomplexität, die Modellierungsaufgabe aufwandsgerecht und praxisorientiert vorzusehen und die Anbindung an unterschiedlichste Datenbasis in der Modellierung.

Controlling von Migration erfordert die **Beherrschung von Dynamik**, um veränderliche Einflüsse, Entwicklungen und Unsicherheit situativ zu erkennen und zu mildern.

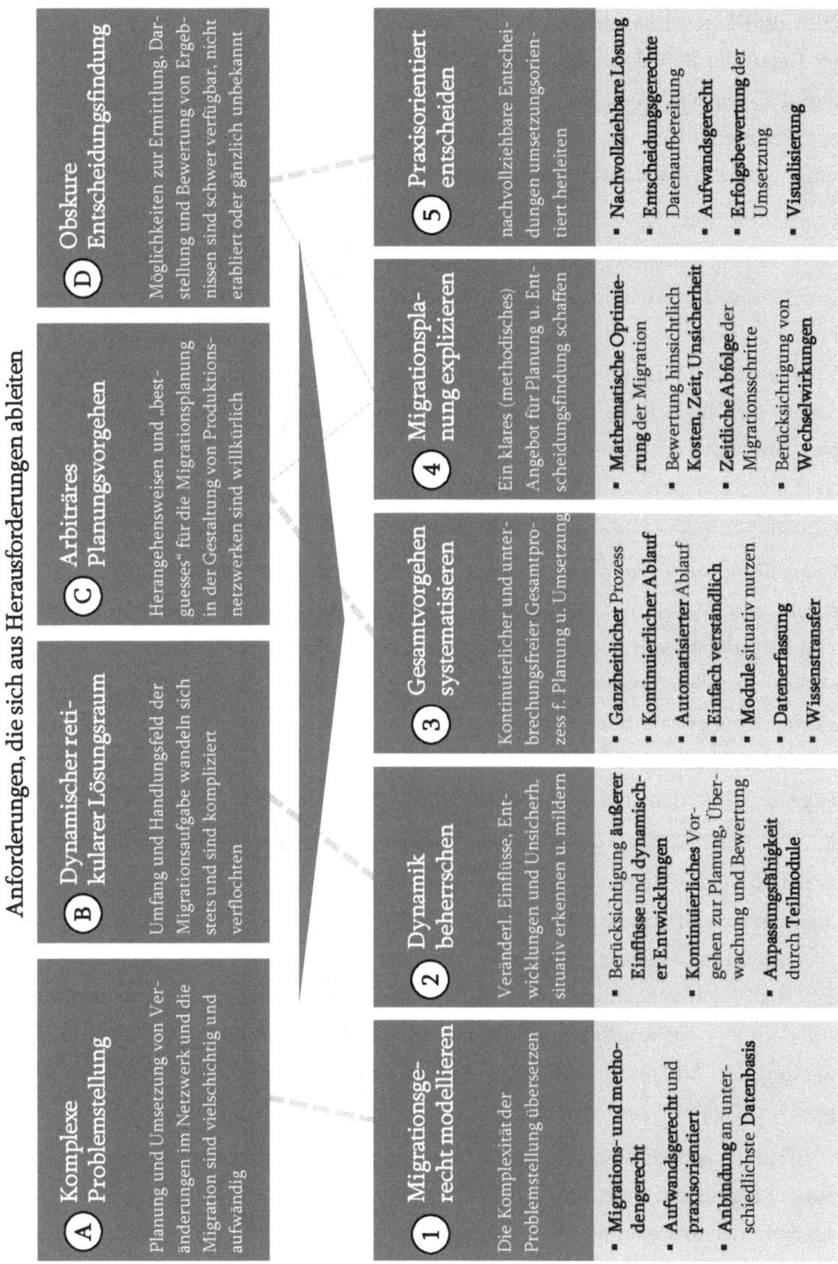

Abbildung 2.26: Handlungsbedarf für die Migrationsplanung aus der Praxis

Dies löst die Herausforderung des dynamischen retikularen Lösungsraums und heißt im Detail die Berücksichtigung äußerer Einflüsse und dynamischer Entwicklungen durch Zielzustände und Wandlungstreiber, kontinuierliches, anforderungsgerechtes, engmaschiges Planungsvorgehen, Überwachung und Erfolgsbewertung sowie Anpassungsfähigkeit, etwa durch situationsspezifisch skalierbare Teilmodule der Methodik.

Controlling von Migration erfordert die **Systematisierung des Gesamtvorgehens** und einen kontinuierlichen und unterbrechungsfreien Gesamtprozess zur Planung und Umsetzung. Der Handlungsbedarf adressiert die Herausforderung eines arbiträren Planungsvorgehens und bedeutet im Detail: Ganzheitlicher Prozess zur Planung und Umsetzung der Migration, Kontinuität gewährende Vorgehensweise, automatisierter Ablauf der Migrationsplanung, einfaches, verständliches und anschauliches Vorgehen, Methodik oder einzelne Module anwendungsgerecht und situativ nutzen, methodengerechte, prozessual integrierte Datenerfassung, möglichst an bestehende Datenbasis angebunden und Wissenstransfer durch strukturelles Lernen zu ermöglichen.

Controlling von Migration erfordert das **Explizieren der Migrationsplanung**. Das schafft eine klares (methodisches) Angebot zur Planung und Entscheidungsfindung und beeinflusst die Herausforderung des arbiträren Planungsvorgehens, adressiert die obskure Entscheidungsfindung und erzeugt wirtschaftlich orientierte Entscheidungsalternativen, etwa durch mathematische Optimierung der Migration, Bewertung der Migration hinsichtlich Kosten, Zeit, Unsicherheit, Ermittlung einer zeitlichen Abfolge der Migrationsschritte unter Beachtung von Kapazitäten, Berücksichtigung von Wechselwirkungen in Optimierung sowie Bewertung und Reihenfolgebildung.

Controlling von Migration erfordert **praxisorientiertes Entscheiden** zur umsetzungsorientierten Herleitung nachvollziehbarer Entscheidungen. Dieser Bedarf adressiert die obskure Entscheidungsfindung und teils das arbiträre Planungsvorgehen; das heißt im Detail Nachvollziehbarkeit in der Lösungsfindung, entscheidungsgerechte Datenaufbereitung, aufwandsgerechte praxisorientierte Migrationsumsetzung, Erfolgsbewertung der Umsetzung hinsichtlich Kosten, Zeit, Unsicherheit sowie entscheidungsgerechte Ergebnisvisualisierung.

Die Handlungsbedarfe werden in Kapitel 3 analysiert und bewertet, denn das hier erfasste Praxisdefizit muss hinsichtlich bestehender Erkenntnisse und Lösungsansätze aus Sicht der Anwendung und Forschung überprüft werden, die das abgeleiteten Praxisdefizite adressieren und auflösen können.

3 Stand der Forschung

Der Blick auf bestehende Erkenntnisse schließt sich in diesem dritten Kapitel an das inzwischen gewonnene Verständnis über den Handlungsbedarf aus der Praxis für das Controlling von Migration in Produktionsnetzwerken an. Dahinter steckt die Frage, ob und in welchen Umfängen die identifizierten Handlungsbedarfe durch andere bestehende Ansätze behandelt oder gelöst werden. Dafür werden aktuelle Ansätze aus der Wissenschaft identifiziert, vorgestellt und analysiert. Die nachfolgend diskutierten Ansätze adressieren mindestens entfernt das Themenfeld der Migration und haben meist die Ausrichtung und Gestaltung von Produktionsnetzwerken zum Thema; darüberhinausgehende Ansätze werden in zusammengefasster Form adressiert.

Um also zu beantworten, ob und wie gut die relevanten Ansätze zur Ausrichtung, Gestaltung und Migration globaler Produktionsnetzwerke die Problemstellung bereits lösen, müssen die Ansätze gegen die einzelnen im Teilkapitel 2.5 vorgestellten Handlungsbedarfe aus der Praxis bewertet werden. Das wird im Teilkapitel 3.2 erfolgen und je nachdem wie sehr die Handlungsbedarfe erfüllt oder nicht erfüllt sind, leitet sich in Teilkapitel 3.3 daraus das Forschungsdefizit ab. Dieses dient als Grundlage zur Formulierung ergänzender theoretischer Handlungsbedarfe und Anforderungen an die Entwicklung eines eigenen Ansatzes.

3.1 Ansätze zur Migration globaler Produktionsnetzwerke

Die nachfolgend vorgestellte Literatur zum Thema zeigt: Eine eigenständige Behandlung von Migration in globalen Produktionsnetzwerken hat sich erst jüngst – etwa Mitte der 2010er Jahre – als eigenes Themenfeld aus Ansätzen zur Gestaltung und

Konfiguration von Produktionsnetzwerken herausgeschält. Das Themenfeld erfährt seitdem eine langsame aber zugleich konsequente und stetige Evolution in der Forschung. Einige Ansätze aus den letzten fünfzehn Jahren hatten die Bedeutung der Migration erkannt und das Thema am Rande mit bearbeitet. Dort konnte es aber nie im erforderlichen Umfang detailliert werden. Solche Ansätze und diejenigen, die sich eigenständig der Planung von Migration verschreiben, werden nachfolgend gleichermaßen vorgestellt und zeigen durch ihre chronologische Sortierung zugleich die Entwicklung und das Erwachsen des Themas Migration in Produktionsnetzwerken auf.

3.1.1 Quantitative Netzwerkoptimierung nach JACOB (2006)

JACOB stellt schon im Jahr 2006 einen Ansatz für die „Quantitative Optimierung dynamischer Produktionsnetzwerke“[427] vor. Das Vorgehen soll langfristige strategische Entscheidungen rund um den Wandel bestehender Produktionsnetzwerke unterstützen. Im Zusammenhang mit Migration in Produktionsnetzwerken, zeichnet sich die Methodik von JACOB dadurch aus, dass sie als eine der ersten Ansätze Migration und eine Minimierung der Migrationsaufwände betrachtet: Dabei sieht das Vorgehen eine Bewertung der Aufwände für die Veränderung einer bestehenden Netzwerkkonfiguration in eine zukünftige Konfiguration vor und berücksichtigt diese Aufwände für die Wirtschaftlichkeitsbewertung in der Ausrichtung des Netzwerk-Zielzustands. [428] Die Optimierung des Produktionsnetzwerks wird als langfristiger und kostenorientierter Projektansatz vorgestellt und besteht – wie in Abbildung 3.1 veranschaulicht – aus drei Phasen. Diese Phasen werden iterativ durchlaufen, um die Lösungsqualität schrittweise zu erhöhen. [429]

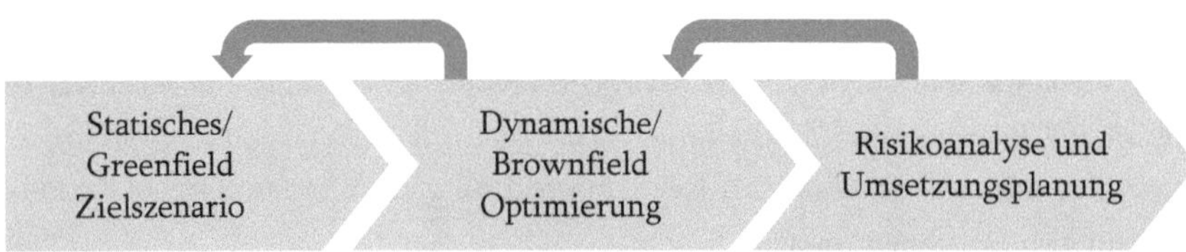

Abbildung 3.1: Phasen der quantitativen Optimierung nach JACOB [430]

[427] vgl. Jacob, F. (2006) Quantitative Optimierung dynamischer Produktionsnetzwerke
[428] vgl. Jacob, F. (2006) Quantitative Optimierung dynamischer Produktionsnetzwerke, S. 7
[429] vgl. Jacob, F. (2006) Quantitative Optimierung dynamischer Produktionsnetzwerke, S. 19
[430] vgl. Jacob, F. (2006) Quantitative Optimierung dynamischer Produktionsnetzwerke, S. 20

Zunächst erfolgt die restriktionsfreie Bestimmung eines **Greenfield-Zielszenarios** für das Netzwerk. Dieses Zielszenario ist das Resultat einer statischen Optimierung ohne Berücksichtigung vorhandener Netzwerkstrukturen und zeitlicher Entwicklungen. Ziel der Optimierung ist eine Kostenminimierung, die sich durch idealisierte Produktionsstandorte und jeweils ideal allokierte Prozessschritte manifestiert. [431]

Im Anschluss werden die zeitliche Dynamik und die Restriktionen des tatsächlich bestehenden Netzwerks als Teil einer mehrperiodischen **Brownfield-Optimierung** berücksichtigt. Ziel dieser Optimierung ist die Bestimmung eines Szenarios mit maximalem Kapitalwert für die Migration vom Ursprungs- zum Zielszenario. Die hierdurch bestimmten Ergebnisse und Restriktionen fließen zurück in die Greenfield-Optimierung und erfordern zu Beginn oft mehrere Iterationen zwischen der Greenfield-Optimierung und der Brownfield-Optimierung. Aus der schrittweisen Eingrenzung der Greenfield-Optimierung, der Dynamik der Brownfield-Optimierung und einer detaillierten Modellierung der Produktionsprozesse folgt im Ergebnis also eine wirtschaftlich optimale Beschreibung der Migration für die einzelnen Netzwerk-Standorte innerhalb des betrachteten Zeitraums. [432] Diese Phase berücksichtigt explizit auch Migrationsaufwände, die durch Produktionsanlaufs- und Restrukturierungskosten erfasst werden. [433]

Nach einer hinreichenden Anzahl an Iterationen zwischen Greenfield- und Brownfield-Optimierung folgen die **Risikoanalyse und Umsetzungsplanung**. Hier wird für einzelne Szenarien das Risiko bewertet. Es wird im Spannungsfeld zwischen Kapitalwertmaximierung und Risikominimierung ein Kompromiss angestrebt – hierfür können erneut mehrere Iterationen erforderlich sein. Ergebnis ist schließlich die Umsetzungsplanung, also eine Handlungsempfehlung mit zugehörigem Maßnahmenkatalog. [434]

JACOB fokussiert seinen Ansatz auf die Wirtschaftlichkeit einer Neuausrichtung von Produktionsnetzwerken, sieht dabei die Berücksichtigung gewachsener Strukturen vor und betrachtet mehrere Perioden in zeitlicher Dimension. Neben einer großen Anzahl unterschiedlicher Kostenfaktoren, fließen auch Faktoren, wie standortgerechte Fertigungsverfahren und spezifische Prozessketten in die Modellierung ein.

[431] vgl. Jacob, F. (2006) Quantitative Optimierung dynamischer Produktionsnetzwerke, S. 19
[432] vgl. Jacob, F. (2006) Quantitative Optimierung dynamischer Produktionsnetzwerke, S. 20
[433] vgl. Jacob, F. (2006) Quantitative Optimierung dynamischer Produktionsnetzwerke, S. 51 und S. 53
[434] vgl. Jacob, F. (2006) Quantitative Optimierung dynamischer Produktionsnetzwerke, S. 20 - 21

Das von JACOB vorgestellte Vorgehen sieht zwar isolierte Iterationsschleifen zwischen den einzelnen teils modularen Phasen vor, hat diese aber nicht als ganzheitliche kontinuierliche Aufgabe angelegt, die die Umsetzung und eventuell erforderliche Anpassung der Migration nach abgeschlossener strategischer Netzwerkkonfigurationsplanung ermöglichen würden. Auch wenn die Migrationsplanung ein entscheidendes Ergebnis des Vorgehens ist, wird neben dem Maßnahmenkatalog die explizite Ausweisung bzw. Modellierung von Migrationsschritten nicht erkennbar und auch Wechselwirkungen bei der Migration fließen in deren Optimierung nicht ein. Ebenso sind – für einen Ansatz aus dem Jahr 2006 verständlich – eine durchgängige Anbindung an bestehende Informationssysteme und der Aufbau eines migrationsgerechten Datenbestands nicht erkennbar und damit ist stets eine manuelle und individuelle Informationserfassung erforderlich. Die Aufbereitung der Entscheidung geschieht dann auch ohne eine besondere entscheidungsgerechte Darstellungsform.

3.1.2 Global Footprint mit Algorithmus nach SCHUH ET AL. (2014)

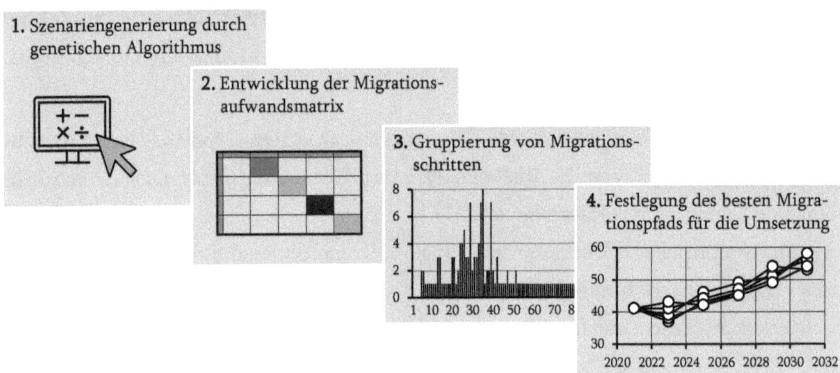

Abbildung 3.2: Ermittlung von Migrationspfaden nach SCHUH ET AL. [435]

Im Verlauf ihres Ansatzes „Global Footprint Design Based on Genetic Algorithms – An Industry 4.0 Perspective"[436] entwickeln und bewerten SCHUH ET AL. Migrationspfade. Diese Migrationspfade dienen der Transformation globaler Produktionsnetzwerke von bestehenden in neue optimierte Konfigurationen. Der für *diese* Arbeit ent-

[435] vgl. Schuh, G.; Potente, T. et al. (2014) Global Footprint Design based on Genetic Algorithms, S. 435

[436] vgl. Schuh, G.; Potente, T. et al. (2014) Global Footprint Design based on Genetic Algorithms

scheidende Neuheitswert an der Methode ist die Berücksichtigung von Migrationskosten in Vergleich und Bewertung alternativer Entwicklungsszenarien für das Netzwerk: Aus der Vielzahl an Möglichkeiten, einen angestrebten Netzwerkzustand zu erreichen, werden diejenigen Verläufe bevorzugt, die im Zielkonflikt zwischen Migrationskosten und Total Landed Cost[437] kostenoptimal sind. [438] Das Vorgehen wird in Abbildung 3.2 vorgestellt und besteht aus vier nachfolgend vorgestellten Schritten. [439]

Die Bestimmung der Netzwerkkonfiguration beginnt mit der **Szenario-Erzeugung durch einen genetischen Algorithmus.** Um die gegenwärtige Netzwerkkonfiguration also in eine Zielkonfiguration zu überführen, wird dies über einen festen Zeitraum mit identischen Perioden modelliert. Hierbei werden insbesondere die für die nachfolgenden Schritte erforderlichen Daten generiert. Die Autoren schlagen das von ihnen entwickelte Softwaretool „OptiWo" vor.[440] Mit dessen Hilfe, unter Einsatz des genetischen Algorithmus und mit identischen Parametereinstellungen und derselben Ausgangskonfiguration kommen eine Vielzahl kostenminimaler Zielszenarien für verschiedene zukünftige Perioden zustande. Die Zielszenarien werden hinsichtlich der TLC bewertet und weichen im Regelfall kaum mehr als 5 Prozent voneinander ab.

Es folgt die **Entwicklung einer Migrationsaufwand-Matrix.** Dabei werden Zeitpunkte der ermittelten Szenarien miteinander verglichen und hinsichtlich der notwendigen Aufwände zur Transformation bewertet. Strukturanpassungen im Netzwerk werden also durch den jeweiligen Aufwand der Ressourcenänderung ausgedrückt. SCHUH ET AL. unterscheiden zwischen Aufwänden, die für das Wachstum des Netzwerks unentbehrlich sind und solchen, die unnützerweise (durch die Algorithmus-basierte Erzeugung von Szenarien) zunächst aufgebaut und später wieder eliminiert werden. In der Migrationsaufwand-Matrix werden diese vermeidbaren Ressourcenänderungen für die betrachteten Szenarien und deren Perioden vermerkt und aufsummiert – die Matrix dient im weiteren Verlauf der Methode also in erster Linie der Vermeidung von Ressourcenverschwendung.

Aus der Migrationsaufwand-Matrix lassen sich nun eine unüberblickbare Vielzahl an Migrationssequenzen ausleiten, die nachfolgend eingeschränkt werden müssen. Dafür

---

[437] TLC, Total Landed Cost, engl.: Gesamtnetzwerkkosten

[438] vgl. Schuh, G.; Potente, T. et al. (2014) Global Footprint Design based on Genetic Algorithms, S. 433

[439] vgl. Schuh, G.; Potente, T. et al. (2014) Global Footprint Design based on Genetic Algorithms, S. 435 f.

[440] Der Ansatz und die Softwarelösung werden vorgestellt in Schuh, G.; Potente, T. et al. (2012) Evolutionary Approach for Global Production Network Optimisation

erfolgt die **Gruppierung der Migrationsschritte**. Migrationsschritte, bzw. -sequenzen werden in drei Kategorien eingeteilt; dafür werden die durchschnittlichen Ressourcenkosten mit den jährlichen TLC ins Verhältnis gesetzt und quantitativ voneinander separiert. Migrationsschritte der unwirtschaftlicheren Gruppe werden für die Berücksichtigung ausgeschlossen und so die Zahl möglicher Schritte reduziert. [441]

Anhand der einzelnen Migrationsschritte und mit den Ergebnissen der ersten drei Schritte erfolgt nun die **Bestimmung des besten Migrationspfades**. Die zuvor berechneten Szenarien werden über ihre Zeitachse und die TLC in einem Diagramm aufgetragen und die einzelnen Migrationsschritte bilden dazwischen Verbindungspfade. Aus der Visualisierung geht hervor, als wie wirtschaftlich die Schritte im dritten Schritt eingestuft wurden. Zur Erreichung möglichst optimaler Zielszenarien sind also zudem diejenigen Migrationspfade auszuwählen, deren Migrationsschritte sich durch besonders hohe Wirtschaftlichkeit auszeichnen. Im Vergleich eines so ermittelten Migrationspfades mit dem Pfad minimaler TLC kann dieser bei Berücksichtigung der Migrationsaufwände (z.B. durch unnötig aufgebaute Ressourcen) in Summe günstiger ausfallen und wird folglich als optimaler Pfad für die Migration zur neuen Netzwerkkonfiguration zugrunde gelegt. [442]

SCHUH ET AL. ermitteln in ihren vier Schritten einen kostenminimalen Migrationspfad für eine Netzwerkkonfiguration, die zuvor durch einen genetischen Algorithmus bestimmt wurde. Das Vorgehen verringert die Komplexität im Planungsproblem durch Elemente, wie die Verwendung des genetischen Algorithmus oder die Kategorisierung der Wirtschaftlichkeit einzelner Migrationsschritte. Damit zielt es auf eine praktische Anwendbarkeit. Durch Berechnungen mit nachvollziehbaren Zwischenschritten und die abschließende Visualisierung erfolgt hierbei eine grundsätzlich entscheidungsgerechte Datenaufbereitung. Die Migrationsschritte werden lediglich in ihrer Kostendimension bewertet und dabei aus Sicht der Planung betrachtet. Das Vorgehen ist nicht für einen kontinuierlichen Einsatz gedacht und sieht somit auch keine dynamischen Entwicklungen vor. Entsprechend ist auch die Datenerfassung nicht näher beschrieben. Auch äußere Einflussfaktoren sowie Interdependenzen zwischen Migrationsschritten werden nicht berücksichtigt. Weder wird die Umsetzung der Migration betrachtet, noch findet eine Überwachung der Umsetzung statt.

---

[441] vgl. Schuh, G.; Potente, T. et al. (2014) Global Footprint Design based on Genetic Algorithms, S. 435
[442] vgl. Schuh, G.; Potente, T. et al. (2014) Global Footprint Design based on Genetic Algorithms, S. 435 f.

3.1.3 Strategischer Migrationsplan nach REUTER ET AL. (2015)

REUTER ET AL. formulieren eine Methode zur „Ermittlung eines strategischen Migrationsplans für globale Produktionsnetzwerke“[443] und identifizieren darin den Bedarf zur rollierenden Planung von Produktionsnetzwerken. [444]

Durch die – auch unter Mitarbeit des Autors dieser Arbeit – vorgestellte Methode können Prognosen über zukünftige Entwicklungen des Netzwerks erstellt und robuste, aufwandsgerechte Maßnahmen zur Migration abgeleitet werden[445]. Dabei werden auch äußere, dynamische Einflüsse und Randbedingungen berücksichtigt.

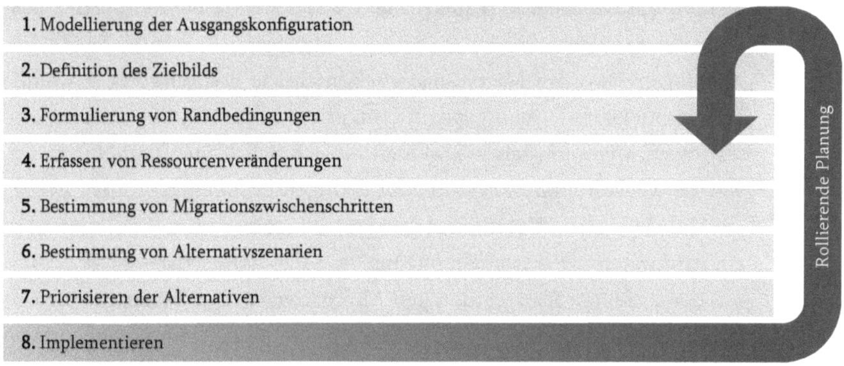

Abbildung 3.3: Die acht rollierenden Schritte von REUTER ET AL. [446]

Das Vorgehen benennt die acht Schritte, wie in Abbildung 3.3 dargestellt: [447]

1. Zunächst müssen Anwender die **Ausgangskonfiguration modellieren**. Hierbei werden die einem Standort zugeordneten Ressourcen in ein Modell übersetzt. Ressourcen sind etwa Maschinen, Anlagen und Mitarbeiter.
2. Der Schritt **Zielbild definieren** dient der Entwicklung des Zielbildes, welches sowohl die zukünftigen Entwicklungen des Netzwerks als auch die des Marktes umfasst; dieses unterliegt dabei einer prognostischen Unsicherheit, welche mithilfe von Best-, Worst- und Basisszenarien differenziert und schließlich modelliert wird. [448]

[443] vgl. Reuter, C.; Prote, J.-P. et al. (2015) Ermittlung eines strategischen Migrationsplans
[444] vgl. Reuter, C.; Prote, J.-P. et al. (2015) Ermittlung eines strategischen Migrationsplans, S. 425 ff.
[445] vgl. Reuter, C.; Prote, J.-P. et al. (2015) Ermittlung eines strategischen Migrationsplans, S. 425 f.
[446] vgl. Reuter, C.; Prote, J.-P. et al. (2015) Ermittlung eines strategischen Migrationsplans, S. 426
[447] vgl. Reuter, C.; Prote, J.-P. et al. (2015) Ermittlung eines strategischen Migrationsplans, S. 426 - 427
[448] vgl. Reuter, C.; Prote, J.-P. et al. (2015) Ermittlung eines strategischen Migrationsplans, S. 426

3. Nun werden **Randbedingungen formuliert** und dabei das festgelegte Zielbild berücksichtigt. Voraussichtliche Migrationskosten, die Migrationsdauer und Abbruchkriterien und Standortrestriktionen werden festgelegt. [449]
4. Im Schritt **Ressourcenveränderungen erfassen** ist es vorgesehen, dass Ressourcen aufgebaut, abgebaut oder verschoben werden können. Hierdurch entsteht eine Vielzahl an Möglichkeiten für eine Netzwerkkonfiguration durch Ressourcenverschiebung. Mithilfe zu definierender Regeln wird die Auswahl möglicher Alternativen reduziert. Zum Beispiel soll eine Strukturveränderung von Standorten durch Verschiebung von Ressourcen realisiert werden, anstelle eines Verkaufs sowie Ankaufs identischer Ressourcen. Umwege der zu verschiebenden Ressource sind dabei nicht erlaubt. [450]
5. Nachfolgend werden **Migrationszwischenschritte bestimmt**; diese werden kostenoptimal und robust geplant, dann priorisiert und in ihrer Reihenfolge festgelegt. Migrationsschritte werden hinsichtlich Kosten und Nutzen bewertet, wobei Migrationsschritte mit geringen Kosten und großem Beitrag zur Umsetzung des Migrationsvorhabens bevorzugt werden. Das Ergebnis ist ein strukturierter Plan zur Umsetzung des Migrationsvorhabens. [451]
6. Für den erstellten Plan werden nun **Alternativszenarien bestimmt**. Die Unsicherheiten des definierten Zielbildes werden betrachtet und anhand von einer Wahrscheinlichkeitsverteilung verschiedener Zielkonfigurationen des Netzwerks modelliert. Die Schritte vier und fünf werden für alle Szenarien durchlaufen. [452]
7. Aus den Szenarien gilt es nun, zu **priorisieren**. Überschneidungen und Ähnlichkeiten implizieren dabei einen robusten Migrationspfad und sind für die Migrationsumsetzung zu bevorzugen. [453]
8. Für den Schritt **Implementieren** werden alle Migrationsschritte entsprechend der festgelegten Reihenfolge und Zeitpunkte umgesetzt. Um eine rollierende Planung in festen Zeitintervallen zu gewährleisten, ist ein kontinuierliches Controlling der Netzwerkkonfiguration notwendig, da beispielsweise aktuelle Daten über die Ressourcenveränderungen nötig sind. [454]

[449] vgl. Reuter, C.; Prote, J.-P. et al. (2015) Ermittlung eines strategischen Migrationsplans, S. 426
[450] vgl. Reuter, C.; Prote, J.-P. et al. (2015) Ermittlung eines strategischen Migrationsplans, S. 426 f.
[451] vgl. Reuter, C.; Prote, J.-P. et al. (2015) Ermittlung eines strategischen Migrationsplans, S. 427
[452] vgl. Reuter, C.; Prote, J.-P. et al. (2015) Ermittlung eines strategischen Migrationsplans, S. 427
[453] vgl. Reuter, C.; Prote, J.-P. et al. (2015) Ermittlung eines strategischen Migrationsplans, S. 427
[454] vgl. Reuter, C.; Prote, J.-P. et al. (2015) Ermittlung eines strategischen Migrationsplans, S. 427

Es handelt sich hierbei um einen der ersten Ansätze aus Aachener Perspektive, die das Thema Migrationsplanung in Produktionsnetzwerken zu einem exponierten eigenständigen Thema machen; daher verdient der hier vorgestellte Ansatz eine entsprechende Berücksichtigung als wegbereitender Entwicklungsschritt. Eine migrationsspezifische Datenerfassung sowie entscheidungsgerechte Datenaufbereitung werden nicht explizit vertieft. Die Methode bietet einen Rahmen zur Bewertung einzelner Migrationsschritte hinsichtlich Zeit und Kosten und bezieht zudem die Unsicherheit der Zielkonfiguration ein. Dies erfolgt jedoch aus Sicht der Migrationsplanung und nicht der Umsetzung. Eine Betrachtung der Umsetzung der Migration erfolgt nicht tiefergehend. Durch die Beleuchtung verschiedener Zielkonfigurationen dient die Methode der fundierten Entscheidungsunterstützung hinsichtlich zu planender Migrationsvorhaben. Auf eine bestehende Datenbasis wird hierbei nicht zurückgegriffen.

3.1.4 V-Modell nach STOFFEL (2016)

Der Ansatz, den STOFFEL in seiner Dissertation „V-Modell zur Auslegung großer Produktionsnetzwerke“[455] vorstellt, verfolgt das Ziel, die strategische Netzwerkgestaltung in großen Produktionsnetzwerken zu unterstützen. Sein Fokus liegt dabei auf der Beherrschung der hohen Komplexität in der Netzwerkgestaltung. [456]

Für die Gestaltung des Produktionsnetzwerks durchläuft seine Methode zunächst eine Detaillierung bis auf Prozessebene, um schließlich auf Netzwerkebene wieder ein hohes Aggregationsniveau zu erzielen. Dieses V-förmige Vorgehen wird in Abbildung 3.4 deutlich. Die Methode führt dabei durch verschiedene Ebenen von Netzwerk und Produktion, um die wichtigsten Merkmale und Gestaltungsfaktoren des Netzwerks zu ermitteln, zu gewichten und damit den Lösungsraum der Netzwerkgestaltung systematisch einzugrenzen und schließlich zu realisieren. [457]

STOFFEL unterscheidet in seinem Ansatz vier Phasen, die in zwei Strängen die Aggregationsebenen des Netzwerks durchlaufen. Durch Verifikation und Validierung besteht die Möglichkeit zur Iteration zwischen den beiden Strängen und somit einem Abgleich zwischen initialer Spezifikation und späterer Realisierung. [458]

---

[455] vgl. Stoffel, M. (2016) V-Modell zur Auslegung großer Produktionsnetzwerke

[456] vgl. Stoffel, M. (2016) V-Modell zur Auslegung großer Produktionsnetzwerke, S. 6 ff.

[457] vgl. Stoffel, M. (2016) V-Modell zur Auslegung großer Produktionsnetzwerke, S. 6 ff.

[458] vgl. Stoffel, M. (2016) V-Modell zur Auslegung großer Produktionsnetzwerke, S. 91

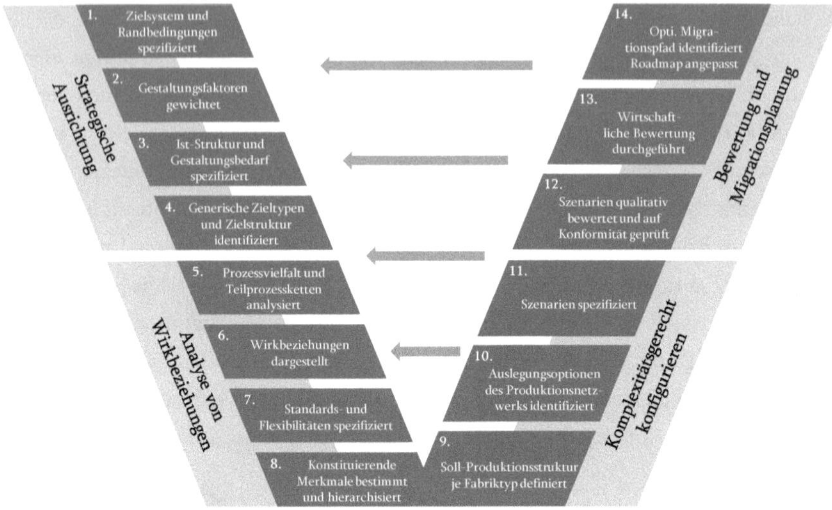

Abbildung 3.4: V-Modell nach STOFFEL [459]

1. Die Phase der **strategischen Ausrichtung** erfolgt auf Netzwerkebene und dient der Ermittlung einer Produktionsstrategie als Teilmenge der Unternehmensstrategie. Die Netzwerkstruktur und die Randbedingungen werden durch Zieltypen für die Netzwerk- und die Fabrikebene grob abgesteckt. [460]
2. Auf der detaillierteren Prozessebene folgt die **Analyse von Wirkbeziehungen**. Dafür wird entlang von Produktmerkmalen, Baugruppen und Prozessketten nach konstituierenden Merkmalen gesucht, die bei hoher Standardisierung wenig Flexibilität aufweisen und sich so als wenig komplexe Produktstrukturen auf das gesamte Netzwerk übertragen lassen. So ist schließlich der Lösungsraum nach den ersten beiden Phasen eingegrenzt. [461]
3. Die Realisierung beginnt bei weiterhin hoher Detaillierung mit der **komplexitätsgerechten Konfiguration**. Innerhalb des ausgearbeiteten Lösungsraums werden Gestaltungsszenarien ermittelt aus Produktionsmengen, -kapazitäten und -technologien sowie Produktflexibilität. Sie werden kontinuierlich mit den Vorgaben der vorherigen Phasen validiert bzw. verifiziert und sind Eingangsgrößen für die vierte Phase. [462]

---

[459] vgl. Stoffel, M. (2016) V-Modell zur Auslegung großer Produktionsnetzwerke, S. 193
[460] vgl. Stoffel, M. (2016) V-Modell zur Auslegung großer Produktionsnetzwerke, S. 94 ff.
[461] vgl. Stoffel, M. (2016) V-Modell zur Auslegung großer Produktionsnetzwerke, S. 97 ff.
[462] vgl. Stoffel, M. (2016) V-Modell zur Auslegung großer Produktionsnetzwerke, S. 99 ff.

4. Zurück auf der Netzwerkebene erfolgen schließlich **Bewertung und Migrationsplanung**. Die inzwischen ermittelten Szenarien werden mithilfe verschiedenen Vorgehens erst qualitativ bewertet, priorisiert und mit den zu Beginn erfassten Zielsetzungen verifiziert, bevor der Lösungsraum durch eine quantitative Bewertung der Kapitalwerte für verbliebene Szenarien noch weiter eingeschränkt wird. Durch eine dynamische gemischt-ganzzahlige Optimierung wird für gewählte Szenarien abschließend eine optimale Roadmap für den zeitlichen Verlauf der Realisierung erzeugt. [463] Diese Roadmap dokumentiert einerseits die Produktionsstrategie und definiert andererseits die Gestaltungsmaßnahmen für einzelne Standorte mitsamt klaren Meilensteinen, während dieses netzwerkübergreifend synchronisiert sind. Zeitaufwände und Kapazitäten an den Standorten sind dabei zu beachten. [464]

STOFFEL bietet ein ganzheitliches Vorgehen zur Netzwerkkonfiguration an und versteht Migrationsplanung hierin als Teilaufgabe. Sein Gesamtvorgehen ist in unterschiedlich funktionale Teilmodelle unterteilt. Einige Bewertungen werden zur Komplexitätsreduktion durch mathematische Optimierung erzielt. Aus Sicht der Migrationsplanung entsteht im Ergebnis eine detaillierte zeitliche Reihenfolge, die entscheidungsgerecht als Roadmap visualisiert ist. Für die Teilaufgabe der Migrationsplanung werden Migrationsschritte explizit modelliert. Obwohl STOFFEL grundsätzlich Iterationen für „Realitätschecks" innerhalb der erarbeiteten Szenarien vorsieht, ist der als Ergebnis einmal entwickelte Migrationsplan dann jedoch statisch und wird nicht mehr durch weitere Rückmeldungen aus der Umsetzung angepasst. Das Vorgehen sieht keine Anbindung an Datenbanken vor und es ist auch kein automatisierter Ablauf des Gesamtvorgehens beschrieben.

3.1.5 Aktive Netzwerkgestaltung nach FRIEDLI ET AL. (2017)

FRIEDLI, LANZA, SCHUH ET AL. beschreiben in ihrem Ansatz für die „Aktive Gestaltung globaler Produktionsnetzwerke", wie ein ganzheitliches Management globaler Netzwerke auf strategischer, taktischer und operativer Ebene heutigen Herausforderungen begegnen kann. Die Abbildung 3.5 veranschaulicht den Ansatz. Integral hierfür ist die enge Verknüpfung dieser drei Planungsebenen und ein zugehöriges zielorientiertes

[463] vgl. Stoffel, M. (2016) V-Modell zur Auslegung großer Produktionsnetzwerke, S. 101 f.
[464] vgl. Stoffel, M. (2016) V-Modell zur Auslegung großer Produktionsnetzwerke, S. 190 f.

Management. [465] Die Autoren beschreiben in ihrem Querschnitt durch die Planungsebeneben die gemeinsame Sichtweise dreier Hochschulinstitute aus St. Gallen, Karlsruhe und Aachen. Sie stellen dabei primär ihren Forschungskonsens und gemeinsam erarbeitete Ansätze sowie erprobte Vorgehensweisen für die Gestaltung von Produktionsnetzwerken dar. Insbesondere in der Gestaltungsebene gehen sie ausführlich auf Migration ein, sodass diese Gedanken und ihr Ansatz hier als relevante bestehende Erkenntnisse für diesen Kontext gewürdigt werden sollen.

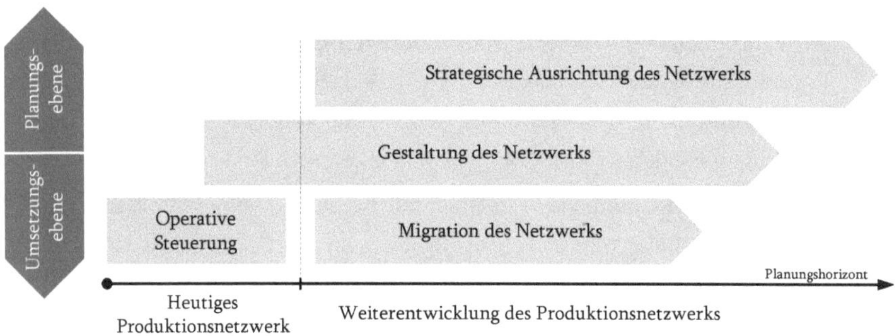

Abbildung 3.5: Netzwerkstrategie, -gestaltung u. -steuerung nach FRIEDLI ET AL. [466]

Für die **strategische Ausrichtung des Netzwerks** müssen zunächst anzustrebende Netzwerkfähigkeiten priorisiert werden. Netzwerkfähigkeiten sind beispielsweise die Wirtschaftlichkeit von Skalen- und Verbundeffekten oder neue Wege für den Informations- und Wissensaustausch. Die Ausrichtung der Netzwerkstrategie muss kontinuierlich evaluiert und nach Bedarf angepasst werden. Dies erfordern unter anderem die schnell veränderlichen Marktbedingungen und das dynamische Netzwerkumfeld. Weil sich die strategischen Entscheidungen unmittelbar auf die Rollen der Standorte, deren Aufgaben und Fähigkeiten auswirken, ist es elementar, diesen durch gute Kommunikation und Transparenz die Ziele der Strategie zu erklären. Erst wenn alle Beteiligten informiert sind, kann auch die Implementierung der Strategie gelingen. [467]

Auf nächster – der taktischen – Ebene siedeln FRIEDLI, LANZA, SCHUH ET AL. die **Gestaltung des Netzwerks** an und sehen dafür einen kontinuierlichen Planungsprozess vor. Es gilt dabei, Potentiale für das Netzwerk früh zu erkennen und durch schnell und kurzzyklischere Anpassungen im Wettbewerb einen Vorteil zu erlangen. Es werden

[465] vgl. Friedli, T.; Lanza, G. et al. (2017) Aktive Gestaltung globaler Produktionsnetzwerke, S. 279 f.
[466] vgl. Friedli, T.; Lanza, G. et al. (2017) Aktive Gestaltung globaler Produktionsnetzwerke, S. 279
[467] vgl. Friedli, T.; Lanza, G. et al. (2017) Aktive Gestaltung globaler Produktionsnetzwerke, S. 280

die zukünftige Ausrichtung und ein Zielbild für das Produktionsnetzwerk konkretisiert. Die Autoren reflektieren die Datengrundlage für die Gestaltung des Netzwerks: Sie fordern eine einheitliche Datengrundlage, echtzeitnahe Datenerfassungen sowie transparente Visualisierung der Wertschöpfungsstrukturen und sahen die Lösungsansätze hierfür in Industrie-4.0-Technologien und Tools. [468]

Die vorrangige Aufgabe für die **operative Planungsebene** ist es, den tagtäglichen Betrieb des Netzwerks effizient sicherzustellen und zugleich die aus strategischer und gestalterischer Ebene abgeleitete Anforderungen im Netzwerk anzupassen. In mittelfristigem Zeithorizont ist die Planbarkeit einer solchen Netzwerkmigration höher. Die Autoren schlagen vor, erst alternative Entwicklungen externer Einflussfaktoren abzuschätzen, diese in konsistente Zukunftsszenarien zu überführen, dafür Entwicklungspfade abzuleiten und hinsichtlich ihrer Robustheit bewertet besonders geeignete Pfade auszuwählen. Zusammen mit besonders standardisierten, skalierbaren und plattformorientierten Produktionskonzepten sei ein solches Vorgehen besonders erfolgsversprechend. Sobald, etwa durch Störungen im Netzwerk, ein kurzfristiger Anpassungsbedarf besteht, müssten diese Störungen schnellstmöglich identifiziert, der potentielle Schaden bewertet und die Störungen beseitig werden. Damit dies erfolgreich gelingt, werden eine hohe Transparenz über das Vorgehen und standardisierte Kennzahlensysteme als vorteilhaft dargestellt. Insbesondere die fortschreitende Digitalisierung mit der Möglichkeit, Echtzeitinformationen über z.B. einen Maschinenstatus zurückzugreifen ist ein Potential, das auf Netzwerkebene für die Netzwerksteuerung noch nicht durchgängig verfügbar ist. Die Autoren sehen Potentiale in Simulationen und in durch Datenanalyse erarbeiteten Versuchsplänen, die Sensitivitäten des Netzwerks systematisch ausdrücken und im weitesten Sinne zum Aufstellen von Eventualplänen für kurzfristiges Reagieren beitragen. Für wiederkehrende Störungen sind Strategien zu erarbeiten, wie etwa andere Beschaffungsstrategien, neue Lieferanten oder eine Abwälzung der Risiken. [469]

FRIEDLI, LANZA, SCHUH ET AL. zeigen auf, dass ein integriertes und ganzheitliches Management durch die Verknüpfung der operativen Steuerung mit der Strategie- und Gestaltungsebene von großer Bedeutung für globale Produktionsnetzwerke ist. [470]

---

[468] vgl. Friedli, T.; Lanza, G. et al. (2017) Aktive Gestaltung globaler Produktionsnetzwerke, S. 280 f.
[469] vgl. Friedli, T.; Lanza, G. et al. (2017) Aktive Gestaltung globaler Produktionsnetzwerke, S. 281 f.
[470] vgl. Friedli, T.; Lanza, G. et al. (2017) Aktive Gestaltung globaler Produktionsnetzwerke, S. 281 f.

Der Beitrag von FRIEDLI, LANZA, SCHUH ET AL. befasst sich auch mit der operativen Ebene der Netzwerkgestaltung, bzw. -steuerung. Allgemeine Strategien und Handlungsmaximen für erfolgreiches operatives Migrieren des Netzwerks zwischen mehreren Konfigurationen werden zwar beschrieben, jedoch bleiben klare Empfehlungen für die tatsächliche Umsetzung der Migration aus. Somit stellt der Ansatz auch keine konkrete Modellierung, Optimierung oder Bewertung von Migration vor. Und dennoch werden in dem integrierten Ansatz die Auswirkungen der Umsetzungsaktivitäten auf den Betrieb des Netzwerks registriert, verarbeitet und der Migrationsplanung zugeführt. Die Autoren reflektieren insbesondere eine einheitlich zu schaffende Datenbasis und Industrie-4.0-Technologien sowie kontemporäre Datenanalyse für die Erzeugung einer entscheidungsunterstützenden Datenbasis.

3.1.6 Migrationsplanung nach MOSER (2018)

In seiner Dissertation „Migrationsplanung globaler Produktionsnetzwerke“ entwickelt MOSER ein mehrteiliges mathematisches Modell zur Migrationsplanung von globalen Produktionsnetzwerken in einem volatilen Umfeld. [471]

Sein Modell besteht hierbei aus einer Konfigurations-, Optimierungs- und Selektionsphase; diese drei Phasen – dargestellt in Abbildung 3.6 – sind in einem Vorgehensmodell zusammengefasst. [472]

1. Konfigurationsmodell	2. Optimierungsmodell	3. Selektionsmodell
Ressourcenorientierte Modellierung globaler Produktionsnetzwerke	Stochastisch-dynamische Optimierung globaler Produktionsnetzwerke und Identifikation einer Migrationsstrategie	Selektion risikoeffizienter Wandlungsbefähiger für die zu migrierenden Netzwerkressourcen

Abbildung 3.6: Module zur Migrationsplanung nach MOSER [473]

MOSER verfolgt das Ziel, robuste Migrationspfade und risikoeffiziente Wandlungsbefähiger für Produktionsnetzwerke zu bestimmen. [474]

Die erste vorgestellte Phase ist die **Konfigurationsphase**, bzw. das **Konfigurationsmodell.** [475] Es dient der ressourcenorientierten Modellierung des Produktionsnetzwerks.

---

[471] vgl. Moser, E. (2018) Migrationsplanung globaler Produktionsnetzwerke, S. 3 f.
[472] vgl. Moser, E. (2018) Migrationsplanung globaler Produktionsnetzwerke, S. 3 f.
[473] vgl. Moser, E. (2018) Migrationsplanung globaler Produktionsnetzwerke, S. 105
[474] vgl. Moser, E. (2018) Migrationsplanung globaler Produktionsnetzwerke, S. 3 f.
[475] vgl. Moser, E. (2018) Migrationsplanung globaler Produktionsnetzwerke, S. 56 ff.

Zunächst muss die globale Produktionsstrategie abgeleitet und bestimmt werden. Dafür werden Produkte, Produktionsprozesse und Netzwerkressourcen modelliert. Netzwerkressourcen sind hierbei etwa Standorte, Zulieferer, Outsourcing-Partner, Produktionsstufen, Lieferanten und Kunden; auch ihre Verbindungen zueinander finden Berücksichtigung. Die strategischen Fähigkeiten der Standorte und des Netzwerks werden durch eine Bewertung von Stärken und Schwächen der bestehenden Netzwerkressourcen sowie Chancen und Risiken des Unternehmensumfelds beschrieben.

Zwischenergebnis der ersten Phase ist es, die Netzwerkkonfiguration so zu bestimmen, dass sie die geforderten Standort- und Netzwerkfähigkeiten ausweist und damit die Produktionsstrategie zu operationalisieren. Dies spannt den Lösungsraum für die nachfolgenden Schritte auf.

Anschließend wir das konfigurierte Netzwerk in die **Optimierungsphase**, bzw. das **Optimierungsmodell** überführt. [476] Innerhalb des Optimierungsmodells stehen die Ermittlung einer Migrationsstrategie sowie robuster Migrationspfade im Fokus, um das Produktionsnetzwerk quantitativ zu verbessern. Für die Optimierung wird ein Markovscher Entscheidungsprozess (MEP) mit dynamischer Umwelt verwendet. Die Vorbereitung der Optimierung erfolgt durch ein Bewertungsmodell; es berücksichtig Perioden- und Migrationskosten. Schließlich wird der Markovsche Entscheidungsprozess mathematisch beschrieben: Dafür sind Planungshorizont sowie Entscheidungszeitpunkte, Zustands- und Aktionenraum sowie Übergangsfunktionen festzulegen. Den wichtigsten dynamischen Einflussfaktoren kommt eine besondere Rolle zu, sie werden als Schlüsselwandlungstreiber formuliert, bevor hierauf aufbauend die Zukunftsentwicklung und deren Auswirkung auf das Netzwerk modelliert werden.

Zwischenergebnis der zweiten Phase sind optimierte Netzwerkkonfigurationen, die zu den jeweils formulierten Entscheidungszeitpunkten anzustreben sind. Die dazu erforderlichen Migrationsschritte werden hierbei ermittelt und durch eine statistische Analyse zu robusten Migrationspfaden mit Verteilungsfunktionen zusammengefasst.

Abschließend folgt die **Selektionsphase** [477] und hierbei werden risikoeffiziente Wandlungsbefähiger ermittelt, die das Netzwerk auf den unsicherheitsbehafteten Veränderungsbedarf vorbereiten. Die im Optimierungsmodell entwickelte Migrationsstrategie wird aufgegriffen, vereinfachend als stochastisches Ein-Periodenmodell formuliert

[476] vgl. Moser, E. (2018) Migrationsplanung globaler Produktionsnetzwerke, S. 52 und S. 66 ff.
[477] vgl. Moser, E. (2018) Migrationsplanung globaler Produktionsnetzwerke, S. 59 und S. 89 ff.

und im Verlauf in ein multikriterielles Ersatzproblem überführt. Für diejenigen Netzwerkressourcen, die durch die Migration verändert werden, werden real umsetzbare Wandlungsbefähiger bestimmt. Durch diese Wandlungsbefähiger werden die anfallenden Migrationskosten reduziert und als Rendite ausgewiesen.

Im Ergebnis ergeben sich, je nach Risikopräferenz der Entscheidungsträger, risikoeffiziente Bündel von Wandlungsbefähigern für die Migrationsschritte. Diese ermöglichen in Konsequenz die optimale Wandlungsfähigkeit des Produktionsnetzwerks abhängig von der Volatilität des Unternehmensumfelds und liefern zugleich einen Beitrag zur Robustheit der identifizierten Migrationspfade.

Mit seinen drei Schritten stellt MOSER einen umfassenden Ansatz zur Optimierung der Migration vor, mit dessen Unterstützung kostenoptimale, robuste Migrationspfade ermittelt werden. Die Bewertung der Kosten ist hierbei detailliert und erfolgt hinsichtlich Perioden- und Migrationskosten. Das Modell liefert einen guten Beitrag zur Entscheidungsunterstützung, indem die identifizierten Migrationsschritte hinsichtlich Kosten und Wahrscheinlichkeit modelliert und aufbereitet werden. In einer anderen Veröffentlichung stellt MOSER auch eine entscheidungsgerechte Aufbereitung der Ergebnisse über ein Gantt-Chart vor. Die Migrationsschritte werden auf recht übergeordneter Ebene bestimmt und auch Wechselwirkungen im Netzwerk werden hierbei teils berücksichtigt. Es ist in diesem Vorgehen jedoch nicht vorgesehen, es kontinuierlich zu durchlaufen. Eine Reaktion auf Änderungen der Wandlungstreiber ist zwar innerhalb zuvor adressierter Eventualpläne möglich; diese Eventualpläne sind von den Schlüsselwandlungstreibern abhängig und wurden innerhalb des Markovschen Entscheidungsprozesses ermittelt. Es dürfte aber kaum möglich sein, veränderte Ausgangsbedingungen und Voraussetzungen noch während der Umsetzung in eine fortlaufende Entscheidungsfindung einzubeziehen. Eine explizite, systematische migrationsspezifische Datenerfassung erfolgt jedoch nicht, ebenso ist eine Anknüpfung an eine bestehende Datenbasis nicht vorgesehen.

MOSER hat Teilmodelle und Entwicklungsschritte seines Vorgehens gemeinsam mit anderen Autoren auch in „Migration Planning for Global Production Networks using Markovian Decision Processes“[478] und „Risk efficient migration strategies for global production networks“[479] veröffentlicht.

---

[478] vgl. Moser, E.; Stricker, N. et al. (2016) Migration Planning for Global Production Networks

[479] vgl. Moser, E.; Stricker, N. et al. (2016) Risk Efficient Migration Strategies

3.1.7 Produktionsnetzwerk-Konfiguration nach SAGER (2019)

SAGER stellt einen Ansatz zur „Konfiguration globaler Produktionsnetzwerke“ vor und zielt dabei insbesondere auf die prozessual geführte Eingrenzung des Lösungsraums für die Netzwerkkonfiguration und zugleich die analytische Steigerung der Ergebnisqualität. Unternehmen sollen unterstützt werden, ihre oft historisch erwachsenen Produktionsnetzwerke zu konfigurieren oder neu zu gestalten und die Potentiale von besseren Netzwerkkonfigurationen zu erschließen. [480] SAGER kombiniert die analytischen Vorteile der Optimierung multikriterieller Entscheidungsprobleme – quasi als Assistenzsystem bei der Ermittlung von Handlungsalterativen[481] – mit einem Prozessmodell zur Beherrschung der prozessualen Komplexität. [482] Das vorgestellte Prozessmodell für die Konfiguration globaler Produktionsnetzwerke umfasst sieben Schritte, die teilweise – wie in Abbildung 3.7 visualisiert – einen iterativen Zyklus durchlaufen.

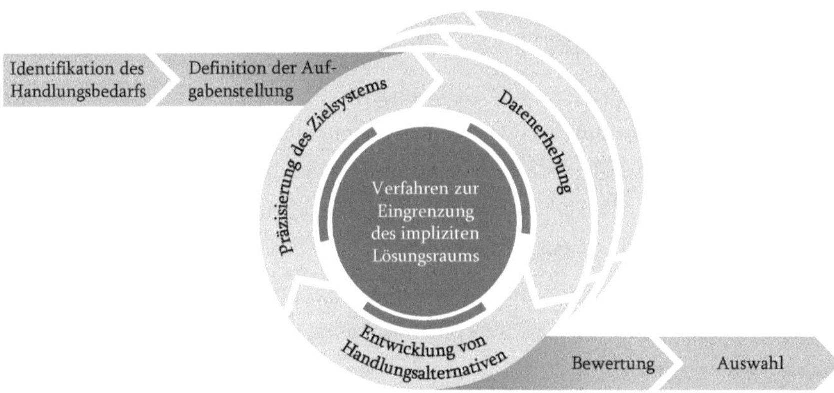

Abbildung 3.7: Prozessmodell mit sieben Schritten nach SAGER [483]

Das Vorgehen beginnt mit der kennzahlenbasierten **Identifikation von Handlungsbedarfen.** [484] Dabei werden strategische und operative Kennzahlen zur Überwachung des Netzwerks formuliert und zusammengeführt. Anhand der Kennzahlen werden Vorhersagen getätigt, Entwicklungen antizipiert und bei Überschreiten definierter Eingriffsgrenzen Maßnahmen ergriffen. Während die Kennzahlen nach innen gerichtet sind, wird die nach außen gerichtete Beobachtung des Netzwerkumfelds durch die

---

[480] vgl. Sager, B. (2019) Konfiguration globaler Produktionsnetzwerke, S. 6
[481] vgl. Sager, B. (2019) Konfiguration globaler Produktionsnetzwerke, S. 61 f.
[482] vgl. Sager, B. (2019) Konfiguration globaler Produktionsnetzwerke, S. 66
[483] i.A.a. Sager, B. (2019) Konfiguration globaler Produktionsnetzwerke, S. 66
[484] vgl. Sager, B. (2019) Konfiguration globaler Produktionsnetzwerke, S. 119

Beobachtung der Systemumgebung ergänzt. Die Erkenntnis umweltinduzierter Handlungsbedarfe ermöglicht frühzeitiges Erkennen von Entwicklungspotentialen. [485]

Für die **Definition der Aufgabenstellung**[486] wird zunächst im Zielkonflikt zwischen Modellierungsgenauigkeit und -aufwand das gewünschte Aggregationsniveau der Modellierung definiert. Es folgen die Auswahl von Entscheidungsdimensionen, Ermittlung von Planungsrestriktionen sowie die abschließende Auswahl von Zielgrößen, die der Bewertung der Handlungsalternativen dienen.

Die nächsten drei Schritte sind Teil eines iterativen Zyklus, der mit der **Datenerhebung** [487] beginnt. Diese erfolgt in Abhängigkeit des definierten Aggregationsniveaus. SAGER reflektiert Datengruppen und Charakteristika der Netzwerkkonfiguration.

Mit den Daten erfolgt die **Entwicklung von Handlungsalternativen** [488] mittels einer vollautomatisierten Optimierung und Anwender erhalten aussagekräftige Informationen über erreichbare Zielwerte.

Die **Präzisierung des Zielsystems** [489] dient zunächst der Erzeugung mehrerer verschiedener Zielsysteme, um eine Auswahl mehrerer optimale Lösungsalternativen zu bieten. Schritte vier bis sechs werden so lange iterativ durchlaufen, und damit das Zielsystem präzisiert, bis die Handlungsalternativen für den unternehmensindividuellen Einsatzzweck hinreichend eingegrenzt sind. [490]

Die nachfolgende **Bewertung der vorhandenen Handlungsalternativen** [491] dient der weiteren Eingrenzung der verbleibenden Handlungsalternativen durch Entscheidungsträger. Das multikriterielle Entscheidungsproblem wurde durch die eingesetzte Optimierung auf eine Auswahl zwischen klaren Handlungsalternativen verdichtet.

Die tatsächliche **Auswahl** [492] für eine der Handlungsalternativen ist dann die Grundlage für die Umsetzung der gewünschten Netzwerkkonfiguration.

Die Besonderheiten im Vorgehen von SAGER sind die automatisierte Verarbeitung der erhobenen Daten und die entsprechende Datenstrukturierung. Die Datenerhebung

---

[485] vgl. Sager, B. (2019) Konfiguration globaler Produktionsnetzwerke, S. 121

[486] vgl. Sager, B. (2019) Konfiguration globaler Produktionsnetzwerke, S. 123 ff.

[487] vgl. Sager, B. (2019) Konfiguration globaler Produktionsnetzwerke, S. 65 und S. 126 ff.

[488] vgl. Sager, B. (2019) Konfiguration globaler Produktionsnetzwerke, S. 130 f.

[489] vgl. Sager, B. (2019) Konfiguration globaler Produktionsnetzwerke, S. 131

[490] vgl. Sager, B. (2019) Konfiguration globaler Produktionsnetzwerke, S. 130 f.

[491] vgl. Sager, B. (2019) Konfiguration globaler Produktionsnetzwerke, S. 131 f.

[492] vgl. Sager, B. (2019) Konfiguration globaler Produktionsnetzwerke, S. 132

wird mitsamt dem Vorgehen und der Anbindung an bestehende Informationssysteme konkret erklärt. Die multikriterielle Optimierung berücksichtigt neben Aspekten der Wirtschaftlichkeit auch strategische Zielgrößen sowie subjektive Präferenzen. So erstellt der Optimierungsansatz zeitabhängige Netzwerkalternativen und stellt deren Auswirkungen visuell dar. Die übersichtliche Visualisierung erforderlicher Aktivitäten zu bestimmten Zeitpunkten wird aber nicht vorgesehen. Die konfigurationsspezifische Datenerfassung und die entscheidungsgerechte Datenaufbereitung tragen in Summe aber zur Entscheidungsunterstützung bei. Das prozessuale Vorgehen ist in Teilen automatisiert und erfordert teils externe Eingriffe. Insbesondere die Auswahl von Handlungsalternativen für die Netzwerkkonfiguration verläuft kontinuierlich. Während das durchgängige Vorgehen mitsamt klar adressierter und entscheidungsgerechter Datenverarbeitung, der multikriteriellen Optimierung und einer erkennbaren Modularität äußerst relevante Aspekte beinhaltet, geht SAGER dennoch nicht explizit auf Modellierung, Umsetzung oder Überwachung von Migration ein. Er beschränkt sich auf die Zielkonfiguration des Netzwerks. Sein Ansatz aus dem Jahr 2019 verdeutlicht jedoch, dass er – wenn auch für ein nicht ganz deckungsgleiches Suchfeld – vergleichbare Herausforderungen für Produktionsnetzwerke identifiziert und zeitgemäße Lösungsansätze dafür entwirft.

3.1.8 Weitere angrenzende Ansätze aus der Netzwerkgestaltung

Es existieren weitere Ansätze in der Peripherie der bis hierhin bereits vorgestellten bestehenden Erkenntnisse. Entweder adressieren diese Ansätze das Thema Migration aber nur im weiteren Sinne. [493] Oder es handelt sich um Ansätze, die für ihren Beitrag rund um Gestaltung und Konfiguration globaler Produktionsnetzwerke erwähnenswert sind. [494] Oder diese Ansätze stellen in Teilen oder einzelnen Lösungsmodulen Ansätze vor, deren Transfer im Kontext der Migration von Produktionsnetzwerken

---

[493] Siehe ergänzend zu den nachfolgend vorgestellten Ansätzen z.B. auch Canel, C.; Khumawala, B. (1997) Multi-period international facilities location; Kontny, H. (1999) Standortplanung für internationale Verbundproduktionssysteme; Schellberg, O. (2002) Effiziente Gestaltung von globalen Produktionsnetzwerken; Lanza, G.; Moser, R. (2012) Strategic Planning of Global Changeable Production Networks

[494] Siehe ergänzend zu den nachfolgend vorgestellten Ansätzen z.B. auch Harre, J. (2006) Strategische Standortstrukturplanung; Meyer, T. (2006) Globale Produktionsnetzwerke; Wagner, C.; Nyhuis, P. (2009) Analysis and design of global production networks; Schmaußer, T. (2011) Gestaltung globaler Produktionsnetzwerke; Seifert, R.; Langenberg, K. (2011) Managing business dynamics; Ernst, J. (2012) Standortstrukturalternativen in Maschinenbauunternehmen

bedeutsam ist – obwohl sie sich eigentlich eher angrenzenden Fragestellungen widmen. Daher werden sie auch nicht gesondert in Bezug auf die identifizierten Handlungsbedarfe bewertet. In allen drei Fällen tragen die nachfolgend vorgestellten Erkenntnisse nicht mehr ausschlaggebend zur hier konkret adressierten Fragestellung der Migrationsplanung bei – sie sollen trotzdem kurz vorgestellt werden und die Diskussion des bestehenden Kenntnisstands abrunden.

PAQUET ET AL. stellen mit ihrem **„Manufacturing network design model based on processor and worker capabilities“** eine Methode zur mehrperiodischen mathematischen Optimierung in der Gestaltung von Produktionsnetzwerken vor[495], die auch die Bewertung von Migration als Teil der Netzwerkgestaltung adressiert. Zielsetzung der dynamischen Modellierung ist die Kostenminimierung [496] für Prozesse und Produkte, die hinsichtlich bestehender und denkbarer Standorte modelliert werden. [497] Im Zuge der sehr umfänglichen Optimierung[498] werden Kosten für Restrukturierung diskutiert, die auch eine präzise Beschreibung der Migrationsaufwände erlauben. Die Methode enthält eine fast kataloghafte Strukturierung von Einflussfaktoren, bleibt aber durch den Fokus auf statische Kostenoptimierung von den Herausforderungen eines integrierten Vorgehens und auch des praxistauglichen Umsetzungsbezugs entfernt.

MERCHIERS präsentiert eine **„Bewertung globaler Standortstrukturalternativen im Maschinenbau“**, zur Unterstützung der Gestaltung und Auswahl von Strukturalternativen in Produktionsnetzwerken insbesondere im mittelständischen Maschinenbau. [499] Dabei wird neben der Ermittlung einer optimalen Standortstruktur mittels dynamischer Investitionsrechnung[500] auch die Migration in Richtung neuer Standortstrukturen diskutiert: Aus dem Lösungsraum verschiedener Standortstrukturalternativen können unterschiedliche Migrationspfade abgebildet werden. [501] Die Migration manifestiert sich durch Anlauf- und Restrukturierungsvorgänge und Risiken in der Transformation von einer aktuellen in eine neue Standortstruktur. So werden auch Kosten und Risiken der Migration explizit und quantitativ betrachtet. [502]

---

495 vgl. Paquet, M.; Martel, A. et al. (2008) Manufacturing Network Design Model
496 vgl. Paquet, M.; Martel, A. et al. (2008) Manufacturing Network Design Model, S. 2009 ff.
497 vgl. Paquet, M.; Martel, A. et al. (2008) Manufacturing Network Design Model, S. 2010
498 vgl. Paquet, M.; Martel, A. et al. (2008) Manufacturing Network Design Model, S. 2010
499 vgl. Merchiers, A. (2008) Bewertung globaler Standortstrukturalternativen, S. 14 ff.
500 vgl. Merchiers, A. (2008) Bewertung globaler Standortstrukturalternativen, S. 214
501 vgl. Merchiers, A. (2008) Bewertung globaler Standortstrukturalternativen, S. 144 und S. 171 ff.
502 vgl. Merchiers, A. (2008) Bewertung globaler Standortstrukturalternativen, S. 150 und S. 171 ff.

NEUNER stellt im Jahr 2009 einen Ansatz zur **„Konfiguration internationaler Produktionsnetzwerke unter Berücksichtigung von Unsicherheit“** vor. Er entwirft einen Bezugsrahmen für die Netzwerkplanung, Realisierung, Kontrolle und die Auswahl der Reaktionsform. [503] Seine Arbeit zeichnet sich durch ihre ausführliche Zusammenführung bestehender Erkenntnisse des Themenfeldes aus. Zudem diskutiert NEUNER Unsicherheit im Kontext von Produktionsnetzwerken mit Zielgrößen, die die Netzwerkkonfiguration beeinflussen [504] sowie mit diversen Einflussfaktoren, wie Umweltfaktoren oder Arbeitsmärkten [505] und beleuchtet für die Ermittlung von Alternativen Standorte und Ressourcen mitsamt ihren Wechselwirkungen – hier wird auch der für die Migration erforderliche Aufwand erfasst. [506] So findet Migration in seinem Ansatz am Rande Erwähnung, wird aber nicht modelliert, bewertet oder gar optimiert.

UDE stellt im Jahr 2010 eine **„Entscheidungsunterstützung für die Konfiguration globaler Wertschöpfungsnetzwerke“** vor. [507] In der darin vorgestellten Simulation werden sowohl Kosten und Zeit für die Bewertung betrachtet, insbesondere äußere dynamische Einflüsse und Unsicherheiten[508] werden modelliert. Vorarbeit ist der Ansatz von LANZA UND UDE aus dem Jahr 2009, in dem die Autoren bereits einen Simulationsansatz zur Gestaltung von globalen Wertschöpfungsnetzwerken vorstellen. [509]

WIEZORREK stellt mit ihrem **„Beitrag zur Konfiguration von globalen Wertschöpfungsnetzwerken“** im Jahr 2017 ein Vorgehensmodell vor, das mit vier Grundprinzipien ein sogenanntes logistisches Assistenzsystem aufstellt. [510] Entlang der Wertschöpfungskette werden Anforderungen an die Konfiguration des Netzwerks detailliert – teils abseits des in dieser Arbeit zugrunde gelegten Verständnisses von Produktionsnetzwerken und der dafür gängigen (Grundlagen-) Literatur. Entscheidend ist einerseits die detaillierte Betrachtung von Einflussfaktoren und deren Wechselwirkungen: Migration wird so nicht nur hinsichtlich Zeit und Kosten bewertet, sondern auch in Bezug auf technologische Umsetzbarkeit und Konsequenzen der Konfigurationsanpassungen. Andererseits ist die vorgesehene Kontinuität des Entscheidungsprozesses – und

---

[503] vgl. Neuner, C. (2009) Konfiguration internationaler Produktionsnetzwerke, S. 70 ff. und S. 249 - 256

[504] vgl. Neuner, C. (2009) Konfiguration internationaler Produktionsnetzwerke, S. 81 ff.

[505] vgl. Neuner, C. (2009) Konfiguration internationaler Produktionsnetzwerke, S. 92 ff.

[506] vgl. Neuner, C. (2009) Konfiguration internationaler Produktionsnetzwerke, S. 101 ff.

[507] vgl. Ude, J. (2010) Entscheidungsunterstützung für die Konfig. glob. Wertschöpfungsnetzwerke

[508] vgl. Ude, J. (2010) Entscheidungsunterstützung für die Konfig. glob. Wertschöpfungsnetzwerke, S. 62 ff.

[509] vgl. Lanza, G.; Ude, J. (2009) Configuration of Dynamic Value Added Networks, S. 561

[510] vgl. Wiezorrek, A. (2017) Konfiguration von globalen Wertschöpfungsnetzwerken

damit verbunden das Monitoring von Einflüssen – gut geeignet, die Konfiguration nachhaltig und permanent an stets veränderliche Ausgangsbedingungen anzupassen.

Verhaelen, Thomas et al. diskutieren **„Potenziale datenbasierter Produktallokationen“** und entwickeln im Jahr 2019 eine Methodik zur Nutzung von Data-Analytics-Verfahren zur Entscheidungsvorbereitung für Produktallokationen in globalen Produktionsnetzwerken. [511] Es handelt sich weitestgehend um einen geführten Katalog, der die Bearbeitung spezifischer Planungsaufgabe mit sinnvollen zeitgemäßen Analysemethoden unterstützt und dabei neben komplexen Zusammenhängen auch bisher unbekannte Abhängigkeiten aufdeckt.[512] Migration wird in diesem Vorgehen nicht adressiert und doch wird der Ansatz deshalb ausdrücklich erwähnt, weil er erstmals systematisch die Entscheidungsvorbereitung von Produktallokationen mit Data-Analytics-Verfahren verbindet. Die entscheidungsgerechte Perspektive und die Eingrenzung des Lösungsbereichs führen Anwender an ein potentialträchtiges Themenfeld heran. Der Ansatz ist zwar für die Entscheidungsfindung bedeutsam, adressiert aber nicht die Umsetzung. Entscheidungsgerechte Datenaufbereitung und Nachvollziehbarkeit sind in der Methode wichtig und das Vorgehen ist auf wiederkehrende Anwendung sowie die Aufbereitung von Wissen für zukünftige Anwendung eingestellt.

3.1.9 Angrenzende Impulse aus der Fabrikplanung

In den Produktionswissenschaften taucht der Begriff der Migration bisweilen in der Fabrikplanung auf, weshalb auch dieses Feld kurz beleuchtet wird. „Gegenstand des Fachgebietes Fabrikplanung sind die Standortbestimmung, die Gebäudewahl und -anordnung, die Gestaltung der Produktionsprozesse (Fertigungs- und Montageprozesse) einschließlich der einzuordnenden Logistikprozesse (Transport- und Lagerprozesse) und der erforderlichen Nebenprozesse (Betriebsmittelbau, Instandhaltungsprozesse u.a.) sowie deren Realisierung und Inbetriebnahme.“ [513]

Autoren erkennen für die Fabrikplanung eine hohe Interaktion der Planungsaufgaben sowie zunehmende Turbulenz und Dynamik im Projektverlauf[514] und dass Turbulenzen im Umfeld der industriellen Produktion wandlungsfähige Fabriken erfordern, die

[511] vgl. Verhaelen, B.; Thomas, K. et al. (2019) Potenziale datenbasierter Produktallokationen
[512] vgl. Verhaelen, B.; Thomas, K. et al. (2019) Potenziale datenbasierter Produktallokationen, S. 99
[513] Grundig, C.-G. (2018) Grundlagen der Fabrikplanung, S. 11
[514] vgl. Nöcker, J. (2012) Zustandsbasierte Fabrikplanung, S. 32

Veränderungen permanent und auf allen Ebenen der Produktion antizipieren können[515] – sie beschreiben damit Effekte, die den Herausforderungen der Migration ähnlich sind. So entwickelt NÖCKER eine Lösung zur Organisation von Entscheidungen in Fabrikplanungsprojekten unter Beachtung zustandsbasierter Planungsinformationen, die Wirkbeziehungen zwischen einzelnen Planungsaufgaben berücksichtigt, damit Auswirkungen der Entscheidung auf andere Planungsaufgaben transparent werden.[516] HARTKOPF stellt eine kontinuierlich fortlaufende Planungssystematik vor, die spezifische Entwicklungsverläufe von Werken stetig vorausmodelliert; so will er Auswirkungen variierender Veränderungen rechtzeitig erfassen und die Wandlungsfähigkeit von Fabriken steigern.[517] GARTZEN verwendet den Begriff der Migration für eine Methodik zur Stabilisierung sowie Steigerung der Effizienz und Effektivität des Anlaufs von Montagesystemen mitsamt ihrer systemspezifischen Komplexität.[518] GRUNDIG erkennt die Tendenz der überregionalen bis weltweiten Vernetzung und formuliert Besonderheiten für die globale Fabrikplanung, etwa dass dies genauere Analysen sowie ein zentrales und dezentrales Projektmanagement in gemischten Teams erfordert.[519]

3.1.10 Potentiale aus Migration, Controlling und Datenunterstützung

In den Unterkapiteln 2.1, 2.2 und 2.3 wurden die jeweiligen Grundlagen und im Unterkapitel 2.4 die Herausforderungen in den Themenfeldern Migration in globalen Produktionsnetzwerken, Controlling sowie datenbasiertes Planen und Entscheiden vor dem Hintergrund von Industrie 4.0 isoliert erörtert. Entscheidende Aspekte der drei Themenfelder werden in den Kernideen im Unterkapitel 4.2 miteinander verwoben. Daher erfolgt vorab eine Reflektion des gegenwärtigen Stands der Forschung bezüglich eines Transfers und der Synthese dieser Themenfelder sowie ihrer Potenziale.

Controlling und die Planung und Gestaltung von Migration in Produktionsnetzwerken wurden bislang selten gemeinsam beachtet und sind in der zugehörigen wissenschaftlichen Literatur kaum erwähnt. NEUNER empfiehlt, die Begleitung und Überwachung der Umsetzung von Migrationsvorhaben durch einen Ist-Soll-Abgleich [520], das

[515] vgl. Hartkopf, M. (2013) Systematik für eine kontinuierliche Werksentwicklungsplanung, S. 34 f.
[516] vgl. Nöcker, J. (2012) Zustandsbasierte Fabrikplanung, S. 245
[517] vgl. Hartkopf, M. (2013) Systematik für eine kontinuierliche Werksentwicklungsplanung, S. 153
[518] vgl. Gartzen, T. (2012) Diskrete Migration als Anlaufstrategie für Montagesysteme, S. 4
[519] vgl. Grundig, C.-G. (2018) Fabrikplanung, S. 30
[520] vgl. Neuner, C. (2009) Konfiguration internationaler Produktionsnetzwerke, S. 131 f.

spricht der Kontrolle im Kontext der Migration ein abstraktes Niveau zu[521]. Dennoch hat der Autor dieser Dissertation einen holistischen Controlling-Ansatz schon in früheren Publikationen für notwendig erachtet.[522] Zudem ist Migrationsplanung als kontinuierliche Aufgabe in einen systematischen Gesamtprozess einzubetten.[523]

Die Migrationsplanung ist mitsamt der sie stets beeinflussenden Wandlungstreiber eine fortlaufende Aufgabe und folgt wechselnden Zielen. Sie ist in der Übersetzung strategischer und taktischer Vorgaben vergleichbar mit strategischem Projektcontrolling. Es wird deutlich, dass Migrationsvorhaben einen (Einzel-)Projektcharakter aufweisen: Die Umsetzung der Migrationsplanung in Form von Migrationsvorhaben über einzelne Migrationspfade mit Migrationsschritten folgt zeitlich abgegrenzten Teilzielen und fällt so in die unteren beiden operativen Ebenen des Projektcontrollings.

So sind die Anforderungen an Planung, Steuerung und Kontrolle von Migrationsvorhaben vergleichbar mit dem Projektverständnis sowie den drei Ebenen des Projektcontrollings. Eine organisatorische Verankerung der Aufgaben muss für die Migrationsplanung ebenfalls diskutiert werden.

Auch die Entwicklung des Controllings, etwa durch neue Technologien und bessere, digital unterstützte Entscheidungsunterstützung, begegnet genau den herausgearbeiteten Herausforderungen der Migration: Das Grundverständnis eines fortlaufend verankerten Controllings und die darin eingebundene Umsetzung von Einzelprojekten verspricht die erforderliche Selbstvalidierung für die Migrationsplanung, wenn Informationen aufwandsarm verfügbar sind und Erkenntnisse aus der Umsetzung in die Planung zurückgeführt werden können.

Die **Bedeutung der Digitalisierung im Controlling, speziell im Kontext der Migration**, steigt und neue digitale Methoden ermöglichen die geforderte Unterstützung der Entscheidungsfindung in komplexen Lösungsräumen. Die Digitalisierung und die einhergehende Verfügbarkeit und Analysemöglichkeiten großer Datenmengen verändern das Controlling. Ergebnis aus einem systematischen Datenmanagement und fortschrittlicher Analytik sind Effizienzsteigerungen und höhere Prognosequalität. Die entscheidungsunterstützende Rolle des Controllings wird signifikant bedeutsamer.[524]

---

[521] vgl. Neuner, C. (2009) Konfiguration internationaler Produktionsnetzwerke, S. 134
[522] vgl. Schuh, G.; Prote, J.-P. et al. (2019) Planning and Controlling Migration, S. 368
[523] vgl. Schuh, G.; Prote, J.-P. et al. (2017) Reference Process
[524] vgl. Friedl, G. (2019) Neue Aufgaben im Controlling, S. 38 ff.

Nicht nur das Controlling verändert sich durch neu einziehende Technologien, sondern auch Geschäftsmodelle – damit muss das Controlling Schritt halten. [525]

Die einziehenden Veränderungen bedeuten beispielsweise, dass die Automatisierung der Erfassung und Verarbeitung im internen Rechnungswesen zu einer Effizienzsteigerung und Entlastung des Controllings führen wird. [526] Simulationen und schnelle Analytik erlauben eine weitreichende digitale Planung, ganz besonders etwa für die Auswirkungen einzelner Einflussgrößen auf die Erlöse des Unternehmens. Mit automatisierten „Forecasts" wird das Controlling Marktänderungen wesentlich schneller erkennen, darauf reagieren und Empfehlungen zum Steuern geben. Neben einer verbesserten Prognosequalität ziehen auch softwaregestützte Visualisierungsmethoden zur Aufbereitung des Berichtwesens ein und erleichtern eine fundierte Entscheidungsfindung.[527] Durch die verschiedenen Einflüsse ändert sich auch das Aufgabenprofil des Controllings vielmehr zu einer beratenden Rolle für das Unternehmen.[528]

Die Notwendigkeit einer rollierenden Planung in Unternehmen setzt sich gegenüber anderen Planungsformen durch, Stimmungsbilder aus der Praxis unterstreichen das.[529] Bei solcher Kontinuität erzeugt eine Selbstvalidierung der Planung neue Potentiale.

Bei allen Möglichkeiten und Veränderungen, die sich aus der **Kombination von Migration, Controlling und datenbasierter Planungs- und Entscheidungsunterstützung** ergeben, finden sich im Stand der Forschung dennoch **keine eigenständigen Ansätze**, die die Überlagerung der Themenfelder adressieren würden.

3.2 Kritische Würdigung und Bewertung der bestehenden Ansätze

Im Teilkapitel 3.1 wurden sieben unmittelbar relevante und sechs weiterführende Ansätze zur Migration in globalen Produktionsnetzwerken vorgestellt. Zudem wurde das angrenzende Forschungsfeld der Fabrikplanung beleuchtet. Darüber hinaus wurde die Synthese der Migration mit Controlling und datenbasierter Entscheidungsunterstützung reflektiert. Die vorgestellten Ansätze wurden daraufhin überprüft, wie gut sie die Teilkriterien innerhalb der fünf übergeordneten Herausforderungen erfüllen. Dabei wurden die herausstechenden Merkmale und Bewertungsergebnisse jeweils für

[525] vgl. Friedl, G. (2019) Neue Aufgaben im Controlling, S. 39 f.

[526] vgl. Feldbauer-Durstmüller, B.; Mayr, S. (2019) Controlling, S. 194 f.

[527] vgl. Feldbauer-Durstmüller, B.; Mayr, S. (2019) Controlling, S. 98

[528] vgl. Feldbauer-Durstmüller, B.; Mayr, S. (2019) Controlling, S. 197 f.

[529] vgl. Wrona, K.; Belobokov, D. et al. (2014) Planning 4.0, S. 4 und S. 9

jeden Ansatz diskutiert. Die Ergebnisse sind in Abbildung 3.8 zu einer vergleichenden Gegenüberstellung aggregiert.

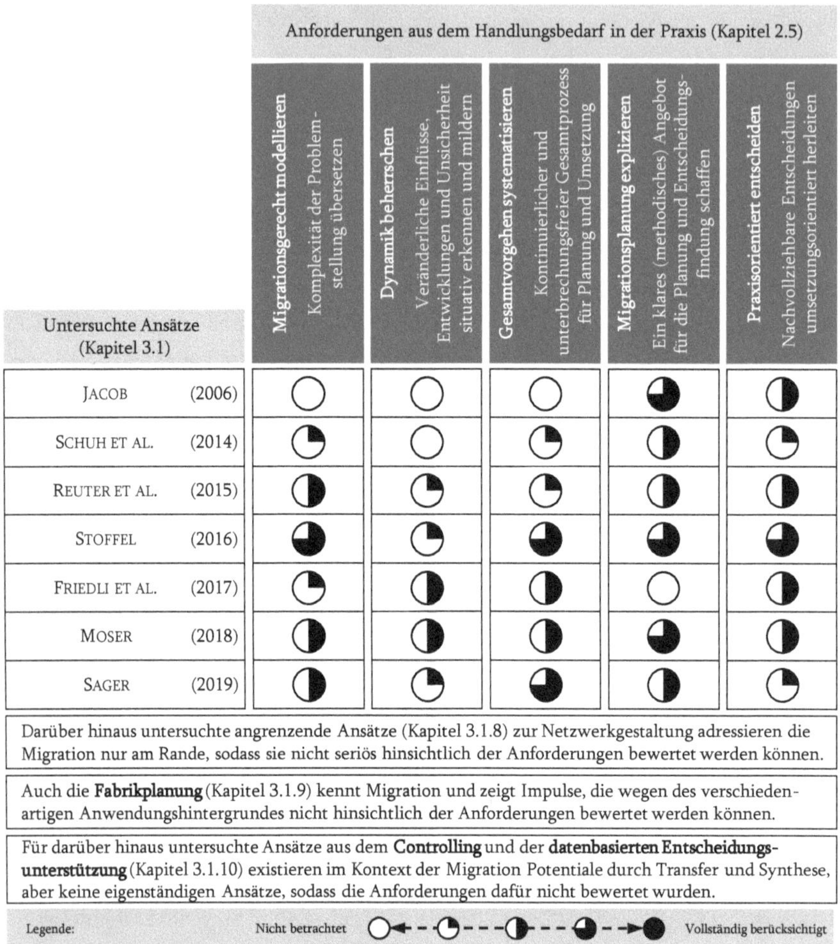

Abbildung 3.8: Bewertung der bestehenden Erkenntnisse

Es ist ersichtlich, dass einige der Ansätze die herausgestellten Handlungsbedarfe zwar in Teilen erfüllen, dass jedoch kein Ansatz die gesamte Spanne des Handlungsbedarfs abdeckt. Das resultierende Forschungsdefizit wird im folgenden Kapitel 3.3 diskutiert.

3.3 Handlungsbedarf für die Migrationsplanung aus Theorie und Forschung

Die Analyse und Bewertung der bestehenden Erkenntnisse und Lösungsansätze birgt zwei wesentliche Erkenntnisse: Das Praxisdefizit bestätigt sich in der Bewertung der Theorie und das Defizit erfordert die Entwicklung einer ganzheitlichen Methodik.

Das im Kapitel 2.5 erarbeitete **Praxisdefizit und der resultierende Handlungsbedarf decken sich mit den Erkenntnissen aus der Analyse bestehender Ansätze**, wie in den Unterkapiteln 3.1 und 3.2 erörtert. Es besteht ebenso ein Forschungsdefizit. Die Analyse zeigt, dass die Herausforderungen in Einzelbetrachtung durchaus in der Theorie bekannt sind und dort in manchen Ansätzen isoliert gelöst werden. Dennoch adressiert der Handlungsbedarf nicht alle Herausforderungen übergreifend und zusammenhängend. Besonders die naheliegenden Aspekte der Aufwands- und Praxisorientierung, der Notwendigkeit eines übergreifenden Vorgehens oder der expliziten Adressierung der (optimierenden) Migrationsplanung werden darin adressiert.

Die Analyse verdeutlicht, die meisten Ansätze fokussieren entweder ein allgemeingültiges Vorgehen oder sind tiefgreifend um Berechnung oder Optimierung von Migrationsbedarf, -schritten oder -reihenfolge bemüht. Dabei ist die notwendige modulare und adressatengerechte Vereinigung beider Aspekte in einem systematisierten Gesamtvorgehen mit expliziter Migrationsplanung als Praxisdefizit bereits aufgezeigt.

Existierende Ansätze fokussieren sich primär auf nur eine Anwendergruppe. Migration erzeugt jedoch als Aufgabe, von Planung über Umsetzung im ganzen Netzwerk, viele Berührungspunkte und damit verbleibt stets ein relevanter Teil der Aufgabenstellung unbearbeitet. So mögen sich diese Berührungspunkte unterscheiden…

- in den Hierarchieebenen zwischen einer Entscheidungsrolle, beispielsweise auf Geschäftsleitungs- oder Vorstandsebene, bis hin zur Fachplanung oder Werkerinnen und Werkern in der operativen Umsetzung,
- in der Verortung im Netzwerk von zentral bis am entfernten Standort,
- oder in Bezug auf die anvertraute Aufgabe von Entscheidung über Planung bis hin zu Umsetzungscontrolling oder der Verantwortung für die physische Ressourcenverbringung.

Das unterstreicht erneut den Bedarf für ein modulares und damit anwendungs- und aufwandsgerechtes Vorgehen. Solche Teilmodule können je nach Anwendungsfall auf bestehenden Ideen aufbauen oder wären neu zu konzipieren.

Darüber hinaus adressieren einige Ansätze, teils im Ausblick, teils aber in einem eher sachfremden Betrachtungsbereich die Potentiale und Möglichkeiten, die ein Einsatz von Industrie-4.0-Ansätzen oder der korrespondierenden Referenzinfrastruktur des Internet of Production bedeuten kann. So versprechen insbesondere die Erfassung und Rückführung von Informationen aus der Umsetzung große Mehrwerte in der Planung. Datenbasiert können so die adressierten Hürden zwischen Standorten, Hierarchien, oder Aufgabenspektren überwunden werden. Hier besteht in der Theorie in den meisten – teils älteren – Ansätzen Aufholbedarf.

Wenngleich diese Aspekte nicht mehr aus der Befassung mit der Praxis heraus identifiziert wurden, sondern durch die Analyse der Theorie hervorgebracht wurden, finden sich diese Aspekte bereits im Praxisdefizit wieder. Die Kongruenz der Erkenntnisse stiftet Vertrauen in Bezug auf die Problemeingrenzung und das Problemverständnis und unterstreicht zugleich umso stärker den praktischen wie theoretischen Bedarf nach einer Lösung für den bestehenden Handlungsbedarf.

Neben der Unterstreichung bestehender Defizite ist die zweite entscheidende Erkenntnis aus der Bewertung der Theorie, dass es **erforderlich ist, eine ganzheitliche Methode zur vollumfänglichen und zusammenhängenden Auflösung des Praxisdefizits zu entwickeln**. Die Abbildung 3.9 fasst das Theoriedefizit zusammen.

Inhaltliche Anforderungen

Theoriedefizit: Handlungsbedarf und Anforderungen aus Theorie – Kapitel 3.3

- Das Praxisdefizit wurde durch die Analyse der bestehenden Erkenntnisse bestätigt
- Es muss eine ganzheitliche Methode zur vollumfänglichen und zusammenhängenden Auflösung des Praxisdefizits entwickelt werden

Abbildung 3.9: Handlungsbedarf und Anforderungen aus der Theorie

Die bisher bekannten Ansätze zur Migration konzentrieren sich entweder auf die quantitative Optimierung oder sind Bestandteil von Konzepten und werden deshalb qualitativ beschrieben. Dies wird nicht allen an der Migration beteiligten Akteuren gerecht und betont die Notwendigkeit einer holistischen Methode, um das Praxisdefizit vollständig und kohärent zu bewältigen.

Die Zusammenführung der Erkenntnisse aus den bestehenden theoretischen Erkenntnissen mit dem Handlungsbedarf aus der Praxis folgt im folgenden Kapitel 4.1.

4 Konzeption der Methodik

Es ist erforderlich, eine geeignete Methode für die Planung, Steuerung und Überwachung von Migration in Produktionsnetzwerken zu entwerfen. Das zeigen die vorangegangenen Einblicke in Grundlagen und Praxis sowie in die Theorie des Themas. Dieses vierte Kapitel legt hierfür die entscheidenden Grundsteine und bildet zugleich den Übergang aus der Beschreibung und Analyse hin zur konzeptionellen Kreativarbeit. Damit die Konzeption der Lösung zielgerichtet und wissenschaftlich akkurat verläuft, werden erst die Anforderung an eine solche Lösungsentwicklung rekapituliert; das geschieht in Kapitel 4.1. Anschließend werden die zentralen Kernideen und einhergehende Grundannahmen für die Lösung entwickelt; sie werden in Kapitel 4.2 beschrieben. Schließlich werden hierauf aufbauend das Grobkonzept der Lösung und dessen Partition in verschiedene Teilmodule aufgebaut und deren Potentiale diskutiert. Das wird in den Kapiteln 4.3 und 4.4 herausgearbeitet.

4.1 Anforderungen an eine Methodik zur Migrationsplanung

In Vorbereitung auf die Ausarbeitung der Kernideen und Lösungsansätze des Vorgehens für das Controlling der Migration in Produktionsnetzwerken, sollen die inhaltlichen und formalen Anforderungen konsolidiert beschrieben werden. So soll sichergestellt werden, dass die Entwicklung der Ideen und Lösungen zielorientiert verläuft. Die inhaltlichen Anforderungen in Teilkapitel 4.1.1 beschreiben so die inhaltliche Aufgabenstellung, die durch die zu entwickelnde Lösung erfüllt werden muss. Die formalen Anforderungen in Teilkapitel 4.1.2 sollen sicherstellen, dass die zu entwickelnde Lösung auch valide und anwendbar ist. Die Abbildung 4.1 stellt alle Anforderungen konsolidiert dar.

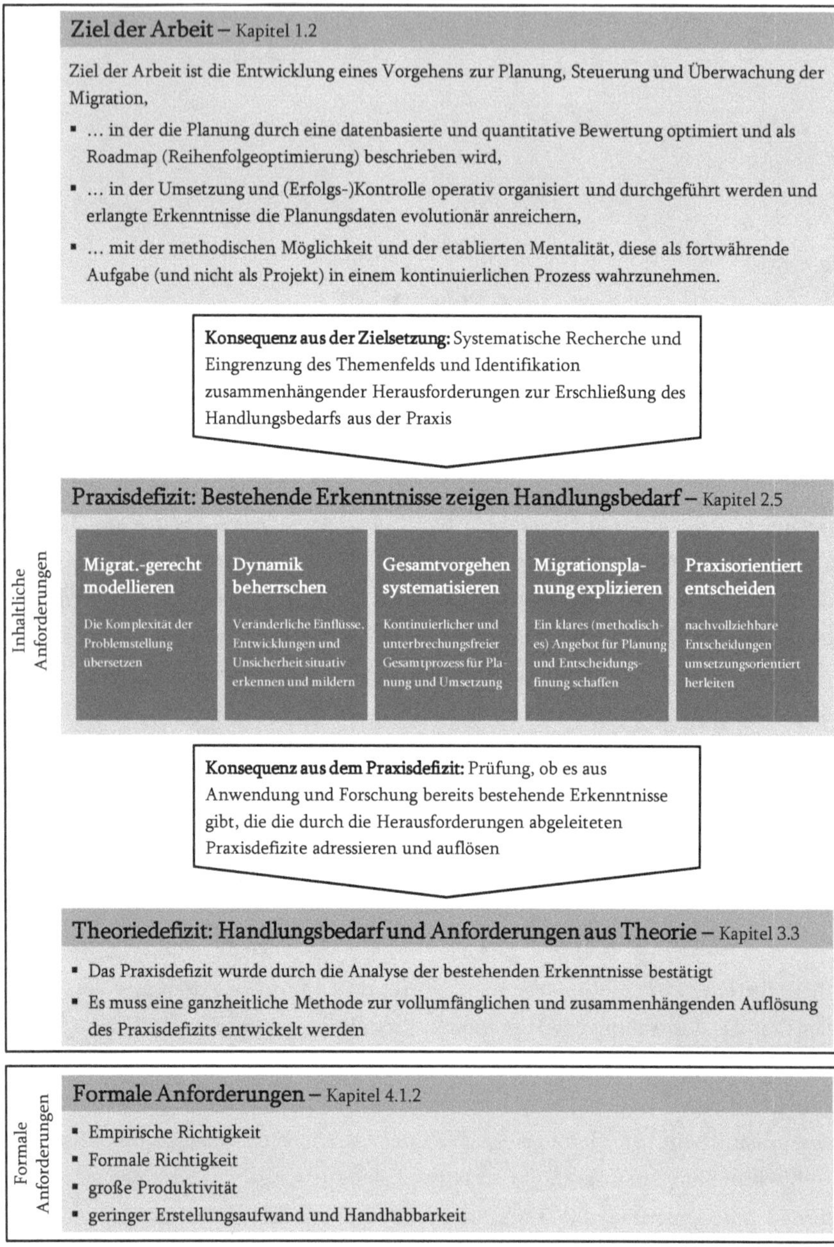

Abbildung 4.1: Konsolidierte Anforderungen an die Methodik

4.1.1 Inhaltliche Anforderungen

Im Verlauf dieser Dissertation – und über die forschungsmethodischen Bausteine[530] hinweg – sind Anforderungen deutlich geworden, die für ein Controlling von Migration bedeutsam sind und durch die zu entwickelnde Lösung erfüllt werden müssen. Sie entstehen aus der Zielstellung, aus dem Praxisdefizit und aus dem Theoriedefizit.

Die ersten inhaltlichen **Anforderungen aus der Zielsetzung** zeigten sich bereits in Kapitel 1.2; dort wurde das Ziel der Arbeit beschrieben und definiert. Es wurde als die Entwicklung eines Vorgehens zur Planung, Steuerung und Überwachung der Migration formuliert. Durch dieses Vorgehen soll die Planung durch eine datenbasierte und quantitative Bewertung optimiert und als Roadmap, etwa durch Sequenzoptimierung, beschrieben werden. Zugleich soll das Vorgehen in der Umsetzung und (Erfolgs-)Kontrolle operativ organisiert und durchgeführt werden. Erlangte Erkenntnisse sollen die Planungsdaten evolutionär anreichern. Außerdem ist es erforderlich, dass das Vorgehen ein Methodenangebot bietet und eine Mentalität etabliert, die es als fortwährende Aufgabe, und nicht als Projekt, in einem kontinuierlichen Prozess manifestieren.

Mit der Analyse der thematischen Grundlagen und der gegenwärtigen Situation ergeben sich aus Kapitel 2.5 die **Anforderungen aus der Praxis**. Die Herausforderungen wurden dort zu fünf zentralen Aspekten zusammengefasst:

Das Controlling von Migration in Produktionsnetzwerken erfordert eine **migrationsgerechte Modellierung**, also die Übersetzung der Komplexität aus der Problemstellung. Zugleich ist die **Beherrschung von Dynamik** entscheidend und so das situative Erkennen und Mildern veränderlicher Einflüsse, Entwicklungen und Unsicherheit. Weiter erfordert die Praxis eine **Systematisierung des Gesamtvorgehens** und die Etablierung eines kontinuierlichen und unterbrechungsfreien Gesamtprozesses für die Planung und Umsetzung. Das **Explizieren der Migrationsplanung** ist erforderlich und bedeutet, ein klares, auch methodisches, Angebot für die Planung und Entscheidungsfindung zu schaffen. Auch **praxisorientiertes Entscheiden** ist essentiell, damit nachvollziehbare Entscheidungen umsetzungsorientiert hergeleitet werden.

Die Prüfung bestehender theoretischer Ansätze hat mit ihrer Bewertung und Zusammenfassung in Kapitel 3.3 die **Anforderungen aus der Theorie** aufgezeigt. Das identifizierte Praxisdefizit und der daraus resultierende Handlungsbedarf fanden sich in der

---

[530] Siehe hierfür die Beschreibung der Forschungsmethodik in Unterkapitel 1.3

Theorie wieder. Die wenigen Ansätze, die für die Migration verfasst sind, fokussieren primär entweder eine quantitative Optimierung oder sind Teil eines Konzepts und damit qualitativ beschrieben. Das bedient nicht alle an der Migration beteiligten Adressatenkreise und unterstreicht so die Notwendigkeit einer ganzheitlichen Methode zur vollumfänglichen und zusammenhängenden Auflösung des Praxisdefizits.

4.1.2 Formale Anforderungen

Neben den inhaltlichen Aspekten muss die Lösung der zu entwickelnden Methodik formal valide sein. Bestandteile einer Methodik sind Modelle, Methoden und Hilfsmittel.[531] Modelle gelten dann als geeignet, wenn Sie die nachfolgenden vier Charakteristika erfüllen.[532] Diese Charakteristika sollen daher als formelle Anforderungen auf die zu entwickelnde Methodik übertragen werden und dabei als erforderlich gelten. In Abbildung 4.2 werden die formalen Anforderungen zusammengefasst dargestellt.

- Für **empirische Richtigkeit** soll die Methodik einen hohen Realitätsbezug aufweisen und für die Fragestellung relevante Systemparameter abbilden.
- Für die **formale Richtigkeit** muss die Methodik widerspruchsfrei, exakt und möglichst durch die Erzeugung quantitativer Resultate wiederholbar und nachprüfbar sein.
- Im Sinne der **Produktivität** ist es erforderlich, dass die Methodik zweckbezogen ist und für spezifisch Fragestellungen inhaltlich und formal brauchbare Antworten produziert.
- Der **Erstellungsaufwand und die Handhabbarkeit** der Methodik sollen möglichst gering und benutzerfreundlich sein; das betrifft neben der Erstellung auch die Anwendung und Ergebnisauswertung.

Formale Anforderungen

Formale Anforderungen – Kapitel 4.1.2

- Empirische Richtigkeit
- Formale Richtigkeit
- große Produktivität
- geringer Erstellungsaufwand und Handhabbarkeit

Abbildung 4.2: Formale Anforderungen an die Methodik

[531] vgl. Laufenberg, L. (1996) Methodik zur integrierten Projektgestaltung, S. 6 f.

[532] vgl. Patzak, G. (1982) Systemtechnik, S. 309 f.

4.2 Kernideen für eine Methodik zur Migrationsplanung

Das Controlling von Migration in Produktionsnetzwerken und zugleich die Erfüllung der zuvor konsolidierten Anforderungen wird durch fünf Kernideen befähigt.

1. Im **Controlling** sind unter anderem die Aufgaben Planen und Steuern bewährt. Sie werden auf die Gesamtaufgabe der Migration in Produktionsnetzwerken übertragen. Dadurch entstehen zwei klar voneinander abgegrenzte und dennoch durch definierte prozessuale Übergabepunkte verbundene dedizierte Aufgaben der **Planung** sowie der **Umsetzung** von Migration. Darüber hinaus sind im **Controlling** Kontrolle und Überwachung eine bewährte Aufgabe; sie profitieren von einer Unterstützung durch **datenbasierte Methoden** im Kontext von Industrie 4.0 und einer an das Internet of Production angelehnten Infrastruktur[533]. Auch diese Ideen werden auf die Gesamtaufgabe der Migration übertragen. Das Potential für die oft dezentral und hierarchieübergreifend geplante und gesteuerte Migration ist eine **Erfolgs- und Umsetzungsbewertung**. So wird zwischen Umsetzungs- und Planungsphase ein projekt- und adressatenübergreifender Informationsfluss etabliert.
2. In der Informatik ist der **DevOps-Zyklus**[534] inzwischen als Standard für die Softwareentwicklung etabliert und bewährt. Das Gesamtvorgehen der Migration in Produktionsnetzwerken wird an diesen Zyklus angelehnt. Prozesse und Teilaufgaben werden hierum entwickelt. Das verspricht ein niemals endendes, **kontinuierliches und rollierendes prozessuales Vorgehen**. Es bedingt zugleich einen dahingehenden Verständnis- und **Mentalitätswandel** bei der Ausführung der einhergehenden Aufgaben und Tätigkeiten.
3. Es existiert ein **gesamtübergreifender Referenzprozess**, der von Strategie über Taktik bis ins Operative alle Aufgaben der Positionierung, Gestaltung und Steuerung von Produktionsnetzwerken abdeckt. Das Gesamtvorgehen der Migration wird in diesen Referenzprozess eingebettet. Die Anknüpfung an vorgelagerte strategische oder taktische Gestaltungsprozesse und die Informationsrückführung an diese Ebenen schafft hohe Durchgängigkeit und **Kompatibilität mit bereits bewährten vorgelagerten Gestaltungsansätzen**.

---

[533] Siehe für das Internet of Production auch das Teilkapitel 2.3.1.2

[534] Der DevOps Zyklus wird in Teilkapitel 5.1.1 erklärt

4. Es existieren diverse **Methoden und Modelle**, die sich in Grundzügen für Bestandteile der Migrationsaufgabe eignen. Das Gesamtvorgehen wird daher mitsamt den Teilaufgaben in sinnvolle **Module** aufgeteilt. Für diese Module bieten bekannte und gegebenenfalls austauschbare Methoden in der Anwendung stets ein situatives Lösungsvehikel an. Sie finden sich in Disziplinen, wie etwa der Produktionswissenschaft, der Betriebswirtschaft, Operations-Research oder gar der Mathematik wieder und wurden in den vorangegangenen Kapiteln teils adressiert. Es ist anzunehmen, dass mehrere Methoden und Modelle für die gleiche Aufgabenstellung konkurrieren und zu einem vergleichbaren Ziel führen. Dabei würden sie andere Ausgangsvoraussetzungen erfordern oder sich hinsichtlich ihrer Detailtiefe oder praktischen Anwendbarkeit unterscheiden. Zugleich können sich die Anwendungsfälle, Aufgaben und bestehende physische oder organisationale Ökosysteme, in denen Migration stattfindet, stark voneinander unterscheiden. Die zu gestaltende Methodik soll dieser spezifischen Vielfalt gerecht werden. In der Anwendung können so Methoden und Modelle anforderungsgerecht ausgewählt und mit adäquaten Methoden bestückt werden. Das ermöglicht einen **anwendungsgerechten flexiblen Detaillierungsgrad**.
5. Für die Entscheidungsunterstützung lehnen sich zeitgemäße **datenunterstützte Lösungsansätze** an den Ideen und Infrastrukturvorschlägen von Industrie 4.0 und des Internet of Production an. Die entscheidungsunterstützenden und datenbasierten Teilaufgaben für die Migration werden diesen Grundsätzen folgend entworfen. So gelingt das Beherrschen des komplexen Lösungsraums und die Verknüpfung verschiedener Teilaspekte der Gesamtmethode, wie etwa Datenmodelle oder Optimierungsrechnungen. Das mündet in einer **adressatengerechten Entscheidungsvorbereitung**. Darüber hinaus sind **Datenmodelle** etabliert, um Daten zu strukturieren und betriebliche Geschäftsprozesse zu übersetzen. Ein Datenmodell soll die Grundlage für den Aufbau eines digitalen Schattens der Migration bilden. So kann ein **Minium Viable Dataset**[535] beschrieben werden. Es dient als Fundament für Optimierungsmethoden und das Speichern und kontinuierliche Zurückschreiben von Informationen während der Anwendung der Gesamtmethodik.

[535] MVD, engl.: minimal erforderliche Datengrundlage; das MVD wird in Teilkapitel 5.1.4.1 erklärt

Den hier ausgeführten fünf Kernideen liegen vier Grundannahmen zugrunde. Es muss davon ausgegangen werden, dass diese in der Anwendungspraxis erfüllt sind.

1. Unternehmen sind willens und haben die Kapazitäten und die Prozessmentalität, den Prozess vollumfänglich zu verankern und als Aufgabe zu verstehen und mit den entsprechenden Ressourcen zu versehen.
2. Es ist gewährleistet, dass minimal erforderliche Daten in Datensystemen enthalten und richtig sind und der Zugriff darauf für Beteiligte möglich ist.
3. Unternehmen sind mittlerweile so erfahren im Umgang mit Datensystemen, dass deren Wirkweise und die Herkunft und Aufbereitung von Informationen verstanden werden und dass sie ihren Daten vertrauen. Zugleich fördern die eingesetzten Daten und Tools dieses Vertrauen durch Nachvollziehbarkeit. Der Einsatz geeigneter Visualisierungsoberflächen untermauert das Vertrauen. Das ermöglicht, dass auch die erzeugten Auswertungen als Entscheidungsvorlagen und Handlungsempfehlung Vertrauen und Akzeptanz finden. Entscheidungen benötigen so keine Schattenplanung.
4. Unternehmen sind im Produktionsnetzwerk so professionell organisiert, dass Verantwortung und Aufgaben für Entscheidungen, Planungen, operative Umsetzung sowie für akkurates Reporting selbstverständlich sind.

4.3 Grobkonzept für das Controlling der Migration

Aus den Kernideen entsteht ein Grobkonzept für das Controlling der Migration in Produktionsnetzwerken. Eine kurze Reflexion begleitender Einflüsse geht voraus.

Die **Methodik steht unter dem Einfluss** der Erkenntnisse des Autors als wissenschaftlicher Mitarbeiter am WZL der RWTH Aachen. Es sind einerseits praktische Erfahrungen aus Beratungsprojekten in der produzierenden Industrie, die auf die Problemerkenntnis sowie Lösungsfindung einwirken.[536] Andererseits zahlen darauf die theoretischen und praktischen Erkenntnisse ein, die der Autor über einen Zeitraum von über vier Jahren gewann, wissenschaftlich diskutierte und konstruktiv zu einer Lösung konsolidierte. Dabei war auch der die eigenen Überlegungen ergänzende Diskurs mit fachnahen Kolleginnen und Kollegen unerlässlich. Mehrere Studienarbeiten[537], die der Autor angeleitet hat, haben die Entwicklung des Themas in verschiedenen

[536] Siehe auch das Vorgehen der Forschungsmethodik in Unterkapitel 1.3 und die Beispiele in Unterkapitel 6.1

[537] Besonders hervorzuheben ist die Anleitung der Abschlussarbeiten von Shari Wlecke, Judith Maibaum, Calvin Kuhn und Lukas Krušnik, Christian Schöndeling, Dino Hardjosuwito sowie Lars Geesmann

Entwicklungsstadien für heruntergebrochene Teilaspekte begleitet. So leisteten auch die Diskussionen und Fachgespräche in diesem Zuge einen wichtigen Lösungsbeitrag für die Evolution der gesamtübergreifenden Methodik. Das Thema „Rollierende Migrationsplanung für Produktionsnetzwerke" war darüber hinaus mit dem Projekt SCHU1495/116-1 Gegenstand eines Forschungsprojektes, das die Deutsche Forschungsgemeinschaft DFG gefördert und das der Autor betreut hat; nach Projektende hat er gewonnene Erkenntnisse weiterentwickelt.[538] Im Zuge der Lösungsentwicklung durchliefen das Thema oder Aspekte davon vielfältige Evolutionsschritte, die regelmäßig veröffentlicht und auf internationalen Konferenzen diskutiert wurden;[539] auch dieser Diskurs und die so gewonnenen Erkenntnisse hatten einen Anteil an der Weiterentwicklung des Themas. Die Evolution der Erkenntnisse führte zur Methodik für das Controlling von Migration in Produktionsnetzwerken, wie sie in Abbildung 4.3 dargestellt und im folgenden Konzept grob beschrieben wird. [540]

Für das **Controlling von Migration in Produktionsnetzwerken** bestehen zwei übergeordnete Phasen mit insgesamt sieben Schritten. Die Schritte dieser Planungs- und Umsetzungsphase enthalten teils mehrere Module. Diese Controlling-Acht der Migration ist in eine grundlegende prozessuale und datensystemtaugliche Infrastruktur mitsamt geeigneten Methoden eingebettet. Das befähigt die digital unterstützte Handhabbarkeit der zwei Phasen, die als Prozess auch eigenständig bestehen können. Das Vorgehen in der Planungsphase wird in Teilkapitel 4.3.2 weiter ausgeführt und in Unterkapitel 5.2 detailliert beschrieben. Die Umsetzungsphase wird in Teilkapitel 4.3.3 übergeordnet dargestellt und in Unterkapitel 5.3 tiefgehend konkretisiert. Die Voraussetzungen und Infrastruktur machen jeweils den Anfang und werden in Teilkapitel 4.3.1 grundlegend erklärt und in Unterkapitel 5.1 in allen Details adressiert.

---

538 vgl. den vorläufigen Entwicklungsstand von Teilaspekten der Methodik im Abschlussbericht: DFG-Projekt SCHU 1495/116-1 (2019) Abschlussbericht „Rollierende Migrationsplanung für Produktionsnetzwerke"

539 Die Evolution der Lösungsentwicklung wird in den folgenden Veröffentlichungen des Autors deutlich: vgl. Reuter, C.; Prote, J.-P. et al. (2015) Ermittlung eines strategischen Migrationsplans; vgl. Schuh, G.; Prote, J.-P. et al. (2018) Rolling Planning of Migration; vgl. Maibaum, J.; Cremer, S. et al. (2019) Integrated Process for Optimized Planning of Migration; vgl. Schuh, G.; Prote, J.-P. et al. (2019) Planning and Controlling Migration; vgl. Schuh, G.; Prote, J.-P. et al. (2019) Method for the continuous migration planning; vgl. Schuh, G.; Gützlaff, A. et al. (2020) Controlling of Migration in Production Networks

540 Der Autor hatte einen vorläufigen Entwicklungsstand der Gesamtmethodik im Zuge einer Konferenz-Veröffentlichung durch ein Double-Blind-Peer-Review einer Rezension unterziehen lassen und das Konzept als Korrespondenzautor in diesem Zuge einem wissenschaftlichen Fachpublikum vorgestellt und diskutieren können. Für das nachfolgende Grobkonzept vgl. daher insbesondere Schuh, G.; Gützlaff, A. et al. (2020) Controlling of Migration in Production Networks

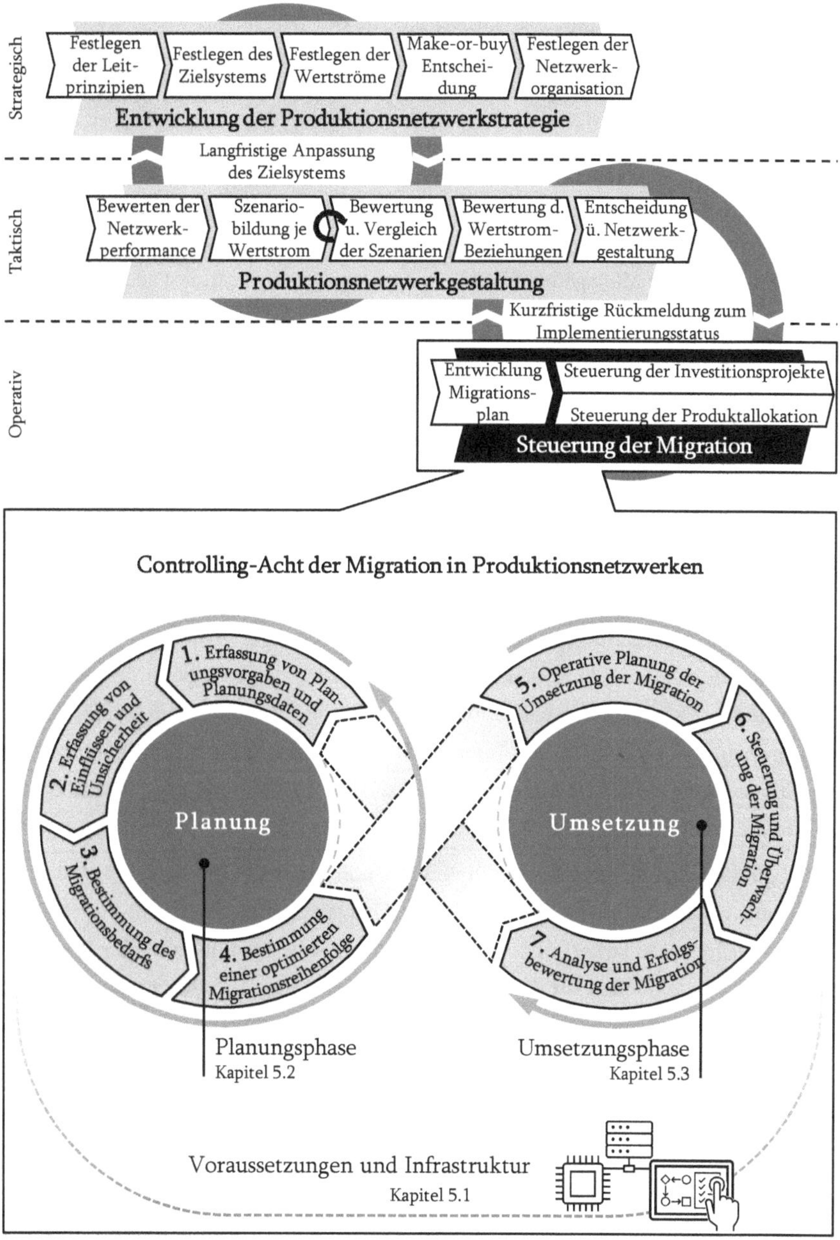

Abbildung 4.3: Grobkonzept für das Controlling der Migration

4.3.1 Voraussetzungen und Infrastruktur der Migration

Die Prozesse, Daten und Infrastruktur der Migration schaffen die Voraussetzungen dafür, dass der Gesamtprozess, die Controlling-Acht der Migration, erfolgreich implementiert und kontinuierlich durchlaufen werden kann.

Der **Prozess**, angelehnt an DevOps aus der Softwareentwicklung, adressiert in seiner ersten Phase besonders die Planungsaktivitäten, oftmals verantwortet durch zentrale Teams, die eng am Management des Unternehmens verortet sind. Die zweite Phase zur Umsetzung findet meist lokal verteilt über die Standorte hinweg statt. Die Planungszyklen und definierte Übergaben sind beschrieben und es besteht ein vereinfachtes **Rollenkonzept**. Beide Phasen verlaufen stets verwoben und kontinuierlich.

Für die definierten Rollen beschreiben User Stories diverse Anwendungen, die in der Migration erforderlich werden. Im Sinne einer datenbasierten Entscheidungsunterstützung und der Referenzinfrastruktur des Internet of Production dienen sie als Grundlage für Anwendungsoberflächen, die in spezifische **Apps** zur Unterstützung der Migration überführt werden.

Die in diesen Anwendungsoberflächen und Apps vorgesehenen Darstellungen erfordern zugrundeliegende **Analysen und Optimierungen**. Dies sind besonders die quantitativen Berechnungen der Migrationsplanung. Da der Lösungsraum durch die klar abgegrenzten Vorgaben aus der dieser Methodik vorgelagerten Konfiguration von Produktionsnetzwerken bereits eingegrenzt ist, sind Optimierungen ein probates Mittel für die Planung.

Ein **digitaler Schatten** stellt die Daten für die Optimierungen, Analysen, aber auch die praktischen Durchläufe der Planungs- und Umsetzungsphasen, in anforderungsgerechter Aggregation bereit. Er beinhaltet die spezifische **Modellierung der Migration** und je eine **Datenmodell für die Planung und Umsetzung**. Darüber hinaus ist er um einen **Transformationsoperator** ergänzt, der vorliegende Daten zur konkreten Verwendung entweder migrationsgerecht aggregieren oder dekomponieren kann. Das ist im Kontext von Daten in Produktionsnetzwerken aufgrund der Datenheterogenität und stets unterschiedlichem Adressatenfokus essenziell. Zudem ist es vorgesehen, dass Informationen aus vorherigen Iterationen des Prozesses für die nächsten Planungen und Umsetzungen bereitstehen. Das ermöglicht eine **Selbstvalidierung und Anreicherung der Planungsdaten**; der digitale Schatten wurde bewusst für das Speichern und kontinuierliche Zurückschreiben während der Anwendung ausgelegt.

4.3.2 Planung der Migration

Die Migration beginnt in der Planungsphase. Das Konzept sieht eine Unterteilung in vier Schritte und sieben Module vor; diese sind in Abbildung 4.4 illustriert.

In der **Erfassung von Planungsvorgaben und Planungsdaten** – dem ersten Schritt – werden die Ist-Daten des Produktionsnetzwerks gesammelt und die Ziele aus der vorangegangenen strategischen und taktischen Netzkonfiguration gewonnen. Die Übergabe solcher Vorgaben ist im übergeordneten Referenzprozess vorgesehen, der erstmals in Kapitel 2.1.2.5 vorgestellt wurde. Die **Informationserfassung** muss dabei die Sammlung aller für die Methodik relevanten Informationen umfassen. Dabei gilt es bereits hier, stets die Vorgaben zur Komplexitätsreduktion zu beachten. Bei der **migrationsgerechten Netzwerk-Modellbildung** müssen dann die gesammelten Daten so modelliert werden, wie es die Methodik und der digitale Schatten erfordern.

Der zweite Schritt, die **Erfassung von Einflüssen und Bewertung von Unsicherheiten** leitet zunächst die **Bewertung der Unsicherheit** möglicher Migrationsschritte ein. Dafür werden Wandlungstreiber erfasst und ihr Einfluss auf entsprechende Daten modelliert. Jeder Migrationsschritt erhält dadurch später im Projektplan einen Unsicherheitswert. Dieser Wert gibt an, wie unsicher oder riskant der jeweilige Migrationsschritt eingeschätzt wird und dient als Entscheidungshilfe für die Planung.

Es schließt der dritte Schritt an: Die **Bestimmung des Migrationsbedarfs** beginnt mit der **Berechnung des Migrationspotentials**. Das Migrationspotenzial stellt den Änderungsbedarf aller migrationsrelevanten Ressourcen über alle Standorte hinweg dar, um das Produktionsnetzwerk vom aktuellen Ist-Zustand in die vorgegebene Soll-Konfiguration zu überführen. Zu dessen Berechnung werden Daten über die aktuelle Netzwerkkonfiguration sowie die Zielkonfiguration benötigt; diese werden aus dem digitalen Schatten importiert. Dieses Modul bildet die Grundlage für die anschließende **Optimierung der Selektion und Skalierung der Migrationsschritte**. In der Optimierung wird auf Basis der Daten aus dem digitalen Schatten und des zuvor berechneten Migrationspotenzials ein optimales Bündel von Migrationsschritten gebildet. Da für jede Region viele Migrationsschritte möglich sind, ist eine Auswahl aus den Vorlagen nötig. Informationen über Kosten und Dauer des Migrationsschritts liegen stets für die kleinste Einheit einer Netzwerkressource vor. Folglich müssen die möglichen Migrationsschritte nicht nur ausgewählt, sondern auch adäquat skaliert werden.

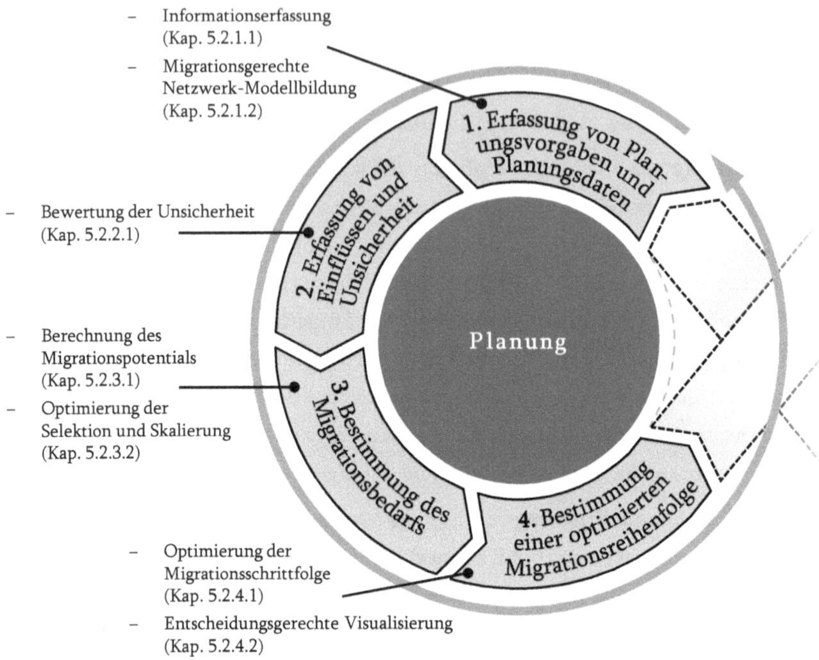

Abbildung 4.4: Konzept für die Planungsphase des Migrationscontrollings

Die **Bestimmung einer optimierten Migrationsreihenfolge** bildet den vierten Schritt und beinhaltet eine weitere Optimierung der Migrationsschritte. Basierend auf der zuvor optimierten Auswahl kostenminimaler Migrationsschritte optimiert das Modul **Optimierung der Migrationsschrittfolge** deren zeitliche Sequenz. Dies geschieht mithilfe der Kapitalwertmethode und unter Beachtung von Kapazitätsgrenzen. Im Zuge einer **entscheidungsgerechten Visualisierung** werden die Ergebnisse aus den Modulen zur Migrationsschrittoptimierung und Unsicherheitsbewertung zusammengeführt, aufbereitet und anwendungsorientiert visualisiert, sodass in der Migrationsplanung eine Einschätzung über das weitere Vorgehen vorgenommen werden kann.

Mit Abschluss der Planung erfolgt schließlich die Übergabe in die Umsetzungsphase.

4.3.3 Umsetzung der Migration

Auf die Planung folgt die Umsetzungsphase. Hierfür sieht das Konzept drei weitere Schritte vor. Diese werden in Abbildung 4.5 detailliert dargestellt.

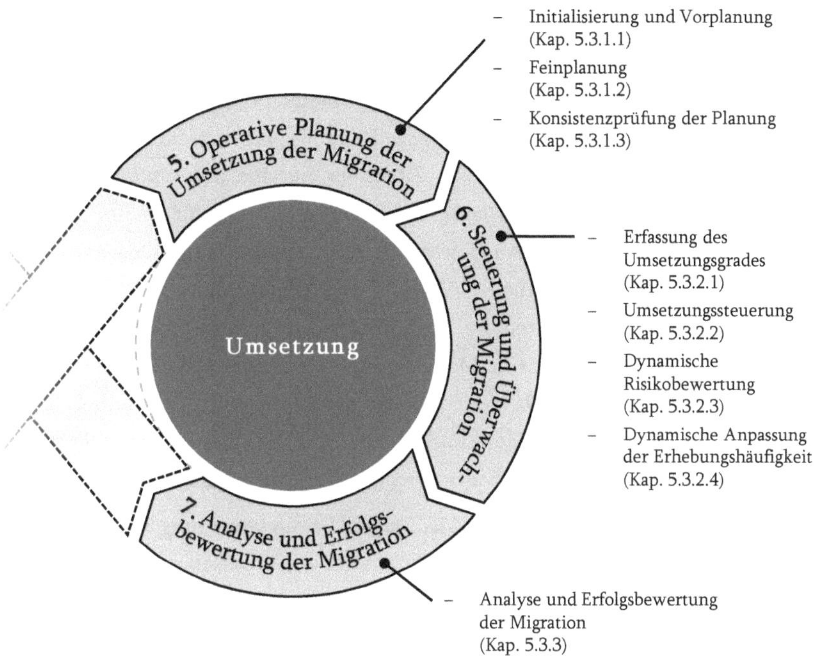

Abbildung 4.5: Konzept für die Umsetzungsphase des Migrationscontrollings

Die Umsetzungsphase beginnt mit der **operativen Planung der Umsetzung der Migration**; dies ist der fünfte Schritt. In der operativen Planung werden einige Parameter festgelegt, die für Steuerung und spätere Bewertung notwendig sind. Die operative Planung gliedert sich in Initialisierung, Feinplanung und Konsistenzprüfung der Planung. In der **Initialisierung** werden Entscheidungen für die Umsetzungssteuerung und für die Risikobewertung festgehalten. Die **Feinplanung** beinhaltet eine Detaillierung von Arbeitspaketen, Zielen und Schwellen des Umsetzungscontrollings. Die festgehaltenen Entscheidungen fließen in die Überwachung und Steuerung ein. Im Rahmen der **Konsistenzprüfung der Planung** werden schließlich die in der Vor- und Detailplanung ermittelten Werte daraufhin überprüft, ob damit eine erfolgreiche Migration möglich ist. Besteht die Planung diese Prüfung nicht, wird die Migration nicht durchgeführt und eine entsprechende Rückmeldung an die Planungsphase zurückgesendet.

Der sechste Schritt folgt im Anschluss: Um eine erfolgreiche Migrationsumsetzung zu gewähren und Unterbrechungen oder einen Abbruch zu vermeiden, wird die Migration durch **Steuerung und Überwachung** kontinuierlich und für Migrationsschritte spezifisch begleitet. Dadurch ist es möglich, Planabweichungen, wie Zeitverzug oder Kostenüberschreitung früh zu erkennen und zu reagieren. Das setzt eine präzise **Erfassung des Umsetzungsgrades** der Migration voraus. Der aktuelle Umsetzungsstand wird spezifisch erfasst und sowohl für die Planungsphase als auch für die Überwachung und Steuerung der Migration bereitgestellt. Anhand dieser Informationen kann die Planung noch während der laufenden Implementierung für zukünftige Migrationsprojekte darauf Rücksicht nehmen. Durch die **Umsetzungssteuerung** wird der Grad der Umsetzung des aktuellen Migrationsvorhabens ermittelt, um daraus Handlungsempfehlungen abzuleiten. Dafür stehen Analysen, etwa über Volatilitäten und Trends, zur Verfügung. Sollte ein Migrationsvorhaben nicht zufriedenstellend verlaufen, kann dies eine engere Überwachung erfordern; dynamisch ermittelte **Erhebungshäufigkeiten** sprechen geeignete Empfehlungen aus. Darüber hinaus findet während der Migrationsumsetzung eine kontinuierliche, dynamische **Risikobewertung** statt.

Der siebte und letzte Schritt ist die **Analyse und Erfolgsbewertung der Migration**. Auf der gesammelten Datenbasis erfolgt nach Abschluss der Umsetzung eine Analyse und Bewertung der abgeschlossenen Migrationsschritte. Dabei werden die Ist-Werte mit definierten Soll-Kennzahlen verglichen. Die Ergebnisse dieser Analysen fließen in die evolutionäre Anreicherung der Planungsdaten ein.

4.4 Zwischenfazit und Potentiale der Methodik

Das gesamte vierte Kapitel legt den Grundstein der Methodik für das Controlling der Migration durch das auf den vergangenen Seiten herausgearbeitete Grobkonzept. In den ersten drei Kapiteln waren vorher die inhaltlichen Anforderungen aus der Zielstellung, der Praxis und der Theorie sowie ergänzende formale Anforderungen hergeleitet und konsolidiert worden. Das war die Grundlage für die Kernideen und Voraussetzungen und die darauf aufbauende Erörterung des Grobkonzeptes.

Dessen Elemente, seien es die übergeordneten Phasen, deren Schritte oder wiederum darunter aufgeführte Teilmodule, sollen die zuvor gestellten Anforderungen erfüllen. Die Anforderungen fordern ein ganzheitliches und durchgängiges Controlling von Migration inklusive datenbasierter Entscheidungsunterstützung.

Vor der Detaillierung des Grobkonzeptes empfiehlt sich die kritische Prüfung, wie sehr es die formulierten Anforderungen tatsächlich adressiert. Das Grobkonzept und die formulierten Anforderungen sind in der Abbildung 4.6 gegenübergestellt.

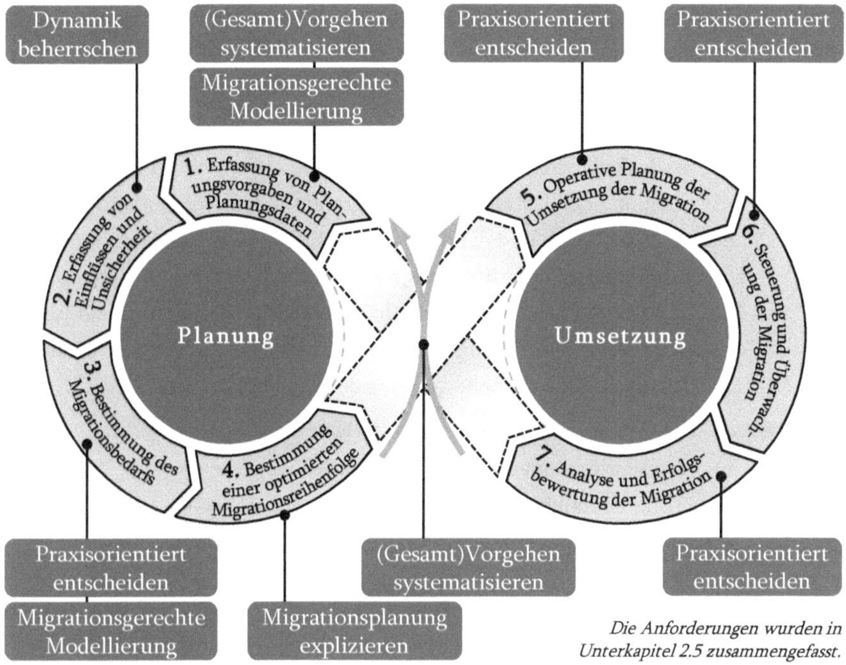

Abbildung 4.6: Adressierung der Anforderungen durch Elemente der Methodik

Hier wird deutlich, dass es bereit auf der groben Ebene gelingt, die Anforderungen zu adressieren. Deshalb ergeben sich für die Methodik folgende Potentiale:

- Die Entwicklung geeigneter Prozess und Informationsflüsse und der Vorschlag einer Dateninfrastruktur- und Modellierung für die Migration erscheinen in erster Reflexion vielversprechend dafür, den systematischen Gesamtprozess mitsamt einer adäquaten Mentalität als fortwährende Aufgabe quasi mit einer kontinuierlichen Selbstvalidierung des Vorgehens zu etablieren. Besonders ein konkret adressierter Umgang mit anfallenden oder erforderlichen Daten trägt idealerweise nicht nur zur migrationsgerechten Modellbildung, sondern auch zum Explizieren der Migrationsplanung bei.
- Die dedizierte Berücksichtigung der Planungsphase durch die Erfassung von Planungsvorgaben und Planungsdaten sowie von Einflüssen und Unsicherheitsbewertung versprechen insbesondere eine migrationsgerechte Modellierung mitsamt einer Reduktion der Problemkomplexität sowie das Beherrschen der großen Dynamik im Lösungsraum der internationalen Märkte.

Die Bestimmung des Migrationsbedarfs und der optimierten Migrationsreihenfolge haben das Potenzial, einen besonderen Beitrag für praxisorientiertes Entscheiden und Explizieren der Migrationsplanung durch anwendungsorientierte Methoden zur Ableitung von Handlungsbedarfen zu leisten.

- Der gezielte Fokus auf die Umsetzungsphase zeichnet sich aus durch die operative Planung der Umsetzung der Migration, die Steuerung und Überwachung der Migration und die Analyse und Erfolgsbewertung der Migration. Damit werden die Potentiale eines gezielten Umsetzungscontrollings auf die Migrationsumsetzung übertragen. Ein besonderer Vorteil ist für das praxisorientierte Entscheiden, die Systematisierung des Gesamtvorgehens und in Teilen aber auch für die Beherrschung der Dynamik zu erwarten.

Inwiefern das Konzept – aber auch dessen detaillierte Teilaspekte – die Anforderungen nicht nur adressieren, sondern tatsächlich erfüllen, zeigt im späteren Verlauf das Unterkapitel 6.3 auf; es reflektiert dediziert die Gesamtmethodik, nachdem die Anwendung in Kapitel 5 detailliert wurde.

5 Detaillierung der Methodik

In diesem fünften Kapitel nimmt das Controlling der Migration in Produktionsnetzwerken schließlich Gestalt an: Der Ausarbeitung und Detaillierung der Methodik ging das aus den Kernideen gewonnene Grundkonzept voraus. Es war in Kapitel 4 präsentiert worden. Die drei Elemente aus dem Grundkonzept bilden auch die Struktur für die nun erfolgende Detaillierung: Zunächst werden die Voraussetzungen rund um Prozesse, Daten und Infrastruktur der Migration detailliert, dann erfolgen die Entwicklung und Dokumentation jeweils für die Planungs- und Umsetzungsphase. Viele Ideen und Lösungsbestandteile erstrecken sich also über die nachfolgenden drei Unterkapitel. Ihr Aufbau ist in der Abbildung 5.1 illustriert.

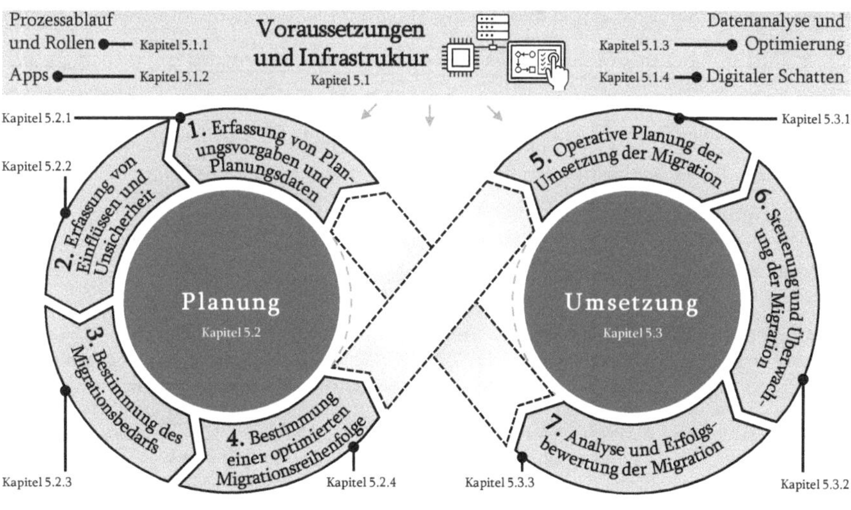

Abbildung 5.1: Aufbau des fünften Kapitels entlang der Methodik

5.1 Prozesse, Daten und Infrastruktur der Migration

Die Idee, das Controlling von Migration als kontinuierliche Aufgabe zu etablieren und zugleich die Potentiale datenbasierter Methoden hieran anzudocken, erfordert erst die Berücksichtigung mancher Voraussetzungen. Diese bauen logisch aufeinander auf und die Abbildung 5.2 zeigt ihre Herleitung und die Argumentation des Teilkapitels 5.1.

Am Beginn steht der Prozessfluss. Er muss mitsamt aller Abläufe, Regeln, Synchronisationspunkte[541] und Informationsweitergaben geklärt sein, denn er übersetzt die Zielstellung der Migration in eine greifbare prozessuale Aufgabe. Hieraus entstehen überschaubarere Aktivitäten, die einzelne Rollen in der Praxis realistisch erfüllen können. Das begründet ein simples Rollenkonzept. Entscheidend in der Prozessgestaltung ist die Prozesskultur, sie muss die ganzheitliche Mentalität der Zusammenarbeit fördern.

Aus dem Prozess und den Rollen entstehen zwei Anknüpfungspunkte: Einerseits werden die Informationsflüsse über den Prozess hinweg bestimmt; sie empfehlen sich als Übergabepunkte für die Datenmodellierung und -infrastruktur. Andererseits werden aus den Teilaufgaben und Rollen spezifische User Stories beschrieben; sie eigenen sich zur Beschreibung von Auswertungen und Apps[542] für das Controlling der Migration.

Letztere, die User Stories, dienen der Top-Down-Herleitung von Ansichten oder Modulen zur datenbasierten Visualisierung und Auswertung des Controllings der Migration. Sie formulieren Anforderungen an die Entwicklung dedizierter Apps durch Anwenderoberflächen oder spezielle Auswertungen.

Mit Klarheit über erforderliche Visualisierungen und Auswertungen, werden die nötige Analytik, Berechnungen und Optimierungen[543] zugeordnet oder entwickelt. Sie dienen der Vorverarbeitung und Veredlung – quasi der „Smartifizierung" – vorliegender Daten. Ihre Ergebnisse werden persistent im digitalen Schatten gespeichert und so den Anwendungen in erforderlicher Aggregation bereitgestellt.

---

[541] Statt „Synchronisationspunkten" ist oftmals der englische Begriff „Quality Gates" etablierter

[542] Kurz für engl.: applications; Apps sind kleine Softwareanwendungen mit spezifisch zugeschnittenem Nutzenversprechen, die inzwischen meist plattformunabhängig in App-Stores angeboten werden. Hieran orientiert wurde der Begriff auch im Internet of Production als Softwareanwendung für spezifische Entscheidungsunterstützung der Produktion etabliert und bildet die Schnittstelle zwischen Anwender und Daten. Daran angelehnt wird auch für (Software-)Tools im Controlling der Migration von Apps gesprochen.

[543] Der Rahmen für die Auswertungen und Optimierungen wird im Abschnitt 5.1.3 gesetzt, sie werden in den Unterkapiteln 5.2 und 5.3 für Planungsphase und Umsetzungsphase als Module ausentwickelt. Ergänzende oder weniger Module sind in der Praxis zulässig und würden den Lauf des Gesamtprozesses nicht behindern.

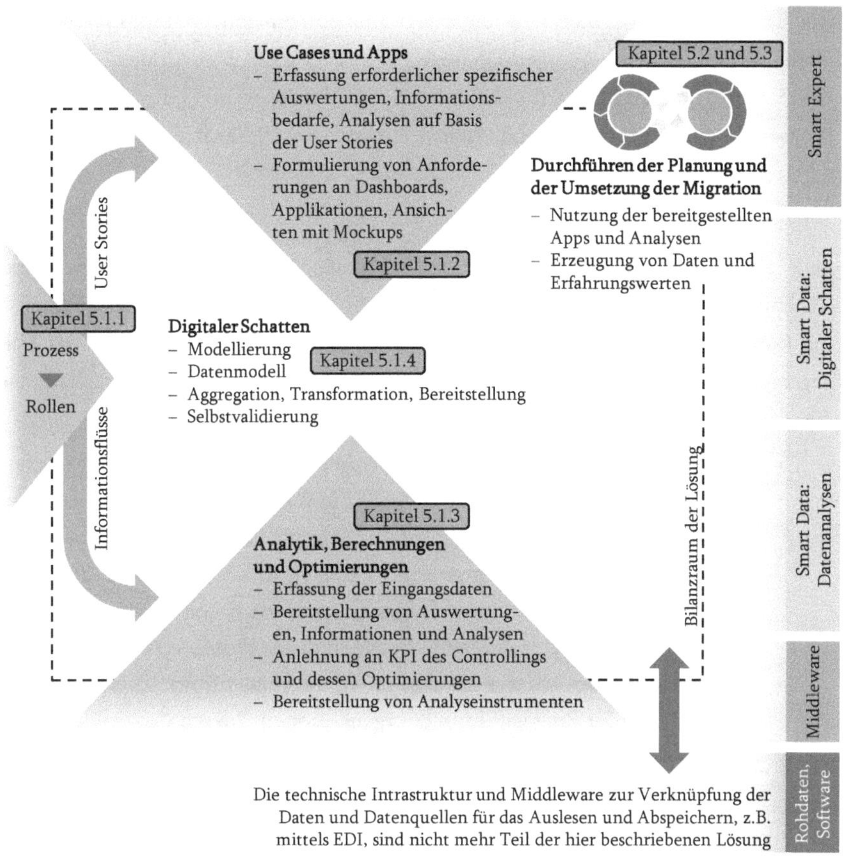

Abbildung 5.2: Erkenntnisgewinn über Prozesse, Daten und Infrastruktur

Es sind also die für die Datenanalyse und Optimierungen erforderlichen Daten bekannt. Zugleich sind aus dem Prozessverlauf die Informationsflüsse bekannt. Für beides muss ein Datenmodell existieren, das die Daten sowohl für den Prozess als auch die Datenanalyse und Optimierungen, adäquat modelliert, sachgerecht bereitstellt und in welches Ergebnisse zurückgeschrieben werden können. Die Herkunft und Erfassung der Daten, eine Anbindung an Datensysteme oder -schnittstellen oder eine automatische Datenverarbeitung werden hier nur begrenzt adressiert. Die individuelle Vielfalt ist in der Praxis zu groß und die Informatik bietet Ansätze dafür.

Das Vorgehen ähnelt bewusst den Ebenen des Internet of Production. Das ermöglicht Kompatibilität zu einer in der Produktion angesehenen Referenzinfrastruktur und eine niedrigschwellige Akzeptanz und Integration des Controllings der Migration. Für dessen zwei Phasen mit den verschiedenen Modulen und Auswertungen schafft Kapitel 5.1 die Voraussetzungen durch methodische Grundlagen und Empfehlungen, wie Prozess, Rollen, Infrastruktur und Datenverarbeitung erfolgreich gestaltet werden.

5.1.1 Prozessablauf und Rollen

Zu Beginn müssen der Prozess sowie dessen Abläufe, Regeln, Synchronisationspunkten und Informationsweitergaben gestaltet werden. Ohne einen zu tiefen Exkurs in das Prozessmanagement, werden die grundlegenden **Erfolgspotentiale für das Management von Geschäftsprozessen** nach SCHMELZER UND SESSELMANN reflektiert.[544] Sie dienen als Prüfkatalog für die Formulierung eines guten Prozesses.

- Eine **Prozessstrategie** ist erforderlich und umfasst etwa prozessbezogene Kernkompetenzen, Kernprozesse sowie die Wertschöpfungs- und Prozessarchitektur. Das heißt übertragen auf die Migration: Die Kernideen und -prozesse folgen den inhaltlichen Anforderungen in Kapitel 4.1.1 und werden durch klare Beschreibung des Prozesses adressiert. Dieses Teilkapitel adressiert den Erfolgsfaktor durch die Darstellung des Prozessverlaufs.
- Klare **Process Governance** beschreibt Prozessstandards und -richtlinien unter anderem für Prozessführung, -organisation und deren Controlling sowie für Prozessrollen und -verantwortlichkeiten. Das heißt für die Migration: Eine präzise Beschreibung des Prozesses muss diese Aspekte thematisieren. Der Erfolgsfaktor wird gleichermaßen durch den Prozessverlauf noch in diesem Teilkapitel und im Detail in den Kapiteln 5.2 und 5.3 adressiert.
- **Prozesskultur** erfordert unter anderem Zusammenarbeit geprägt von Feedback, Anerkennung, Offenheit mit einer Lern-, Verbesserungs- und Fehlerkultur, stets orientiert an (internen) Kunden, Mitarbeitern und mit Prozess- und Qualitätsorientierung. Für die Migration muss der Prozess übergeordnet die darin zu manifestierende Kultur adressieren. Der Übertrag der Potentiale von DevOps adressiert Kultur als Erfolgsfaktor in diesem Teilkapitel.
- **Prozessmitarbeiter** spielen neben Kompetenz und Motivation etwa auch durch organisationales Lernen und Prozesswissen eine wichtige Rolle. Die

[544] Für die Erfolgspotentiale vgl. Schmelzer, H.; Sesselmann, W. (2020) Geschäftsprozessmanagement in der Praxis, S. 19. Dazu ergänzend bestehen Merkmale von Geschäftsprozessen, die ebenfalls durch die Methode erfüllt werden, vgl. im gleichen Buch S. 13

Migration erfordert ein simples Rollenkonzept. Es wird in diesem Teilkapitel durch die Herleitung von Rollen adressiert.

- Verfügbare und eingesetzte **Prozessmethoden** bieten Unterstützung durch vielfältige Tools, Techniken und Methoden im Kontext der Prozesse. Auch für die Migration müssen Methoden entlang des Prozessverlaufes bereitgestellt werden. Die Abschnitte 5.1.3 sowie 5.2 und 5.3 adressieren diverse Methoden für Planung und Umsetzung und adressieren diesen Erfolgsfaktor.
- Auch die **Prozess-IT**, muss durch Architektur, Applikationen und Tools einen Beitrag leisten. Für die Migration muss die Diskussion der IT ebenfalls dediziert erfolgen. Sie erfolgt im Teilkapitel 5.1.4.

In Summe werden entlang des Kapitels 5 alle sechs Erfolgsfaktoren adressiert. Diese Adressierung beginnt mit der Herleitung des Prozesses und des Rollenkonzepts:

Übergeordnet ist der **Gesamtprozess für das Controlling der Migration an DevOps angelehnt**. Es handelt sich um ein in der Softwareentwicklung bekanntes Vorgehen und steht dort neben den Begriffen Continuous Deployment und Continuous Integration.

Aus näherer Beschäftigung mit DevOps wird schnell deutlich, dass die Zweiteilung der Aufgaben auch den Anforderungen aus der Migration entspricht: Die Perspektive, in der die Strategie und Taktik des Netzwerks bestimmt und zur Migration ausgeplant werden, ist oftmals zentral und vom individuellen Standort losgelöst. Danach obliegt es weitestgehend lokal verorteten Teams, oft neben ihrer ursächlichen Aufgabe, die Planung zu implementieren und nicht nur die Umsetzung der Veränderung, sondern auch deren reibungsloses Anlaufen zu verantworten.

Es wird ebenso deutlich, dass einige der benannten und in der Praxis bereits bewiesenen Vorteile von DevOps das Potential besitzen, die Anforderungen für das Controlling der Migration zu erfüllen:

- Kontinuität
- Umsetzung der Planung in Inkrementen und kleinen Verbesserungen
- regelmäßige Neubewertung
- Rückfluss von Informationen aus dem Betrieb
- fundamentaler Kulturwandel
- ...

Ein kurzer Exkurs verdeutlicht nachfolgend, warum die Anlehnung so treffend ist und welche Vorteile sich aus der Grundidee übertragen lassen.

Infos und Hintergründe:
DevOps, Continuous Deployment und Continuous Integration[545]

DevOps ist eine Philosophie, die Softwareentwicklung (engl.: Software Development, kurz "Dev") und den Betrieb von informationstechnologischen Systemen (engl.: IT-Operations, kurz "Ops") verbindet.

Mittels kontinuierlicher Bereitstellung (engl.: continuous deployment) und kontinuierlicher Integration (engl.: continuous integration) [546] werden Zyklen der Softwareentwicklung drastisch reduziert. So gelangen schon inkrementelle Veränderungen an der Software – so wie in der agilen Softwareentwicklung vorgesehen – schnell und in hoher Qualität in den Anwendungsbetrieb. Zugleich dringen Erkenntnisse aus der Anwendung schnell an die Softwareentwicklung zurück.

Die Philosophie erfordert abgestimmte Werkzeuge und Prozesse sowie eine einheitlich gelebte Kultur in den Abteilungen von Entwicklung und Betrieb.

Die Ursprünge von DevOps reichen bis zu den Lean-Prinzipien der Produktion zurück. Die Informatik lieh das Wertstromdenken für schlankere Softwareentwicklung aus. Anfang der 2000er Jahre formulierte das agile Manifest Werte und Prinzipien zur Steigerung der Produktivität der Softwareentwicklung. Aus dem Austausch der IT-Community entstand zu Beginn der 2010er Jahre DevOps. Der Gedanke umfasst die drei Philosophien Fluss, Feedback sowie kontinuierliches Lernen und Experimentieren. Der Begriff geht zurück auf den Vortrag „Dev and Ops“ auf der Velocity-Konferenz von John Allspaw und Paul Hammond sowie auf Patrick Debois, der darauf die regelmäßige DevOps-Konferenz initiierte.

Als Prozessdarstellung der DevOps-Werkzeugkette hat sich das Bild von Gartner durchgesetzt. Die Acht-förmige Darstellung stützt die kontinuierliche Philosophie und verbindet die Softwareentwicklung durch verschiedene integrierte Schritte mit der Softwarebereitstellung. Die Abbildung 5.3 lehnt sich an das Bild an und ist zugleich das Vorbild für den Prozess der Migration in Produktionsnetzwerken.

Der Begriff BizOps beschreibt inzwischen die weitere Integration der Philosophie in Entscheidungen im Geschäftsumfeld und in Unternehmensprozesse.

---

545 vgl. Kim, G.; Debois, P. et al. (2016) The DevOps Handbook

546 Das Vorgehen adressieren ausführlich Humble, J.; Farley, D. (2011) Continuous Delivery

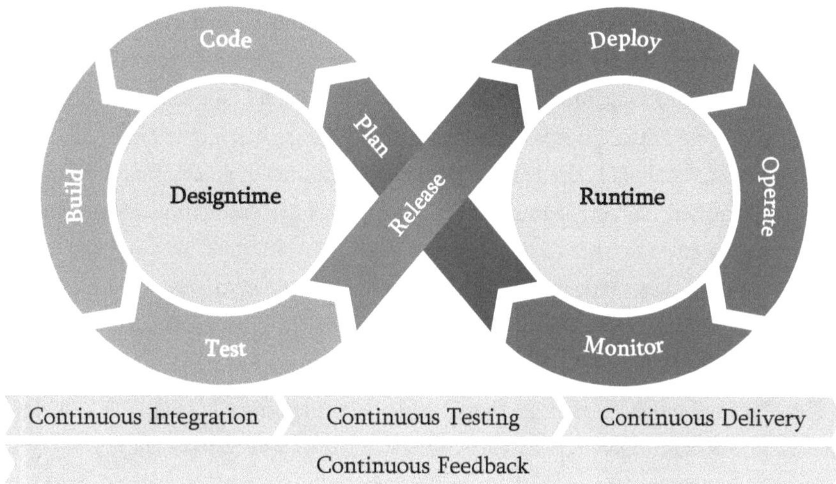

Abbildung 5.3: Die kontinuierlichen Phasen und Prozesse von DevOps [547]

Dem interessierten Leser sei die weiterführende Beschäftigung mit den vielfältigen Ähnlichkeiten nahegelegt; diese werden hier nicht in aller Vollständigkeit aufgeführt.

Auch der **Gesamtprozess für das Controlling der Migration** besteht aus zwei Phasen. Die Phasen beschreiben die Lemniskate, eine „liegende Acht" – sie sehen bewusst aus, wie das Unendlich-Zeichen ∞ und das drückt zugleich die Philosophie einer niemals abschließenden Dauerhaftigkeit dieses Prozesses aus. Die zwei Phasen bestehen aus sieben übergeordneten Schritten, die wiederum auf in Summe 15 Teilaufgaben oder Module heruntergebrochen sind. Der Gesamtprozess ist in Abbildung 5.4 dargestellt.

Von hier an wird der Gesamtprozess als die **Controlling-Acht der Migration** bezeichnet. Das schließt das Vorgehen und die Methodenbausteine mit ein.

Die links dargestellte erste Phase ist die Planung der Migration und umfasst die ersten vier Schritte. Die rechts dargestellte zweite Phase ist die Umsetzung der Migration. Sie beinhaltet den fünften bis siebten Schritt.

Die Verbindung der Phasen verbindet zwei Handlungsfelder, die in der üblichen Praxis der Gestaltung von Produktionsnetzwerken[548] weder örtlich noch in Bezug auf ihre

---

[547] Zwei Studien von Gartner Research prägen dieses Bild: vgl. Little, C.; Herschmann, J. (2017) Toolchain That Enables DevOps; vgl. Spafford, G.; Head, I. (2017) DevOps – Eight Simple Steps

[548] Der Status Quo zur Gestaltung von Produktionsnetzwerken war in Unterkapitel 2.1.2 beschrieben worden.

Aufgaben eine große Überlappung haben. Durch dennoch wiederkehrende Berührungspunkte und teils abweichende Zielsysteme sind sie Konfliktpotential ausgesetzt. Die Verbindung in zwei integrierten Phasen eint Zielsysteme, systematisiert die Kommunikation und adressiert eine gemeinsame Kultur, wie das im zuvor ausgeführten DevOps-Ansatz ebenfalls der Fall ist. Beiden Phasen obliegt gemeinsam die Verantwortung darüber, die Vorgaben aus der Konfiguration der Produktionsnetzwerke aus der übergelagerten taktischen Ebene umzusetzen. Das ist auch im Referenzprozess nach SCHUH ET AL. so vorgesehen; die Controlling-Acht der Migration fügt sich bekanntermaßen dort ein.[549] Die operative Ebene hat die Aufgabe, zunächst die konkrete Migration zu planen und sie dann in die Umsetzung zu überführen.

Beide Phasen können für sich genommen innerhalb ihrer eigenen Kreisläufe rollieren, bis sie ihre Arbeitsergebnisse zu einer Reife geführt haben, mit der sie sich für eine Übergabe in die jeweils andere Phase entscheiden.

Der Verbleib in der eigenen Phase tritt beispielsweise dann ein, wenn die Migrationsplanung noch mit unsicheren Daten gearbeitet hat oder manche Optionen zunächst nur grob ausloten wollte. Das Planungsteam kann sich zur Verfeinerung der Ergebnisqualität dann entscheiden, seine Daten zu verbessern, bis es die Ergebnisgüte reif ist für die Umsetzung. Die Planungsverantwortung und gegebenenfalls die Gesamtverantwortung holen dann die Freigabe eines Migrationsvorhabens aus dem Management des Unternehmens, wie zum Beispiel ihren Sponsoren, ein.

Genauso rolliert die Migrationsumsetzung innerhalb ihrer eigenen Schleife. Wenn Migrationsvorhaben planmäßig verlaufen, erfordert das die Umsetzung vieler Migrationsschritte, die über einen längeren Zeitraum und oftmals aufeinander folgend geplant, gesteuert und bewertet werden. Solange kein unmittelbarer Handlungs- oder Anpassungsbedarf besteht, erzwingt der Prozess keine Rückführung in die Planung. Dies wird spätestens dann nötig, wenn durch Abweichungen Änderungen gemeinsam neu bewertet werden müssen, oder wenn Migrationsvorhaben abgeschlossen werden.

Jeweils dann erfolgt die Übergabe und sie ist in jeder Richtung klar beschrieben: Von der Planung aus in die Umsetzung übergehend, werden die geplanten Migrationsschritte in ihrer Auswahl und Reihenfolge in einem Termin an das Umsetzungsteam mitsamt der Umsetzungsleitung übergeben. Dafür bietet sich ein dedizierter (digitaler)

[549] Siehe dazu das Teilkapitel 2.1.2.5 sowie den Referenzprozess von Schuh, G.; Prote, J.-P. et al. (2017) Reference Process

Termin an; so können Fragen auf beiden Seiten sofort geklärt werden. Mit einer Eskalation von Abweichungen oder mit der Fertigstellung von Migrationsvorhaben führt der Prozess von der Umsetzung zurück in die Planung. Hier werden insbesondere Erkenntnisse und Daten aus der Umsetzung weitergetragen, die so zu einem kontinuierlichen Lernen innerhalb des gesamten Prozesses führen.

In seltenen Fällen sind die Vorgaben an die Planung oder Umsetzung nicht durchführbar. Entweder sind etwa Kosten- oder Zeitbudgets zu eng gesetzt, oder den jeweiligen Funktionen fehlen die erforderlichen Ressourcen. Dann führt der Prozess für ein in der taktischen Netzwerkkonfiguration initiiertes Vorhaben zurück dorthin und erbittet eine neuerliche Bewertung unter anderen – besser geeigneten – Prämissen. Auch ein Abschluss von Konfigurationsvorhaben wird der Netzwerkkonfiguration proaktiv übermittelt. Der übergeordnete Referenzprozess sieht zudem die Möglichkeit einer kurzzyklischen Statusübermittlung vor. So bleiben Entscheidungsträger der taktischen Ebene stets über den Verlauf ihrer Konfigurationsinitiativen im Bilde.

Das Gesamtvorgehen hat im eingeschwungenen Zustand keinen Anfang und kein Ende. Und doch gibt es eine logische Abfolge von inkrementellen Iterationen im Lauf durch den Gesamtprozess, der sich im Aufbau der sieben Schritte widerspiegelt:

1. Der erste Schritt dient der **Erfassung von Planungsvorgaben und Planungsdaten**. Hier werden Ist-Daten des Netzwerkes erfasst und Zielvorgaben aus der taktischen Netzwerkkonfiguration übergeben. Im eingeschwungenen Zustand gehen Informationen über Migrationsfortschritt und Erfolgsbewertung in Umsetzung befindlicher Migrationsschritte ein. Die Daten durchlaufen den digitalen Schatten, der im Verlauf dieses Kapitels vorgestellt wird.
2. Im zweiten Schritt werden die **Einflüsse der Unsicherheit auf potenzielle Migrationsschritte** erfasst und bewertet. Das erfordert einerseits eine Analyse von Umweltfaktoren und Wandlungstreibern sowie deren Modellierung im Datenmodell. Andererseits wird allerdings auch die zugrundeliegende Datenbasis hinsichtlich ihrer Unsicherheit bewertet.
3. Der dritte Schritt vollbringt die **Bestimmung des Migrationsbedarfs** und damit die Berechnung des sogenannten Migrationspotenzials. Hierin wird die zur Erreichung der gewünschten Ziel-Konfiguration erforderliche Veränderung des Netzwerks aus dem Ist-Zustand heraus beschrieben. Dies geschieht auf Ressourcenebene durch die Formulierung von Migrationsdeltas, also den Differenzen zwischen Ziel- und Ist-Werten von Ressourcen.

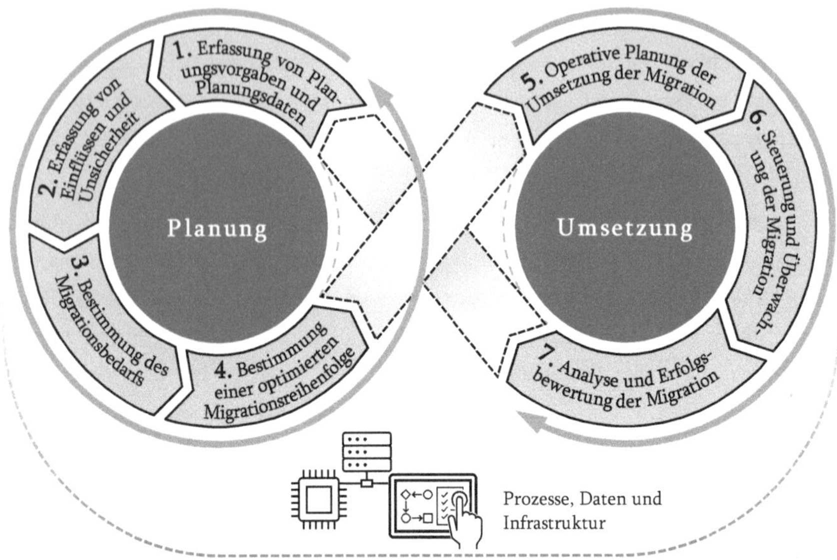

Abbildung 5.4: Die Controlling-Acht der Migration

4. Es folgen mehrere Optimierungen, die einerseits zu einer **Selektion und Skalierung von konkreten Migrationsschritten** aus den denkbaren Möglichkeiten diverser Migrationsschritte führen und andererseits deren **Reihenfolge bestimmen**. Zuvor lagen die möglichen Schritte ungeordnet in Form von Vorlagen vor und bilden dann den wirtschaftlich optimierten Plan. Abschließend werden die Optimierungen und die errechneten Unsicherheiten zusammengeführt und in Form eines Migrationsprojektplans entscheidungsgerecht visualisiert und so für die Übergabe an die Umsetzung vorbereitet.
5. Der fünfte Schritt der Controlling-Acht ist der erste Schritt in der Umsetzungsphase. Er ist eine Besonderheit, weil er eine erneute Planung – diesmal mit Fokus auf die **Planung der konkreten Umsetzung** des übergebenen Migrationsvorhabens – vorsieht. Aus Sicht der Umsetzung ist der übergebene Migrationsplan mit den enthaltenen Migrationsschritten eine Vorgabe, die noch konkret in die Praxis übersetzt werden muss. Arbeitspakete werden gebildet, eine Projektstruktur und Meilensteine festgelegt, die Messung von Kennzahlen vorbereitet und Fortschritt überwacht. Die Zeitdauer und Umsetzungskosten werden im Abgleich mit der vorgegebenen Planung ausgeplant. Die Kennzahlen und der Vergleich mit klaren Zielvorgaben bilden die Grundlage für eine Überwachung und Steuerung der Migrationsschritte.

6. Der sechste Schritt ist die **Steuerung und Überwachung der Migration**. Auf Grundlage der Vorbereitungen für heruntergebrochene Arbeitspakete und Kennzahlen, wird der Umsetzungsverlauf überwacht. Im Falle absehbarer oder tatsächlicher Abweichungen erfolgt ein steuernder Eingriff. Datenbasierte Auswertungen und Analysen unterstützen diesen Schritt bestmöglich und erlauben eine proaktive Steuerung. Klare Eskalations-, Eingriffs- und Abbruchgrenzen dienen als Entscheidungsunterstützung, die im Falle zu großer Abweichungen zu einer Unterbrechung der Umsetzung führen und eine Konsultation zur Neubewertung der veränderten Ausgangslage mit der Planungsphase initiieren. Nebenbei werden die Felddaten aus der Umsetzung mitgeschrieben und im digitalen Schatten abgelegt.
7. Der siebte und letzte Schritt dient der **Analyse und Erfolgsbewertung der Migration**. Die tatsächlich erreichten Kosten und Zeitdauer und andere begleitenden Kennzahlen werden für abgeschlossene Vorhaben mit den Sollvorgaben verglichen und bewertet. Primärer Zweck ist ein größtmöglicher evolutionärer Lerneffekt für künftige Aktivitäten aus den Erfahrungen des laufenden Vorhabens. Dieser Lerneffekt kann sich etwa auf den Erfolg einzelner Projektverläufe oder den begleitenden Einsatz von Ressourcen beziehen. Die hierbei erfassten Daten verbessern zugleich die Datenqualität für die Planung künftiger Migrationsvorhaben in der Planungsphase. Neben der Datenspeicherung, führt auch der Prozess hier aus der Umsetzungsphase zurück in die Planungsphase. Zugleich erfolgt eine Rückmeldung des Umsetzungsstatus auch an die übergelagerte taktische Ebene, die ebenfalls kurzzyklisch über den Fortschritt der Konfigurationsprojekte informiert wird.

Die Detailausführungen in den Kapiteln 5.2 für die Planungsphase sowie 5.3 für die Umsetzungsphase erörtern die Inhalte und Ziele der einzelnen Schritte weiter.

Im Sinne der eingangs diskutierten Erfolgspotentiale, erfordert das Controlling der Migration auch ein simples **Rollenkonzept**, dem die Idee einer Prozessorganisation[550] zugrunde liegt. Das Rollenkonzept leitet sich aus dem beschriebenen Prozess und den daraus hervorgehenden Aufgaben ab. Es wird hier bewusst einfach gehalten, um lediglich auf unterschiedliche Verantwortlichkeiten, Abhängigkeiten zwischen den Anspruchsgruppen und teils verschiedene Einsatzorte aufmerksam zu machen. Es

---

[550] vgl. Schmelzer, H.; Sesselmann, W. (2020) Geschäftsprozessmanagement in der Praxis, S. 311

zeigt aber auch in der vereinfachten Form auf, welche verschiedenen Funktionen grundsätzlich für das Controlling der Migration zu erwarten sind. [551]

Im Prozessmanagement sind Prozesseigner oder -sponsoren, Prozessverantwortliche, Prozessmanager und -mitarbeiter bekannt. Die Bezeichnungen variieren sehr.[552] Daran angelehnt sind die folgenden Rollen für das Controlling der Migration sinnvoll:

- **Sponsor:** Dies ist die Person im Unternehmen, die als interner Auftraggeber dient. Dabei kann es sich um hochrangiges Management handeln, etwa Operations-, Produktionsvorstände oder COOs, denkbar sind auch die netzwerkweite Produktionsleitung oder Wertstromverantwortliche.
- **Gesamtverantwortung Migration:** Es handelt sich um die Rolle mit Gesamtverantwortung für Zielerreichung und Optimierung der beiden Prozesse Planung und Umsetzung – und so für das gesamte Controlling der Migration.
- **Migrationscontrolling**: Diese Rolle verantwortet das Prozesscontrolling in den meisten Fällen in Personalunion durch die Gesamtverantwortung
- **Planungsverantwortung Migration:** Die Rolle verantwortet Zielerreichung und Optimierung des Planungs-Teilprozesses und leitet das Planungsteam.
- **Planungsteam Migration:** Dieses Team ist verantwortlich für die Aufgabendurchführung in den Prozess- und Arbeitsschritten der ersten Phase Planung und wird voraussichtlich zentral verortet sein.
- **Umsetzungsverantwortung Migration:** Die Rolle verantwortet Zielerreichung und Optimierung des Umsetzungs-Teilprozesses und leitet das Umsetzungsteam oder gegebenenfalls mehrere Umsetzungsteams.
- **Umsetzungsteam(s) Migration:** Solche Teams sind verantwortlich für die Aufgabendurchführung in den Prozess- und Arbeitsschritten der zweiten Phase Umsetzung. Sie werden eher lokal, an Standorten oder als mobile Einheiten, verortet sein. Je nach Umfang von Migrationsvorhaben, kann ein solches Team aus nur einer Person, dann in Rolle der Umsetzungsverantwortung, oder mehreren im Netzwerk verteilt operierenden Teams bestehen.

Diese Rollen dienen als Ausgangspunkt für die im nächsten Abschnitt folgende Formulierung von User Stories; sie werden auch in den Kapiteln 5.2 und insbesondere Kapitel 5.3 nochmal aufgegriffen.

---

[551] Für weiterführende Details, insbesondere um die Vergabe von verschiedenen Verantwortlichkeiten im Sinne der RACI-Methode, vgl. Schmelzer, H.; Sesselmann, W. (2020) Geschäftsprozessmanagement in der Praxis, S. 267

[552] vgl. Schmelzer, H.; Sesselmann, W. (2020) Geschäftsprozessmanagement in der Praxis, S. 268

5.1.2 Apps für die Migration

User Stories sind der Ausgangspunkt für die Entwicklung spezifischer Anwenderoberflächen und Apps, die das Controlling der Migration unterstützen oder gar überhaupt erst möglich machen. Sie werden über die betroffenen Rollen ermittelt und gegliedert. Von den User Stories ausgehend werden einzelne Anwendungsoberflächen und Module zur datenbasierten Visualisierung und Auswertung top-down herausgearbeitet. Diese dienen als Grundlage zur Gestaltung einer dedizierten Softwareanwendung.

Infos und Hintergründe:
User Stories und Epics[553]

User Stories gehen mit der agilen Softwareentwicklung eng einher. Diese wiederum wird oftmals durch die Anwendung agiler Methoden, wie zum Beispiel des Scrum-Prozesses, operationalisiert.

User Stories beschreiben Anforderungen, die Anwender an die Benutzung von Software haben. Sie gehen auf MIKE COHN zurück und werden in einem Satz auf sogenannten Story-Karten beschrieben. Sie folgen einem klaren Muster:

Als <Benutzerrolle> **will ich** <das Ziel>**, so dass** <Grund für das Ziel>**.**

Oftmals sind User Stories in der Praxis sehr breit und vage formuliert und müssen auf mehrere konkrete Stories heruntergebrochen werden. Breit formulierte Stories oder die Sammlung mehrerer Stories werden auch als **Epics** bezeichnet. Eine User Story macht übrigens noch keine Angaben über die Benutzeroberfläche. Diese Übersetzung geschieht im Anschluss im Entwicklungsteam.

User Stories sind abzugrenzen zu Use Cases, denn „Use Cases liefern zwar, ähnlich wie User Stories, einen konkreten Geschäftswert, sind aber von vornherein wesentlich vollständiger und genauer spezifiziert, als User Stories. Die Unvollständigkeit von Stories ist Teil ihres Konzepts. User Stories akzeptieren den Umstand, dass Benutzer und Kunden erst relativ spät wissen, was sie wollen".[554]

User Stories sollen aus Sicht der Informatik voneinander unabhängig, verhandelbar, wertvoll für den Kunden, schätzbar, klein und testbar sein.

---

553 vgl. Wirdemann, R.; Mainusch, J. (2017) Scrum mit User Stories, S. 49 ff. S. 57 ff. und S. 61 ff.
554 Wirdemann, R.; Mainusch, J. (2017) Scrum mit User Stories, S. 49

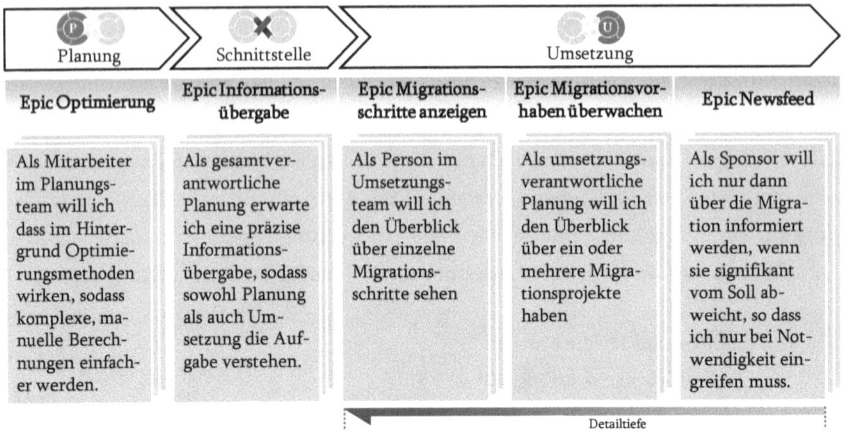

Abbildung 5.5: Benutzeranforderungen durch User Stories und Epics (Auszug)

Für die sieben Rollen werden realistische User Stories ausgearbeitet, die die Aufgaben und Ziele für das Controlling der Migration wiedergeben. Epics gliedern die User Stories und beschreiben die Anforderungen an Controlling-Apps aus der Anwendung. Die Abbildung 5.5 stellt die User Stories und den rollenspezifischen Detailgrad dar.

Die aus Anwendungssicht beschriebenen Anforderungen an die Apps und die Gliederung zu Epics werden im nächsten Schritt pragmatisch in Mock-Ups überführt, also in rein visuelle Vorführ- oder Demonstrationsmodelle. Apps bilden die oberste Ebene im Internet of Production und dienen der Interaktion mit den Smart Experts.[555] Die Mock-Ups geben eine erste Vorstellung über Anwenderoberflächen der Apps. Die Abbildung 5.6 zeigt einige der aus den User Stories abgeleiteten Anwenderoberflächen.

In dieser Methodik entsteht kein Produktbacklog, kein Lastenheft, oder gar die Beschreibung einer vollständigen Softwaresuite im Sinne der Softwareentwicklung. Das würde die in Kapitel 4.1 formulierten Anforderungen verfehlen. Das Ziel ist vielmehr:

- die Anwendung der Methode bestmöglich zu unterstützen,
- durch einige zielgerichtete Apps konkrete Lösungen anzubieten,
- die Anforderungen aus Kapitel 4.1 zu erfüllen,
- für die obersten Ebene des Internet of Production ein klares Bild über Apps und deren Einsatz zur Entscheidungsunterstützung zu bekommen, sodass die darunterliegenden Ebenen dieser bestmöglich dienen.

---

[555] Siehe dazu die oberste Ebene des Internet of Production im Teilkapitel 2.3.1.2

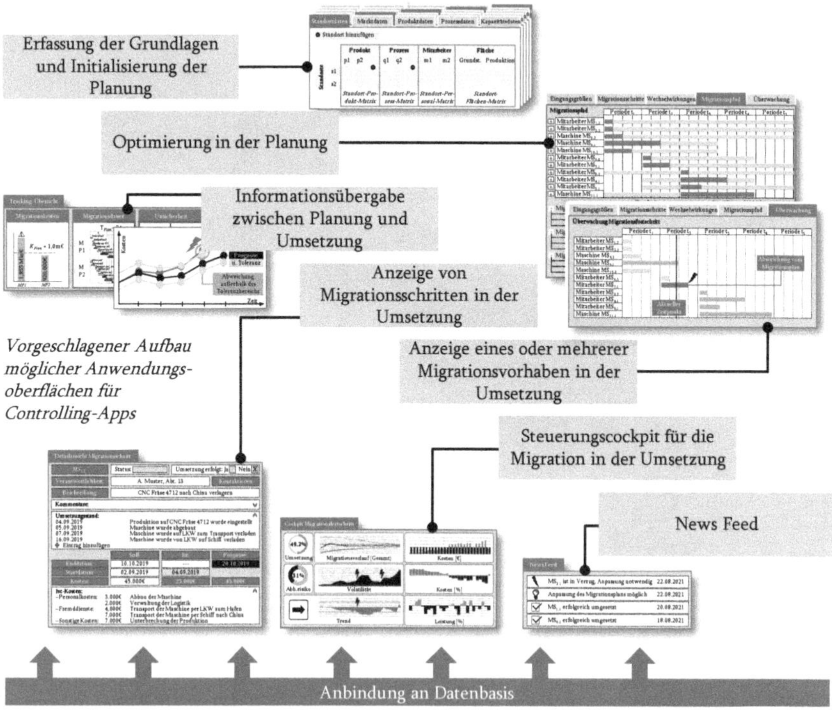

Abbildung 5.6: Vorgeschlagene Anwenderoberflächen für Controlling Apps

Für die **Optimierung der Planung** sind zuvor Informationen erfasst worden. Die Optimierung selber geschieht mit Rückgriff auf die Datenanalyse-Module und ist in der Anwendung nicht sichtbar. Erst die Ergebnisse werden wieder visualisiert. Die Abbildung 5.7 verdeutlicht, wie eine solche Anwendungsoberfläche aussehen könnte.

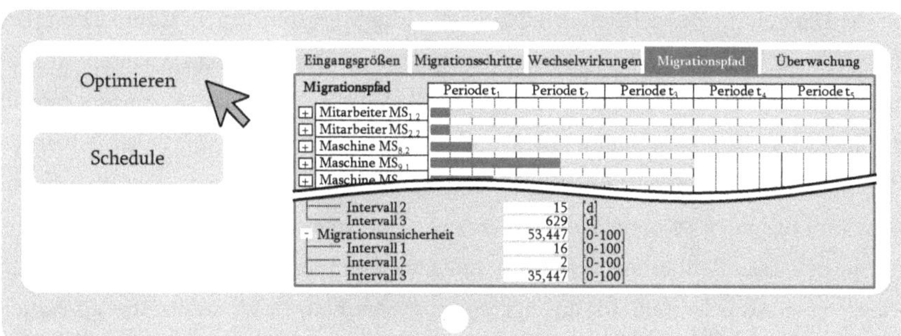

Abbildung 5.7: Anwenderoberfläche für die Optimierung der Planung

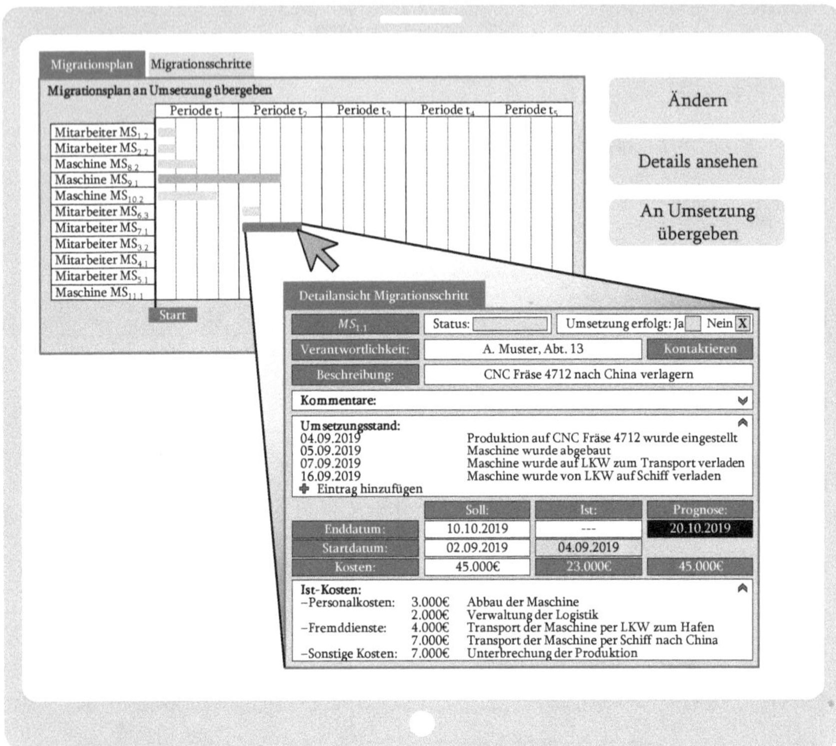

Abbildung 5.8: Anwenderoberfläche mit Übersicht der Migrationsprojekte

Die Anwendungsoberfläche zur **Darstellung und Überwachung von Migrationsprojekten** dient besonders der Informationsübergabe zwischen Planung und Umsetzung. Sie zeigt letztlich die Ergebnisse der optimierten Planung. Zentral für die Oberfläche ist die Darstellung des zeitlichen Verlaufs der Migrationsschritte im Gantt-Chart. Die Darstellung unterscheidet zwischen den durch eine Optimierung geplanten, dunkel hervorgehobenen Zeitverläufen und den für die Schritte denkbaren Planungs-Zeithorizonten. Ziel ist eine schnelle und intuitive Interpretierbarkeit. Die Schritte werden durch Informationen zu ihren Kosten und Zeitdauer, durch ihre Unsicherheitsattribute und durch errechnete Kennzahlen aus dem Projektcontrolling ergänzt. Werte, die in gewissen Schranken verlaufen und von besonderer Bedeutung sind, werden durch eine Ampelsystematik auf aggregiert zusammengefasst, um schnellstmöglich auf Abweichungen aufmerksam zu machen. Das betrifft die die Zeit und die Kosten sowie Unsicherheiten. Die Oberfläche ist in der Abbildung 5.8 als Mock-Up skizziert.

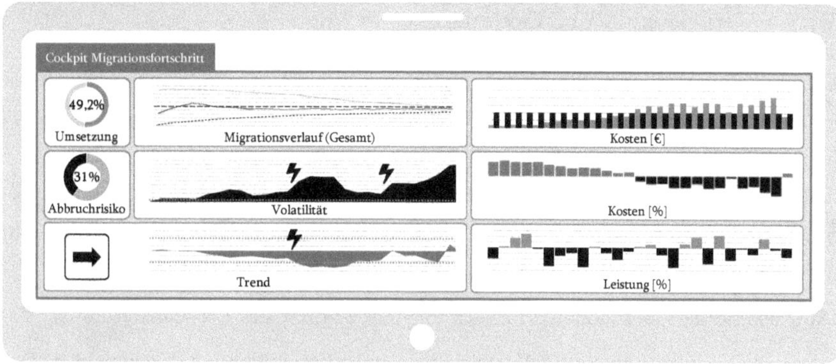

Abbildung 5.9: Anwenderoberfläche für das Umsetzungscockpit

Das **Steuerungscockpit für die Umsetzung** der Migration ist ein entscheidendes Werkzeug für die Umsetzungsverantwortung und das Umsetzungsteam. Mit einem schnellen Blick können sie den Zustand der Umsetzungsprojekte aggregiert erfassen und sich von hier aus durch das Öffnen der Auswertungen immer tiefer in die erforderlichen Informationen hereinfinden. Die Abbildung 5.9 skizziert dieses Cockpit.

Eine schnelle Vermittlung von Informationen und ein praktisches Arbeiten mit Workflows wird durch **Newsfeeds** ermöglicht. Besonders umsetzungsrelevante Statusmeldungen über Migrationsvorhaben treffen hier ein, etwa die Veränderung von Datenbeständen, der Abschluss von Umsetzungsaktivitäten oder Abweichungen von der Planung. Großes Potential liegt in der Darstellung von Umsetzungsempfehlungen, etwa über Anregungen, die Umsetzung zu beschleunigen oder in einen günstigeren Verlauf zu führen. Die erforderlichen Analysen verlaufen im Hintergrund. Das Umsetzungsteam kann so die Geschwindigkeit des Eingreifens oder von Entscheidungen weiter erhöhen. Der Newsfeed gibt jedoch nur Empfehlungen, für deren Richtigkeit und Umsetzung bleibt das Umsetzungsteam mit der Umsetzungsleitung verantwortlich. Die Abbildung 5.10 zeigt, wie ein solcher Newsfeed aussehen kann.

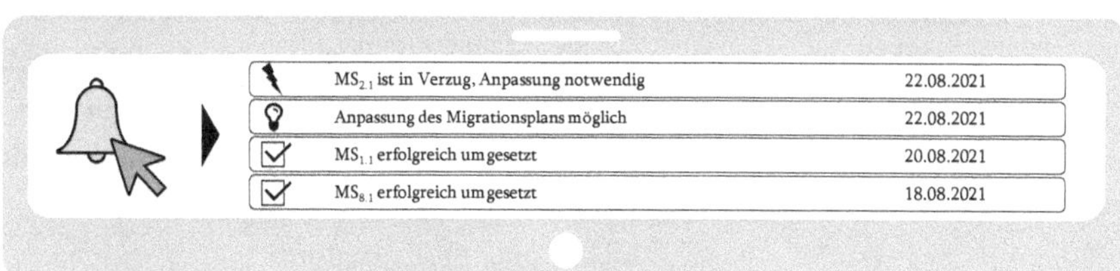

Abbildung 5.10: Anwenderoberfläche für den Newsfeed

5.1.3 Datenanalyse und Optimierung der Migration

Damit die erforderlichen Informationen für die Anwendungsoberflächen veredelt bereitstehen, ist die Aufbereitung von Daten durch Analyse und Optimierung erforderlich. Außerdem ist die Überführung und Speicherung der Daten in einem Datenmodell nötig, neben einem eventuellen Caching oder kontextsensitiver Weiterverarbeitung. Die Erfordernisse der Datenanalyse und -aufbereitung werden hier detailliert; der Umgang mit Speicherung und Modellierung der Daten folgt im Kapitel 5.1.4.

Die Anwendungsoberflächen erfordern folgende Formen der Datenanalyse:

- Zur Berechnung und Ausgabe einer **optimierten Planung** ist neben einer Datenvorverarbeitung und Attribuierung in den ersten beiden Schritten der Controlling-Acht der Migration für ihren dritten und vierten Schritt je eine Optimierung erforderlich. Diese Optimierungen müssen mathematisch formuliert werden und zugleich für die Übersetzung in Softwarecode geeignet sein. Die ideale Auswahl durchzuführender Migrationsschritte wird durch ein Minimierungsproblem in der Kostendimension formuliert. Die daran anschließende Reihenfolge-Optimierung entsteht über ein zweites Minimierungsproblem, das durch Kapitalwerte ebenfalls das wirtschaftliche Optimum für die Migration berechnet. Der Autor hatte in vorherigen Publikationen eine alternative weitaus komplexere Optimierungsmethode vorgestellt. Diese übersteigt mit ihrer Komplexität die Leistungsgrenzen normaler Bürocomputer selbst zu Beginn der 2020er Jahre um ein weites. Zudem birgt zu große Komplexität auch das Risiko, dass die Nachvollziehbarkeit von Zusammenhängen in der Anwendung leidet. Diese Optimierung findet daher hier keine Anwendung. [556] Die zwei neu entwickelten Optimierungsmodule werden in den Kapiteln 5.2.3.2 und 5.2.4.1 umfangreich ausdetailliert. Sie erreichen lokale Optima, um zu einer qualifizierten Schätzung zu gelangen. Durch viele Iterationen und die evolutionäre Anreicherung der Datengrundlage werden sie stets verbessert. Globale Optima wären denkbar, sind aber wegen der schnell steigenden Berechnungskomplexität impraktikabel. Die Vorgaben aus der vorgelagerten Konfiguration in der taktischen Netzwerkgestaltung schränken den Lösungsraum für die Optimierung so weit ein, dass eine Optimierung geeignete und praktikable Ergebnisse erzielt.

[556] vgl. Maibaum, J.; Cremer, S. et al. (2019) Integrated Process for Optimized Planning of Migration

- Für die **Informationsübergabe und Überwachung des Zustands einzelner Migrationsvorhaben und -schritte** ist eine Anwenderoberfläche mit Gantt-Chart vorgesehen. Die Oberfläche wird um aus der Projektstrukturplanung bekannte Details ergänzt. Einerseits nutzt die Darstellung des Charts die errechneten Kosten- und Zeitwerte der Optimierungen sowie Attribute zur Unsicherheit der Migrationsschritte. Andererseits ergänzen einfache mathematische Formeln die Kennzahlenberechnung des Projektcontrollings.
- Das **Steuerungscockpit für die Umsetzung** erfordert die dynamische Zusammenstellung diverser Auswertungen, Visualisierungen und Diagramme, die alle durch einfache Rechenmodelle, Datenkonsolidierungen sowie gängige Visualisierungen zustande kommen. So müssen Trendanalysen, Volatilitätsanalysen, Sensitivitätsbewertungen oder die Darstellungen von erfassten Ist-Werten und ein Vergleich mit Soll-Werten in verschiedenen Diagrammdarstellungen visualisiert werden. Die spezifischen Modelle, Berechnungen und Visualisierungen werden im Verlauf des Kapitels 5.3 hergleitet und erläutert.
- Als wichtiges Instrument zur Steuerung der Umsetzung und zur anforderungsgerechten Informationsversorgung verantwortlicher Rollen, gilt der **Newsfeed**. Für dessen Funktionalität ist es erforderlich, Schwellenwerte dynamisch zu überwachen und Sensitivitäten auf der Grundlage einfacher Modelle fallspezifisch zu berechnen. Auch der Ursprung, die Auslöser und der Umgang mit der Analytik für den Newsfeed erfährt im Kapitel 5.3 tiefere Detaillierung.

Die Zuordnung der Analytik, der notwendigen Berechnungen und der Optimierungen ermöglichen die „Smartifizierung“ der eingehenden Daten. Aus Sicht der Softwareentwicklung empfiehlt es sich für die praktische Implementierung dringend, die Auswertungen und Optimierungen als Dienste oder sogenannte Shared Services [557] bereitzustellen. Das stellt sicher, dass durch verschiedenste auch in der Zukunft aus der Anwendung entspringende Anwendungsfälle der Zugriff darauf stets möglich ist.

Wenngleich die eigentliche Detaillierung der konkreten Datenanalyse an dieser Stelle nur oberflächlich diskutiert und in die nachfolgenden Kapitel verlagert wurde, bietet das einen ausreichenden Kenntnisstand, um nachfolgenden Kapitel 5.1.4 die Modellierung der dafür erforderlichen Daten zu adressieren.

[557] vgl. König, G.; Kugel, R. (2019) DevOps – Welcome to the Jungle, S. 293 ff.

5.1.4 Digitaler Schatten der Migration

Die Daten und Informationsflüsse der Migration erfordern einen digitalen Schatten. Schon aus Abbildung 5.2 wurde ersichtlich: Entlang der Prozessbeschreibung zeigen sich erforderliche Informationsflüsse. Und auch Datenanalyse und Optimierung stellen Anforderungen an die Erfassung und Bereitstellung von Daten. Ein digitaler Schatten für das Controlling der Migration muss die folgenden Anforderungen erfüllen:

- Hinreichend akkurate, reduzierte **Modellierung von Migration** in Produktionsnetzwerken, auch zum Zweck der semantischen Integration und der Verknüpfung mit relevanten Beziehungen des beschriebenen Prozesses
- Ein flexibel skalierbares **Datenmodell jeweils für die Planung und die Umsetzung** zur Speicherung und für das Caching der persistent, also für eine lange Zeit, bereitgestellten Daten aus den Datenanalyse und Optimierungen
- Werkzeuge zur **persistenten Aggregation und Transformation** von Daten zur Erzielung der erforderlichen Komplexität
- **Bereitstellen und Zurückschreiben** der aufs Wesentliche reduzierten Daten und deren gezielte, schnelle, ressourcenschonende Übergabe für Berichterstattung, Diagnose, Vorhersage oder Entscheidungsunterstützung in Apps
- **Selbstoptimierung** durch Verfeinerung der Modelle und Verbesserung der Datengrundlage mittels Selbstvalidierung und Datenanreicherung
- Die heterogenen Rohdaten stammen aus Anwendungen und Prozessen und ihre Erfassung ist über Datensysteme, ergänzende Schnittstellen oder automatisierte Datenverarbeitung zwar erforderlich, wird aber nicht mehr in dieser – im Kern produktionswissenschaftlichen – Dissertation behandelt.

Der digitale Schatten für das Controlling der Migration ist Bestandteil der Controlling-Acht der Migration. Das Konzept und die Struktur werden in Abbildung 5.11 skizziert.

5.1.4.1 Modellierung von Migration in Produktionsnetzwerken

Produktionsnetzwerke und deren Migration müssen als Modell abgebildet werden, um reale Wirkzusammenhänge abzubilden und semantisch in die übergreifende Methodik zu integrieren und um die Verknüpfung zu relevanten Beziehungen des Prozesses für das Controlling der Migration zu ermöglichen. Dabei ist es wegen der inhomogen verfügbaren Informationen und Semantik in Produktionsnetzwerken notwendig, Daten zu strukturieren, verknüpfen und semantisch anzugleichen.

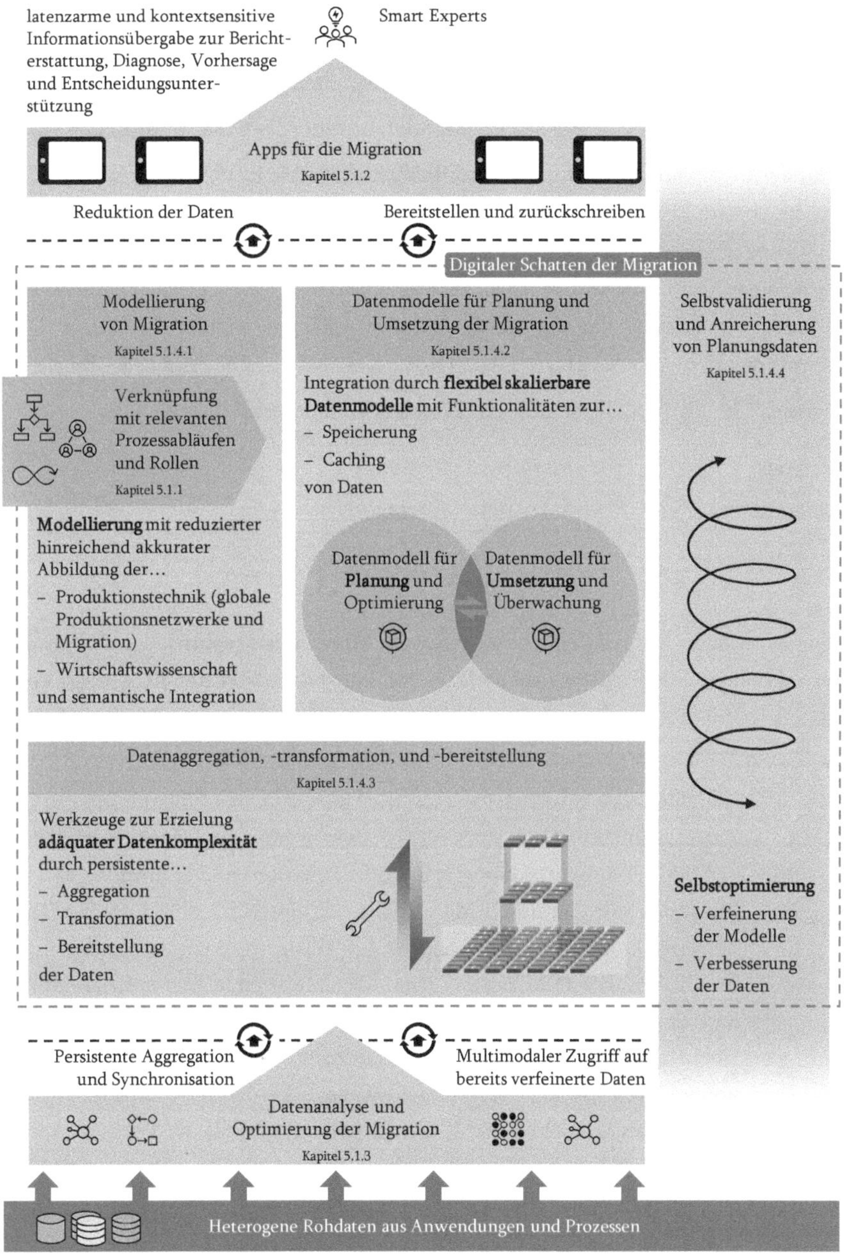

Abbildung 5.11: Digitaler Schatten für das Controlling der Migration

Die Modellierung verwendet Elemente bestehender Modelle, vereinfacht deren Aspekte oder entwickelt Gedanken weiter. Das Kapitel 3 hatte fremde Modelle adressiert.[558] Das hiesige Modell zielt nicht auf die umfassende Abbildung der Migration, vielmehr reduziert es die Realität bewusst auf die hier geltenden Anforderungen.

Auftakt ist die **Modellierung des Produktionsnetzwerks**. In Produktionsnetzwerken ist die oberste Ebene eine Region r der Menge der Regionen R. Sie bestehen aus der eindeutig zugeordneten Menge an Standorten s der Standortmenge S. Ein Standort ist exakt einer Region zugeordnet; so bilden Regionen Subnetzwerke. Jede Region ist eine Teilmenge der Standortmenge S. Alle vereinigten Regionen bilden die Menge S, die Schnittmenge zweier beliebiger Regionen die leere Menge. Die Formel 5.1 zeigt das.

Formel 5.1: Modellelemente des Produktionsnetzwerks

Region: $r \in R \equiv \{Region_1, \ldots, Region_n\}$

Standort: $s \in S \equiv \{Standort_1, \ldots, Standort_n\}$

$$S_r \equiv \left\{ s \in S \;\middle|\; \left(\bigcap_{r \in R} S_r = \emptyset \right) \wedge \left(\bigcup_{r \in R} S_r = S \right) \right\}$$

Migration kann für beliebig viele sogenannte **Migrationskategorien** stattfinden. Die hier gewählte migrationsspezifische Modellbildung beschränkt sich für geringe Komplexität auf vier Ressourcen-Kategorien, die für die Produktion von Gütern erforderlich sind: Mitarbeiter, Maschinen, Flächen und Gebäude.

- Aktuelles oder künftiges Personal wird durch ein Qualifikationsniveau eingestuft. Die Einstufung ist über alle Standorte hinweg einheitlich modelliert und bildet Haupttätigkeiten (z. B. Rolle, Funktion) und Lohnstufen ab.
- Maschinen werden durch Maschinentypen unterschieden. Primärer Typisierungsfaktor ist die Funktionalität des Fertigungsprozesses, zum Beispiel das Drehen. Die Detaillierung kann über ergänzende Faktoren wie Größe, Kapazität, Nutzungsdauer oder Investitionsvolumen erhöht werden.
- Flächen unterscheiden sich durch Flächentypen. Unterscheidungsdimension ist ihre Funktionalität, kann etwa aber auch deren Größe sein.
- Gebäude unterscheiden sich durch Gebäudetypen. Sie werden auch durch die Funktionalität klassifiziert, denkbar sind auch Maße, wie etwa die Höhe.

---

558 Die Namensgebung erfolgt im Sinne größtmöglicher Kompatibilität mit anderen Forschungsansätzen und in Teilen angelehnt an Moser, E. (2018) Migrationsplanung globaler Produktionsnetzwerke

Formel 5.2: Migrationskategorien

Migrationskategorie: $k \in K \equiv \{Mitarbeiter, Maschinen, Flächen, Gebäude\}$

mit Qualifikationslevel: $mr_{Mitarbeiter} \in MR_{Mitarbeiter} \equiv \{QL_1, \dots, QL_n\}$

Maschinentyp: $mr_{Maschinen} \in MR_{Maschinen} \equiv \{MT_1, \dots, MT_n\}$

Flächentyp: $mr_{Flächen} \in MR_{Flächen} \equiv \{FT_1, \dots, FT_n\}$

Gebäudetyp: $mr_{Gebäude} \in MR_{Gebäude} \equiv \{GT_1, \dots, GT_n\}$

Die Formel 5.2 und die Abbildung 5.12 stellen die Zusammenhänge dar.

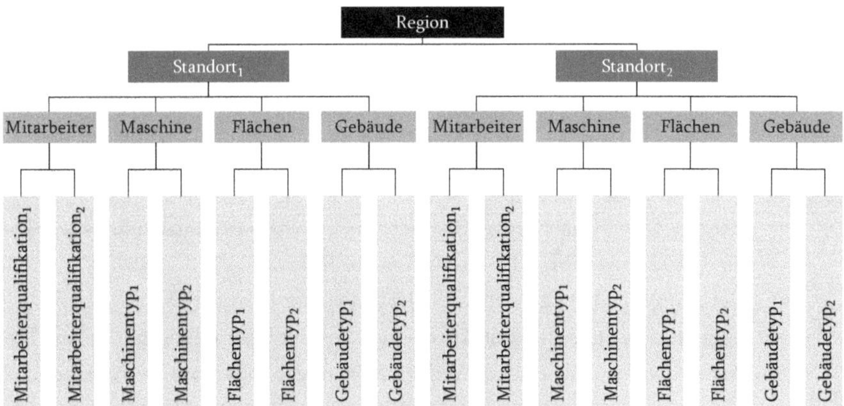

Abbildung 5.12: Hierarchieebenen eines Produktionsnetzwerks

Welche Ressourcen der Migration in welchem Umfang berücksichtigt werden ist abhängig von der Migrationskategorie. Die Anzahl einer beliebigen Migrationsressource der Kategorie k für einen Standort s und die Anzahl einer solchen Ressource im Ziel-Zustand lassen sich wie in Formel 5.3 beschrieben formalisieren.

Formel 5.3: Anzahlen einer Migrationsressource

Ist-Anzahl einer Ressource: $ist_{s,k,mr_k} \in \mathbb{N} \quad \forall s \in S,\ k \in K,\ mr_k \in MR_k$

Ziel-Anzahl einer Ressource: $ziel_{s,k,mr_k} \in \mathbb{N} \quad \forall s \in S,\ k \in K,\ mr_k \in MR_k$

Nach dem Netzwerkmodell erfolgt eine **Charakterisierung der Migration**. Migrationsvorhaben bedeuten Aufbau, Abbau oder Verschiebung von Netzwerkressourcen.[559]

[559] Siehe dazu das Teilkapitel 2.1.3.3 und vgl. Reuter, C.; Prote, J.-P. et al. (2015) Ermittlung eines strategischen Migrationsplans, S. 426

Die Verschiebung von Ressourcen muss zwischen Verlagerung und Umwandlung differenziert werden: Verlagerung bezeichnet den an einen Abbau der Ressource direkt anschließenden Aufbau der gleichen Ressource an einem anderen Standort. Umwandlung bezeichnet den Abbau einer Ressource und den folgenden Aufbau der gleichen Ressource am gleichen Standort innerhalb der gleichen Migrationskategorie jedoch in anderer Ausprägung. Der Transport von Maschinen eines Maschinentyps zwischen zwei Standorten ist eine Verlagerung. Die Umschulung von Personal mit der einhergehenden Änderung des Qualifikationsniveaus ist eine Umwandlung.

Migrationsschritte bewirken mögliche Veränderungen von Ressourcen. Zur Optimierung der Migrationsschritte und Wechselwirkungen modelliert ein **Migrationsmodus**[560] die Veränderungsrichtung als Steigerung oder Reduktion von Ressourcen.

Der **Migrationstyp** beschreibt die Wirkung eines Migrationsschrittes auf den Bilanzraum des Produktionsnetzwerks:

- Externe Quelle oder Senke: Ressourcen außerhalb des Bilanzraums werden diesem hinzugeführt oder aus diesem abgeführt.[561]
- Verlagerung: Dies bewirkt die Steigerung einer Ressource an mindestens einem Standort und die Reduktion einer Ressource an mindestens einem anderen Standort. Es bestehen Wechselwirkungen innerhalb des Netzwerks.
- Umwandlung: Dies erzwingt im Falle der Steigerung einer Migrationsressource die Reduktion mindestens einer anderen Ressource derselben Kategorie und umgekehrt. Es bestehen Wechselwirkungen innerhalb eines Standorts und innerhalb einer Migrationskategorie

Ein Migrationsschritt ist vollständig beschrieben, wenn sowohl Migrationsmodus als auch -typ beschrieben sind. Ein herkömmlicher Aufbau wäre also eine Steigerung mit externer Quelle; der herkömmliche Abbau eine Reduktion mit externer Senke.

Nicht alle Migrationskategorien werden durch alle Migrationstypen charakterisiert. Migrationstypen orientieren sich an der Migrationskategorie. Es ist etwa nicht möglich, eine Fläche durch Verlagerung an einen anderen Standort zu verbringen. Und Maschinen können wiederum keine Umwandlung erfahren und so eine andere Fertigungstechnologie bedienen. Abbildung 5.13 zeigt die erlaubten Kombinationen.

---

[560] Von Modus: Verfahrensweise, Form (des Vorgehens), Weg; vgl. Duden (2021) Stichwort: Modus

[561] Die Modellierung externer Ressourcen mittels Quellen und Senken erfolgt im Sinne größtmöglicher Kompatibilität mit anderen Forschungsansätzen und wird hier teilweise gewählt unter Anlehnung an Moser, E. (2018) Migrationsplanung globaler Produktionsnetzwerke, S. 61 f.

Kategorie	Typ	Modus	Beispielhafte Migrationsschritte
Personal	Externe Quelle	+	Einstellung, Temporäre Leiharbeiter, Auftrag an Dienstleister
	Verlagerung	+/-	Expatriates oder Experten zu anderen Standorten entsenden
	Umwandlung	+/-	Umschulung, Beförderung
	Externe Senke	-	Entlassungen, Kündigung von Leiharbeitern oder externen Teams
Maschine	Externe Quelle	+	Ankauf oder Miete von Maschinen
	Verlagerung	+/-	Transport zu und Inbetriebnahme an einem anderen Standort
	Externe Senke	-	Verkaufen oder Verschrotten von Maschinen
Fläche, Gebäude	Externe Quelle	+	Grundstücke, Gebäude oder Gebäudeteile ankaufen oder mieten
	Umwandlung	+/-	Wandel in eine andere Flächen- oder Gebäudefunktion, neuer Zweck
	Externe Senke	-	Grundstücke, Gebäude oder Gebäudeteile verkaufen, Miete beenden
Weitere mögliche, hier nicht detailliert modellierte Kategorien (Prozesse, Rohstoffe, ...)			Integration, Änderung oder Verlagerung von Prozessen, Abschluss oder Kündigung von Lieferantenverträgen für Rohstoffen, Transport von Rohstoffen, ...

Abbildung 5.13: Migrationskategorien und mögliche Migrationstypen

Neben ihrer Kategorie, dem Modus und dem Migrationstyp spezifizieren unterschiedliche **Migrationsschrittvarianten** die Migration im Detail. Die Spezifizierung ist anwenderspezifisch und wird beliebig ausführlich adressiert. Abbildung 5.13 nennt auch Beispiele. Die Migrationsschrittvarianten unterscheiden sich in Dauer, Kosten und Unsicherheit und ihre Beschreibung und Spezifizierung sind zwingend erforderlich.

Nach dem Blick auf ihre Charakterisierung erfolgt die **Modellierung der Migration**. Dafür werden generische sogenannten Migrationsschrittvorlagen – also vorkonfigurierte Schablonen – von den bestimmten Migrationsschritten unterschieden, die für die konkrete Anwendung konfiguriert und festgelegt sind. Die **Migrationsschrittvorlagen** ms_r^v einer Region r sind regional spezifiziert und beinhalten Informationen über denkbare Migrationsschritte in der Region. Sie liegen im digitalen Schatten vor und wurden mindestens einmal angelegt. **Bestimmte Migrationsschritte** ms_s^b sind das Ergebnis abgeschlossener Planung und für die Anwendung an einem Standort s vorgesehen. Ihre Durchführung ist entweder bereits terminiert oder in der Umsetzung.

Die Formel 5.4 drückt diese Zusammenhänge aus.

Formel 5.4: Migrationsschrittvorlagen und bestimmte Migrationsschritte

Migrationsschrittvorlage: $$ms^v \in MS^v_{r,k,mr_k} \equiv \{MS^v_{r,k,mr_k,1}, \dots, MS^v_{r,k,mr_k,n}\} \quad \forall\, r \in R,\ k \in K,\ mr_k \in MR_k$$

Bestimmter Migrationsschritt: $$ms^b \in MS^b_{s,k,mr_k} \equiv \{MS^b_{s,k,mr_k,1}, \dots, MS^b_{s,k,mr_k,n}\} \quad \forall\, s \in S,\ k \in K,\ mr_k \in MR_k$$

Die wichtigsten **Attributwerte**, die Migrationsschritte enthalten, sind die konkreten Angaben über Zeit, Kosten und Unsicherheit. Zeit und Kosten werden in den Migrationsschrittvorlagen durch einen fixen und einen variablen Anteil ausgedrückt. Die aus verschiedenen Eingangsgrößen zusammengesetzte Unsicherheit wird separat beschrieben. Auch die Ergebnisse migrationsspezifischer Analysen werden hinterlegt. Ferner enthalten Migrationsschritte eine Angabe zur sogenannten Migrationskapazität. Diese beschreibt, in welchem vollzeitäquivalenten Zeitumfang Personalressourcen in jeder Periode für die Umsetzung erforderlich sind.

5.1.4.2 Datenmodelle für Planung und Umsetzung der Migration

Für die Speicherung und das Caching von Daten ist ein flexibel skalierbares Datenmodell erforderlich. Die Daten stammen zum Beispiel aus dem Prozess, den Datenanalysen und Optimierungen oder werden über das Modell der Migration weitergereicht.

Das **Datenmodell für die Planung der Migration**, also die erste Phase im Gesamtprozess, beschreibt die Informationsobjekte der Migrationsplanung und ihre Beziehungen. Es schafft die Struktur für Speicherung sowie Bereitstellung, Weiterverarbeitung oder Zurückführung der Daten. Es knüpft in besonderem Maße an die Modellierung der Migration an und schafft so eine semantische Verknüpfung zum Prozess.

Das Datenmodell wird im Sinne der objektorientierten Softwareentwicklung als Klassenmodell[562] in Abbildung 5.14 beschrieben, denn die nachfolgende Entwicklung von Optimierungen und deren Anwendung in einer App wird hierauf zurückgreifen.

Das **Datenmodell für die Umsetzung der Migration**, also für die zweite Phase im Gesamtprozess, folgt einem leicht anderen Anwendungsfall: Es erfordert den Import der Planungsergebnisse aus der Migrationsplanung. Das sind besonders die Informationen über die Migrationsreihenfolge, die Migrationsdauer und Migrationskosten. Es muss darüber hinaus eine regelmäßige echtzeitnahe Erfassung von Ist-Daten im Produktionsnetzwerk und über den Fortschritt der Migration gewähren. Es steuert den Zugriff und die Einbindung von Analyseapplikationen zur Umsetzungssteuerung und den darin stattfindenden Vergleich mit Soll-Daten. Es leistet zudem die Abfrage und teils

---

[562] Siehe dazu die Ausführungen in Teilkapitel 2.3.3.1; die Klassen werden mit Attributen aufgestellt und die Beziehungen durch Verbindungen verdeutlicht. Klassen sind Schablonen für Objekte: Zum Beispiel ist ein Objekt der Klasse Standort ein tatsächlicher Standort und dessen relevante Daten wären in Attributen der Klasse ausgedrückt. Mit den Erklärungen aus dem Teilkapitel 2.3.3.1 können Leser die Abbildung interpretieren und daher wird auf eine Ausformulierung der Abbildung verzichtet.

dynamische Aktualisierung von Parametern und Grenzwerten zu den Analyseapplikationen und für die Anwendung des Newsfeeds. Nicht zuletzt verwaltet es die Bereitstellung und Abspeicherung der Umsetzungsergebnisse. Anstelle eines Klassendiagramms wie für die Planung werden daher insbesondere die Informationsflüsse und -zusammenhänge in Bezug auf den Bilanzraum der Umsetzungssteuerung beschrieben. Die Abbildung 5.15 zeigt das Datenmodell für die Umsetzung der Migration.

Infos und Hintergründe:
Minimum Viable Dataset

Der Begriff des Minimum Viable Dataset ist eine Anlehnung an den im Unternehmertum etablierten Begriff Minimum Viable Product.

Das Minimum Viable Product[563] wiederum beschreibt die Idee, ein Produkt zunächst nur so weit zu entwickeln, dass es die erforderlichen Grundfunktionalitäten erfüllt, um im Markt platziert und getestet zu werden. Unter Einbindung von Rückmeldungen aus der Anwendung werden daraufhin Verbesserungen iterativ und kurzzyklisch in das Produkt implementiert. Das garantiert, dass die Aufwände der weiteren Entwicklung zu einem Produkt führen, das den Bedürfnissen der Anwendung entspricht und nicht an diesen vorbei entwickelt wird. [564]

Der Begriff geht ursprünglich auf Eric Ries zurück und wurde darauffolgend für die Produktgestaltung von Startups (mit insbesondere digitalen oder webbasierten Produkten) übernommen.

Das Minimum Viable Dataset lehnt sich daran an und soll zum Ausdruck bringen, dass ein beschriebenes Datenmodell die Grundfunktionalitäten einer Idee erfüllt, aber durchaus für weitere und neue Anwendungen noch anwachsen kann.

[563] MVP, engl.: kleinstmögliches funktionsfähiges Produkt
[564] vgl. Ries, E. (2017) The Lean Startup, S. 4

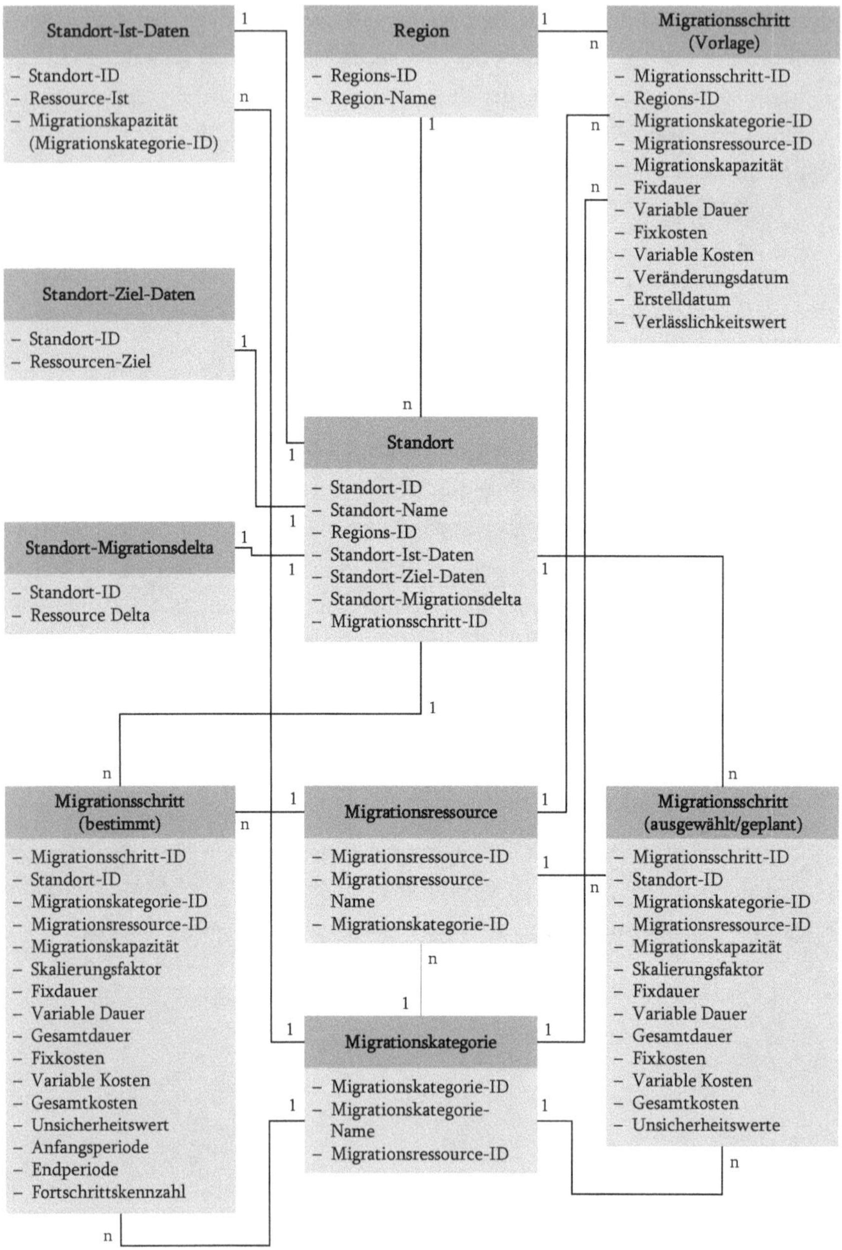

Abbildung 5.14: Datenmodell für die Planung der Migration (Klassendiagramm)

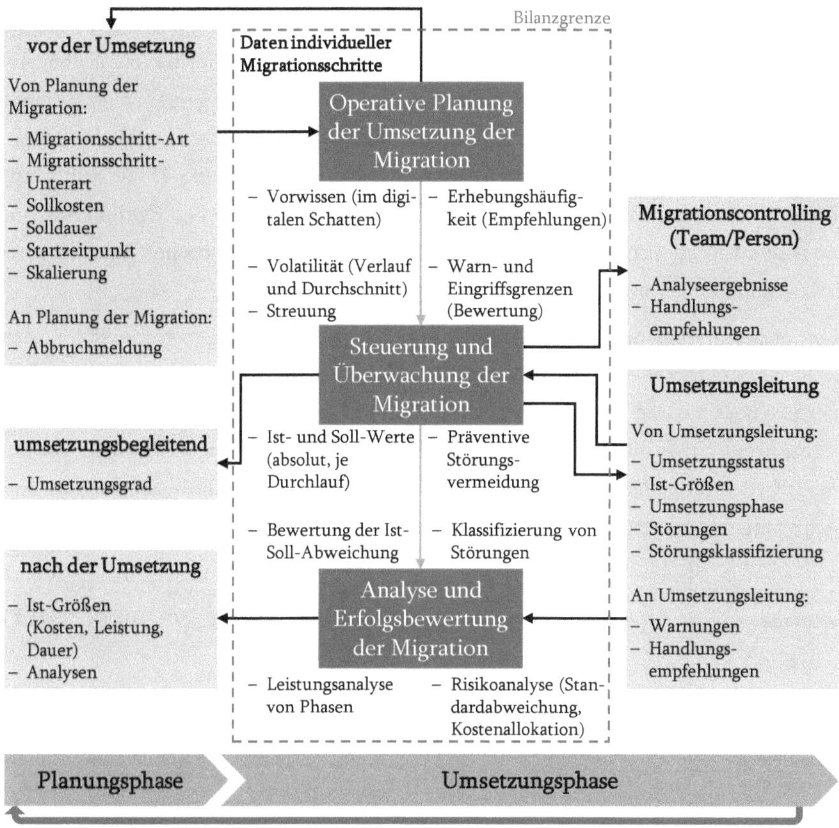

Abbildung 5.15: Datenmodell für die Umsetzung der Migration (Informationen)

5.1.4.3 Datenaggregation, -transformation und -bereitstellung

Daten aus Produktionsnetzwerken liegen in verschiedenen Datensystemen, teils über die ganze Welt verteilt und in verschieden gearteter Auflösung vor. Die Bildung des digitalen Schattens erfordert die Versorgung des aufgebauten Modells mit solch heterogenen Daten. Darauf greifen der Gesamtprozess und die Datenanalysen für die Apps zu. Um den digitalen Schatten zu befüllen, braucht es einen direkten Zugriff, ein Referenzieren oder eine stets echtzeitnah bereitgestellte Kopie dieser Daten, sodass die Berechnungen und Apps für das Controlling der Migration darauf zugreifen können.

Ein Beispiel verdeutlicht das: Es kann vorkommen, dass die Fertigungsprozessschrittfolge eines Wertstroms von einem an einen anderen Standort verlegt wird. Dafür soll verglichen werden, ob entweder bestehende Maschinen verlagert oder neue Maschinen angeschafft würden. Am empfangenden Standort lägen Informationen über die geschätzte Zeitdauer für die Inbetriebnahme von Maschinen allgemein vor. Von anderer Stelle stammt eine Kostenschätzung für die eventuelle zu verlagernde Maschine. Ein Anbieter für die neue Maschine schlüsselt seine Informationen sehr detailliert auf. Diese heterogenen Informationen müssen für die Datenanalyse und Optimierung im Zuge der Migrationsplanung auf gleichem Detailniveau, in identischen Dimensionen und grundsätzlich miteinander vergleichbar vorliegen.

Das erfordert semantische Interoperabilität.[565] Strukturelle Interoperabilität – also reine Konnektivität – reicht nicht aus, um Daten semantisch in Bezug zu setzen. Innerhalb des digitalen Schattens braucht es ein Werkzeug, das Daten so aggregiert und transformiert, dass die jeweils erforderliche Komplexität gebildet wird, um sie für die Berichterstattung, Diagnose, Vorhersage oder Entscheidungsunterstützung in den Apps persistent bereitzustellen.

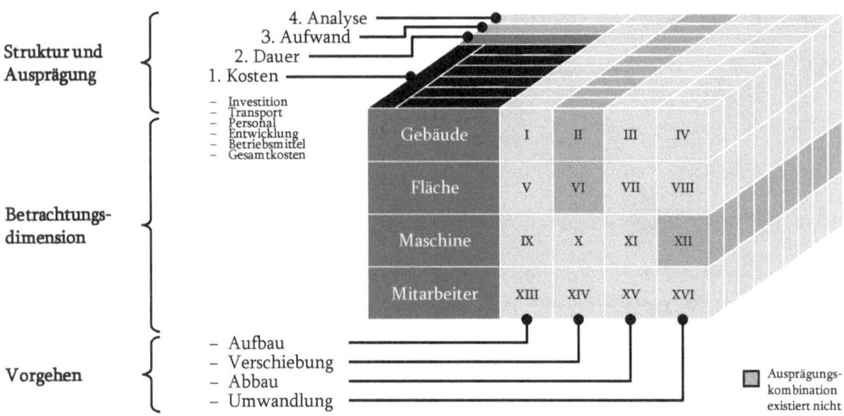

Abbildung 5.16: Daten der Migration in drei Dimensionen

Zunächst ist es dafür notwendig, die **vorliegende Komplexität** konkret zu **formulieren**: Aus der Modellierung der Migration sind Migrationskategorien, Migrationsvorgehen und Attribute oder mögliche Attributwerte bekannt. Diese Dimensionen spannen einen Würfel auf, der das Vorliegen der Daten so wie die Abbildung 5.16 illustriert. Es ist zu bedenken, dass nicht alle Vorgehensformen in der Migration möglich sind.

[565] Interoperabilität wird in vier aufeinander aufbauenden Stufen unterschieden, vgl. Sinsel, A. (2020) Das Internet der Dinge in der Produktion, S. 23

In der reinen Vorstellung zeigt sich die Datenkomplexität im Würfel und dessen Struktur bietet eine Möglichkeit zur Kategorisierung bei kontinuierlicher Speicherung und Verfügbarkeit der Daten. Die Migrationskategorien werden in der Realität verschieden komplex adressiert. Daten- und Modellkomplexität müssen sich hieran angleichen. Es ist notwendig, dass die gesamte Methodik und Dateninfrastruktur ebenfalls entsprechend flexibel skalierbar sind. Es ist das Ziel, die Komplexität der Methodik und des Speicherns und Bewegens von Daten so klein wie möglich zu halten.

Hierbei besteht ein Spannungsfeld, das die Positionierung durch die planungs- und umsetzungsverantwortlichen Rollen erfordert: Eine geringe Komplexität und einfache Datenerfassung und -verarbeitung können zu einer ungenauen Planung und einer schwer zu steuernden Umsetzung führen. Eine sehr genaue Planung und leichte Steuerung der Umsetzung erfordern komplexere Daten, deren Erfassung und Verarbeitung mit größerem Aufwand verbunden ist. Die Erhöhung und Verringerung der Datenkomplexität sind in Abbildung 5.17 dargestellt.

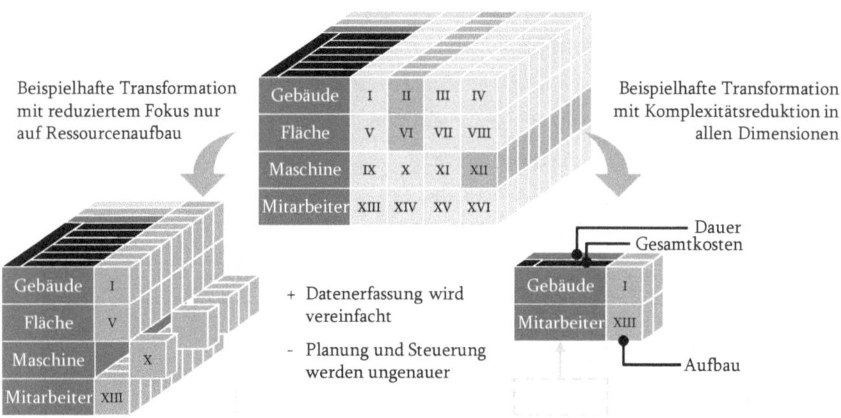

Abbildung 5.17: Verschiedene Ausprägungen der Datenkomplexität

Die Spanne der Datenkomplexität bewegt sich zwischen diversen **Aggregationsniveaus**, die durch Aggregation oder Dekomposition bidirektional durchschritten werden können. Die Abbildung 5.18 stellt die Zusammenhänge dar.

Die Aggregationsniveaus werden durch die in der Formel 5.2 eingeführten Ausprägungen der Migrationskategorien unterschieden. Dabei liegt mindestens das primäre Typisierungsmerkmal vor, Unterscheidungen nach weiteren sekundären Merkmalen sind ebenfalls möglich.

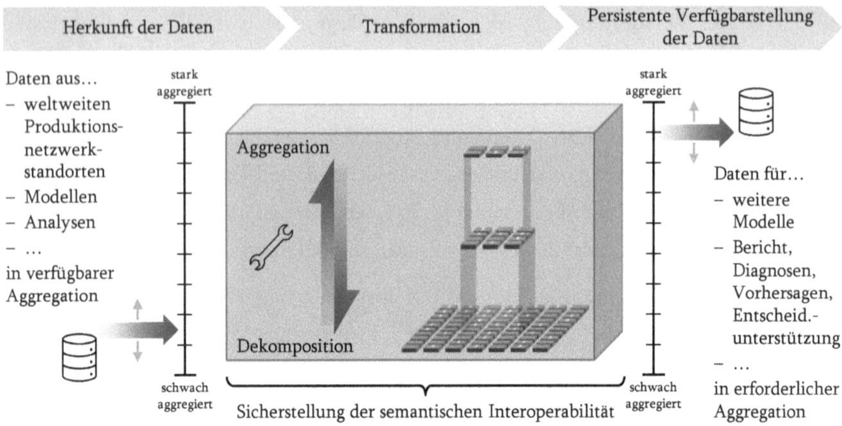

Abbildung 5.18: Datentransformation zwischen Komplexitätsausprägungen

Je spezieller die Unterscheidungen werden, desto geringer wird die Datendichte und umso schwieriger besteht dann eine Vergleichsgrundlage innerhalb der Gruppe für spätere Analysen. Auf oberster Aggregationsebene ist es nahezu garantiert, dass Daten zur Migrationskategorie abgefragt werden können. Für bestimmte Merkmalskombinationen in tieferen Ebenen wird das zusehends unwahrscheinlich. Die Abbildung 5.19 verdeutlicht all diese Zusammenhänge.

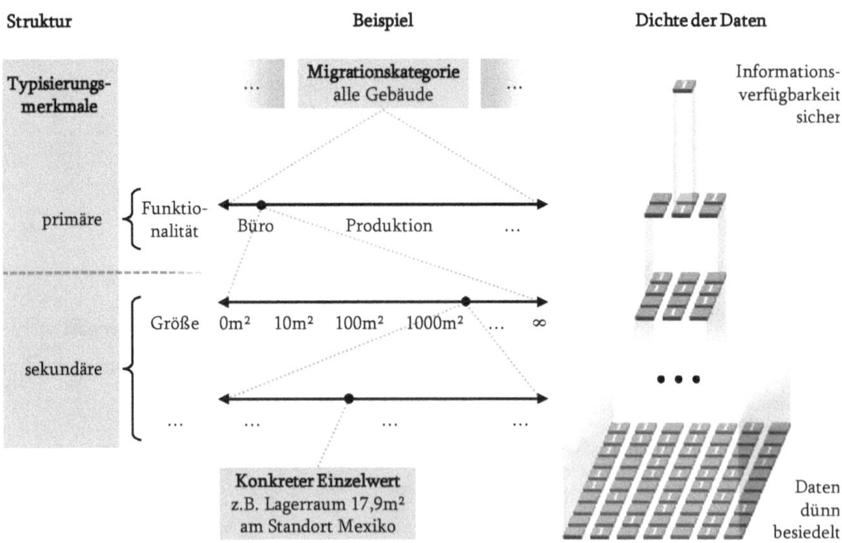

Abbildung 5.19: Granularitätsebenen und Merkmalskombination der Daten

Das prinzipielle Vorgehen für die **Aggregation** ist über zwei Dimensionen denkbar:

Eine horizontale Aggregation führt zur Gruppenbildung entlang der Typisierungsmerkmale der Migrationskategorien. Die in einer Aggregationsebene angenommenen Wertebereiche werden so sinnvoll segmentiert. Zum Beispiel werden Gebäude in Quadratmeter-Bereiche oder nach Funktionalitäten eingeteilt. Diese Entscheidung über die Gruppenanzahl stellt schon eine Entscheidung über den Grad der Aggregation dar und kann automatisiert werden. Die Abbildung 5.20 verdeutlicht das Beispiel.

Die vertikale Aggregation fasst Daten in eine höhere Aggregationsebene durch die Verrechnung der Daten der jeweils tiefergelegenen Aggregationsebenen zusammen. Von der untersten Ebene ausgehend würde eine Verrechnung jeweils auf die nächsthöhere Ebene stattfinden. Mit den in dieser nächsthöheren Ebene vorliegenden sowie den just aggregierten Daten aus den darunterliegenden Ebenen erfolgt die nächst Verrechnung in die wiederum darüber liegende Ebene. Das geschieht, bis die geforderte Ebene erreicht ist. Jede beliebig gewichtete und beliebig ausgelegte mathematische Operation kann der Verrechnung dienen, ein Mittelwert ist der einfachste Weg. Im Beispiel könnte man so die Daten für alle Produktionsgebäude jeglicher Größe und an jedem Ort aggregieren. Die Abbildung 5.20 verdeutlicht auch dieses Beispiel.

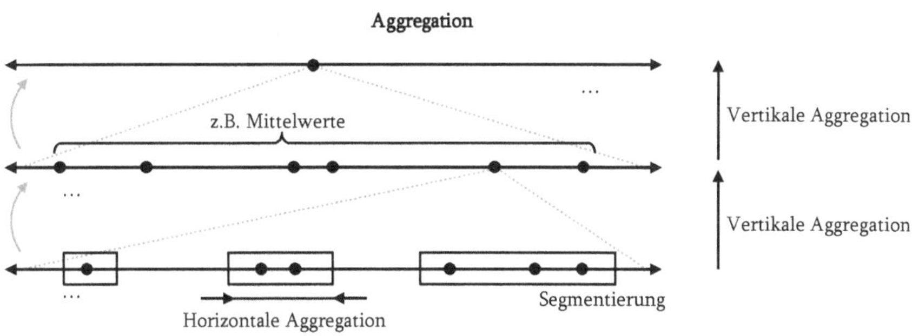

Abbildung 5.20: Aggregation der Datengranularität

Die **Dekomposition** folgt einer anderen Logik und soll es ermöglichen, Daten auch bei steigender Differenzierung bereitzustellen: Der Transformator sucht in den Datensätzen idealerweise innerhalb des gleichen Typisierungsmerkmals nach dem oder den nächsten Nachbarn. Der gefundene Datensatz wird übernommen, oder die Nachbarn werden nach ihren Abständen gewichtet miteinander verrechnet. Sollten etwa die Daten für ein Gebäude mit etwas größeren oder kleineren Grundflächen bekannt sein, es wird aber eine dazwischenliegende Größe abgefragt, wird ein Wert zwischen den bekannten Werten verrechnet und übernommen. Wenn n weitere Dimensionen von Typisierungsmerkmalen hinzukommen, so geschieht diese Suche in der n-ten Dimension. Die Abbildung 5.21 verdeutlicht die Suche für bis zu drei Dimensionen.

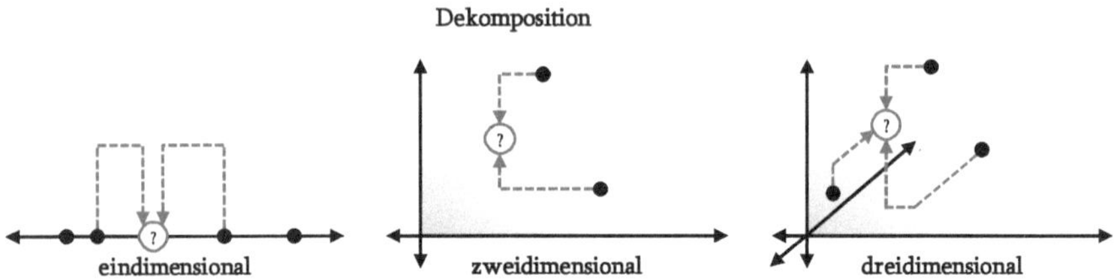

Abbildung 5.21: Dekomposition der Datengranularität

Die Mathematik und Informatik haben diverse Algorithmen für vergleichbare Probleme hervorgebracht; darauf sein an dieser Stelle für weitere Detaillierung verwiesen.

5.1.4.4 Selbstvalidierung und Anreicherung der Planungsdaten

Die Controlling-Acht der Migration zeichnet sich durch unendliche Iterationen aus. Eine Kernidee aus Unterkapitel 4.2 sah vor, dass Erfahrungswerte aus vorherigen Iterationen die nächsten Planungen und Umsetzungen anreichern. Sie entstehen etwa bei der Erfolgsbewertung der Umsetzung. Das Datenmodell berücksichtigt bewusst das Zurückschreiben der Informationen aus der Anwendung. Die Transformation der Datenaggregation gewährt die Speicherung und Nutzung beliebiger Detaillierungen.

Mit jeder Iteration lernt der digitale Schatten hinzu, validiert die Daten vergangener Umsetzungen und verbessert und bereichert die Datengrundlage späterer Iterationen.

Zwei Beispiele verdeutlichen das: Auf Rückmeldedaten jüngerer Vergangenheit basierende Kosteninformationen bieten eine wesentlich bessere Grundlage für künftige Planungen als etwa ein Schätzwert. So konkurrieren Daten, die den gleichen Gegenstand betreffen, in Bezug auf Aktualität, Güte und Unsicherheit entweder miteinander und führen damit zu einer Verbesserung der Datengrundlage – oder sie ermöglichen die Planung, wo diese sonst wegen fehlender Daten unmöglich gewesen wäre. Zudem sensibilisieren attribuierte Daten, etwa Volatilität der Umsetzung ähnlicher früherer Migrationsschritte, Planungsteams schon vorab für Schwierigkeiten oder Potentiale.

Die für die Selbstvalidierung und Anreicherung der Planungsdaten erforderlichen Ideen dringen bisweilen tief in die Informatik vor und sollen im Rahmen dieser ingenieurswissenschaftlichen Dissertation nicht zu weit detailliert werden – dennoch hilft ein kurzer Blick ins Thema dabei, den Gesamtprozess und die Auswertungen der Apps an die Ideen der Selbstvalidierung und Anreicherung der Planungsdaten angepasst zu detaillieren. Die Abbildung 5.22 schafft einen Überblick.

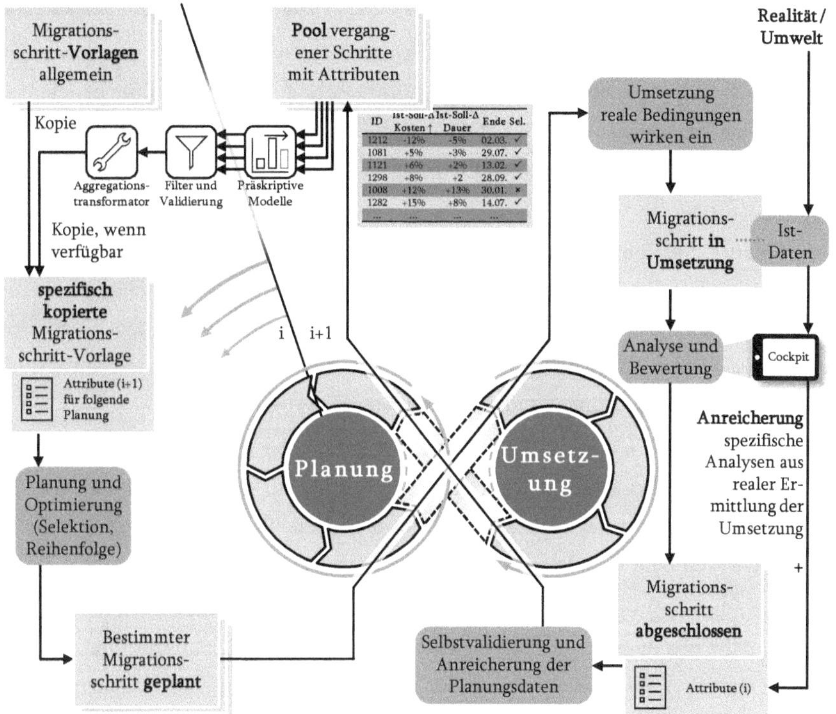

Abbildung 5.22: Selbstvalidierung und Anreicherung der Planungsdaten

Ausgangspunkt ist die erste Phase, die Migrationsplanung. Aus vielen möglichen Migrationsschrittvorlagen erfolgen Selektion, Skalierung und Reihenfolgebildung für die Schritte.[566] Die geplanten Schritte werden an die Umsetzung übergeben. Dort wirken die realen Bedingungen der Umsetzung auf den Schritt; Ist-Daten fallen an.

Analysen während und nach der Umsetzung geben Aufschluss über die Güte des Migrationsschritts und erlauben den Rückschluss auf die Planungsgüte, natürlich mit Berücksichtigung nicht vorhersehbarer Einflüsse aus der realen Umsetzung. Dafür werden Ist- und Soll-Daten verglichen und verarbeitet, analysiert und bewertet.

566 Detailliert wird das in den Abschnitten 5.2.3.2 und 5.2.4.1 beschrieben

Die Ergebnisse sind eine Veredlung und werden als Attribute für die Zukunft an den Migrationsschritt angehängt und im digitalen Schatten gespeichert.[567] Die abgespeicherten Attribute werden verallgemeinernd auch für Migrationsschrittvorlagen der nächsten Planungsiteration bereitgestellt und durch drei Verarbeitungen verbessert:

Für bessere Planungsqualität können gesammelte Kosten- und Zeitinformationen der Migrationsschritte aus historischen Werten fortgeschrieben werden. Eine beliebig zu wählende Regressionsanalyse, im einfachen Fall eine lineare Regression, prognostiziert dann die Wertausprägungen für den Zeitpunkt der aktuellen Planung.

Für die evolutionäre Verbesserung bevorzugt ein Filter besonders erfolgreich verlaufene Schritte. Sie kommt zum Einsatz, wenn Attribute oder Planungsgrundlagen in kommenden Iterationen aus den historischen Werten schöpfen. Die schlechten Einzelfälle werden vernachlässigt und Erfolge bevorzugt. Grundlage für den Filter können etwa eine negative Ist-Soll-Kostenabweichung oder Ist-Soll-Zeitabweichung sein. Er kann durch Gewichtungen individuell parametrisiert werden.

Da die historischen Ist-Daten in diversen Aggregationsniveaus vorliegen, durchlaufen sie die zuvor beschriebene Transformation, damit die für die Folgeplanung richtige Aggregationsebene vorliegt. So kann auch aus unterschiedlich granular erfassten Migrationsschritten eine Verallgemeinerung oder Dekomposition erfolgen.

Für nachfolgende Iterationen stehen für die Selektion und Reihenfolgebildung verbesserte Informationen zur Verfügung und fließen in die mathematische Optimierung ein. Sie sind aber auch als anreichernder Kontext für Planung und Umsetzung hilfreich, denn ergänzende Details erlauben den Umsetzungsteams einen frühen Blick, etwa auf Fallstricke, die sich in der Historie ergeben haben, ebenfalls aber auf Potentiale, die genutzt werden sollten. Die Vergangenheitswerte bieten der Umsetzung auch eine Vergleichsgrundlage, ob Abweichungen normal oder ungewöhnlich sind.

Die Informatik bietet deutlich weiterführende Methoden und Algorithmen, die hieran anknüpfen können. Maschinelles Lernen kann aus Erfahrungen und Beispielen Wissen künstlich generieren und verallgemeinern. Auch die „Knowledge-Discovery in Databases" und im speziellen der „Cross-Industry Standard Process for Data Mining" (CRISP-DM) bieten spannende Anknüpfung für den interessierten Leser. [568]

---

567 Die Details über die Analysen finden sich insbesondere in Teilkapitel 5.3.3 und sind im Datenmodel der Umsetzung in Teilkapitel 5.1.4.2 ebenfalls schon adressiert worden.

568 vgl. Wirth, R.; Hipp, J. (2000) CRISP-DM: Towards a Standard Process Model

5.2 Planung der Migration

Die prozessualen Abläufe, Apps mit Anwendungsoberflächen und Auswertungen der Migration sowie die zugrundeliegende Dateninfrastruktur wurden vorbereitet. Es folgt die Detaillierung der Controlling-Acht der Migration mit Fokus auf die Planung. Das beinhaltet die Verarbeitung zu erfassender und zu verarbeitender Informationen, die Methodenintegration und Auslegung der Optimierungen und Analysen. Es handelt sich um eine Umsetzungsempfehlung für die Schritte und Module der Methodik.

5.2.1 Schritt 1: Erfassung von Planungsvorgaben und Planungsdaten

Die Planungsphase der Controlling-Acht beginnt mit der Erfassung von Planungsvorgaben und Planungsdaten. Alle Informationen, die für den Durchlauf des Prozesses erforderlich sind, werden hier aufgenommen und modelliert. Das bedeutet, einerseits müssen die relevanten Daten aus dem digitalen Schatten hereingeladen werden oder neu erfasst werden und andererseits sind sie ins Modell zu überführen. Dazu dienen die zwei Module des ersten Schritts.

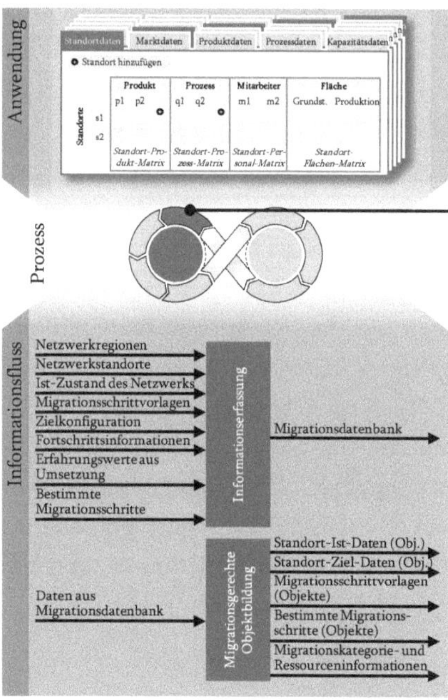

Vorgehen

Schritt 1: Erfassung von Planungsvorgaben und Planungsdaten

Ziel: Sammlung aller für die Methodik relevanten Informationen

Ergebnis: Formale und strukturierte Bereitstellung allgemein verfügbarer Informationen zur Anwendung der (datenbasierten) Methoden der Migrationsplanung

Modul 1.1: Informationserfassung

- Erfassung der Ist-Daten des Netzwerks
- Übergabe der Zielvorgaben aus voriger strat. und takt. Netzwerkkonfiguration (siehe Referenzprozess)
- Im eingeschwungenen Zustand: Informationen über Migrationsfortschritt u. Erfolgsbewertung aktueller Migrationsschritte
- Beachtung der Vorgaben zur Komplexitätsreduktion

Modul 1.2: Migrationsgerechte Netzwerk-Modellbildung

- Modellierung gesammelter Daten zur Anwendung
- Daten durchlaufen den digitalen Schatten

Abbildung 5.23: Steckbrief und Daten für Erfassung der Planung

5.2.1.1 Informationserfassung

Das Modul Informationserfassung verfolgt zwei Ziele: Es bietet eine Anleitung für die Erfassung von Informationen, die für den Durchlauf der Controlling-Acht erforderlich sind. Und es formalisiert die Erfassung und Speicherung von Daten im digitalen Schatten. Schon hier besteht ein Fokus auf die zielgerichtete Aufnahme nur solcher Informationen, die wirklich für die Methodik erforderlich sind und eine einhergehende Komplexitätsreduktion. Dennoch steht es jedem Unternehmen frei, sämtliche Informationen zu erfassen, die als hilfreich oder relevant angesehen werden.

Es ist zu unterscheiden zwischen einer erstmaligen Initialisierung oder dem fortlaufenden Aktualisieren der Informationen im eingeschwungenen Prozess.

Für die erfolgreiche Anwendung der Methodik wurde im Teilkapitel 5.1.4 die Datenbereitstellung reflektiert und ein Datenmodell vorgestellt; hierin sind die mindestens erforderlichen Daten definiert. Die tatsächliche Erfassung und Speicherung der Informationen in den digitalen Schatten sind der Kern des Moduls Informationserfassung:

- Informationen über Regionen des Produktionsnetzwerks: Das umfasst Bezeichnung und einheitlichen Schlüssel einer Region (oft auch ID oder Key)
- Informationen über einzelne Standorte des Produktionsnetzwerks: Erhebung des Namens des Standorts, eines eindeutigen Schlüssels, bei Bedarf der lokalen Währung und einer eindeutigen Zuordnung zu einer Region.
- Ist-Zustand des Produktionsnetzwerks: Ist-Daten der Migrationskapazitäten sowie aller Ressourcen jeder Kategorie des Netzwerks
- Ziel-Zustand des Produktionsnetzwerks: Dies sind Planungsvorgaben aus der vorgelagerten strategischen und taktischen Netzwerkplanung. Hierin wird beschrieben, in welche Konfiguration das Netzwerk zu migrieren ist.
- Tabellarische Auflistung von Migrationsschrittvorlagen für die Regionen: Diesen Vorlagen für die Standorte einer Region beschreiben mögliche Migrationsschritte. Hierauf fußt die spätere (initiale) Optimierung, denn die Vorlagen dienen als „Schablone“ zur automatischen Bestimmung der konkreten Migrationsschritte eines Standorts einer Region. In der Optimierung erfolgten zuerst die Auswahl und dann die Kostenminimierung der Schritte.

Neben Informationen, die vom Migrationsfortschritt unabhängig sind, werden auch solche erfasst, die erst im eingeschwungenen Verlauf der Controlling-Acht anfallen:

- Bereits bestimmte Migrationsschritte: Dies sind Schritte, die in früheren Durchläufen definiert wurden. Sie sind entweder eingeplant oder bereits in

Umsetzung. Nachfolgende Berechnungen des Migrationspotenzials und der Reihenfolgeoptimierung werden durch diese Schritte beeinflusst.

- Erfolgsbewertung und Fortschritt umzusetzender Migrationsschritte: Das sind Status-Informationen über Schritte, die in der Umsetzung sind.
- Disaggregation und Integration von Erfahrungswerten aus der Umsetzung: Dies kann die Aufteilung des Netzwerks zur detaillierteren Betrachtung einzelner Regionen oder Standorte ermöglichen. Zugleich können konkretere Informationen über anfallende Kosten, Zeitdauern sowie Ressourcen- und Kapazitätsverbrauch einzelner Migrationsschritte bereitgestellt werden. Mit ansteigenden Iterationen steigen dann Genauigkeit und Datenqualität der Methodik und damit die Aussagekraft ausgewiesener Migrationsschritte. Diese Evolution war in Abschnitt 5.1.4.4 vorgestellt worden.

Die Informationen werden schließlich für den digitalen Schatten bereitgehalten. Dafür sei an Abschnitt 5.1.4 erinnert. Die Abbildung 5.23 veranschaulicht das Modul.

Anwender können die Modellkomplexität beeinflussen, indem sie Anzahl und Größe der Regionen frei festlegen und sich so im Zielkonflikt positionieren. Damit steigt oder sinkt die Genauigkeit vorbestimmter Migrationsschrittvorlagen, während reziprok der Modellierungsaufwand fällt oder wächst. Mit steigender Anzahl an Iterationen und hinzugewonnenen Informationen aus der praktischen Durchführung wird der Vorteil offenbar: Anfangs besteht gegebenenfalls eine schwache Informationslage, die angemessen grob modelliert wird, zum Beispiel durch eine Region „Welt". Mit mehr Erfahrung aus der Anwendung steigt die Datenverfügbarkeit und erlaubt eine höhere Aggregationstiefe. Dies kann so weit führen, dass für jeden Standort detaillierte Migrationsschrittvorlagen vorliegen. Aggregationen und Disaggregationen sind keine Grenzen gesetzt. So ist die erforderliche Genauigkeit stets problemgerecht angepasst.

5.2.1.2 Migrationsgerechte Netzwerk-Modellbildung

Das Modul zur migrationsgerechten Netzwerk-Modellbildung ist informationstechnischer Natur und erfordert kaum manuellen Einsatz. Es folgt auf die Informationserfassung und überführt die dort gesammelten Daten in den digitalen Schatten.

Für eine migrationsgerechte Modellierung des Netzwerks und der Migrationsschritte werden Daten aus dem digitalen Schatten in zu referenzierende Objekte überführt:

- Ist-Zustände der Standorte in je ein Objekt pro Standort bündeln
- Zielkonfigurationen der Standorte in je ein Objekt pro Standort bündeln

- Ein Objekt für jeden Migrationsschritt bilden. Hierfür werden die Daten aus den Migrationsschrittvorlagen mithilfe der gleichnamigen Klasse abgebildet.
- Sofern verfügbar, bereits bestimmte Migrationsschritte mithilfe der dafür beschrieben Klasse erfassen. Die Rahmeninformationen sowie Informationen über den Migrationsfortschritt finden hierbei Beachtung.
- Migrationskategorien und Migrationsressourcen als Liste für den Verlauf der Optimierung mitführen.

Die im Datenmodell in Teilkapitel 5.1.4.2 beschriebenen Klassen dienen als Vorlage, Abbildung 5.23 veranschaulicht das. Die erstellten Objekte bilden die Eingangsinformationen für alle folgenden Module. Attribute aus dem Datenmodell, die durch den Import der Informationen aus dem digitalen Schatten noch nicht belegt wurden, sind für die Ergebnisse nachfolgender Bearbeitungsschritte vorgesehen.

5.2.2 Schritt 2: Erfassung von Einflüssen und Unsicherheit

Der zweite Schritt im Controlling der Migration dient der Erfassung von Einflüssen und Rahmenbedingungen der Planungssituation sowie der Bewertung der Unsicherheit für die möglichen Migrationsschritte.

Aus dem Umfeld des Produktionsnetzwerks wirken insbesondere externe Einflüsse, wie Wandlungstreiber, darauf ein.[569] Deren Effekte müssen sich in den Daten und im Modell des Netzwerks und der Migration widerspiegeln. Besonders die Einwirkungen der Wandlungstreiber auf die Kosten hat aufgrund der späteren Optimierungsrechnung nach Wirtschaftlichkeit einen großen Effekt auf die Planungsergebnisse

5.2.2.1 Bewertung der Unsicherheit

Controlling der Migration erfordert auch das Management von Unsicherheit. Das liegt dem Modul Bewertung der Unsicherheit zugrunde. Für spätere Handlungsempfehlungen muss in der Entscheidungssituation ersichtlich sein, mit wie viel Unsicherheit sie behaftet ist. Die Unsicherheit oder das Risiko einzelner Migrationsschritte werden dabei im vorgeschlagenen Projektplan ausgegeben. Dadurch wird diese Vorlage praxistauglich. Unsicherheit wird als Attribut an bestehende Informationen angehängt.

Unsicherheit im Controlling der Migration setzt sich zusammen aus

- Unsicherheiten bei der Prognose der Entwicklung von Wandlungstreibern,

[569] Siehe die Ausführungen zu Unsicherheit in Abschnitt 2.1.2.2

- Unsicherheiten in der Datenaktualität,
- Unsicherheiten aus der vorhandenen Datenqualität.

In die Bewertung der gesamten Unsicherheit fließen diverse Daten und Einflussfaktoren mit ein. Sie werden teils über mehrere Ebenen gewichtet aggregiert.

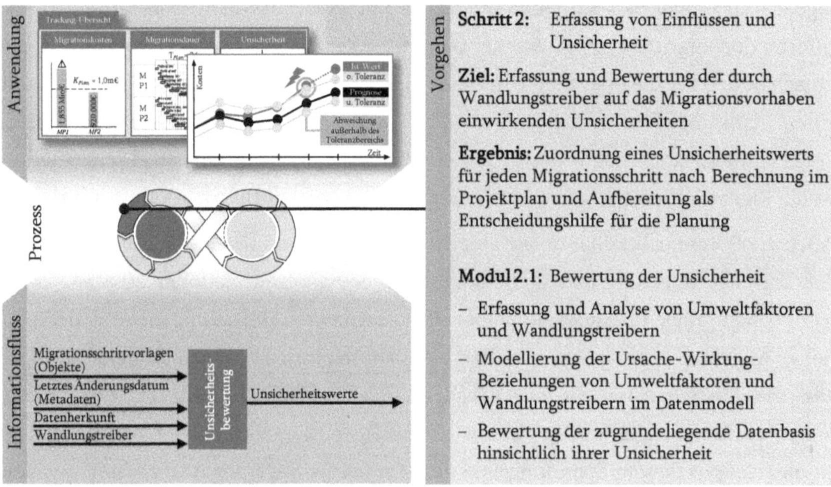

Abbildung 5.24: Steckbrief und Daten für die Unsicherheitsbewertung

Die **Volatilität der Wandlungstreiber** induziert ein hohes Maß an Unsicherheit in die Migration. Für eine quantifizierbare Bewertung ist deren Prognose erforderlich. Die Relevanz zeigt sich nicht zuletzt in den vielen vorausgegangenen Arbeiten, die sich mit Unsicherheit in Produktionsnetzwerken befasst haben.[570] In Rückblick auf Teilkapitel 2.1.2.2 sei daran erinnert, dass Wandlungstreiber als interne und externe Einflüsse für die Systemgrenze des Produktionsnetzwerks[571] Unsicherheitsfaktoren darstellen, deren zukünftiger Verlauf nur teilweise vorhergesagt werden kann. Wandlungstreiber wirken insbesondere auf bestehende Informationen für die Migration ein. Ein Beispiel dafür können Wechselkursschwankungen auf die Anschaffung einer neuen Maschine sein, die zu einem unterschiedlichen Kostenwert und somit zu einer veränderten Berechnungsgrundlage für die Migrationsplanung führen können.

Die **Datenaktualität** beeinflusst unmittelbar die Ergebnisqualität von Entscheidungsvorlagen. Die Güte einer Information kann sich im vielzitierten volatilen globalen

[570] Siehe dafür insbesondere die vorgestellten Forschungsansätze in Kapitel 3

[571] vgl. Westkämper, E.; Löffler, C. (2016) Strategien der Produktion, S. 54 ff.

Umfeld in kurzen Zeiträumen ändern. Ein Beispiel veranschaulicht das: Die spätere Optimierung legt Kosteninformationen zugrunde. Ein solcher Kostenwert, beispielsweise für die Anschaffung einer Maschine, kann etwa auf der Grundlage vergangener Anschaffungen einer vergleichbaren Ressource vor vielen Jahren als Information verfügbar sein – oder es wird, etwa durch das Einholen eines Angebots, eine aktuelle Information zugrunde gelegt. Auf der Grundlage der aktuelleren Information wird die Entscheidung für die operative Umsetzung der Migration zuverlässiger gefällt als mit einer groben Schätzung, die aber für eine qualifizierte Indikation ausreichen mag. Beide Optimierungsläufe wären grundlegend zulässig – in der Entscheidungssituation ist die Klarheit über die Aktualität der zugrundeliegenden Information wichtig.

Auch die **Datenqualität** hat in fast identischer Weise einen Einfluss auf die zu treffenden Entscheidungen. Es macht einen Unterschied, wie Informationen zustande kommen. Um im obigen Beispiel zu bleiben: Ein Kostenwert, der durch ein aktuell eingeholtes Angebot bei einem potenziellen Lieferanten ermittelt wird, hat mehr Aussagekraft als eine Schätzung, die zum Beispiel durch Experten im Einkauf vorgenommen wurde. Dafür ist ersterer Weg weitaus aufwändiger als letzterer. Auch hier ist die Positionierung in diesem Spannungsfeld eine Ermessensfrage der Anwendung, je nach Zielsetzung eines Planungslaufes. Es ist ein Vorteil der Methodik, dass – bei erkannter Unsicherheit über bestimmte Informationen – durch gezielt eingesetzten Aufwand die Datenqualität erhöht werden kann. Im Beispiel: Während die erste überschlägige Abschätzung als qualifizierte Indikation für eine Grobplanung noch ausreicht, kann für deren spätere Konkretisierung immer noch ein Angebot eingeholt werden. Es ist gar denkbar, Standardwerte oder Platzhalter (mit entsprechend großer Unsicherheit) zu hinterlegen, um Planungen auch mit schlechter Datengrundlage zu ermöglichen und in späteren Durchläufen gezielt nur die erforderlichen Informationen zu verfeinern. Das Potential durch die evolutionäre Anreicherung aktueller Daten aus Erfahrungswerten der Umsetzung mit steigender Anzahl an Iterationen in der Controlling-Acht der Migration zeigt sich im Beispiel: Wenn erst kürzlich eine vergleichbare Ressource in der Praxis aufgebaut wurde, liegen die Kosteninformationen dieser Beschaffung sowohl aktuell als auch in hoher (weil sie tatsächlich anfielen) Qualität vor.

Die **Berechnung und Zusammenführung der Unsicherheitswerte** wird für ein Attribut A vorgenommen und greift alle drei Aspekte auf. Die Unsicherheitswerte sind zwischen den Werten null und eins normiert. Die Formel 5.5 stellt dies dar.

Formel 5.5: Ermittlung des Unsicherheitswertes u_A

$$u_A = dau_A(t, A) * pu_A * dqu_A \qquad \text{mit } u_A \in [0, 1]$$

mit pu_A Unsicherheit der Prognose

dau_A Unsicherheit der Datenaktualität

dqu_A Unsicherheit der Datenqualität

Für die Berechnung der **Unsicherheit der Prognose** werden Wandlungstreiber betrachtet. Sie werden oft stochastisch modelliert[572] und können auf einen oder mehrere Daten einwirken. Das können etwa die fixen oder variablen Kosten der Migrationsschritte oder auch deren Zeitdauer sein. Diese Einwirkung wird hier als normalverteilt angenommen, wenngleich eine Binomial- oder Exponentialverteilung denkbar ist. Anwendern der Methodik stehen detailliertere Modellierungen frei; nach dem zentralen Grenzwertsatz[573] soll aber hier die Ausbildung einer Normalverteilung durch die additive Überlagerung diverser Einflüsse angenommen werden. Für die erforderliche Normierung wird der Quotient aus maximalem und minimalem Wert einer Ausprägung von eins subtrahiert. Der Unsicherheitswert ist so ein normiertes Maß über die Streuung der möglichen Ausprägung eines entsprechend beeinflussten Datenwerts. Eine Tendenz gegen null spricht für große Streuung und ein Wert gegen eins für Sicherheit. Die Formel 5.6 macht dies nachvollziehbar.

Formel 5.6: Ermittlung der Unsicherheit der Prognose pu_A

$$pu_A = 1 - \frac{X_{A,max}}{X_{A,min}} \quad \in (0, 1]$$

mit $X_{A,max}$ prognostizierter Maximalwert einer Ausprägung A

$X_{A,min}$ prognostizierter Minimalwert einer Ausprägung A

Der Bemessung von **Unsicherheit der Datenaktualität** liegt die Annahme eines exponentiellen zeitlichen Verfalls der Gültigkeit zugrunde. Die große Dynamik in Produktionsnetzwerken begründet diese Annahme. Auf eine Datenspeicherdauer wirkt ein Verfallsparameter $\eta(A)$ und bemisst, wie schnell ein Datenattribut seine Gültigkeit verlieren soll.[574] Es handelt sich dabei um ein aus der Literatur bekanntes Konzept, das

---

[572] vgl. Moser, E.; Stricker, N. et al. (2016) Migration Planning for Global Production Networks, S. 36

[573] vgl. WolframMathWorld (2021) Central Limit Theorem

[574] vgl. Even, A.; Shankaranarayanan, G. et al. (2007) Economics-Driven Data Management; vgl. Heinrich, B.; Klier, M. et al. (2012) Aktualität von Daten in Informationssystemen, S. 1206

in diesem Fall jedoch nicht mit einer Empfehlung für die Auslegung des Parameters einher geht. Für die individuelle Dimensionierung kann folgendes Beispiel eine Indikation geben: Es erscheint pragmatisch die Datenaktualität nach einem Jahr mit grob der Hälfte des Aufgangswertes zu bemessen. Werden die Zeitperioden der Methodik in Wochen bemessen, sind nach einem Jahr 52 Wochen vergangen. Wird der Verfallsparameter mit $\eta(A) = 0.015$ einfach bestimmt, ergibt das eine Unsicherheit von $dau_A(52, A) = e^{-0.015*52} = 0{,}46$. Nach zwei Jahren würden daraus ca. 21 Prozent. Die Berechnung ist in der Formel 5.7 erörtert. Ein Ergebnis nahe null legt eine geringe Aktualität nahe und ein Ergebnis nahe eins spricht für hohe Aktualität der Daten.

Formel 5.7: Ermittlung der Unsicherheit der Datenaktualität dau$_A$

$$dau_A(t_A, A) = e^{-\eta(A)*t_A} \quad \in (0, 1]$$

mit t_A Speicherdauer der Daten

$\eta(A)$ Verfallsparameter

Für die Bewertung **der Unsicherheit der Datenqualität** wird ein äquidistantes Punktesystem empfohlen. So kann in der Anwendung ein individueller Maßstab berücksichtigt werden. Unter Berücksichtigung einer festgelegten Maximalpunktzahl werden mit steigender Verlässlichkeit der Datengrundlage mehr Punkte vergeben. Für die Normierung wird ein Verlässlichkeitswert durch mögliche die Maximalpunktzahl geteilt. Die Formel 5.8 drückt den Zusammenhang aus.

Formel 5.8: Ermittlung der Unsicherheit der Datenqualität dqu$_A$

$$dqu_A = \frac{V_A}{V_{max}} \quad \in [0, 1]$$

mit V_A Verlässlichkeitswert für jede Ausprägung A

V_{max} Maximaler Verlässlichkeitswert

Mit der Ermittlung aller Unsicherheitswerte gelingt die Errechnung des gesamten Unsicherheitswerts aus Formel 5.5. Abbildung 5.25 verdeutlicht die Zusammenhänge.

Da das Controlling der Migration viele Aggregationsstufen umfasst, muss die Unsicherheit von Informationen in den Aggregationsstufen erfasst und ersichtlich werden. Auch die auf unterster Aggregationsebene erfassten Unsicherheitswerte müssen, wie herausgearbeitet, über verschiedene Ebenen aggregiert werden. Dafür gewichtet ein Faktor die Unsicherheitswerte gemessen an ihrem Einfluss auf das Ergebnis für die nächsthöhere Aggregationsstufe. Dieser Gewichtungsfaktor ist auch normiert und auf einer Aggregationsebene ist die Summe der Gewichtungsfaktoren eins. Das Beispiel eines Maschinenankaufs verdeutlicht das erneut: In die Unsicherheit dieses Ressourcenaufbaus spielen verschiedene Faktoren herein. Die Installationsaktivitäten können beispielsweise auf zweiter Ebene mit einer überschaubaren Unsicherheit und hinreichend soliden Erfahrungswerten über anfallende Kosten attribuiert werden. Sie müssen in dem Fall nicht weiter heruntergebrochen werden. Die Anschaffungsaufwände hingegen sollen in diesem Beispiel weitaus detaillierter in die Planung einfließen und so entstünde ein gemischtes Bild durch moderate Wechselkursschwankungen, eine hohe Datenqualität wegen des konkreten Kaufpreisangebots und zugleich erhebliche Logistikkostenvolatilität aufgrund einer lokal instabilen politischen Situation. Dieses gemischte Bild kann in der Praxis nun anforderungsgerecht aggregiert oder heruntergebrochen werden. So kann die Anwendung darauf abzielen, konkrete Unsicherheiten zum Beispiel durch ergänzende Recherche zu beheben. Ressourcen können in Reflektion des eigenen Sicherheitsbedürfnisses zielgerichtet eingesetzt werden. Eine klare und rationale Positionierung wird möglich.

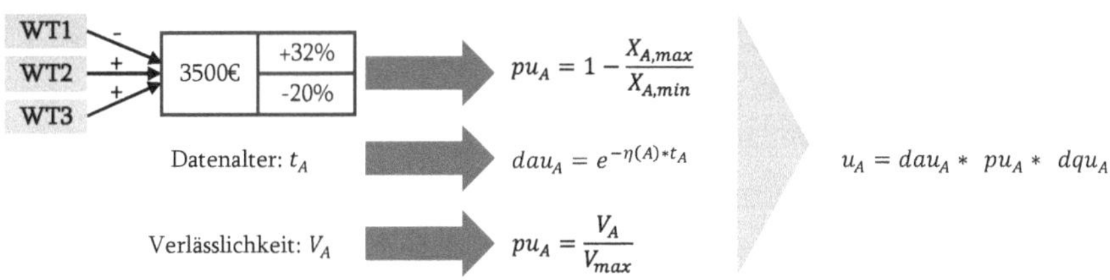

Abbildung 5.25: Berechnung von Unsicherheit

Die Formel 5.9 setzt diese Anforderungen in die erforderliche Mathematik um.

Formel 5.9: Ermittlung der Unsicherheit höherer Aggregationsebenen u_I

$$u_I = \sum_{a=A_1}^{A_n} u_a * G_a \qquad \text{mit } u_a, G_a \in [0,1] \text{ und } \sum_a G_a = 1$$

mit G_a Gewichtungsfaktoren für ein Attribut $a \in \{A_1, \dots, A_n\}$

Index I Nächst höher gelegene Aggregationsebene

Die Aggregationsebenen vereinen die gesamte Unsicherheit von Migrationsvorhaben. Die Aggregation kann etwa durch ein Ampelschema und individuell vergebene Grenzwerte entscheidungsgerecht visualisiert werden, wie Abbildung 5.26 zeigt.

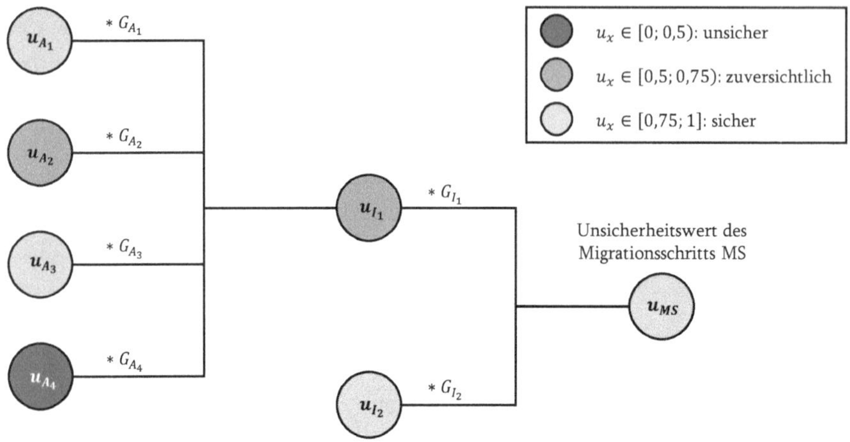

Abbildung 5.26: Aggregation und Diskretisierung von Unsicherheit

Im erstmaligen Durchlauf der Methodik kann an dieser Stelle nur die Initialisierung geschehen. Für die Bildung der jeweiligen Gewichtungsfaktoren werden nämlich Informationen aus dem späteren Optimierungsdurchlauf, etwa die Skalierungsfaktoren, benötigt. Die vorbereiteten Unsicherheitswerte fließen aber spätestens im Zuge der Handlungsempfehlung als Darstellung über die Ergebnissicherheit in den ausgegebenen Projektplan mit ein. Entscheidend ist, dass sie als Attribut zu bestehenden Informationen deren Grad an Unsicherheit oder Sicherheit beschreiben.

Das Modul Unsicherheitsbewertung muss auf diverse Daten zugreifen, die in Abbildung 5.24 dargestellt sind. Metadaten, wie das letzte Änderungsdatum oder eine Datenherkunft müssen erfasst sein, denn ihnen kommt eine entscheidende Rolle zu. Auch Wandlungstreiber fließen hier ein. Ihre Modellierung steht nicht im Fokus dieser Methodik, andere Autoren [575] haben dazu bereits vielfältige Ansätze vorgestellt.

5.2.3 Schritt 3: Bestimmung des Migrationsbedarfs

Die Planungsgrundlagen sind nun erfasst und beeinflussende Faktoren bewertet. Damit wird in den zwei Modulen des folgenden Schritts der Migrationsbedarf bestimmt:

---

[575] Dafür sei zum Beispiel auf die Arbeiten von NEUNER, SCHMITZ, MOSER oder SCHUH ET AL. verwiesen, die unter anderem das Thema Unsicherheit in Produktionsnetzwerken jeweils aus anderen Perspektiven adressieren: vgl. Neuner, C. (2009) Konfiguration internationaler Produktionsnetzwerke; vgl. Moser, E. (2018) Migrationsplanung globaler Produktionsnetzwerke; vgl. Schmitz, T. (2018) Kostenmodellierung von Produktallokationen; vgl. Schuh, G.; Prote, J.-P. et al. (2019) Planning and Controlling Migration

Zunächst wird das Migrationspotential berechnet. Es drückt die Differenz zwischen Ist- und Ziel-Konfiguration des Netzwerks aus. Die Ziel-Konfiguration ist der Ausdruck der Zielstellung aus der taktischen Netzwerkkonfiguration, die der Migration vorgelagert ist. Und die Ist-Konfiguration wurde bereits modelliert. Das Migrationspotential beschreibt, welche grundlegende nicht realisierte Migrationsfähigkeit am Netzwerk anliegt und welche Migration durchgeführt werden kann – es zeigt somit auf, was sich im Netzwerk verändern muss.

Anschließend wählt und skaliert eine Optimierung diejenigen Schritte, die das Migrationspotential bestmöglich überbrücken. Sie zeigen dann auf, welche Schritte diese Transformation für die konkrete Aufgabenstellung tatsächlich am besten leisten.

Zusammengefasst: Auf Seiten des Netzwerks liegt das Migrationspotential an und die Migration leistet dessen kostenoptimale Überbrückung durch Auswahl der optimalen Migrationsschritte aus der Menge aller denkbaren Schritte – die optimierte Schrittauswahl zeigt auf, wie sich das Netzwerk verändern muss.

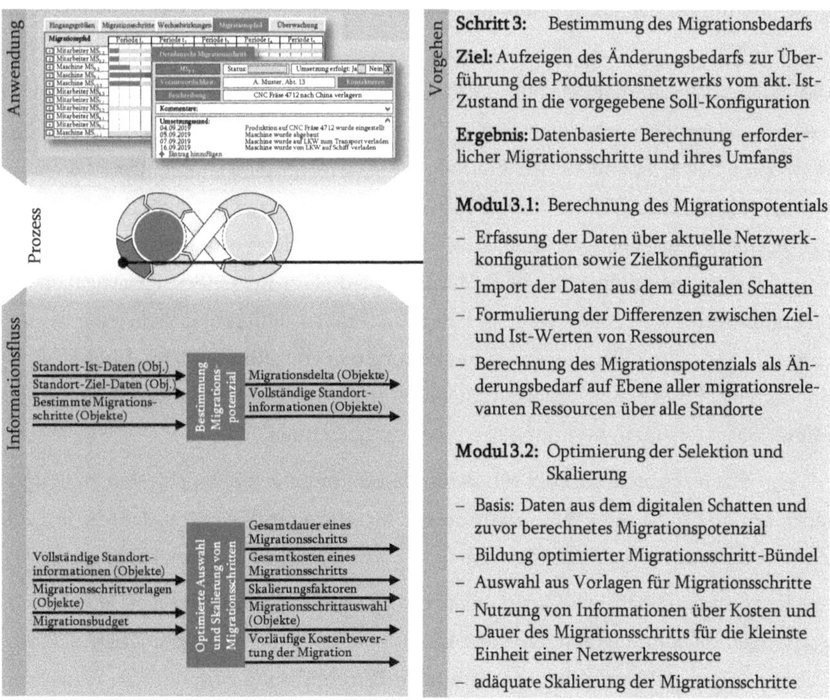

Abbildung 5.27: Steckbrief und Daten für Bestimmung des Migrationsbedarfs

5.2.3.1 Berechnung des Migrationspotentials

Die Bestimmung des Migrationsbedarfs beginnt mit dem Modul zur Berechnung des Migrationspotentials. Das Migrationspotenzial beschreibt den Änderungsbedarf aller migrationsrelevanten Ressourcen über alle Standorte hinweg. Die Berechnung stellt Daten über die gegenwärtige Ist-Konfiguration des Netzwerks den Daten über dessen avisierte Soll-Konfiguration gegenüber. Der digitale Schatten ist erneut die Datenquelle: Ist-Daten sind erfasst und Soll-Daten manifestieren die Ziele der vorausgelagerten Netzwerkgestaltung in taktischer Ebene.[576] Die besagte Gegenüberstellung von Ist- und Soll-Konfiguration wird über sogenannte Migrationsdeltas ausgedrückt. Ein solches Migrationsdelta beschreibt die Differenz zwischen dem Soll- und Ist-Zustand jeweils einer Migrationsressource an einem Standort. Hierüber kann also ausgedrückt werden, wie viele Einheiten einer Ressource an einem Standort auf- oder abgebaut werden, um die Differenz zwischen Ist- und Soll-Konfiguration zu überbrücken. Dieses Delta wird im Betrachtungsbereich für alle Standorte und deren Migrationskategorien bestimmt, um aus der Summe der Migrationsdeltas das Migrationspotenzial zu beschreiben.

Das Migrationspotential sieht die Modellierung von Unsicherheit nicht vor; das ist weder erforderlich noch pragmatisch. Unsicherheit wird direkt auf Ebene der Eingangsdaten bewertet und als Attribut neben den Berechnungen mitgeführt, das wurde im vorherigen Teilkapitel deutlich. Das Migrationspotenzial wird somit durch eindeutige Werte beschrieben und erfordert keine Spannen oder Verteilungen. So ist es zulässig, dass die nachfolgenden Optimierungen lediglich für eindeutige Angaben ein Planungsergebnis ausgeben. Das dient auch der Praktikabilität und Reduktion des Rechenaufwands. Eine Planung etwa über den Aufbau von „fünf bis acht Maschinen“ ist impraktikabel und bleibt ergebnislos. Es steht in der praktischen Anwendung frei, das Migrationspotenzial in mehreren Szenarien zu berechnen.

Die eigentliche **Berechnung des Migrationsdeltas** knüpft an die beschriebenen Grundideen an und drückt diese mathematisch aus. Ein einzelnes Migrationsdelta ist folglich die Subtraktion des Ist-Zustandes vom Soll-Zustand, so wie in Formel 5.10 erklärt.

Die Kontinuität der Controlling-Acht der Migration bedeutet, dass auch Schritte aus vorherigen Berechnungen noch einen Einfluss auf das Migrationsgeschehen ausüben. Daher fließen nicht nur die zum jeweiligen Durchführungszeitpunkt zu planenden

---

576 Für die Dateninfrastruktur und Informationsflüsse siehe die Teilkapitel 5.1.4.2 und 5.1.1

Schritte in die Berechnung ein, sondern auch diejenigen Migrationsschritte die bereits geplant oder gerade in der Umsetzung sind, aber noch nicht abgeschlossen wurden. Denn ihre Auswirkungen auf das Netzwerk sind noch nicht realisiert – sie können aber auch nicht ein weiteres Mal als Maßnahme in die Planung einfließen. Der Umfang, mit dem solche Schritte noch ausstehen, ist aus den Optimierungen in früheren Durchläufen bekannt und beeinflusst also die jeweils aktuelle Planung einer Migrationsressource. Er wird durch einen Skalierungsfaktor beschrieben und so aus der Ermittlung des Migrationsdeltas herausdifferenziert.

Formel 5.10: Ermittlung eines einzelnen Migrationsdeltas δ_{s,k,mr_k}

$$\delta_{s,k,mr_k} = ziel_{s,k,mr_k} - ist_{s,k,mr_k} \qquad \forall\, s \in S,\; k \in K,\; mr_k \in MR_k$$

mit

ist_{s,k,mr_k}	Ist-Wert der Ressource
$ziel_{s,k,mr_k}$	Soll-Wert der Ressource
$\delta_{s,k,mr_k} > 0$	bedeutet Steigerung der betreffenden Ressource
$\delta_{s,k,mr_k} = 0$	bedeutet keine Veränderung der betreffenden Ressource
$\delta_{s,k,mr_k} < 0$	bedeutet Reduktion der betreffenden Ressource

Die endgültig abgeschlossenen Migrationsschritte erfordern hingegen keine weitere Beachtung, denn die Änderungen an der Netzwerkkonfiguration wurden bereits realisiert und spiegeln sich im aktuellen Ist-Zustand des Netzwerks wider. Formel 5.11 verdeutlicht die Ermittlung eines Migrationsdeltas im eingeschwungenen Zustand.

Formel 5.11: Ermittlung eines Migrationsdeltas δ_{s,k,mr_k} in höherer Iteration

$$\delta_{s,k,mr_k} = \sum_{ms^b \in MS^b_{s,k,mr_k}} ziel_{s,k,mr_k} - ist_{s,k,mr_k} - sf_{s,k,mr_k,ms^b}$$

$$\forall\, s \in S,\; k \in K,\; mr_k \in MR_k$$

mit

mr_k	Migrationsressource
k	Migrationskategorie
s	Standort
$ms^b \in MS^b_{s,k,mr_k}$	alle relevanten zuvor bestimmten Migrationsschritte
sf_{s,k,mr_k,ms^b}	Skalierungsfaktor der zuvor bestimmten Migrationsschritte
…	die übrigen Terme sind aus Formel 5.10 bekannt.

Aus dem Migrationsdelta einer Ressource wird das Migrationspotenzial über alle Ressourcen gebildet. Auch für dieses Teilmodul ist die Verarbeitung von Daten zentral und bildet eine Grundlage für die nachfolgende Optimierung. Das objektbasiert errechnete Migrationsdelta wird zusammen mit den anderen standortrelevanten Informationen in einem Objekt der Klasse „Standort“ gebündelt. In der Abbildung 5.27 sind die eingehenden und ausgehenden Daten dargestellt.

Eine Matrixdarstellung[577] veranschaulicht das netzwerkweite Migrationspotential und wird in Abbildung 5.28 als Beispiel gezeigt. Für positive Werte ist ein Ressourcenaufbau notwendig und negative Werte erfordern Ressourcenreduktion.

Migrations-potenzial		Mitarbeiter			Maschinen			Flächen			Gebäude		
		q_1	...	q_n	m_1	...	m_n	f_1	...	f_n	g_1	...	g_n
Standorte $s \in S$	s_1	-6	...	13	-8	...	5	-35	...	-40	-4	...	-9
	s_2	22	...	-38	-10	...	-4	-38	...	13	-3	...	-5
	s_3	-25	...	20	2	...	9	-4	...	39	0	...	0
	s_4	40	...	34	0	...	2	-12	...	-14	-9	...	2
	s_5	-10	...	-4	1	...	-6	-12	...	23	-4	...	-4

Abbildung 5.28: Migrationspotenzial in beispielhafter Matrix-Darstellung

5.2.3.2 Optimierung der Selektion und Skalierung

Auf das erfasste Migrationspotential folgt unmittelbar das Modul zur Optimierung der Selektion und Skalierung der Migrationsschritte. Dieses Modul hat das Ziel, ein optimales Programm oder Bündel an Migrationsschritten vorzuschlagen, durch das das anliegende Migrationspotenzial optimal überwunden wird. Diverse Schritte können zum gleichen Ziel führen; sie sind durch vielfältige Migrationsschrittvorlagen für die Regionen im digitalen Schatten hinterlegt und kommen quasi als Schablone zum Einsatz. Aus diesen denkbaren Vorlagen muss nun eine Auswahl idealer Schritte selektiert werden. Die Vorlagen geben zugleich auch Auskunft über die Kosten und die

[577] Die Matrixdarstellung für das Migrationspotential wurde bereits in vergangenen Veröffentlichungen des Autors vorgestellt, vgl. Schuh, G.; Prote, J.-P. et al. (2019) Planning and Controlling Migration, S. 367

Zeitdauer für die Migration einer einzelnen Netzwerkressource. So ist neben der Auswahl eines Schritts auch dessen Skalierung auf dasjenige Maß notwendig, das das jeweils erforderliche Potential überbrückt.

Infos und Hintergründe:
Optimierung als Teilgebiet der Operations-Research

Der Begriff der Optimierung hat seinen Ursprung in der Mathematik[578] und ist zugleich von elementarer Bedeutung im noch recht jungen Forschungsfeld der Operations-Research. [579]

Dieses befasst sich insbesondere mit „der Analyse von praxisnahen, komplexen Problemstellungen im Rahmen eines Planungsprozesses zum Zweck der Vorbereitung von möglichst guten Entscheidungen durch die Anwendung mathematischer Methoden."[580] Damit adressiert Operations-Research die für die Migration formulierte Übersetzung eines Entscheidungsproblems durch ein Optimierungsmodell unter Anwendung eines Algorithmus zur Problemlösung fast idealtypisch.

Operations-Research umfasst zahlreiche Teilgebiete: Die **lineare Optimierung** umfasst eine oder mehrere lineare Zielfunktionen und wird durch Nebenbedingungen ergänzt. Die **ganzzahlige (lineare) und kombinatorische Optimierung** findet bei Reihenfolgen-, Gruppierungs- oder Auswahlproblemen Anwendung; auch hierfür existieren Zielfunktion(en) und alle oder einige der formulierten Variablen dürfen nur ganzzahlige oder gar binäre Werte annehmen. Darüber hinaus sind die **Graphentheorie,** bzw. Netzplantechnik, **dynamische** Optimierung, **nichtlineare** Optimierung, **Warteschlangentheorie** und **Simulation** weitere davon abzugrenzende Teilbereiche der Operations-Research. [581]

In dieser Arbeit werden ein lineares ganzzahliges Minimierungsproblem mit einer binären Selektionsvariable und einer ganzzahligen Skalierungsvariable sowie ein lineares Minimierungsproblem zur Reihenfolgenbildung formuliert. [582]

---

[578] vgl. Jarre, F.; Stoer, J. (2004) Optimierung, S. 1
[579] vgl. Domschke, W.; Drexl, A. et al. (2015) Einführung in Operations Research, S. VI f.
[580] Domschke, W.; Drexl, A. et al. (2015) Einführung in Operations Research, S. 1
[581] vgl. Domschke, W.; Drexl, A. et al. (2015) Einführung in Operations Research, S. 8 f.
[582] Die benannten Optimierungen sind beschrieben in den Teilkapiteln 5.2.3.2 und 5.2.4.1

Im Beispiel lässt sich das erklären: Angenommen, es bestünde ein Migrationspotential für den Aufbau von sieben neuen Maschinen. Dann könnten diese von einem anderen Standort verschoben werden. Stattdessen wäre im Beispiel aber der Ankauf von sieben neuen Maschinen sinnvoller – dann würde die Migrationsschrittvorlage „Ankauf" selektiert und mit dem Faktor sieben skaliert. Die Migrationsschrittvorlage „Verschiebung" würde nicht selektiert und mit dem Faktor null versehen.

Die Selektion und Skalierung werden für die Wirtschaftlichkeit eines Programms oder Bündels an Migrationsschritten optimiert. Migrationsschritte werden grundsätzlich durch variable und fixe Kosten beschrieben.

Der Bilanzraum der betrachteten Migration wird in der Modellierung geschützt. Es darf keine Quellen und Senken geben, die nicht explizit also solche vorgesehen sind:

- Eine Verlagerung von Ressourcen bedeutet einen zeitgleichen Ab- und Aufbau von Ressourcen in der Modellierung. Es muss berücksichtigt sein, dass auch bei der Verlagerung von Ressourcen in Summe nur so viele Ressourcen gesteigert werden können, wie zuvor anderswo reduziert wurden.
- Eine Umwandlung ist die Veränderung der Ausprägung einer Migrationsressource innerhalb eines Standortes. [583] In der Modellierung erfordert das einen gleichzeitigen Ab- und Aufbau von Ressourcen. Umwandlungsschritte verschieben oder verändern Ressourcen zu anderen Kosten und Zeiten als isolierte Schritte zur Steigerung und Reduktion mit externen Quellen und Senken. Das muss die Optimierung berücksichtigen. Wenn zum Beispiel mit der Anschaffung neuer Maschinen Personal umgeschult wird, wird es modellseitig als Ressource zeitgleich in der erforderlichen Anzahl reduziert und in neuer Qualifikation in gleicher Anzahl gesteigert. Es ist dabei unerheblich, ob beispielsweise zuvor drei Mitarbeiter mit einfacher Qualifikation und vier Mitarbeiter mit fortgeschrittener Qualifikation nun zu siebt in ihrer neuen Rolle zur Bedienung der sieben Maschinen eingesetzt werden, solange die aufgebauten und abgebauten Summen immer gleich groß sind.

Die folgenden Schlüsse sind zur Herleitung der Optimierung wichtig:

- Wirtschaftlichkeit offenbart sich in der Ermittlung eines Kostenminimums.
- Die Modellierung muss variable und fixe Kosten berücksichtigen.

[583] Die Migrationstypen, wie Verschiebung oder Umwandlung, wurden in Abschnitt 5.1.4.1 eingeführt

- Eine Optimierung muss problem- und modellgerecht sein und die Auswahl- und Skalierungsvariablen müssen logisch konsistent sein.

Für die Optimierung gelten aus obiger Herleitung drei ergänzende Forderungen:

- Das Migrationspotenzial muss vollständig und exakt überwunden werden.
- Die Ressourcenverlagerung muss modellierungsgetreu einfließen.
- Die Ressourcenumwandlung muss modellierungsgetreu einfließen.

Diese Schlüsse formen ein komplexes Problem, das die **mathematische Optimierung** der Selektion und Skalierung löst. Die Forderung nach Wirtschaftlichkeit und damit nach einer Kostenminimierung wird durch ein Minimierungsproblem mathematisch beschrieben. Die Zielfunktion der Optimierung ist in Formel 5.12 ausgedrückt und stellt die Summe der fixen und variablen Kosten aller ausgewählten Migrationsschritte dar. In der Zielfunktion finden sich nach dem Vorbild der zuvor erklärten Schlüsse zwei Entscheidungsvariablen wieder: Eine binäre Auswahlvariable bestimmt, ob ein Migrationsschritt durchgeführt wird oder nicht. Eine als Skalierungsfaktor beschriebene ganzzahlige Skalierungsvariable bestimmt, in welchem Umfang ein Migrationsschritt durchzuführen ist. Die Auswahlvariable wird mit dem Fixkostenanteil multipliziert und die Skalierungsvariable mit dem Anteil variabler Kosten.

Formel 5.12: Zielfunktion Z_s für Selektion und Skalierung

$$Z_s = \min_{av,sf} \sum_{s \in S} \sum_{k \in K} \sum_{mr_k \in MR_k} \sum_{ms^v \in MS^v} \Big(av_{s,k,mr_k,ms^v} * K^{fix}_{s,k,mr_k,ms^v} + sf_{s,k,mr_k,ms^v} * K^{var}_{s,k,mr_k,ms^v} \Big)$$

mit

K^{fix}_{s,k,mr_k,ms^v}	fixe Kosten eines Migrationsschrittes ms^v
K^{var}_{s,k,mr_k,ms^v}	variable Kosten eines Migrationsschrittes ms^v
ms^v	Migrationsschritt

mit der binären Auswahlvariable (erste Entscheidungsvariable)

$$av_{s,k,mr_k,ms^v} = \begin{cases} 1, & \text{falls } ms^v \text{ ausgeführt werden soll} \\ 0, & \text{falls } ms^v \text{ nicht ausgeführt werden soll} \end{cases}$$

mit dem ganzzahligen Skalierungsfaktor (zweite Entscheidungsvariable)

$$sf_{s,k,mr_k,ms^v} = \begin{cases} x \in \mathbb{N}: & ms^v \text{ soll } x\text{-mal ausgeführt werden} \\ 0: & ms^v \text{ soll nicht ausgeführt werden} \end{cases}$$

… die übrigen Terme sind aus Formel 5.10 bekannt.

Die Auswahlvariable und die Skalierungsvariable sind in der Zielfunktion aus Formel 5.12 als additiver Term $av_{s,k,mr_k,ms^v} * K^{fix}_{s,k,mr_k,ms^v} + sf_{s,k,mr_k,ms^v} * K^{var}_{s,k,mr_k,ms^v}$ formuliert. Das ist eine bewusste Entscheidung, obwohl aus der inhaltlichen Herleitung ein multiplikativer Zusammenhang ebenfalls denkbar wäre. Der multiplikativ formulierte Term $av_{s,k,mr_k,ms^v} * \left(K^{fix}_{s,k,mr_k,ms^v} + sf_{s,k,mr_k,ms^v} * K^{var}_{s,k,mr_k,ms^v}\right)$ wäre sogar vorteilhaft, weil die Auswahlvariable ohne Rücksicht auf die Skalierungsvariable den gesamten Term zu null setzen könnte, wenn ein Migrationsschritt nicht selektiert würde. In der Optimierung ist die additive Formulierung jedoch einfacher und aufwandsärmer zu lösen, da sie ein lineares Optimierungsproblem formuliert. Andere, komplexere Probleme sind nicht mehr aufwandsarm und sollen vermieden werden.[584] Damit trotz des additiven Zusammenhangs die logische Konsistenz der Optimierung gewahrt bleibt, sind die folgenden zwei formalen Nebenbedingung erforderlich:

1. Die Skalierungsvariable darf nicht null sein, wenn die Auswahlvariable einen Migrationsschritt auswählt und den Wert eins annimmt. Dies wird gelöst, indem die Skalierungsvariable größer gleich der Auswahlvariable sein muss. Die erste Nebenbedingung drückt den Zusammenhang aus.
2. Wenn die Auswahlvariable null wird, weil ein Schritt nicht ausgewählt wird, muss dies auch für die Skalierungsvariable gelten. Eine einfache Hilfestellung modelliert das: Die Auswahlvariable wird mit einem wertemäßig sehr großen Parameter M multipliziert, der den Wertebereich der Skalierungsvariable deutlich überschreitet und größer gleich der Skalierungsvariable sein muss. Ist die Auswahlvariable null, gilt das auch für die Skalierungsvariable. Eine Skalierungsvariable, die immer kleiner sein wird als der Faktor aus Auswahlvariable und dem groß genug gewählten Parameter M, erfüllt die Bedingung. Die zweite Nebenbedingung gewährleistet das.

Die inhaltlichen Forderungen gebieten drei weitere Nebenbedingungen.

3. Die Forderung nach exakter und vollständiger Überwindung des Migrationspotenzials erfordert für die mathematische Optimierung eine aktive Bedingung; diese ist in der dritten Nebenbedingung dargestellt. Sie besagt, dass das geforderte Migrationsdelta für jede Ressource, in jeder Migrationskate-

[584] Das deckt sich mit den Anforderungen an die Methode aus Unterkapitel 4.1 und darüber hinaus mit Aussagen in der Literatur, vgl. Sager, B. (2019) Konfiguration globaler Produktionsnetzwerke, S. 62 f.

gorie und an jedem Standort durch die Anwendung der verfügbaren Migrationsschritte überwunden wird. Die Subtraktion des Migrationsdeltas von der Summe der gerichteten, selektierten und skalierten Migrationsschritte muss sich folglich zu null ergeben. Gerichtet heißt hierbei, dass der Modus der Migration berücksichtigt ist. Denn Migration unterscheidet zwischen Reduktion und Steigerung von Ressourcen.[585] Eine negative Skalierung existiert nicht, deshalb muss ein zusätzlicher Term die Richtung der Migration, den sogenannten Migrationsmodus, angeben.

4. Die vierte Nebenbedingung bezieht sich auf die Forderung nach einer modellierungsgetreuen Verlagerung von Ressourcen. Alle durch Reduktion und Steigerung manifestierten Verlagerungsaktivitäten einer Migrationsressource müssen sich im gesamten Netzwerk zu null summieren.
5. Die fünfte Nebenbedingung adressiert die Forderung nach einer modellierungsgetreuen Umwandlung von Ressourcen. Sie muss gewährleisten, dass sich innerhalb eines Standorts die Summen aller Steigerungs- und Reduktionsschritte des Typs „Umwandlung" über alle Ressourcen einer jeweiligen Migrationskategorie hinweg zu null summieren. Es darf keine Ressource durch Umwandlung gesteigert werden, ohne dass nicht eine andere Ressource in gleichem Umfang reduziert wurde. Die Menge K^{umw} umfasst die für eine Umwandlung zulässigen Kategorien, denn schon in der Modellbildung durch die Teilkapitel 5.1.4.1 und 5.2.1.2 wurde deutlich, dass eine Umwandlung nicht für alle Kategorien vorgesehen werden kann.

Die fünf Nebenbedingungen werden mathematisch in der Formel 5.13 formuliert. Zusammen mit der Zielfunktion aus Formel 5.12 wird die Optimierung der Selektion und Skalierung durchgeführt. Daraus lassen sich für eine erste Orientierung bereits Gesamtkosten und die Gesamtdauer der Migration auswerten. Erstmals fließt auch das Migrationsbudget mit ein, durch das in der Planung eine Kostengrenze festgelegt und überprüft wird. Es dient als objektives Abbruchkriterium, das entweder die Überarbeitung der Datengrundlage veranlasst oder ausdrückt, dass eine Planung im vorhergesehenen Budgetrahmen nicht realistisch ist. Hier ist das Migrationsbudget nur eine erste Indikation; es findet im nachfolgenden Schritt Anwendung. In Abbildung 5.27 sind die eingehenden und ausgehenden Informationen dargestellt.

[585] Siehe die Erklärung des Migrationsmodus in Abschnitt 5.1.4.1

Formel 5.13: Nebenbedingungen für die Selektion und Skalierung

Nebenbedingung 1

$$sf_{s,k,mr_k,ms^v} \geq av_{s,k,mr_k,ms^v} \qquad \forall\, s \in S,\; k \in K,\; mr_k \in MR_k,\; ms^v \in MS^v_{r_s,k,mr_k}$$

Nebenbedingung 2

$$sf_{s,k,mr_k,ms^v} \leq av_{s,k,mr_k,ms^v} * M \qquad \forall\, s \in S,\; k \in K,\; mr_k \in MR_k,\; ms^v \in MS^v_{s,k,mr_k}$$

mit M sehr groß zu wählender Hilfsparameter; $M \ggg sf_{s,k,mr_k,ms^v}$

Nebenbedingung 3

$$\sum_{ms^v \in MS^v_{s,k,mr_k}} sf_{s,k,mr_k,ms^v} * mod(ms^v) - \delta_{s,k,mr_k} = 0 \qquad \forall\, s \in S,\; k \in K,\; mr_k \in MR_k$$

mit $mod(ms^v) = \begin{cases} 1, & \text{falls ms}^{\text{v}} \text{ den Migrationsmodus } \textit{Steigerung} \text{ hat} \\ -1, & \text{falls ms}^{\text{v}} \text{ den Migrationsmodus } \textit{Reduktion} \text{ hat} \end{cases}$

δ_{s,k,mr_k} Migrationsdelta

$ms^v \in MS^v_{r_s,k,mr_k}$ zur Verfügung stehenden Migrationsschritte

Nebenbedingung 4

$$\sum_{mr_k \in MR_{k^U}} \sum_{ms^v \in MS^v_{s,k^U,mr_k}} sf_{s,k^U,mr_k,ms^v} * mod(ms^v) = 0 \qquad \forall\, s \in S,\; k^U \in K^U$$

Nebenbedingung 5

$$\sum_{s \in S} \sum_{ms^v \in MS^v_{s,k^V,mr_k}} sf_{s,k^V,mr_k,ms^v} * mod(ms^v) = 0 \qquad \forall\, k^V \in K^V,\; mr_k \in MR_{k^V}$$

mit k^V Kategorie in der Verlagerungsschritte möglich sind

K^{umw} Kategorien, in denen Schritte des Migrationstyps „Umwandlung" zulässig sind

$k^U \in K^U$ Migrationskategorie in der Umwandlung möglich ist

… die übrigen Terme sind aus Formel 5.12 bekannt.

5.2.4 Schritt 4: Bestimmung einer optimierten Migrationsreihenfolge

Die vorangegangenen Schritte ermitteln die durchzuführenden Migrationsschritte und ihre Umfänge. Für die Planung ist aber weitere Entscheidungshilfe geboten: Die

Reihenfolge der Migrationsschritte wird für maximalen Nutzen bei minimalem Aufwand optimiert. Für beste Interpretierbarkeit erhält das Planungsteam entscheidungsgerecht visualisierte Optimierungsergebnisse.

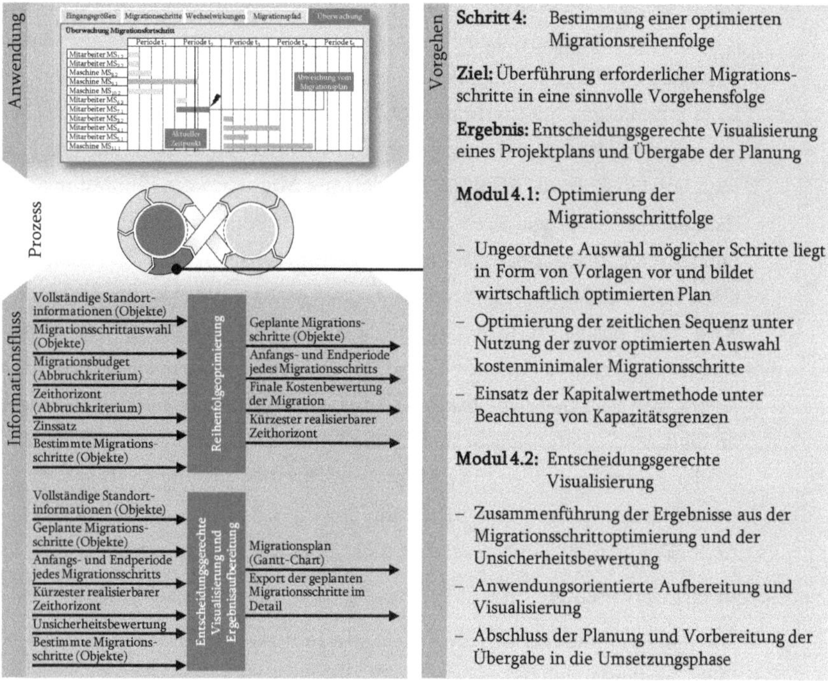

Abbildung 5.29: Steckbrief und Daten für die Reihenfolgebildung

5.2.4.1 Optimierung der Migrationsschrittfolge

Nach der vorangegangenen kostenminimalen Auswahl der Migrationsschritte, dient dieses Modul der Optimierung der zeitlichen Abfolge der ausgewählten Schritte. Die neuerliche wirtschaftliche Optimierung erfolgt mittels kapitalwertbasierter Kostenminimierung. Migrationskapazitäten, bewertete historische Migrationsschritte und Zinssätze müssen bekannt sein. Die verfügbare Zeitdauer und das Migrationsbudget fließen in den Ergebnisvergleich ein. Im Beispiel heißt das: Die Schritte für den Ankauf der sieben Maschinen waren zwar bekannt, aber erst jetzt wird Reihenfolge der Aktivitäten ersichtlich. Auch für die Bildung der Schrittfolge gelten einige Spezifika:

- Migrationsschritten ist eine Zeitdauer in Perioden zugeordnet. Zugleich ist der Zeitrahmen für die gesamte Migration begrenzt. Alle Schritte müssen innerhalb dessen durchgeführt und beendet werden. Das bedeutet etwa: Bei zwölf verfügbaren Perioden darf ein Schritt von fünf Perioden spätestens in Periode sieben starten, ohne den erlaubten Zeithorizont überschießen.

- Die vorherige Optimierung wählte die Migrationsschritte aus; nun wird ihre Reihenfolge optimiert. Schritte müssen im betrachteten Zeitraum daher zwangsläufig durchgeführt werden und dürfen nur einmalig stattfinden.
- Die Reihenfolgenoptimierung modelliert eine begrenzte Kapazität zur Umsetzung der Migration. Die sogenannte Migrationskapazität dient der Praxistauglichkeit: In der Realität erfordert die Migration die Einbindung von (Personal-)Ressourcen, auch die Literatur stellt Personalkapazität als integralen Faktor für nachhaltige Unternehmensperformance dar.[586] Wenn Personal neben anderen Aufgaben in zu hohem Maße mit der Migration betraut wird, kann das gar zu ihrem Scheitern führen.[587] Damit genug freie Personalressourcen für anfallende Aufgaben frei sind, werden die verfügbaren Ressourcen und der Arbeitsaufwand für einzelne Migrationsschritte vorab im digitalen Schatten erfasst und für die Reihenfolgeoptimierung als limitierender Faktor modelliert. Die Migrationskapazität wird dabei in FTE[588] gemessen und beschreibt den Arbeitsumfang eines Migrationsschrittes pro Periode. Der gesetzte Grenzwert darf nicht überschritten werden.

Die Kategorien „Umwandlung“ und „Verlagerung“ müssen logisch konsistent sein:

- Die Ressourcensteigerung für eine „Umwandlung“ darf erst dann durchgeführt werden, wenn die zugehörige Reduktion erfolgt ist. Das wahrt die logische Chronologie. Eine Ressource, die noch nicht abgebaut wurde, kann nämlich auch nicht in veränderter Form erneut aufgebaut werden. Diese Umwandlungsschritte bleiben auf jeweils einen Standort beschränkt.
- Analog gilt diese Anforderung auch für Verlagerungen: Nur Ressourcen, die an einer Stelle abgebaut wurden, können anderswo aufgebaut werden.

Die wirtschaftlich orientierte Reihenfolgenbildung gelingt mittels einer Optimierung auf Grundlage der Kapitalwertmethode. In der Zukunft anfallende Kosten werden mit einem gegenwärtigen Zinssatz bis zum aktuellen Zeitpunkt abgezinst. So erfasst die

---

[586] vgl. Lanza, G.; Ferdows, K. et al. (2019) Global Production Networks, S. 832 f.

[587] vgl. Jacob, F. (2006) Quantitative Optimierung dynamischer Produktionsnetzwerke, S. 88 f.

[588] FTE, engl.: Vollzeitäquivalent; ein FTE entspricht der Zeit, die eine Arbeitskraft in Vollzeitarbeit durchschnittlich aufbringt. Bsp.: zwei Halbtageskräfte summieren sich zu einem FTE, für weiterführende Erklärungen vgl. z.B. Prote, J.-P. (2018) Verursachungsgerechte Bewertung von Standortalternativen, S. 118

Kapitalwertmethode, zu welchen Zinsen zukünftig anfallende Kosten jetzt anzulegen wären, um damit zum Fälligkeitsdatum noch Zinserträge zu erzielen.

Die Idee zur Bildung der Migrationsreihenfolge lautet: Je aufwändiger und kostenintensiver Migrationsschritte sind, desto später finden sie statt. Das erfüllt zwei Zwecke: Zu Beginn werden besonders diejenigen Schritte realisiert, die die gesamte Migration „auf einen guten Weg bringen“, mit denen aber noch keine hohen Kosten entstehen. Das erhöht effektiv die Reaktionsfähigkeit, wenn im Zuge fortschreitender Migration wegen äußerlicher Veränderungen oder durch Erkenntnisse der bereits umgesetzten Schritte eine Anpassung der Planung nötig wird. Das minimiert in diesem Falle bereits angefallene irreversible Kosten. Zudem verringert die Durchführung der kostenintensiven Schritte gegen Ende des Migrationsvorhabens dessen Gesamtkosten, weil die Zinserträge des bis dahin freien Kapitals erhalten bleiben. Die Konsequenz dieser Idee mündet in einer Rückwärtsterminierung für die Migration, die sich im Falle eines positiven Zinssatzes durch die Kapitalwerte gut modellieren lässt. Diese vom Ende des Planungshorizontes rückwärts aufgebaute Anordnung der Migrationsschritte ist aus Sicht der Projektplanung im ersten Moment kontraintuitiv, die wirtschaftlichen Vorteile als Optimierungsgrundlage begründen das Vorgehen jedoch rational. Die Modellierung mit einem negativen Zinssatz würden übrigens zu einer Vorwärtsterminierung führen, da ungebundenes Kapital in diesem Falle mit Strafzinsen belegt würde und dessen schnellstmöglich Veranlagung vorteilhaft wäre.

All diese grundlegenden Ideen führen zu den folgenden Schlüssen:

Als Lösungsansatz dient erneut die Optimierung der Wirtschaftlichkeit.

- Die Modellierung verwendet die Kapitalwertmethode
- Scheduling-Probleme sind gängige Optimierungsprobleme und können als Orientierung für die Modellierung über multiple Perioden dienen.

Für die wirtschaftlich orientierte Optimierung der Reihenfolge gelten aus obiger Herleitung fünf ergänzende Forderungen:

- Der gegebene Zeithorizont muss eingehalten werden.
- Migrationsschritte sind im betrachteten Zeitraum einmalig und müssen zwingend durchgeführt werden.
- Die verfügbare Migrationskapazität pro Periode muss eingehalten werden.
- Die Abfolge der Umwandlungsschritte muss logisch und konsistent sein.
- Die Abfolge der Verlagerungsschritte muss logisch und konsistent sein.

Die **mathematische Optimierung** der Migrationsschrittfolge fordert Wirtschaftlichkeit; diese wird durch den Einsatz der Kapitalwertmethode erfasst. In ihrem Ursprung ist diese mit Blick auf Erlöse formuliert und Kosten gehen als Subtrahend ein. Dann wäre sie ein Maximierungsproblem.[589] Die Optimierung von Migrationsschritten fokussiert sich jedoch auf Kosten, sodass die Kapitalwertmethode in umgedrehter Form formuliert wird und so ein Minimierungsproblem formuliert. Das umgekehrte Vorzeichen verändert die Aussagekraft nicht. Die Optimierung findet für mögliche Startperioden in einem gegebenen Zeithorizont T statt. Die Fälligkeit der Kosten wird für den Startzeitpunkt eines jeweiligen Migrationsschrittes festgelegt. Die Zielfunktion Z_R zur Minimierung der Migrationskosten mithilfe der Kapitalwertmethode ist in Formel 5.14 ausgedrückt. Mit Blick auf die zuvor adressierten Schlüsse, dient die Formulierung des Scheduling-Problems von CHU ET AL.[590] als grobe Orientierung für die Berücksichtigung der Periodizität. Eine binäre Entscheidungsvariable $bv_{s,k,mr_k,ms^v,t}$ bestimmt, ob ein Migrationsschritt ms^v in der Zeitperiode t beginnt oder nicht. Jeder ausgewählte Migrationsschritt besitzt für alle Perioden innerhalb des betrachteten Zeithorizontes je eine solche Entscheidungsvariable.

Formel 5.14: Zielfunktion Z_R für die Reihenfolgeoptimierung

$$Z_R = \min_{bv} \sum_{s \in S} \sum_{k \in K} \sum_{mr_k \in MR_k} \sum_{ms^v \in MS^v_{s,k,mr_k}} \sum_{t \in \mathcal{T}} \left(\frac{bv_{s,k,mr_k,ms^v,t} * K^{ges}_{s,k,mr_k,ms^v}}{(1+i)^t} \right)$$

mit

ms^v	Migrationsschritt
mr_k	Zu migrierende Migrationsressource
k	Migrationskategorie
s	Standort
T	gegebener Zeithorizont
t	Zeitperiode
$t \in \mathcal{T} \equiv \{0, \dots, T-1\}$	mögliche Startperioden

mit der Startvariable (Entscheidungsvariable)

$$bv_{s,k,mr_k,ms^v,t} = \begin{cases} 1, & \text{falls } ms^v \text{ in Periode } t \text{ beginnt} \\ 0, & \text{falls } ms^v \text{ nicht in Periode } t \text{ beginnt} \end{cases}$$

[589] vgl. Fiedler, R. (2014) Controlling von Projekten, S. 61 f.

[590] vgl. Chu, Z.; Xu, Z. et al. (2019) New heuristics for RCPSP, S. 149

Die zuvor erörterten Forderungen ergeben fünf Nebenbedingungen zur Zielfunktion:

1. Die Forderung nach Einhaltung des Zeithorizonts für die Migration drückt aus, dass der Beginn eines Migrationsschrittes zu einem Startzeitpunkt mitsamt seiner Dauer D^{ges}_{s,k,mr_k,ms^v} nicht größer wird oder maximal gleich ist als der erlaubte Zeithorizont T. Das bildet die erste Nebenbedingung ab.
2. Für die Forderung nach Einmaligkeit der Migrationsschritte im betrachteten Zeitraum werden die zugehörigen Anfangsvariablen $bv_{s,k,mr_k,ms^v,t}$ von jedem selektierten Migrationsschritt über alle t aufsummiert. Diese Summe muss sich exakt zu eins bilden. Die zweite Nebenbedingung drückt dies aus.
3. Die Forderung nach Einhaltung der verfügbaren Migrationskapazität in jeder Periode muss ebenfalls in eine Nebenbedingung übersetzt werden. Die an einem Standort verfügbare Kapazität $C_{s,k}$ darf durch die Anzahl gleichzeitig stattfindender Migrationsschritte in keiner Kategorie überschritten werden. Die parallel umsetzbaren Migrationsschritte sind dadurch begrenzt. Die für einen Migrationsschritt geforderte Kapazität C_{s,k,mr_k,ms^v} beschreibt, wie viele FTE für den Schritt erforderlich sind. Diese Kapazitäten werden für jede Migrationskategorie individuell ausgedrückt, da die jeweiligen Aufwände sich dafür unterscheiden. Es ist zum Beispiel vorstellbar, dass eine kleinere Migration durch eine einzelne Person in Teilzeit neben der eigentlichen Aufgabe umgesetzt wird. Genau so kann es aber nötig sein, in kurzer Zeit mehrere Maschinen aufzubauen und zugleich neues Personal für deren Bedienung zu rekrutieren. Das würden in der Praxis nicht die gleichen Personen erledigen. Die Nebenbedingung berücksichtigt zwei weitere Aspekte: Verplante Kapazitäten $C^b_{s,k,t}$ durch bereits bestimmte Migrationsschritte sind für die jeweiligen Perioden bekannt und werden für jeden Zeitpunkt t aufsummiert. Zudem können zu planende Migrationsschritte auch in einer vorherigen Periode $t^* = t - D^{ges}_{ms^v} + 1$ begonnen haben, sodass auch die verbrauchte Kapazität berücksichtig wird, sofern der betreffende Schritt in der aktuellen Periode noch andauert. Aus diesem Grund werden die Startvariablen $bv_{s,k,mr_k,ms^v,t}$ von $max\{(t - D^{ges}_{ms^v} + 1), 0\}$ bis einschließlich t aufsummiert, damit die in t noch aktiven Schritte ebenfalls in die Kapazitätsplanung einfließen. Damit wird die dritte Nebenbedingung formuliert.
4. Die Forderung nach Konsistenz in den Umwandlungsschritten bedeutet, dass an jedem Standort für jede umwandlungstaugliche Migrationskategorie alle zugehörigen Schritte der Steigerung chronologisch nach dem jeweiligen

Schritt der Reduktion vollzogen werden müssen. Das kann entweder strikt für den exakt gleichen Moment gefordert sein oder gelockert für einen beliebigen Zeitpunkt danach. Die Nebenbedingungen unterscheiden sich dann durch ein „=" oder ein „≥" zwischen den Termen. Die vierte Nebenbedingung drückt aus, dass die Startperiode t^* für Steigerungen gleich oder größer gleich dem Abschlusszeitpunkt $t' + D^{ges}_{ms^{v,Red}}$ der Reduktionen ist.

5. Für die Forderung nach Konsistenz in den Verlagerungsschritten gilt dies quasi analog, nur, dass statt einer Wechselwirkung mit Migrationsressourcen hier eine Wechselwirkung mit anderen Standorten jeweils in Bezug auf eine einzelne Ressource besteht. Für die Ressourcen aller verlagerungsrelevanten Kategorien muss eine Steigerung ausgeschlossen sein, bevor die entsprechende Reduktion vollzogen wurde. Auch für diese fünfte Nebenbedingung können eine strikte und gelockerte Form unterscheiden werden. Erstere erfordert, dass Steigerungsschritte genau in dem Moment beginnen, in dem die Reduktionsschritte beendet sind, für letztere kann die Steigerung beliebig nach Abschluss der Reduktion starten.

Die fünf Nebenbedingungen werden mathematisch durch Formel 5.15 ausgedrückt. Zusammen mit der Zielfunktion ermöglicht das die Optimierung der Migrationssequenz. Ergebnis ist der optimierte Migrationsplan; er zeigt besonders die Start- und Abschlussperioden für Migrationsschritte sowie Gesamtkosten und Gesamtdauer. Die Visualisierung erhält diese Informationen. In der Abbildung 5.29 wird auch gezeigt, welche Informationen in die Optimierung eingehen und welche daraus resultieren.

Formel 5.15: Nebenbedingungen für die Reihenfolgeoptimierung

Nebenbedingung 1

$$bv_{s,k,mr_k,ms^v,t} * \left(t + D^{ges}_{s,k,mr_k,ms^v}\right) \leq T$$

$$\forall\, s \in S,\ k \in K,\ mr_k \in MR_k,\ ms^v \in MS^v_{s,k,mr_k},\ t \in \mathcal{T}$$

mit $bv_{s,k,mr_k,ms^v,t}$ Startvariable (siehe auch Formel 5.14)

D^{ges}_{s,k,mr_k,ms^v} Dauer des Schritts

Nebenbedingung 2

$$\sum_{t \in \mathcal{T}} bv_{s,k,mr_k,ms^v,t} = 1$$

$$\forall\, s \in S,\ k \in K,\ mr_k \in MR_k,\ ms^v \in MS^v_{s,k,mr_k}$$

Nebenbedingung 3

$$\left[\sum_{mr_k \in MR_k} \sum_{ms^v \in MS^v_{s,k,mr_k}} C_{s,k,mr_k,ms^v} * \left(\sum_{max\{(t-D^{ges}_{ms^v}+1),0\}}^{t} bv_{s,k,mr_k,ms^v,t} \right)\right] + C^b_{s,k,t} \leq C_{s,k}$$

$$\forall\, s \in S,\ \ k \in K,\ \ t \in \mathcal{T}$$

mit $C_{s,k}$, Verfügbare Migrationskapazität

C_{s,k,mr_k,ms^v} Geforderte Kapazität

$C^b_{s,k,t}$ Verplante Kapazitäten:

$$C^b_{s,k,t} = \textstyle\sum_{mr_k \in MR_k} \sum_{ms^b \in MS^b_{s,k,mr_k}} C_{s,k,mr_k,ms^b,t}$$

$$\forall\, s \in S,\ \ k \in K,\ \ t \in \mathcal{T}$$

Nebenbedingung 4 (streng)

$$\sum_{t^* \in \mathcal{T}} bv_{s,k^U,mr^*_k,ms^{v,St},t} * t^* = \sum_{t' \in \mathcal{T}} bv_{s,k^U,mr'_k,ms^{v,Red},t} * \left(t' + D^{ges}_{ms^{v,Red}}\right)$$

$$\forall\, s \in S,\ \ k^U \in K^U,\ \ mr^*_k, mr'_k \in MR_{k^U},\ \ ms^{v,St}, ms^{v,Red} \in MS^v_{s,k^U,mr_k}$$

Nebenbedingung 4 (locker)

$$\sum_{t^* \in \mathcal{T}} bv_{s,k^U,mr^*_k,ms^{v,St},t} * t^* \geq \sum_{t' \in \mathcal{T}} bv_{s,k^U,mr'_k,ms^{v,Red},t} * \left(t' + D^{ges}_{ms^{v,Red}}\right)$$

$$\forall\, s \in S,\ \ k^U \in K^U,\ \ mr^*_k, mr'_k \in MR_{k^U},\ \ ms^{v,St}, ms^{v,Red} \in MS^v_{s,k^U,mr_k}$$

mit k^U Kategorie, in der Umwandlungsschritte möglich sind

mr^*_k Migrationsressource

$ms^{v,St}_{s,k^U,mr^*_k}$ Migrationsschritte des Migrationsmodus „Steigerung“

$t' + D^{ges}_{ms^{v,Red}}$ Abschlusszeitpunkt der Reduktions-Schritte

$ms^{v,St}_{s,k^U,mr'_k}$ Migrationsschritte des Migrationsmodus „Reduktion“ aller Migrationsressourcen $mr'_k \neq mr^*_k$

Nebenbedingung 5 (streng)

$$\sum_{t^* \in \mathcal{T}} bv_{s^*,k^V,mr_k,ms^{v,St},t} * t^* = \sum_{t' \in \mathcal{T}} bv_{s',k^V,mr_k,ms^{v,Red},t} * \left(t' + D^{ges}_{ms^{v,Red}}\right)$$

$$\forall\, k^V \in K^V,\ \ mr_k \in MR_{k^V},\ \ s^*, s' \in S,\ \ ms^{v,St}, ms^{v,Red} \in MS^v_{s,k^V,mr_k}$$

Nebenbedingung 5 (locker)

$$\sum_{t^* \in \mathcal{T}} bv_{s^*,k^V,mr_k,ms^{v,St},t} * t^* \geq \sum_{t' \in \mathcal{T}} bv_{s',k^V,mr_k,ms^{v,Red},t} * \left(t' + D^{ges}_{ms^{v,Red}}\right)$$

$$\forall\, k^V \in K^V,\ \ mr_k \in MR_{k^V},\ \ s^*, s' \in S,\ \ ms^{v,St}, ms^{v,Red} \in MS^v_{s,k^V,mr_k}$$

mit

k^V	Kategorie, die Verlagerungsschritte erlaubt
s^*	Standort
t^*	Beginn eines Steigerungsschrittes
$ms^{v,St}_{s^*,k^V,mr_k}$	Steigerungsschritt
$t' + D^{ges}_{ms^{v,Red}}$	Abschlusszeitpunkt eines Reduktionsschrittes
$ms^{v,Red}_{s',k^V,mr_k}$	Reduktionsschritt aller Standorte $s' \neq s^*$
...	die übrigen Terme sind aus Formel 5.14 bekannt.

5.2.4.2 Entscheidungsgerechte Visualisierung

Die vorherigen Optimierungsrechnungen sind für die mit der Planung betrauten Teams weitestgehend verdeckt verlaufen. Für Nachvollziehbarkeit und eine einfach zu kommunizierende Planungsgrundlage, werden die quantitativen Ergebnisse im letzten Schritt der Planungsphase schließlich entscheidungsgerecht zusammengetragen. Das Modul für entscheidungsgerechte Visualisierung illustriert die Planung.

Bereits aus Teilkapitel 5.1.1 ist bekannt, dass die Planungsphase eine weitere Planungs-Iteration durlaufen kann, etwa bei unzureichender Planungssicherheit oder zur Verfeinerung der Ergebnisqualität. Alternativ übergibt das Planungsteam die freigegebenen Ergebnisse an dieser Stelle in die Umsetzungsphase.

Für die Entscheidung, ob ein Migrationsvorhaben umgesetzt wird und auch für die Kommunikation dieser Übergabe, wird ein Migrationsplan visualisiert; die Anforderungen an dessen Erscheinung wurden in Teilkapitel 5.1.2 hergleitet. In die Visualisierung fließen die Ergebnisse der vorausgegangenen Module ein: Neben den ausgewählten, skalierten und durch Reihenfolge und Chronologie in zeitlichen Bezug gesetzten Migrationsschritten findet auch der – etwa durch Schattierungen oder Farben diskretisierte – attribuierte Unsicherheitswert Berücksichtigung. Auch Migrationsschritte, die aus vergangenen Iterationen geplant sind oder bereits die Umsetzung durchlaufen, werden entsprechend ihrer Einordnung in Zeitperioden eingebunden.

Ein beispielhafter Migrationsplan ist in Abbildung 5.30 als Gantt-Chart illustriert; er enthält all diese Informationen in einer komprimierten Darstellungsform.

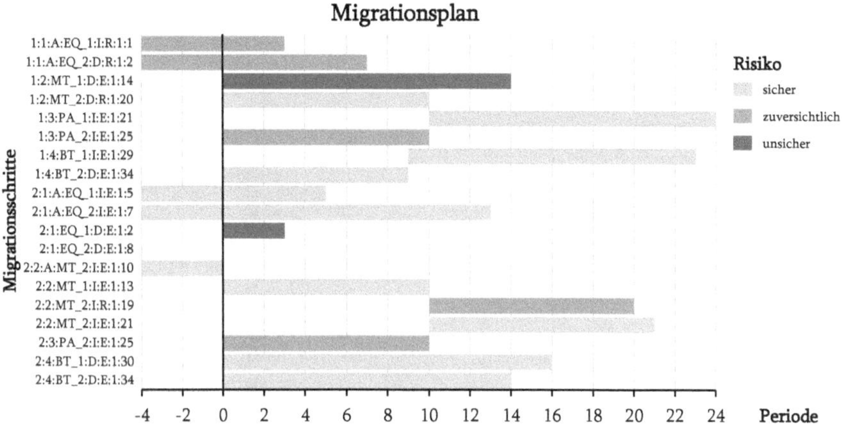

Abbildung 5.30: Übergabefähiger Migrationsplan im Gantt-Chart

Neben der Visualisierung als Kommunikationsinstrument werden die Ergebnisse auch als Datenexport bereitgestellt. Hierin sind auch Informationen über die ermittelten Kosten und Zeitdauer für die jeweilige Anzahl skalierter Migrationsschritte enthalten.

5.3 Umsetzung der Migration

Die Übergabe der Planungsergebnisse von der Planungsphase in die Umsetzungsphase, überführt den Prozess in diesen zweiten Kreislauf. Es folgt die Detaillierung der Controlling-Acht der Migration mit Fokus auf die Umsetzung. Auch diese wird Schritt für Schritt durchlaufen. Drei Schritte bilden das Grundgerüst: die Umsetzungsplanung, die Steuerung und Überwachung sowie die Analyse und Erfolgsbewertung.

5.3.1 Schritt 5: Operative Planung der Umsetzung der Migration

Nach der vorgelagerten Phase, die sich in Gänze mit Planung der Migration befasste, erfolgt ein weiterer Planungsschritt. Er dient jedoch der konkreten Vorbereitung der Umsetzung zuvor geplanter Migrationsschritte. Das sind also zwei Begrifflichkeiten: Wenn von Migrationsplanung die Rede ist, so referenziert das die gesamte letzte Planungsphase auf oberster Ebene des Gesamtvorgehens. Die operative Planung, auch Umsetzungsplanung, bezeichnet den hier adressierten Planungsschritt, wie gezeigt in

Abbildung 5.31. Aus der vorigen Phase wurde der Migrationsplan durch Dauer der Schritte, Kosten und zeitliche Abfolge im Gantt-Chart übergeben. Die operative Planung setzt hier an und ergänzt die für Umsetzung und Steuerung relevanten Informationen. Die drei Teilschritte Initialisierung, Feinplanung und Konsistenzprüfung stellen den erfolgreichen Verlauf der Migration und nötige Informationen sicher.

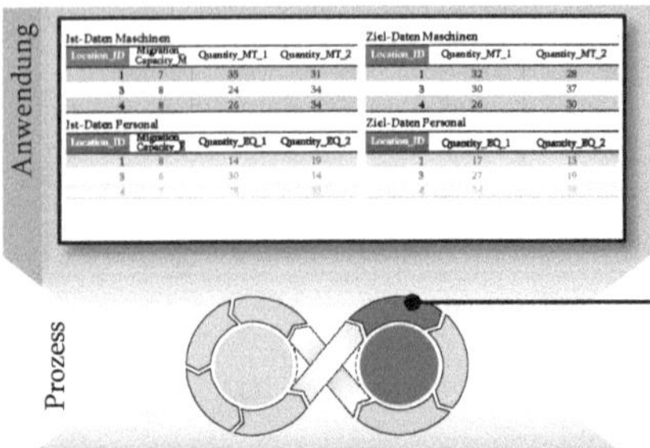

Informationsfluss

Informationen und Daten

- Übergebener Projektplan (siehe auch Datenmodell)
- Vorwissen (im digitalen Schatten)
- Warn-, Eingriffs- und Abbruchgrenzen, Trend-Grenzwert
- Konfiguration der Risikobewertung
- Erhebungshäufigkeit (Empfehlungen)

Vorgehen

Schritt 5: Operative Planung der Umsetzung der Migration

Ziel: Konkrete Übersetzung des übergebenen Migrationsplan zur Umsetzung in der Praxis

Ergebnis: Entscheidung für konkrete Umsetzung nach Abgleich mit Realität

Modul 5.1: Initialisierung und Vorplanung

- Übernahme des übergebenen Migrationsplans als Umsetzungsvorgabe
- Erneute, praxisorientierte Planung

Modul 5.2: Feinplanung

- Arbeitspakete, Projektstruktur, Meilensteine
- Kennzahlen und Fortschrittsüberwachung
- Ziele und Schwellen für Controlling
- Zeitdauer und Umsetzungskosten im Abgleich mit der vorgegebenen Planung

Modul 5.3: Konsistenzprüfung der Planung

- Überprüfung hinsichtlich Erfolgsaussichten; Rückmeldung an die Planung, ggfs. Abbruch

Abbildung 5.31: Steckbrief und Daten der operativen Umsetzungsplanung

5.3.1.1 Initialisierung und Vorplanung

In der Initialisierung werden zunächst für das Steuern und Umsetzen der Migrationsaktivitäten nötige Entscheidungen über Grenzwerte und Planungsparameter getroffen. Dadurch werden nachfolgende Analysen und Berechnungen initialisiert. Das Teilkapitel geht nur auf Parameter ein; konkrete Methoden werden später vorgestellt.

Die vorherige Planungsphase übermittelt konkrete Erwartungen über geplante Kosten und Dauer der Migrationsschritte. Teils werden daraus Kennzahlen gebildet. In Abschnitt 2.2.2.3 wurden die Leistungskennzahlen Cost-Performance-Index (CPI) für Kosteneffizienz und Schedule-Performance-Index(time) (SPIt) für Zeiteffizienz im Projektcontrolling eingeführt. Beide werden aufgegriffen und in der Umsetzung verwendet. Die erfassten Daten gehen allerdings zunächst aus einer theoretischen Optimierung hervor und nicht aus der Praxis. So ist zwar eine qualifizierte Schätzung über ein Migrationsvorhaben möglich – es wäre in der Umsetzung aber nahezu unmöglich, die theoretischen Kosten und Zeitdauern auch in der Praxis identisch zu erzielen. Daher muss die operative Umsetzungsplanung die theoretische Migrationsplanung zunächst überprüfen und eventuelle Fehleinschätzungen aufzeigen. Das geschieht in der späteren Konsistenzprüfung. Zugleich wird den überwachten Kennzahlen eine Schwelle oder ein Korridor eingeräumt. Solange die Kennzahlen diesen einhalten, verläuft die Umsetzung der Migration auch im Sinne der theoretischen Migrationsplanung im Plan, andernfalls lösen die Analysen und Methoden diverse Ereignisse aus.

Die **Warn-, Eingriffs- und Abbruchgrenzen** begrenzen einen solchen Korridor für Kosten und Zeitdauer. Der Verlauf der Umsetzung wird innerhalb von Korridoren verfolgt und das Umsetzungsteam greift bei Abweichungen ein oder stößt im Falle signifikanter Planabweichungen Kommunikations- und Entscheidungskaskaden an.

Die Warn- und Eingriffsgrenzen sind ein Indikator über den Zustand des Umsetzungsverlaufs. Sie zeigen in ansteigender Kritizität, wie stark Kosten und Zeitdauer von der vorgesehenen Planung abweichen. Das Überschreiten einer der Grenzen stellt nicht zwingend das gesamte Vorhaben in Frage, denn über den Projektverlauf gleichen sich Umsetzungsverläufe oft wieder aus. Dennoch muss das Projektteam Abweichungen wahrnehmen und gegebenenfalls intervenieren.

Die Abbruchgrenze ist diejenige Grenze, ab der die Umsetzung als gescheitert gilt. Die Ist-Dauer und Ist-Kosten überschreiten dann die definierten Grenzen so weit, dass ein Erfolg des Migrationsvorhabens ausgeschlossen ist: Wirtschaftliche Vorteile und Rechnungen aus der Planungsphase werden nicht mehr erzielt.

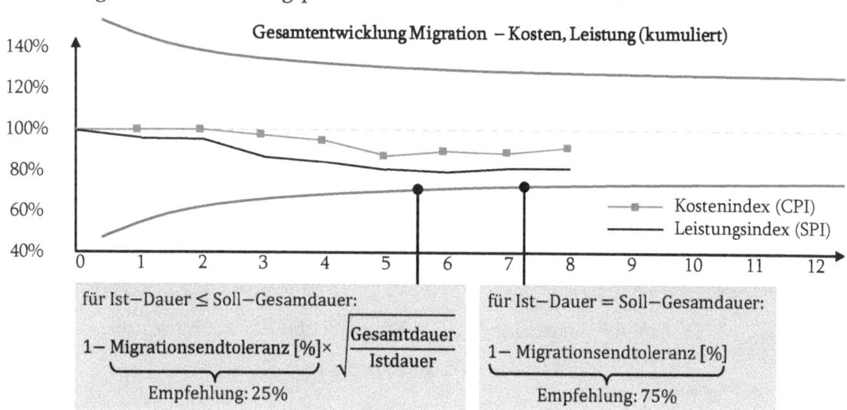

Abbildung 5.32: Trompetenkurve mit Grenzwerten

Aufgrund üblicher Projektverläufe der Praxis laufen die Korridore mit zunehmendem Umsetzungsfortschritt enger zu. Aus der Praxis ist bekannt, dass negative Abweichungen zu Beginn einer Umsetzungsaktivität im weiteren Verlauf noch besser kompensiert werden können als zum Ende der Umsetzung. Die Formulierung der Grenzwerte in einer sogenannten Trompetenkurve ermöglicht den überwachten Kennzahlen mehr Spielraum zu Beginn als am Ende der Umsetzung. Sobald das Umsetzungsvorhaben am Ende ankommt, entsprechen die Grenzwerte für CPI und SPI_t den in Abschnitt 2.2.2.3 benannten und in der Abbildung 5.33 erneut dargestellten Empfehlungen. In ihrem vorherigen Verlauf nähern sie sich mit einer Wurzelfunktion diesen Werten an. So ist zu jeder Zeit in der Umsetzung deutlich, bis zu welcher Abweichung ein erfolgreicher Ausgang der Migration möglich bleibt. [591] Die Darstellungsform eignet sich darüber hinaus gut zur Visualisierung. Überschreitungen der Grenzwerte erfordern Reaktionen im Prozess durch die involvierten Teams. Die Abbildung 5.32 veranschaulicht die Trompetenkurve, ihre Formulierung sowie empfohlene Grenzwerte.

Anwender können im Falle kleiner oder trivialer Migrationsvorhaben, bei schlechter Datengrundlage oder fehlender fachlicher Expertise statische Grenzwerte vorziehen. Prozentwerte drücken die Relation zwischen Ist- und Soll-Werten aus. Diese können für die absoluten Werte oder für die Kennzahlen CPI und SPI_t formuliert werden. Die Empfehlung für eine initiale Abbruchgrenze mit CPI und SPI_t liegt bei 0,75. Der CPI bzw. der SPI_t für die Eingriffsgrenze von 0,85 bezogen auf den gesamten abgeschlossenen Migrationsschritt erlaubt eine Abweichung um 33% respektive 18% vom endgültigen Soll-Zustand. Das bedeutet, die Abbruchschwelle wird bei 133% der vorgegeben Soll-Gesamt-Kosten oder Migrationsdauer ausgelöst.[592] Die Abbildung 5.33 fasst die Empfehlungen für Grenzwertvorgaben des statischen Falles zusammen.

Kennzahl	Warngrenze	Eingriffsbereich	Abbruchgrenze
Cost-Performance-Index (CPI) Schedule-Performance-Index(time) (SPIt)	0,90	0,85 … 0,75	< 0,75
$\frac{\lvert Ist-Wert - Soll-Wert\rvert}{Soll-Wert}$	18 %	18 % … 33 %	> 33 %
$\frac{\lvert CPI - 1\rvert}{1}$ bzw. $\frac{\lvert SPI_t - 1\rvert}{1}$			> 25 %

Abbildung 5.33: Empfehlungen für Warn-, Eingriffs und Abbruchgrenzen

591 vgl. Fiedler, R. (2020) Controlling von Projekten, S. 182 ff. und für Trompetenkurven S. 149 f.

592 Siehe für den Einsatz von Kennzahlen im Projektcontrolling auch Abschnitt 2.2.2.3

Darüber hinaus wird in der Initialisierung ein **Trend-Grenzwert** festgelegt. Die beschriebenen Schwellen für Kosten und Umsetzungsdauer erlauben zwar zeitnahes aber stets reaktives Eingreifen, weil sie Ist-Werte beachten. Die Umsetzungssteuerung sieht proaktives Steuern vor. Sie setzt dafür vorausschauende Methoden ein, darunter die Trendanalyse. Die Trendanalyse vergleicht den langen und kurzen gleitenden Durchschnitt über die Entwicklung der Umsetzung und schreibt sie fort. Dafür wird ein Trend-Grenzwert beschlossen. Dieser beschreibt, ab welcher Abweichung ein Trend als solcher erkannt und für die Umsetzungssteuerung relevant wird. Schwankende Eingangsdaten unter der Schwelle werden vernachlässigt. Der Trend-Grenzwert soll betragsmäßig signifikant kleiner sein als der Abstand zwischen Warngrenze und Soll-Vorgabe. Als initiale Empfehlung gelten ±5 Prozent. Trends werden somit früh, aber nicht übersensibel erkannt und Maßnahmen proaktiv eingeleitet.

Die **Volatilitätsanalyse** rechnet mit gleitenden Durchschnitten. Der dafür zugrundeliegende Zeitraum muss beschlossen werden. Die Empfehlung beträgt zunächst 10 Prozent der Gesamtdauer eines Migrationsvorhabens. Der beschlossene Referenzzeitraum soll für künftige Überwachung und Steuerung nicht verändert werden, damit die Volatilität ähnlicher Migrationsschritte untereinander verglichen werden kann.

Die Initialisierung erfordert auch die Entscheidung über die **Erhebungshäufigkeit** der Ist-Werte, damit eine zeitnahe Informationsverfügbarkeit über die Umsetzungsschritte garantiert ist, zugleich aber die Aufwände dafür überschaubar bleiben.

Einzelne Migrationsschritte sind unterschiedlich komplex und erfordern verschieden engmaschige Überwachung. Migrationsvorhaben können kleine einfache Veränderungen sein oder langfristige Aktivitäten. Dauer des Vorhabens und die Migrationsschrittkategorie beeinflussen die Entscheidung für die Erhebungshäufigkeit.

Die Literatur für Projektmanagement, Bauwesen, Logistik und Fabrikplanung empfiehlt Richtwerte für die Wahl der Erhebungshäufigkeit verschiedener Aktivitäten.[593] Sie werden auf die Migration übertragen und in Abbildung 5.34 erklärt und benannt.

Umsetzungsverantwortliche erfassen die Informationen bedarfsgerecht mit ihren Teams. Die Umsetzungsplanung des jeweiligen Migrationsvorhabens trifft diese Entscheidung bewusst und dokumentieren sie für alle Beteiligten transparent.

---

[593] vgl. Bauer, H. (2007) Baubetrieb, S. 687; vgl. Gudehus, T. (2010) Logistik, S. 209 f.; vgl. Hofstadler, C. (2013) Produktivität im Baubetrieb, S. 14; vgl. Madauss, B.-J. (2017) Projektmanagement: Theorie und Praxis aus einer Hand, S. 441; vgl. Timinger, H. (2017) Modernes Projektmanagement, S. 101 ff.

Kategorie	Migration	Erhebungshäufigkeiten					
Gebäude, Fläche	Aufbau, Abbau, Umwandlung	Migrationsdauer	≤ 1 Jahr		≤ 2 Jahre		> 2 Jahre
		Erhebungshäufigkeiten * anfänglich:	$\frac{1}{1\ \text{Tag}}$				$\frac{1}{1\ \text{Woche}}$
		Erhebungshäufigkeiten * später:	$\frac{1}{1\ \text{Woche}}$		$\frac{1}{2\ \text{Wochen}}$		$\frac{1}{1\ \text{Monat}}$
Maschine	Verschiebung	Transport	Schienen-, Straßen-, Luft			Schiff	
		Erhebungshäufigkeiten *	$\frac{1}{1\ \text{Stunde}}$			$\frac{1}{1\ \text{Tag}}$	
	Aufbau, Abbau	Migrationsdauer	< 1 Woche	≥ 1 Woche	≥ 1 Monat	≥ 2 Monate	≥ 6 Monate
		Erhebungshäufigkeiten **	$\frac{1}{1\ \text{Stunde}}$	$\frac{1}{2\ \text{Stunden}}$	$\frac{1}{1\ \text{Tag}}$	$\frac{1}{2\ \text{Tage}}$	$\frac{1}{1\ \text{Woche}}$
Personal	Aufbau, Abbau, Umwandlung	Migrationsdauer	< 1 Woche	≥ 1 Woche	≥ 1 Monat	≥ 2 Monate	≥ 6 Monate
		Erhebungshäufigkeiten **	$\frac{1}{1\ \text{Stunde}}$	$\frac{1}{2\ \text{Stunden}}$	$\frac{1}{1\ \text{Tag}}$	$\frac{1}{2\ \text{Tage}}$	$\frac{1}{1\ \text{Woche}}$

* Die Literatur aus dem Projektmanagement und dem Bauwesen, etwa HOFSTADLER oder TIMINGER, diskutiert die Datenerhebung für Errichtung von Gebäuden und Flächen in verschieden Phasen.

** Die Projektmanagement-Literatur empfiehlt ebenfalls die Informationserhebung für die Errichtung von Maschinen und dem Aufbau von Personal in Abhängigkeit der Vorhabensdauer.

Abbildung 5.34: Empfehlungen für migrationsspezifische Erhebungshäufigkeit [594]

Die laufende Umsetzungsphase wird von einer **Risikobewertung** flankiert. In der Steuerung und Überwachung sowie in Analyse und Erfolgsbewertung werden Risiken adressiert. Auch die nachfolgende Feinplanung erfordert eine Risikobewertung. Für die Risikobewertung werden vorab drei Parameter festgelegt:

- In der Steuerung und Überwachung wird die Risikobewertung Handlungsempfehlungen zur Kostensenkung oder Beschleunigung der Migration formulieren. Sensitivitätsanalysen im Risikomodell zeigen auf, welche Veränderung von Kosten und Dauer das Risiko wie stark beeinflussen. Dafür gibt eine **Sensitivitätsschwelle** vor, für welche prozentuale Steigerung der Zeit- und Kostenwerte die Sensitivitäten initial gerechnet werden. Zur Initialisierung gelten 5 Prozent als erfahrungsbasierte Empfehlung. Sobald bessere Informationen aus früheren Durchläufen und darin gesammelten Erfahrungen mit gezielten Maßnahmen vorliegen, wird der initiale Wert für verschiedene Migrationsschritte spezifisch ersetzt. Das verbessert die Aussagekraft der Handlungsempfehlungen, die die Sensitivitätsanalyse errechnet.

---

[594] vgl. Bauer, H. (2007) Baubetrieb, S. 687; vgl. Hofstadler, C. (2013) Produktivität im Baubetrieb, S. 14; vgl. Madauss, B.-J. (2017) Projektmanagement: Theorie und Praxis aus einer Hand, S. 441; vgl. Timinger, H. (2017) Modernes Projektmanagement, S. 101 ff.

- Die Risikobewertung erfordert eine Entscheidung über ihre **Abbruchrisikogrenze**. Ab dieser Grenze wird ein Migrationsschritt als zu riskant angesehen. Die Empfehlung für eine zunächst praktikable Abbruchrisikogrenze liegt bei 20 Prozent[595]. Diese Grenze wird im Verlauf der Methodik mit Erfahrungswerten aus der konkreten Umsetzung überschrieben.
- Die Risikobewertung nutzt für die **Spanne der zu erwartenden Zeitdauer** einzelner Migrationsschritte eine Wahrscheinlichkeitsverteilung. Sie drückt die Wahrscheinlichkeit aus, dass ein Migrationsschritt früher oder später als geplant abschließt. Ihr liegt eine Normalverteilung zugrunde. Die Betrachtung umfasst vier Standardabweichungen, also gerundet etwa 95 Prozent. Es wird entschieden, welche zeitliche Spanne diese 95 Prozent umfasst – also welche Verzögerung an der oberen Grenze oder schnellere Fertigstellung an der unteren Grenze mit 95-prozentiger Wahrscheinlichkeit in diesen Bereich fallen. Diese Spanne wird relativ, als Prozentwert des Erwartungswertes, beschrieben, damit die Analysen automatisiert und skalierbar bleiben. Eine Empfehlung von 10 Prozent ergibt eine initial pragmatische Spanne. Auch diese wird im Zuge der Erfolgsbewertung mit Erfahrungswerten überschrieben. Ein Beispiel dient der Veranschaulichung: Wäre für einen 100-tägigen Migrationsschritt eine Grenze von 10 Prozent beschrieben, betrüge die Wahrscheinlichkeit, dass der Schritt von fünf Tagen zu früh bis 5 Tagen zu spät fertig wird, 95 Prozent, respektive vier Standardabweichungen.

Die empfohlenen Parameter initialisieren die Umsetzungsphase. Die Abbildung 5.35 fasst sie zusammen. Evolutionäre Erfahrungswerte aus den Iterationen durch die Controlling-Acht der Migration verbessern die Werte für die konkrete Anwendung.

Grenze	Initialisierung
Sensitivitätsschwelle	5 Prozent
Abbruchrisikogrenze	20 Prozent
Spanne der zu erwartenden Zeitdauer einzelner Migrationsschritte	10 Prozent

Abbildung 5.35: Empfehlungen für die Initialisierung der Risikobewertung

595 vgl. Müller, W. (2012) Flow Thinking, S. 23

5.3.1.2 Feinplanung

Mit den getroffenen Entscheidungen und Parameter-Konfigurationen aus der Initialisierung beginnt die Feinplanung. Sie besteht aus zwei Aspekten: Zunächst werden in der Feinplanung der Soll-Größen einzelne Arbeitspakete für die Migrationsschritte herausgearbeitet und dazu passende Soll-Größen zugeordnet. Diese Soll-Größen bilden die Vergleichswerte für die Steuerung und Überwachung der Umsetzung und sind die Grundlage für spätere Analyse und Bewertung der Ist-Soll-Abweichungen. Daran schließt die Kosten-Zeit-Allokation an. Sie erfasst die Kostenverläufe, wenn die Dauer der Migration vom Plan abweicht und fließt wiederum in die Risikobewertung ein.

Die **Detaillierung der Arbeitspakete und Feinplanung der Soll-Größen** erfordert zunächst die Zerlegung der Migrationsschritte in Arbeitspakete. Das Projektmanagement kennt dafür den sogenannten Projektstrukturplan. Die Disaggregation von Arbeitspaketen und der Umgang mit einem Projektstrukturplan werden an dieser Stelle als bekannt vorausgesetzt und hier nicht tiefergehend behandelt.[596]

Arbeitspakete werden erst auf die erforderliche Detaillierung heruntergebrochen und dann neben einer inhaltlichen Beschreibung in Bezug auf zu erwartende Umsetzungskosten, die erforderliche Zeitdauer und den notwendigen Personaleinsatz geplant. Diese drei Dimensionen beschreiben die Soll-Größen.

Der Detaillierung der Arbeitspakete ist dabei keine Grenze gesetzt und Kosten können für beliebige Kostenarten weiter aufgeschlüsselt werden. Sie bewegt sich zwischen zwei Zielen: Ein hoher Detaillierungsgrad wird in der Umsetzungssteuerung zu einer gleichsam genaueren Steuerung und Überwachung der Migration führen. Das spricht für eine möglichst detaillierte Aufschlüsselung der Kosten, Zeit und Ressourcen auf möglichst kleine sinnvoll geschnittene Arbeitspakete. Im Verlauf der Methodik kann dann die Ist-Soll-Abweichung feingranularer und inhaltlich verlässlicher errechnet werden. Das zahlt in die Qualität der resultierenden Handlungsempfehlungen ein. Dies widerspricht jedoch einer aufwandsgerechten Planung. Die aufwandsärmste und gröbste mögliche Detaillierung verteilt mindestens die Gesamtkosten eines zu planenden Migrationsvorhabens auf die einzelnen Erhebungsintervalle der Umsetzung. Das erfordert eine Angabe über die Gesamtkosten und -dauer der jeweiligen Migration und mindestens die Interpolation dieser Werte über die Arbeitspakete und Erhe-

---

[596] Siehe ergänzend auch die Ausführungen zu Projekten und Projektcontrolling in Teilkapitel 2.2.2

bungsintervalle hinweg. Die Empfehlung für die Detaillierung lautet, dass Abweichungen im Vergleich der Ist- und Soll-Werte nur auf inhaltliche Gründe zurückzuführen sein dürfen und niemals auf eine zu ungenaue Abschätzung der Soll-Größen, denn sie lösen einen inhaltlich begründeten steuernden Eingriff des Umsetzungsteams aus. Diese zwei Dimensionen zeichnen das Spannungsfeld. Der Anwendung steht die Entscheidung für eine Detaillierung unter Kenntnis der Vor- und Nachteile frei.

Nach einer Dimensionierung der Arbeitspakete erfolgt die realistische und praxisnahe Bewertung der Soll-Größen für alle Arbeitspakete. Diese Bewertung wird bewusst aus Praxissicht getroffen: Die Aufwandsabschätzung über Umsetzungskosten, Zeitdauer und Ressourceneinsatz muss durch umsetzungsrelevante real vorliegende Gegebenheiten begründet sein und darf niemals aus dem Zielsystem der Planung abgeleitet oder daraus übernommen werden. Ein Top-Down-Bottom-Up-Vergleich zwischen den hier erfassten Werten und der optimierten Planung aus der Planungsphase dient der Validierung und Qualitätssicherung in der anschließenden Konsistenzprüfung.

Die **Kosten-Zeit-Allokation für die Abweichungsbewertung** ist der nächste Schritt der Feinplanung. Abweichungen in der Zeitdauer werden mit Abweichungen in den Kosten in Bezug gesetzt und dazu Eintrittswahrscheinlichkeiten ausgedrückt.

Das heißt konkret, die Kostenauswirkungen von zeitlichen Abweichungen werden modelliert: Die Überschreitung der vorgesehenen Zeitdauer für einen Migrationsschritt wird mit höheren Kosten einhergehen und deren Unterschreitung führt zu einer Kostenreduktion. Dafür wird modelliert, bei welcher Migrationsdauer welche Kosten anfallen und wie groß die Wahrscheinlichkeiten dafür jeweils sind.

Aus der vorausgegangenen Initialisierung sind die Verteilungsfunktionen für mögliche Ergebnisabweichungen einzelner Migrationsschritte bereits durch Standardabweichung, Erwartungswert und die Annahme einer Normalverteilung initialisiert. Diese Verteilung verknüpft eine Eintrittswahrscheinlichkeit mit der Zeitdauer. Angelehnt an die Literatur der Fabrikplanung[597] gilt die Migrationsdauer so als der Risikofaktor, dem die Wahrscheinlichkeiten zugeordnet sind. Durch die Zuordnung von Kostenverläufen zur Verteilung der Zeitdauer, lassen sich konsequenterweise Wahrscheinlichkeiten für das Eintreten gewisser Kosten ausdrücken. Die Kostenverläufe können durch beliebige mathematische Funktionen modelliert werden. Der einfachste Fall ist ein linearer Verlauf mit Abschätzung zweier Stützstellen an der oberen

[597] vgl. Weig, S. (2008) Konzept eines integrierten Risikomanagements, S. 98 ff.

und unteren Kostengrenze an den Randbereichen der Zeitdauer. Im Sinne der Praktikabilität und Vereinfachung kann der Verlauf diskretisiert werden. Abbildung 5.36 fasst die Zusammenhänge und die Diskretisierung zusammen.

In der Diskretisierung werden den diskreten Wahrscheinlichkeits- und Zeitdauer-Werten individuelle Kostenwerte zugeordnet. Im Falle des einfachen linearen Verlaufs stellt eine lineare Interpolation die Zwischenwerte dar. Auch wenn es pragmatisch ist, verlaufen die Kosten oft nicht linear und können in anderen Verläufen oder manuell vergeben werden. Ein aufwändigeres Beispiel veranschaulich das: Wenn bei Migrationsverzug etwa ausnahmsweise ein externer Dienstleister mit hohen Personal-Tagessätzen eingebunden würde, könnte das zu einem sprungfixen Verlauf der Kosten führen. In Summe gilt auch hier: Ein höherer Detaillierungsgrad sorgt für zuverlässigere Aussagen der Methodik, bedeutet aber auch höheren Vorbereitungsaufwand.

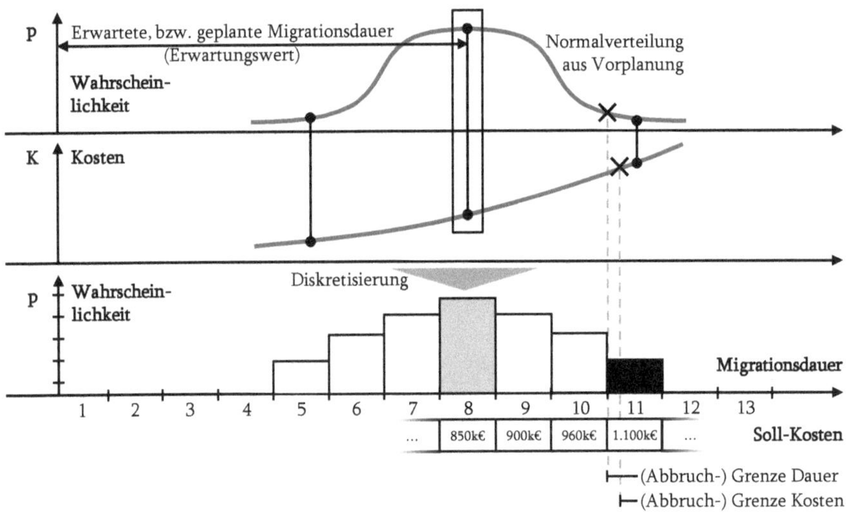

Abbildung 5.36: Wahrscheinlichkeitsverteilung für Migrationsdauer und -kosten

In der Feinplanung wurden nun neben konkreten Arbeitspaketen für Migrationsschritte und deren Kosten, Zeitdauern und Ressourceneinsätzen auch die Kosten- und Zeitverläufe mitsamt einer Wahrscheinlichkeitsverteilung ermittelt. Die Feinplanung profitiert von einer hohen Anzahl an Iterationen im eingeschwungenen Prozess. Erfahrungswerte über vergleichbare Migrationen in der Vergangenheit führen für bestehende Kostendaten und Zeitvorgaben zu einer Reduktion des Planungsaufwandes.

5.3.1.3 Konsistenzprüfung der Planung

Die Konsistenzprüfung der Planung dient als letzte Planungsüberprüfung vor Beginn der Umsetzung, nachdem Initialisierung und Feinplanung die Umsetzung vorbereitet haben. Vor dem Start wird über die Fortsetzung, Unterbrechung oder Beendigung des Vorhabens entschieden. Die Konsistenzprüfung der Planung findet erst innerhalb des Umsetzungsteams statt. Die aus der Feinplanung ermittelten Bottom-Up-Werte für Kosten und Zeitdauer sowie die zuvor initialisierten Grenzwerte, die sich aus dem Planungsvorgaben der Planungsphase ergaben, können schon gegeneinander geprüft werden. Darüber hinaus müssen zwei Voraussetzungen erfüllt sein, um die Umsetzung zu beginnen. Die Grundlagen für die Entscheidung sind zuvor ermittelt worden:

- Aus der Optimierung in der Planungsphase sind Soll-Kosten und eine Soll-Dauer bekannt. Diese gelten als Top-Down-Vorgabe und dürfen nicht überschritten werden. In der Feinplanung werden die Migrationsschritte auf Arbeitspakete heruntergebrochen und dabei ist eine eigenständige Bottom-Up-Planung der Kosten und Zeitdauern vorgesehen. Die Ergebnisse der Feinplanung sind erfahrungsgemäß nicht identisch mit der optimierten Planung aus der Planungsphase. Ein Top-Down-Bottom-Up-Vergleich dient der Validierung und Qualitätssicherung. Das ermöglicht, dass beide Perspektiven mit ihren eigenen Zielsystemen sich gegenseitig in Frage stellen und dadurch ein besseres Gesamtergebnis erzielen. Je geringer die Abweichung beider Ergebnisse wird, desto realitätsnäher erscheinen die Ergebnisse.
- Aus der Feinplanung ist das Abbruchrisiko bekannt. Dieses setzt sich aus der Konfiguration von Wahrscheinlichkeitsverläufen der Zeitdauer und Kosten für Migrationsschritte zusammen, die in der Initialisierung bereits vorkonfiguriert wurden. Für das Abbruchrisiko wurde dabei die zulässige Abbruchrisikogrenze definiert. Diese darf ebenfalls nicht überschritten werden.

Wenn eine der Forderungen nicht erfüllt wird, kann die Umsetzung der Migration nicht ohne weiteres beginnen. Die Verbesserung der Datenqualität oder eine detaillierte Modellierung der Arbeitspakete in der Feinplanung können im ersten Schritt zur Klarheit beitragen – das schließt aus, dass die Forderungen wegen schlechter Modellierung oder Datenqualität nicht erfüllt werden. Das Planungsteam und eventuell erforderliche Experten des Unternehmens werden bedarfsgerecht mit einbezogen. Sie bewerten bestehende Annahmen, Planungsziele und Erwartungen auf der Grundlage der bereits vorbereiteten Informationen gemeinsam. Aus dem Gremium geht die Entscheidung über das weitere Vorgehen hervor: Entweder werden Annahmen oder Datengrundlagen verändert und erneut in die Planungsphase gespielt. Damit wäre die Umsetzung zunächst untergebrochen. Alternativ kann die Fortsetzung der Umsetzung zu bestehenden oder neuen Rahmenbedingungen beschlossen werden. Oder es kommt eine Übereinkunft über die Beendigung des Migrationsvorhabens zustande. Dies würde notwendig, wenn die Grundannahmen für das Vorhaben sich als nicht umsetzbar erweisen und – im Referenzprozess[598] rückwärts gedacht – noch einmal in der taktischen Netzwerkkonfiguration adressiert werden müssten.

Mit der Erfüllung der obigen Forderungen sind alle Vorarbeiten erledigt und die Umsetzung kann beginnen.

5.3.2 Schritt 6: Steuerung und Überwachung der Migration

Zentrale Aufgabe der Steuerung und Überwachung der Migration ist es, den Umsetzungsfortschritt von Migrationsschritten zu überwachen, den Erfolg der Umsetzung sicherzustellen und gesteckte Ziele – wenn nötig durch steuernden Eingriff – einzuhalten. Die Umsetzungsteams nutzen dafür bewährte Projektmanagementmethoden sowie Analysen und Darstellungen in spezifischen Anwenderoberflächen der Apps.

Die Überwachung und Steuerung fokussiert einzelne Migrationsschritte, wie sie im Projektstrukturplan bereits definiert sind. Das beinhaltet Arbeitspakete und eine Spannbreite an zu überwachenden Vorgängen. Im Falle von Abweichungen wirken diese auf andere Schritte, deren Sequenz eigentlich bewusst geplant wurde. Die gewählten Hilfsmittel erfordern ein möglichst bedarfsgerechtes Beobachten und Steuern mit einer aufgabengerechten Detailtiefe. Kritische Aktivitäten müssen intensiver beobachtet werden, wohingegen gut verlaufende Projekte eine weniger enge Überwachung erfordern. Es liegt in der Natur der Produktionsnetzwerke, dass eine große Dynamik besteht. Deshalb müssen sich auch die Überwachungs- und Steuerungsmethoden dynamisch auf die Gegebenheiten anpassen. Die datenbasierte und weitgehend automatisch verlaufende Unterstützung des Umsetzungsteams sowie darin eingesetzte Methoden sind so entworfen, dass diese Anforderungen erfüllt werden. Das beginnt mit der Datenerfassung und endet mit retrospektiven Rückmeldungen zu Störungen.

[598] Siehe dazu das Teilkapitel 2.1.2.5 sowie den Referenzprozess von Schuh, G.; Prote, J.-P. et al. (2017) Reference Process

Viele der Methoden wurden in der operativen Planung initialisiert und parametrisiert; während der Umsetzung werden relevante Informationen mitgeschrieben. In diesem Schritt verbleiben, wie Abbildung 5.37 zeigt, vier zentrale Aufgaben: regelmäßige Erfassung des Umsetzungsgrades, Umsetzungssteuerung, dynamische Bewertungen des Risikos und der Erhebungshäufigkeit über Informationen der Migrationsschritte. Die Module und die erforderlichen Methoden werden im Folgenden im Detail erörtert.

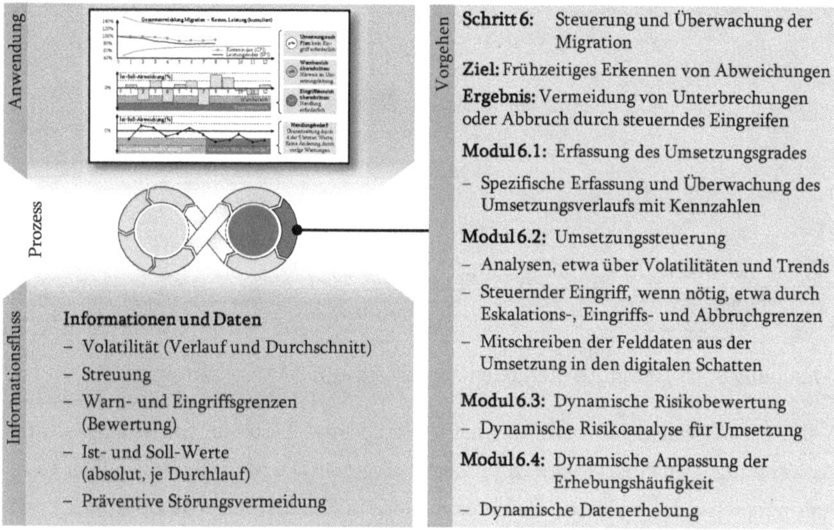

Abbildung 5.37: Steckbrief und Daten der Steuerung und Überwachung

5.3.2.1 Erfassung des Umsetzungsgrades

Das Modul Erfassung des Umsetzungsgrades löst eine im Projektcontrolling bekannte Aufgabe: die Quantifizierung von Umsetzungsfortschritten einzelner Arbeitspakete und deren Aggregation und Reporting. Das erlaubt den Rückgriff auf diverse Methoden des Projektcontrollings.[599] Die Abbildung 5.38 zeigt drei Methoden – zur Erfassung des Umsetzungsgrades der Migrationskategorien reichen diese bereits aus. Aufbau, Abbau sowie Umwandlung von Gebäuden und Flächen ereignen sich oft in einem gemeinsamen Vorhaben.[600] Für die Errichtung oder den Abbruch von Gebäuden nutzt

[599] vgl. Fiedler, R. (2020) Controlling von Projekten, S. 136 f.

[600] vgl. Koch, E.; Schneider, U. (2013) Flächenrecycling, S. 95 ff.; vgl. Seppänen, O. (2018) Das Location-Based Management-System, S. 191 ff.

das Bauwesen bewährte Indikatoren [601] und eine etablierte Erhebung von Rückmeldungen. Flächen unterscheiden sich nur, weil oft bekannt ist, ob die Aktivität bereits begonnen wurde. Auf- und Abbau sowie Verlagerung von Maschinen, mit zurückgelegten Transportwegen, lassen sich beliebig aggregiert durch die Methoden darstellen.

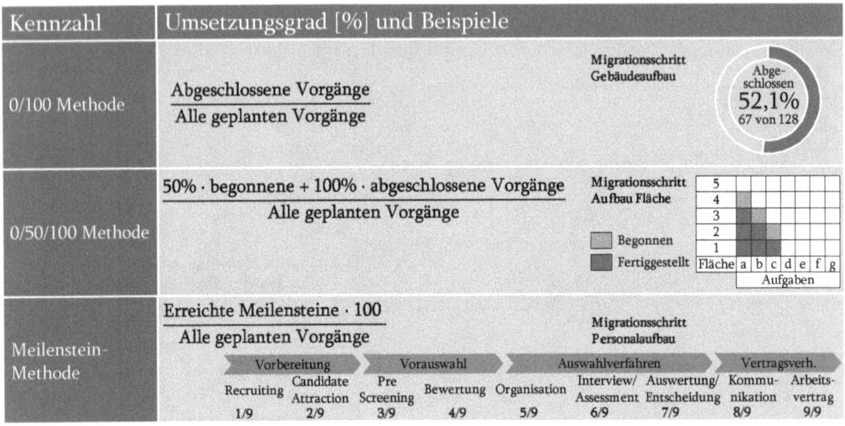

Abbildung 5.38: Bewährte Methoden zur Erfassung des Umsetzungsgrads [602]

Selbst für Migration im Zusammenhang mit Personal bestehen Grundlagen aus der Anwendung; Der Prozess wird in Phasen[603] eingeteilt. Für den Personalaufbau bestehen beispielsweise etablierte Referenzprozesse mit Meilensteinen, die in der Praxis den Fortschritt von Recruiting-Prozessen erfassen.[604] Auch diese Beispiele und eine exemplarische Visualisierung sind in der Abbildung 5.38 illustriert.

Informationsquelle für die Erfassung des Umsetzungsgrades können durgängige Datenschnittstellen, der Electronic Data Interchange (EDI), sein. Das ist aus der Logistikbranche für den Güterverkehr lange bekannt. Auch regelmäßige Berichte von Kontraktoren oder die Umsetzungsrückmeldungen des eigenen Personals werden aufbereitet und ins Datensystem eingepflegt. Das Umsetzungsteam befasst sich selbst nur noch mit der Interpretation, Bewertung und Aufbereitung der Statusberichte.

---

[601] vgl. Schlabach, C. (2018) KPIs in der Baubranche, S. 371 ff.

[602] i.A.a. Fiedler, R. (2020) Controlling von Projekten, S. 133 ff.

[603] vgl. Rischar, K. (2005) Veränderungsmanagement: praxiserprobte Instrumente für Führungskräfte, S. 84 ff.; vgl. Kauffeld, S.; Grohmann, A. (2011) Personalauswahl, S. 94 ff.; vgl. Laumer, S.; Maier, C. et al. (2015) Applicant Tracking Systems, S. 431

[604] vgl. Kauffeld, S.; Grohmann, A. (2011) Personalauswahl, S. 94 ff.; vgl. Laumer, S.; Maier, C. et al. (2015) Applicant Tracking Systems, S. 431

5.3.2.2 Umsetzungssteuerung

Im Modul Umsetzungssteuerung laufen die Informationen der Migrationsschritte während der Umsetzung zusammen und Analysen können schon früh Indikationen über Erfolg oder Probleme aufzeigen. Einzig in dieser Phase wird steuernd auf die laufende Migration eingewirkt. Die nachfolgend beschriebenen Methoden stellen diverse Hilfsmittel zur Verfügung.

Die Umsetzung wird über Kosten und Zeitdauer mitgeschrieben. Das dient zugleich der Analyse der zeitlichen und kostenbezogenen Effizienz. Der **kumulierte Gesamtverlauf der Migrationsumsetzung** wird mittels Cost-Performance-Index (CPI) und Schedule-Performance-Index(time) (SPIt) in der Trompetenkurve abgebildet [605] und muss innerhalb der Warn-, Eingriffs-, oder Abbruchgrenzen geführt werden.

Der Blick auf die Kurvenverläufe erlaubt dem Umsetzungsteam eine schnelle Einschätzung, wie plangerecht das Migrationsvorhaben aktuell verläuft. Nähern sich die Kurvenverläufe den Grenzen an oder überschreiten sie, werden korrigierende Maßnahmen erwogen. Das Umsetzungsteam erhält darüber einen Hinweis, verbunden mit einer Handlungsempfehlung. Die Darstellung in der Trompetenkurve unterstützt so die Zielerreichung der Migration. Die Visualisierung ist in Abbildung 5.39 dargestellt.

Auch die Darstellung über den **individuellen Verlauf einzelner Erhebungsintervalle** dient als visuelle Unterstützung. Sie stellt die prozentuale Abweichung der Ist-Werte von Soll-Werten dar und fokussiert spezifische Erhebungsintervalle. Durch die dedizierte zeitliche Aufschlüsselung gelingt eine weitaus gezieltere Ursachenanalyse im Falle von Abweichungen und steuernde Eingriffe adressieren die Ursachen präziser.

Auch für diese Darstellung wurden Warn- und Eingriffsbereiche definiert, die denen aus der Trompetenkurve entsprechen. Weil lediglich isolierte Erhebungsintervalle im Fokus stehen und nicht der kumulierte Gesamtverlauf, wird auf die zunehmende Verjüngung dieser Grenzwerte bewusst verzichtet. Werte, die bis in die Warn- oder Eingriffsbereichen hereinragen, lösen ebenfalls Hinweise an das Umsetzungsteam aus und informieren mit einer Handlungsempfehlung über die Planabweichungen. Eine Ampel-Farblogik dient der intuitiven Aggregation nötiger Steuereingriffe.

An Anlehnung an die statistische Prozesslenkung werden die Verläufe der Erhebungsintervalle mit ergänzender Analytik beobachtet, um systematische oder schleichende

[605] Siehe etwa Teilkapitel 5.3.1.1

Abweichungen vom Plan früh zu erkennen. Das dient ergänzender Sicherheit für das Umsetzungsteam, weil notwendige Eingriffe so automatisiert erkannt werden. Dieser ergänzende Mechanismus leitet sich aus den Regelkarten der statistischen Prozesslenkung beispielhaft ab: Wenn die Rückmeldungen aus vier von fünf Erhebungsintervallen mindestens eine Standardabweichung vom Erwartungswert abweichen, oder Grenzwerte häufig überschreiten, meldet auch dies einen Handlungsbedarf.[606]

Derartige Rückmeldungen erfordern besondere Obacht, denn ein wiederholter Übertritt in den Warnbereich impliziert entweder die Wirkungslosigkeit bereits eingeleiteter Maßnahmen und damit ein unzureichendes Management der Umsetzung. Oder es drückt fehlenden Fokus oder fehlende Unterstützung des Migrationsvorhabens aus. Die Ausgabe der Handlungsempfehlungen erfolgt über einen Newsfeed.[607] Diese Darstellungsformen und beispielhafte Zusammenfassungen illustriert die Abbildung 5.39.

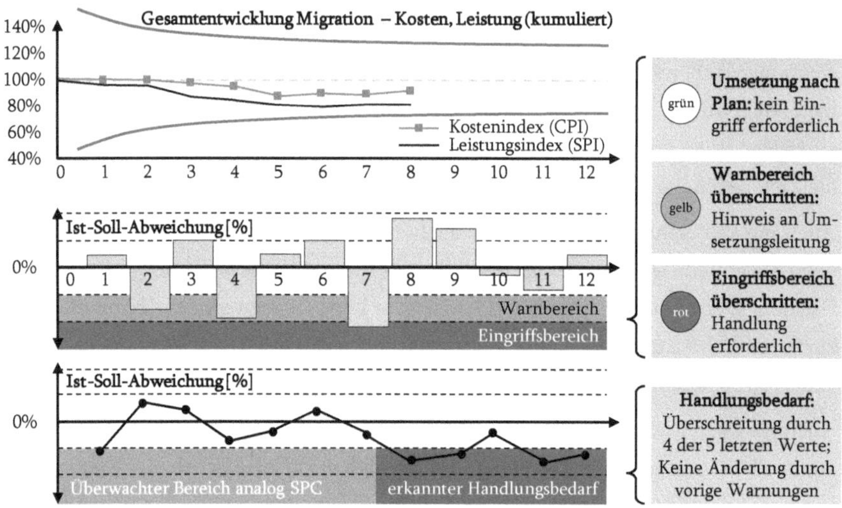

Abbildung 5.39: Beispielhaftes Cockpit für die Umsetzungssteuerung [608]

Eine **Volatilitätsanalyse** gibt weiteren Aufschluss über den Zustand der Umsetzung und erlaubt die Einschätzung, wie volatil oder stabil ein Migrationsvorhaben verläuft.

[606] Diese Überlegung ist angelehnt an die statistische Prozesslenkung, i.A.a. Koutras, M.; Bersimis, S. et al. (2007) Statistical Process Control, S. 213

[607] Siehe die Konzeption der Anwenderoberflächen in Teilkapitel 5.1.2

[608] Eigene Darstellung i.A.a. Koutras, M.; Bersimis, S. et al. (2007) Statistical Process Control, S. 213; i.A.a. Schlabach, C. (2018) KPIs in der Baubranche, S. 372; sowie i.A.a. Fiedler, R. (2020) Controlling von Projekten, S. 150

Adaptiert aus der Beurteilung von (Aktien-)Kursen im Finanzwesen, dienen die in der technischen Analyse geläufigen BOLLINGER-Bänder[609] der Volatilitätsanalyse.

Das Verständnis von Volatilität ist vergleichbar: Für Migrationsvorhaben beschreibt die Volatilität die prozentuale Abweichung von Kosten und Zeitdauer vorangegangener Erhebungsintervalle. Mit jeder neu erhobenen Information wird die Volatilität neu beurteilt. Die prozentualen Ist-Soll-Abweichungen für einzelne Erhebungsintervalle berechnen sich wie in Formel 5.16 erörtert und sind an BOLLINGER angelehnt.[610]

Formel 5.16: Ist-Soll-Abweichungen der Volatilitätsanalyse

$$Volatilität = OG - UG$$

mit

$OG = SMA_t + 2 \cdot \sigma_t$	obere Grenze
$UG = SMA_t - 2 \cdot \sigma_t$	untere Grenze
$SMA_t = \frac{\sum_{i=0}^{n-1} SMA_{t-1}}{n}$	arithmetisch gleitender Durchschnitt
t	Aktuelles Erhebungsintervall
n	Anzahl der letzten betrachteten Erhebungsintervalle
σ_t	Standardabweichung der Werte aus den letzten betrachteten Erhebungsintervallen

Zunächst errechnet sich aus der prozentualen Ist-Soll-Abweichung der arithmetisch gleitende Durchschnitt. Zwei Kurven, die im Abstand von zwei Standardabweichungen davon oberhalb und unterhalb verlaufen, schließen die BOLLINGER-Bänder ein. Dies ist in der Abbildung 5.40 veranschaulicht. Die Standardabweichungen errechnen sich aus den erhobenen Ist-Werten des jeweiligen Zeitraums. Der gleitende Durchschnitt dient der Berechnung der BOLLINGER-Bänder und bewirkt so einen gleitenden Korridor für die dargestellte Volatilität. Die Volatilitätsanalyse gewinnt an Aussagekraft, wenn der Betrachtungszeitraum vollständig durchlaufen wurde.

Die Differenz beider Kurven umfasst vier Standardabweichungen der erhobenen Werte und bestimmt zugleich das prozentuale Maß für die Volatilität eines betrachteten Zeitraums. Der grafisch aufgetragene Volatilitätsverlauf ermöglicht eine Einschätzung über die Stabilität der Umsetzung. Daraus wird abgeleitet, welche Anpassungsbedarfe erforderlich werden können. Sofern Erfahrungswerte aus vergangenen

[609] vgl. Bollinger, J. (1992) Using bollinger bands, S. 47 ff.
[610] vgl. Bollinger, J. (1992) Using bollinger bands, S. 47 ff.

Umsetzungsvorhaben für vergleichbare Migrationsschritte vorliegen, steigert der Vergleich die Aussagekraft der Analyse weiter. Die Volatilitätsanalyse ist auch eine Vorarbeit für folgende Trendanalyse. Abbildung 5.40 verdeutlicht die Zusammenhänge. Die Volatilitätsanalyse wird später – im Teilkapitel 5.3.3 – erneut angewendet.

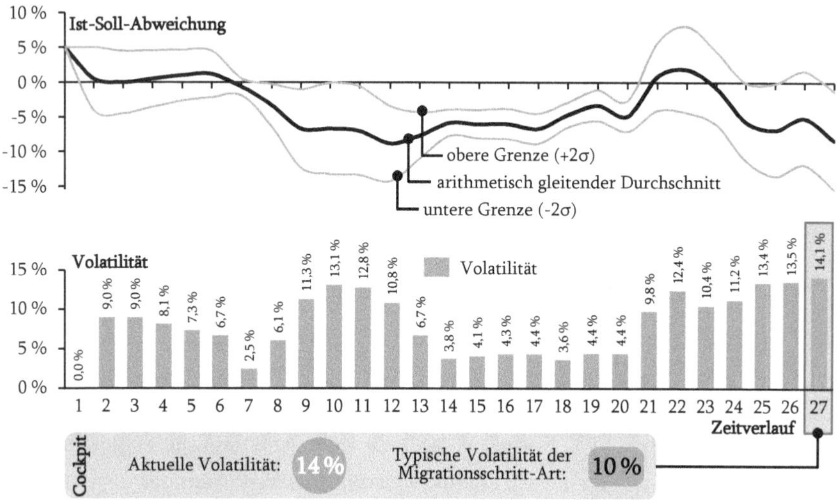

Abbildung 5.40: Volatilität in der Umsetzung

Ein weiteres Instrument der Umsetzungssteuerung ist die **Trendanalyse.** Sie zeigt Entwicklungen in der Migrationsumsetzung frühzeitig auf und ermöglicht proaktives Eingreifen. Ebenfalls inspiriert durch die technische Analyse der Finanzbranche, ist die MACD-Methode[611] ein geeignetes Werkzeug.

Das Prinzip basiert auf zwei unterschiedlich langen exponentiell gleitenden Durchschnitten mit unterschiedlich weit zurückgreifenden Glättungsfaktoren. Die Differenz der Verläufe zeigt die Unterschiede, mit denen die Werte des kürzeren Zeitraums sich im Vergleich zum längeren Zeitraum entwickeln; Formel 5.17 drückt das aus.

Der Trendanalyse nutzt die vorab für den Verlauf individueller Erhebungsintervalle erfassten prozentualen Abweichungen der Ist-Kosten und Zeitdauer vom Soll. Eine positive Differenz der Werte drückt für die kurzfristigen Werte eine bessere Entwicklung im Vergleich zur langfristigen Entwicklung aus. Analog gilt dies andersherum.

[611] MACD, engl.: Moving Average Convergence/Divergence; vgl. Eric, D.; Andjelic, G. et al. (2009) Application of MACD and RVI indicators, S. 171 ff.

Formel 5.17: Ist-Soll-Abweichungen der Trendanalyse

$$Trendwert = \sum_{i=1}^{n} EMA_k(i) - \sum_{i=1}^{n} EMA_l(i)$$

mit EMA_k kurzer exponentiell gleitender Durchschnitt

EMA_l langer exponentiell gleitender Durchschnitt

$$EMA_{k/l}(i) = \propto \cdot w(i) + (1-\propto) \cdot EMA_{k/l}(i-1)$$

$EMA_{k/l}(1) = w(1)$ zur praktikablen Handhabung

$\propto = \frac{2}{b+1}$ Glättungsfaktor mit $b = \{s, t\}$

n Anzahl der bisherigen Erhebungsintervalle

i Erhebungsintervall i

$w(i)$ prozentuale Abweichung im Erhebungsintervall i

s, t: Anzahl der vom Glättungsfaktor umfassten Messwerte für EMA_k bzw. EMA_l

Bevor wirksame Aussagen möglich sind, erfordert die Trendanalyse eine ausreichende Anzahl an Datenpunkten für die vergangenheitsbezogenen Glättungsfaktoren.

Nur signifikante Trends erfordern Reaktionen des Umsetzungsteams. Dafür war in der Initialisierung [612] ein Schwellenwert definiert. Abbildung 5.41 illustriert Trendreport-Beispiele. Die Reports empfehlen proaktive Reaktionen auf auffällige Entwicklungen.

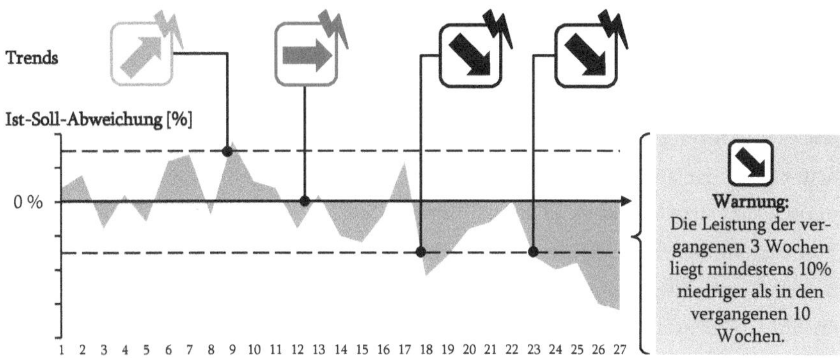

Abbildung 5.41: Trends und Handlungsempfehlungen

[612] Siehe Teilkapitel 5.3.1.1

Diverse **Kennzahlen zu Prognose und Steuerung** sind im Projektmanagement bewährt, um den Verlauf von Arbeitspaketen im Projektstrukturplan oder Gantt-Chart vorherzusehen. Einige der Kennzahlen wurden bereits mit der Earned-Value-Analyse[613] vorgestellt.[614] Für die Prognose sind vier Kennzahlen besonders bedeutsam:

- Die Time-At-Completion (TAC) einzelner Aktivitäten wird zusammengefasst, erlaubt die Vorausschau der zeitlichen Entwicklung gesamter Migrationsvorhabens und wird in der nachfolgenden Risikobewertung eingesetzt.
- Die Kennzahl Estimate-At-Completion (EAC) erlaubt den Vorausblick auf zu erwartende Migrationskosten. Die Überschreitung der initialisierten Grenzwerte löst Handlungsempfehlungen aus, in die die Kennzahl einfließt.
- Der To-Complete-Performance-Index (TCPI) trägt zu detaillierter formulierten Handlungsempfehlungen bei und ist keine Kennzahl zur Steuerung.
- Der To-Complete-Schedule-Performance-Index (TSPI_t) dient ebenfalls der Detaillierung und Anreicherung von Handlungsempfehlungen.

Die fünf beschriebenen Hilfsmittel dienen der Unterstützung bei der **Steuerung** der Migration. Die Visualisierungen der Analysen führen zu einem fokussierten Überblick über Zustand, Fortschritt und Hürden in der Umsetzung. Hieraus leiten die Teams aus ihrer Umsetzungskompetenz weitere Handlungen ab. Durch die Handlungsempfehlungen werden konkrete Maßnahmen vorgeschlagen. Die Überschreitung von Eingriffsgrenzen erfordert die Formulierung und Umsetzung von Abstellmaßnahmen. Bei Überschreiten der Abbruchgrenzen wird das laufende Vorhaben neu bewertet und notfalls gestoppt. Dazu dient eine kaskadierte Eskalation der Abweichung über Rollen hinweg. Die Kommunikationspfade sind innerhalb der Controlling-Acht definiert. [615]

5.3.2.3 Dynamische Risikobewertung

Das Modul für die dynamische Risikobewertung greift die Bewertung der Risiken erneut auf. In der operativen Umsetzungsplanung erfolgte die Risikobewertung bereits statisch für ganze Migrationsschritte: Hier wurden Kosten- und Zeitverläufe mit einer Wahrscheinlichkeitsverteilung für die Migrationsschritte zusammengestellt; zuvor waren Warn-, Eingriffs- und Abbruchgrenzen dafür festgelegt worden. [616] Das Risiko für ein Überschreiten der Kosten- oder Zeit-Schwellenwerte der Migrationsschritte

[613] i.A.a. Fiedler, R. (2020) Controlling von Projekten, S. 146 ff.
[614] Siehe die Ausführungen zu Kennzahlen im Teilkapitel 2.2.2.3 und die Initialisierung in Teilkapitel 5.3.1.1
[615] Siehe dafür die Beschreibung des Prozessablaufs in Teilkapitel 5.1.1
[616] Siehe Teilkapitel 5.3.1

wurde so bewertet. Die Risikobewertung zur Überwachung eines laufenden Migrationsvorhabens muss jedoch dynamisch sein. Umsetzungsteams überwachen so die Zeit- und Kostenrisiken, die bis zum Abbruch des Vorhabens führen könnten, aufwandsreduziert. Dazu werden die aufgenommenen Ist-Daten aus der Umsetzung zu einer Kennzahl des prozentualen Abbruchrisikos aggregiert. Ergänzende Handlungsempfehlungen dienen der Einleitung von Maßnahmen zur Verringerung der Risiken.

Die für die Methodik hergeleitete **Risikobewertung** basiert auf Eintrittswahrscheinlichkeiten, Migrationsdauer und Migrationskosten. Alle drei Aspekte verändern sich im Laufe der Umsetzung und müssen daher dynamisch erfasst werden: Ist-Daten und das Risikomodell mit Dichtefunktion werden selbstständig verrechnet und angepasst.

- Für die Migrationsschritte wurden **Eintrittswahrscheinlichkeiten** von Kosten und Zeitdauern in Form einer normalverteilten Dichtefunktion modelliert; die Proportionen der anfänglichen Wahrscheinlichkeitsverteilung bleiben auch im Verlauf der Umsetzung stabil. Die Spannweite, die etwa die Migrationsdauer zu 95% umschließt, ist abhängig von der zu erwartenden Migrationsdauer. Die Schwellenwerte werden nicht dynamisch mitgeführt.
- Die **Zeitentwicklung** kann mit fortschreitender Migration zwei Effekte zeigen: Die verbleibende Restdauer sinkt; dadurch erfährt die Wahrscheinlichkeitsverteilung eine Stauchung: Je dichter die tatsächliche Umsetzungszeit an den Erwartungswert rückt, desto steiler werden die Flanken der Wahrscheinlichkeitsverteilung und desto größer die Wahrscheinlichkeit für ein Zutreffen des Erwartungswerts. Außerdem können Abweichungen von der Planung auftreten. Diese werden, wie zuvor erklärt, durch die Time-at-Completion (TAC) prognostiziert. Durch deren Veränderung ändert sich auch der Erwartungswert und die Kurve der Wahrscheinlichkeitsverteilung wird nach links oder rechts verschoben. Beide Effekte, Verschiebung und Stauchung, überlagern sich, wie Abbildung 5.42 zeigt.
- Die **Kostenentwicklung** wurde in der Feinplanung abhängig von der Zeitentwicklung modelliert. So ist auch ihre Dynamik damit verbunden. Kostenwirksame Effekte, die aus einer zeitlichen Abweichung entstehen, sind so bereits berücksichtigt. Tatsächlich entstehende Kostenabweichungen während der Umsetzung werden auf den modellierten Kostenverlauf summiert oder davon subtrahiert. Das führt zu einer entsprechenden Verschiebung des Kurvenverlaufs auf der Kostenachse. Bei feststehendem Schwellenwert und etwa einer Kostenerhöhung, also Verschiebung des Verlaufs nach oben, wird

diese Schwelle schneller erreicht. Ein Beispiel mit der diskretisierten Wertetabelle macht es anschaulich: Wenn die Umsetzung bis zum aktuellen Zeitpunkt 20.000 Euro über dem Plan liegt, werden diese Kosten auf alle diskretisierten Tabellenwerte summiert. Das gleicht der Verschiebung der (diskretisierten) Kurve nach oben; die Schwellenwerte verbleiben und wären dann schneller erreicht. Abbildung 5.42 verdeutlicht auch dies. Die zuvor vorgestellte Prognose mit der Kennzahl Estimate-at-Completion (EAC) kann zu einer weiterführenden Verfeinerung der Kostenentwicklung führen. Darauf wurde hier im Sinne der Aufwandsreduktion verzichtet.

Auch die dynamische Risikoüberwachung erlaubt **Erkenntnisse aus Handlungsempfehlungen**. Schon mit einfachen Sensitivitätsanalysen im Risikomodell können mögliche Entwicklungen vorhergesagt werden. Das Umsetzungsteam erhält die Ergebnisse; es entscheidet, wie gut etwaige Maßnahmen die Kosten- oder Zeiteffizienz beeinflussen. Solche Handlungsempfehlungen gehen beispielhaft auch aus Abbildung 5.42 hervor. Die prozentuale Steigerung der Zeit- und Kostenwerte, mit denen die Sensitivitäten initial gerechnet werden, sind aus der Initialisierung vorgegeben.

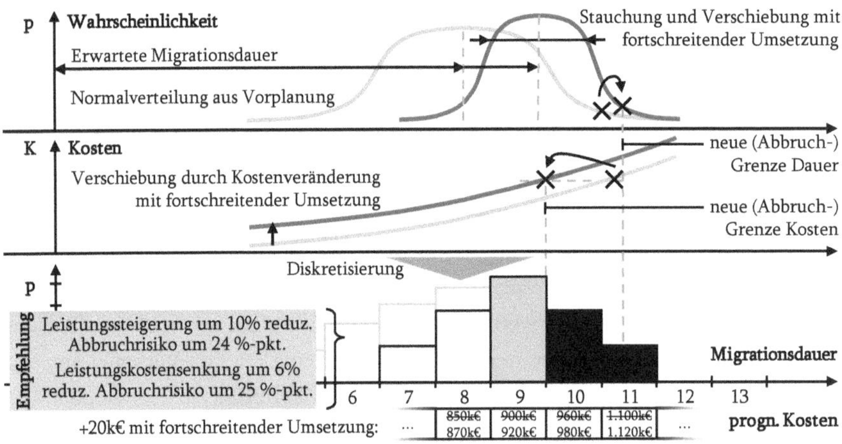

Abbildung 5.42: Dynamische Anpassung der Wahrscheinlichkeitsverteilung

5.3.2.4 Dynamische Anpassung der Erhebungshäufigkeit

Das Modul für die dynamische Anpassung der Erhebungshäufigkeit dynamisiert die Intervalle für Erhebung von Daten über die Umsetzung von Migrationsschritten und damit auch deren Überwachung und Steuerung. Die Erhebungshäufigkeit wurde in der Initialisierung für verschiedene Migrationsschritte bereits statisch beschrieben.

Dynamik in globalen Produktionsnetzwerken muss beherrscht werden und das aber aufwandsarm. Daten werden also so oft wie nötig, aber so selten wie möglich erhoben.

Je nachdem wie zuverlässig oder unsicher Migrationsschritte verlaufen, ist ihre Erhebung selten oder häufig erforderlich: Problematische Schritte werden engmaschig beobachtet und reaktionsschnell gesteuert, gut verlaufende Schritte andersherum.

Die dynamische Erhebungshäufigkeit basiert auf fünf Überwachungsgrößen, die alle auch in Abbildung 5.43 dargestellt werden:

- Bei Beobachtung der gesamten Migration in der Trompetenkurve kann die Abweichung der Soll-Parameter und deren Annäherung an die jeweiligen einhüllenden Grenzbereiche zu einer entsprechenden Erhöhung oder Verringerung der Erhebungshäufigkeit führen.
- In der Risikobewertung wird auch das Abbruchrisiko ermittelt. Dessen Abweichen vom Soll kann eine Erhöhung oder Verringerung der Erhebungshäufigkeit bedingen.
- Die Ergebnisse der Volatilitätsanalyse sind ein Instrument, um die Stabilität der Umsetzung zu bewerten – und damit auch als proportionale Indikation zur Erhöhung oder Verringerung der Erhebungshäufigkeit geeignet.
- Die Trendanalyse profitiert von höherer Erhebungshäufigkeit bei Negativabweichungen, da so für die problematischen Schritte eine engmaschigere Überwachung der sich anbahnenden Abweichungen ermöglicht wird.
- Das WKS-Abtasttheorem wird auf die Migrationsumsetzung übertragen: Das WHITTAKER-KOTELNIKOW-SHANNON-Abtasttheorem ist aus der Nachrichtentechnik bekannt; es wird auch NYQUIST-SHANNON-Abtasttheorem genannt. Es schreibt vor, dass ein kontinuierliches Signal diskret so abgetastet werden muss, dass es ohne Informationsverlust rekonstruiert werden kann – dafür muss die Abtastfrequenz mindestens doppelt so hoch sein wie die Signalfrequenz. [617] Der Übertrag auf die Umsetzung von Migration stellt die Frage, wie häufig Veränderungen, Abweichungen oder Störungen über eine gewisse Umsetzungszeit für die Migrationsschritte auftreten. Dies wird zu einer Störungsfrequenz f_S verrechnet. So können Abweichungen nicht nur gut erkannt, sondern auch rechtzeitig behoben werden. Der Zusammenhang ist mathematisch in der Formel 5.18 ausgedrückt.

[617] vgl. Höher, P. (2011) Grundlagen der digitalen Informationsübertragung, S. 357 ff.; vgl. Werner, M. (2017) Nachrichtentechnik, S. 103

Formel 5.18: Erhebungshäufigkeit in Anlehnung an WKS-Theorem[618]

Aus $M = \frac{1}{f_F}$ ergibt sich die Länge des Erhebungsintervalls $f_S = \frac{Anzahl\ Störungen}{Ist\text{-}Dauer}$

mit $f_F > 2 \cdot f_S$ Das Erhebungsintervall ist größer der doppelten Störungsfrequenz

Diese fünf Wege können zur Anpassung der Erhebungshäufigkeit führen. Wie eine solche Anpassung konkret aussehen kann, geht aus der Abbildung 5.43 hervor.

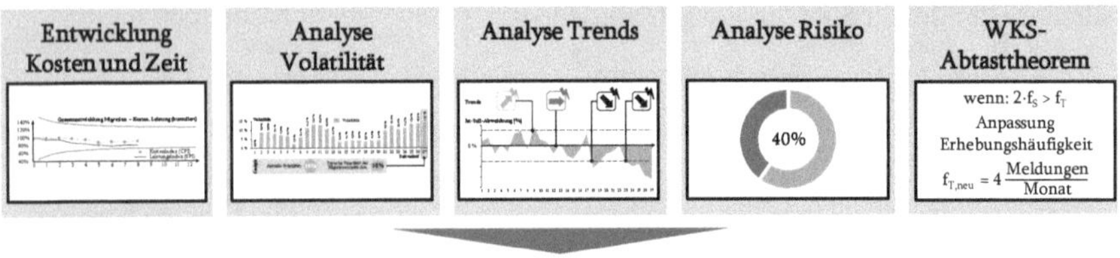

Zahl der Störungen	Erhebungshäufigkeiten		
	empfohlen/Initialisierung	bisher	neu
$\frac{2}{1\ Woche}$	$\frac{4}{1\ Woche}$	$\frac{1}{1\ Woche}$	$\frac{1}{1\ Tag}$

Abbildung 5.43: Anpassungen der Erhebungshäufigkeit

Die gleichzeitige Betrachtung der fünf Bewertungen erzeugt ein fundiertes Bild über die mindestens erforderliche Erhebungshäufigkeit. Die vier ersten Analysen errechnen indirekt eine Anpassung der eingangs statisch initialisierten Erhebungshäufigkeiten mit einem Faktor für seltenere oder häufigere Erhebung. Die Adaption des WKS-Abtasttheorems errechnet einen konkreten Vorschlag für die Erhebungshäufigkeit.

Die Erhebungshäufigkeit wird quantitativ errechnet und als Handlungsempfehlung vorgeschlagen. Die Datenerhebung verläuft bei Erfordernis und Unsicherheit engmaschig und bei Stabilität und Plantreue entsprechend seltener. Beispielhafte Handlungsempfehlungen sind ebenfalls in der Abbildung 5.43 illustriert.

5.3.3 Schritt 7: Analyse und Erfolgsbewertung der Migration

Mit Abschluss der Umsetzung werden die durchlaufenen Migrationsschritte rückblickend analysiert und der Erfolg der Umsetzung bewertet. Schon während der Umsetzung wurden zahlreiche Informationen erfasst, die in der Steuerung der Umsetzung als Kennzahlen eingesetzt waren und in der Erfolgsbewertung bewertungsgerecht

---

618 vgl. Kletti, J.; Schumacher, J. (2015) Die perfekte Produktion, S. 24 ff.

veredelt werden. Um der rollierenden, selbstvalidierenden Idee der Controlling-Acht zu entsprechen, dienen die dabei gewonnenen Erkenntnisse zukünftigen Migrationsvorhaben als Planungs- und Entscheidungsgrundlage. Abbildung 5.44 stellt dies dar.

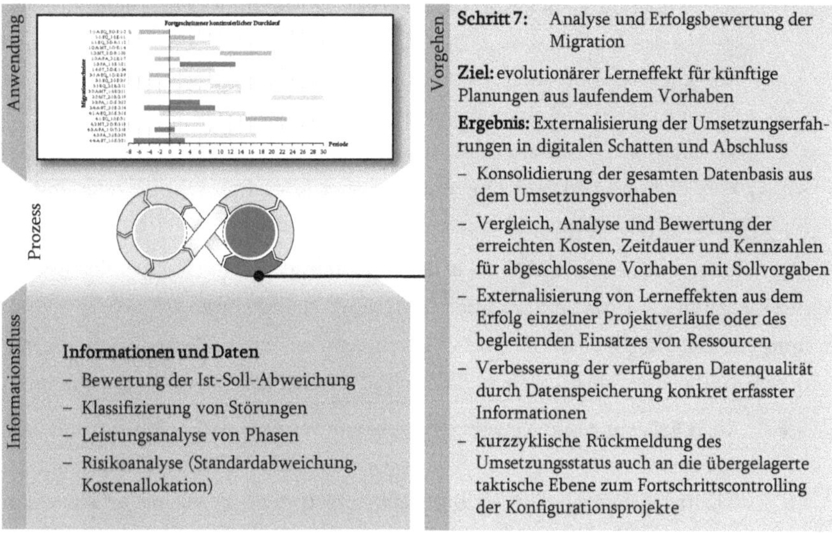

Abbildung 5.44: Steckbrief und Daten der Analyse und Erfolgsbewertung

Migrationsschritte einer Kategorie ähneln sich und sind grundlegend vergleichbar. Die Bewertung einzelner Schritte kann auch einen Vergleich mit ähnlichen Schritten oder einer vergangenheitsbasierten Referenz bedeuten. Drei Dimensionen aus der Umsetzung werden zur Bewertung retrospektiv betrachtet.

- Die **Ist-Soll-Abweichungen der Kosten und Zeitdauer** sind planungsrelevant und zugleich erfolgsentscheidend. Diese Werte werden sowieso erfasst. Die Ausprägung ihrer abschließenden Abweichung wird durch einen prozentualen Vergleich der erfassten Ist-Werte mit den jeweiligen Soll-Werten aus der Planung oder der historischen Werte für die betreffende Migrationsschrittkategorie ermittelt. Diese Kennzahl wird auf Ebene eines Migrationsschrittes erfasst und kann für Migrationsschrittarten und entlang des Projektstrukturplans für ganze Migrationsvorhaben hochaggregiert werden.
- Die **Volatilität des Migrationsschritts** ist in der Umsetzung erfasst worden. Sie hilft nicht mehr bei der Steuerung, wird aber für die abgeschlossene Umsetzung erfasst. Ihre Informationen unterstützen künftige Planungen.

- Die Analyse der **Streuung spezifischer Migrationsschritte** erfasst auf Ebene einzelner Erhebungsintervalle eines Migrationsschritts die prozentualen Ist-Soll-Abweichungen für Kosten und Zeit. Ergebnis ist eine Streuung der Werte über die gesamte Umsetzung des Schrittes hinweg und ließe sich beispielsweise durch Box-Plot-Diagramme visualisieren. Die Streuung kann ein Ausgangspunkt für weitere Ursachenforschung über Abweichungen sein; sie deutet zum Beispiel auf mangelhafte Planung der Sollgrößen, auf Fehler bei der Umsetzung oder auf stellenweise problematische Datenqualität hin. Der Vergleich mit den Streuungen historischer Migrationsschritte zeigt im besten Fall mit zunehmender Erfahrung eine Verringerung der Kennzahl auf.

Weitere Bewertungen gehen über die in der Umsetzung erfassten Kennzahlen hinaus. Sie ermöglichen die Ursachenforschung über Abweichungen und die langfristige Erhöhung der Datenqualität für folgende Umsetzungsaktivitäten. Besonders die Veredlung von Erfahrungswerten zeichnet das große Potential der Controlling-Acht aus.

- Auch **Erfassung und Klassifizierung von Störungen** aus der Umsetzung werden retrospektiv vorgenommen. Spätestens nach Abschluss des Migrationsschrittes muss das Umsetzungsteam aufgetretene Probleme erfassen. Für eine bessere Ursachenanalyse und Zuordnung zu den mitgeschriebenen Umsetzungskennzahlen werden Störungen zuerst einem Erhebungsintervall zugeordnet. Anschließend erfolgt eine im Projektcontrolling bewährte Klassifizierung[619] von Ursachen und Vermeidbarkeit: Sie bewertet, ob die Störung personell, technisch oder organisatorisch begründet und vermeidbar, kaum vermeidbar oder nicht vermeidbar war. Darüber erfolgt eine Bewertung des potentiellen Schadensausmaßes. Auch dafür kommen gängiger Methoden zum Einsatz, etwa mittels der Risikoprioritätszahl (RPZ) [620], die als ingenieurswissenschaftliches Instrument als bekannt vorausgesetzt wird. Das Umsetzungsteam formuliert schließlich Maßnahmen zur Behebung und künftigen Abstellung der Störung. Eine Störung ist dann vollständig beschrieben, wenn sie benannt wurde, ihr ein Störungszeitpunkt zugeordnet wurde, ihre Ursache in beiden Dimensionen klassifiziert ist, das Schadensausmaß beschrieben wurde und die Maßnahmen definiert sind. Dann trägt sie nachhaltig zur kontinuierlichen Verbesserung künftiger Migrationen bei.

---

[619] vgl. Fiedler, R. (2020) Controlling von Projekten, S. 165 f.

[620] vgl. Jakoby, W. (2015) Projektmanagement für Ingenieure, S. 240 ff.

- Die Idee der **präventiven Störungsvermeidung** baut hierauf unmittelbar auf. Störungen in der zuvor dargestellten vollständigen Beschreibung sind zunächst konkreten Migrationsschritten und dadurch aber auch Migrationsschrittkategorien zugeordnet. Die Häufigkeit des Auftretens ähnlicher Störungen oder prägnanter Störungsmuster (entsprechend der zweidimensionalen Klassifizierung) wird mit der erfassten Risikoprioritätszahl RPZ multipliziert. Dadurch entsteht eine spezifische Störungs-RPZ[621] der Migration. Diese legt, nach dem höchsten Wert abfallend sortiert, die für eine Migrationsschrittkategorie größten Problemfelder offen. So baut sich mit mehreren Iterationen in der Gesamtmethode ein Katalog an Maßnahmen auf. Umsetzungsteams wissen dann schon vor der Umsetzung spezifischer Migrationsschritte, was typische Störungsmuster dieser Migrationskategorie sind und können diesen proaktiv entgegensteuern oder sie gänzlich vermeiden.
- Erfahrungswerte zur **Erhebungshäufigkeit** werden aus der retrospektiven Berücksichtigung vollzogener Migrationsschritte für zukünftige Anwendungen dieser Migrationsschritt-Kategorien erfasst und übermittelt. Zuerst wurden schon in der operativen Planung Erhebungshäufigkeiten auf der Grundlage von Literaturempfehlungen oder vorherigen Erfahrungswerten angenommen. Die Erhebungshäufigkeit eines Migrationsschrittes wurde dann während der Umsetzungssteuerung je nach Stabilität der Migrationsumsetzung verkürzt oder verlängert. Parallel dazu wurden Störungen erfasst, klassifiziert und zu Zeitpunkten in der Umsetzung zugeordnet. Daraus lässt sich eine Störungsfrequenz bestimmen. Diese Störungsfrequenz führt – unter Anwendung des zuvor erläuterten WKS-Theorems – zur Empfehlung für eine minimale Erhebungshäufigkeit. Ein durch den Newsfeed ausgelöster Vergleich der so errechneten Erhebungshäufigkeit mit der literatur- und erfahrungsbasierten Erhebungshäufigkeit erfordert die Entscheidung, welche Erhebungshäufigkeit für künftige Umsetzungen des Migrationsschritttyps besser geeignet ist. Über die Iterationen nähert sich eine geeignete Erhebungshäufigkeit an, die spezifische Störungseinflüsse berücksichtigt.
- Für die **Leistungsanalyse der Migrationsschritte**, werden die aus der Steuerung bekannten Analysen der prozentualen Ist-Soll-Abweichungen der Kosten oder Dauer einzelner Erhebungsintervalle retrospektiv betrachtet. Mit der Bewertung hinterfragt das Umsetzungsteam Abweichungen von Soll-

[621] vgl. Jakoby, W. (2015) Projektmanagement für Ingenieure, S. 240 ff.

Werten und vom Mittelwert und arbeitet deren Ursachen zur Verbesserung für künftige Migration und weiterführende Ursachenanalyse heraus.

- Schließlich erfolgt eine Einschätzung über die **Güte der gewählten Warn- und Eingriffsgrenzen**. Hierfür stehen dem Umsetzungsteam die zuvor erzeugten Auswertungen, wie etwa die Leistungsanalyse, zur Verfügung. Die angesetzten Grenzen werden als „zu schwach“, als „angemessen“ oder als „zu streng“ bewertet und für künftige Migrationsverläufe hinterlegt. Sie führen zu immer akkurateren Schwellenwerten in der Überwachung. Einerseits vermeidet das im Zuge der Prozessüberwachung ein zu spätes Erkennen von Ausreißern und andererseits zu häufige Warnungen. Sie bergen das Risiko, dass das Instrument als zu empfindlich gilt und Rückmeldungen nicht mehr beachtet werden. Die Bewertung wird durch den Newsfeed eingefordert

Die dargestellten Möglichkeiten zur Bewertung der durchgeführten Migrationsschritte bauen eine langfristige Datengrundlage für bessere Bewertungen innerhalb der Umsetzungsplanung und -überwachung auf. Sie können in einer dedizierten Ansicht aufgerufen werden. Im Ergebnis ist zu bewerten, ob und zu welchem Grad ein Migrationsschritt als erfolgreich eingeschätzt wird. Die Darstellungen erlauben eine tiefere Analyse für einzelne, abgeschlossene Schritte und zeigen auch getroffene Einschätzungen, etwa in Bezug auf gewählte Grenzwerte, auf. Migrationsschritte lassen sich mittels einer identischen Ansicht mit anderen spezifischen Migrationsschritten vergleichen oder mit einer gefilterten Auswahl oder mit den aggregierten Werten innerhalb einer gesamten Migrationsschrittkategorie.

Die Ergebnisse werden schließlich zurückgespielt und stehen damit zur Verfügung für die gesamte Controlling-Acht der Migration. Ihr neuerliches und fortwährendes Durchlaufen ist damit sichergestellt.

6 Anwendung und kritische Reflexion

Für das Controlling der Migration in Produktionsnetzwerken wurde in den vorherigen zwei Kapiteln 4 und 5 eine Methodik vorgestellt, die neben der Etablierung eines kontinuierlichen Gesamtprozesses zwei praxisrelevante Perspektiven adressiert: Einerseits sind es besonders die Optimierungen und Datenanalysen entlang des Gesamtprozesses, die die inhaltliche Arbeit für Planung und Umsetzung der Migration vereinfachen und durchgängig gestalten. Andererseits ist dabei die Begleitung der Migration durch entscheidungsunterstützende Anwenderoberflächen in Apps diskutiert worden. Beide Aspekte befähigen die Entfaltung der Potentiale der Controlling-Acht der Migration. Solche Potentiale sind etwa das evolutionäre Anlernen der Datengrundlage mit der zugehörigen Selbstvalidierung der Planung, oder die nahtlose Integration der Migration in die Referenzprozesse der Produktionsnetzwerkgestaltung.

Ganz im Sinne der konsequenten Schritte des Forschungsvorgehens [622] und der an die Gestaltung der Methodik gestellten Anforderungen[623], soll die Methodik angewendet und kritisch reflektiert werden. Hierbei stehen die zwei benannten Aspekte im Fokus:

- Anwendung und kritische Überprüfung der Optimierungen und Analysen
- Anwendung und kritische Überprüfung der Umsetzung als App

Die zwei folgenden Unterkapitel 6.1 und 6.2 widmen sich jeweils diesen zwei Anwendungen und im Unterkapitel 6.3 erfolgt eine kritische Reflexion der gesamten Methodik hinsichtlich der an sie formulierten Anforderungen.

---

[622] Siehe dazu die Erläuterung des Forschungsvorgehens in Unterkapitel 1.3

[623] Siehe dazu die konsolidierten Anforderungen in Unterkapitel 4.1

6.1 Planung und Umsetzung der Migration in der Anwendung

Als erste Anwendung erfolgt die Migrationsplanung und -umsetzung für einen Anwendungsfall unter Einsatz der entwickelten Optimierungs- und Analysemethoden.

Durch diverse Beratungsprojekte, die der Autor im Rahmen seiner Tätigkeit am WZL der RWTH Aachen in der produzierenden Industrie geleitet hat, konnte er Verbesserungsinitiativen an Produktionsnetzwerken unmittelbar mitgestalten:

- Ein Projekt diente zum Beispiel der Verlagerungen von Kapazitäten in einem globalen Produktionsnetzwerk eines Unternehmens für schnelllebige Konsumgüter. Die Herausforderungen waren die Integration eines neu erworbenen internationalen Produktionsstandortes und die Eingliederung der Produkte in das globale Produktionsnetzwerk. Dafür wurde eine Entscheidungsstudie über Kapazitätsverlagerungen im Produktionsnetzwerk für die Unternehmensleitung gestaltet. Diese Entscheidungsvorlage enthielt ein ausgewähltes dominantes Szenario mit signifikanten jährlichen Einsparpotentialen, die das Unternehmen beschlossen und durchgeführt hat.
- Ein anderes Projekt hatte die Strategieentwicklung für das internationale Netzwerk eines Lebensmittelproduzenten zum Ziel. Die Herausforderung bestand darin, dass sich die Werke lokal mit autarken Produktionstechnologien und vernachlässigten Synergiepotentialen eigenständig optimierten. Dafür war eine Strategie für die netzwerkweite Wertschöpfungs- und Technologieallokation erforderlich. Im Ergebnis standen drei konkrete technologische Investitionsprojekte, eine organisationale Verankerung der Netzwerkgestaltung sowie datenbasierte Planungsprozesse, die als gemeinsame Strategie für das gesamte Produktionsnetzwerk manifestiert wurden.

Von quantitativer Kapazitätsbetrachtung bis strategischen Lösungen zeigen die zwei Beispiele exemplarisch die Spanne der Projekte. Die dabei gesammelten Projekterfahrungen liegen dem Anwendungsfall zugrunde, für den die Methodik vorgestellt wird. Aufgrund der Vertraulichkeit solcher Projekte und wegen der realen Implikationen – etwa auf Standorte, Personal oder Markenstrategie – dürfen diese Projekte auch nach ihrem Abschluss nicht im Detail erörtert werden. Daher wird für den Durchlauf beider Phasen ein anonymisierter Anwendungsfall verwendet, der in seinen Relationen wirklichkeitsnah, aber hinsichtlich der Vielfalt von Prozessketten und Wirkbeziehungen zwischen Standorten simplifiziert ist. Er verdeutlicht Wirkzusammenhänge hinreichend realistisch und ist imstande, die Methode in der Anwendung zu erklären.

Dafür wird zuerst mit der datenbasiert optimierten Migrationsplanung die Planungsphase durchlaufen. Nach einer kurzen Einführung in das Anwendungsbeispiel wird die datenbasierte Planung mit der Optimierungslösung erklärt und abschließend sind die Ergebnisse des Vorgehens in der geforderten Visualisierung dargestellt. Anschließend wird die Umsetzungsphase für die Umsetzung einer Migration durchlaufen.

6.1.1 Anwendungsbeispiel für die datenbasierte Planung

Im Anwendungsbeispiel besteht das Produktionsnetzwerk aus den drei Regionen Europa, Asien und Nordamerika. Innerhalb der Regionen existiert jeweils ein Standort mit einer lokalen Währung: Aachen in Europa mit Euro, Peking in Asien mit Yuan und Mexico Stadt in der Region Nordamerika wird in Dollar bewertet. Für die Standorte sind verschiedene Produktionsressourcen, das Personal in verschiedenen Qualifikationsniveaus sowie verschiedene Flächen und Gebäude normalisiert modelliert. Dies ist in der Abbildung 6.1 dargestellt.

Der Ist-Zustand des Netzwerks soll in einen Soll-Zustand überführt werden. Der Soll-Zustand ist das Ergebnis aus einer vorgelagerten taktischen Netzwerkkonfiguration. Für den Ist-Zustand sind diverse Informationen für das historisch bestehende Netzwerk und dessen Brownfield-Optimierung verfügbar; diese fließen im Verlauf der datenbasiert optimierten Migrationsplanung für die Optimierung der idealen Migrationsschritte ein. Die Schritte sollen das dargestellte Migrationspotential überwinden.

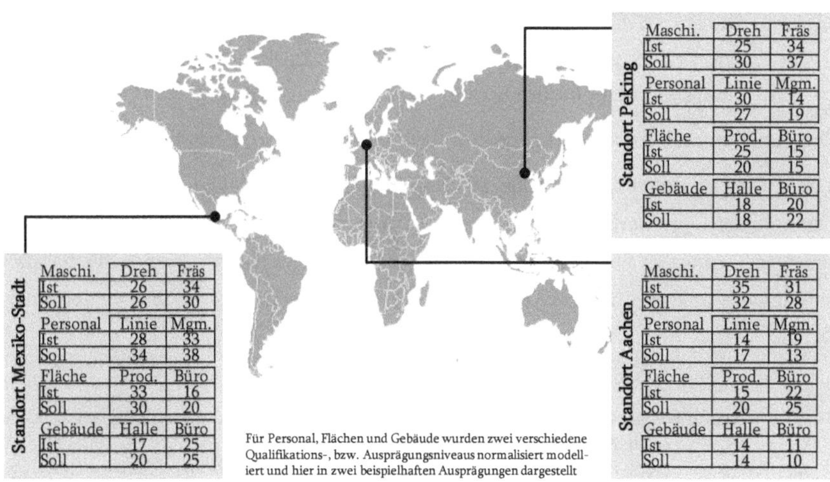

Abbildung 6.1: Produktionsnetzwerk im Anwendungsbeispiel

6.1.2 Datenbasierte Migrationsplanung mit Optimierungstool

Die **Infrastruktur** für die Entwicklung einer datenbasieren Optimierungslösung der Planung besteht aus folgenden Elementen: Als Datenbank dient Microsoft Access, die Programmierung erfolgt in der Programmiersprache Python[624] in der Version 3.8, als integrierte Entwicklungsumgebung[625] wird PyCharm eingesetzt. Diese Elemente sind als Anknüpfung für weiterführende Entwicklungsvorhaben gut geeignet: Durch die verbreitete Sprache Python und die in vielen Forschungseinrichtungen und Unternehmen verfügbare Microsoft-Office-Umgebung ist die Anknüpfung niedrigschwellig. Aus Konventionsgründen sind die Bezeichnungen in englischer Sprache verfasst.

Für die Erfassung von Planungsvorgaben und Planungsdaten im ersten Schritt der Methodik werden im Modul zur **Informationserfassung** die Daten in relationalen Datenbanken erfasst. Dies sind Tabellen, die über Beziehungen aufeinander referenzieren:

- Datenbanktabelle mit Regionen,
- Datenbanktabellen mit den Migrationsschrittvorlagen,
- Datenbanktabelle mit allgemeinen Standortdaten,
- zwei entsprechende Datenbanktabellen pro Migrationskategorie: eine Tabelle zur Erfassung der Ist-Daten und eine Tabelle zur Aufnahme der Ziel-Daten aus den Vorgaben der taktischen Netzwerkkonfiguration,
- Datenbanktabellen mit bereits in vorigen Iterationen geplanten, in der Umsetzung befindlichen oder abgeschlossene Migrationsschritten,
- der Fortschritt wird mit entsprechendem Kennzahl-Feld aufgenommen,
- ein Bestätigungsfeld dafür, ob ein Migrationsschritt beim nächsten Planungsdurchlauf berücksichtigt werden soll oder nicht.

Die Tabellen und ihre Struktur sind in Abbildung 6.2 zusammengefasst dargestellt.

Das zweite Modul zur **migrationsgerechten Objektbildung** vollzieht den Import der Daten in das Optimierungstool. Das erfolgt durch den Aufruf der Datenbankdatei und die Ausführung der Funktion zum Import der jeweiligen Informationen. Es handelt sich jeweils um spezifische Funktionen im Programmcode, die auf die modellierten

---

[624] Für Python existieren bereits vielfältige Programmbibliotheken, die Optimierungsprobleme aller Art lösen können und die Programmiersprache hat ein breites Benutzerspektrum; sie ist seit Mitte des Jahres 2018 die am stärksten diskutierte Programmiersprache auf der für die Softwareentwicklung populären Branchenwebsite „Stack Overflow“: vgl. Stack Overflow (2021) Stack Overflow Trends

[625] IDE, engl.: Integrated Development Environment

Regionen

Region_ID	Region_Name	MS_Data_Table_Name
1	Europe	01_MS_Data_1_Europe
2	Asia	01_MS_Data_2_Asia
3	N_America	01_MS_Data_3_N_America

Allgemeine Standortdaten

Location_ID	Location_Name	Region	Currency
1	Aachen	Europe	Euro
3	Peking	Asia	Yuan
4	Mexico City	N_America	Dollar

Migrationsschritt-Vorlagen (Auszug; Europa)

Region_MS_ID	Region_ID	M_Category	M_Object	M_Mode	M_Type	MS_Capacity	MS_Duration_fix	MS_Duration_var	MS_Expenses_fix	MS_Expenses_var	Last_Modified_2	Reliability
1	1	1_Employee	EQ_1	Increase	Ext. source/sink	3	2	1	7.140,00 €	2.310,00 €	01.04.2020	1
2	1	1_Employee	EQ_1	Decrease	Ext. source/sink	2	1	1	4.090,00 €	2.770,00 €	01.04.2020	2
3	1	1_Employee	EQ_1	Increase	Transformation	1	1	4	2.600,00 €	1.100,00 €	01.04.2020	1
4	1	1_Employee	EQ_1	Decrease	Transformation	1	0	1	1.490,00 €	8.220,00 €	01.04.2020	3
5	1	1_Employee	EQ_1	Increase	Relocation	4	1	2	5.120,00 €	1.730,00 €	01.04.2020	0

Ist-Daten Maschinen

Location_ID	Migration_Capacity_M	Quantity_MT_1	Quantity_MT_2
1	7	35	31
3	8	24	34
4	8	26	34

Ziel-Daten Maschinen

Location_ID	Quantity_MT_1	Quantity_MT_2
1	32	28
3	30	37
4	26	30

Ist-Daten Personal

Location_ID	Migration_Capacity_E	Quantity_EQ_1	Quantity_EQ_2
1	8	14	19
3	6	30	14
4	7	28	33

Ziel-Daten Personal

Location_ID	Quantity_EQ_1	Quantity_EQ_2
1	17	13
3	27	19
4	34	38

Ist-Daten Flächen

Location_ID	Migration_Capacity_A	Quantity_PA_1	Quantity_PA_2
1	8	15	22
3	8	25	15
4	9	33	16

Ziel-Daten Flächen

Location_ID	Quantity_PA_1	Quantity_PA_2
1	20	25
3	20	15
4	30	20

Ist-Daten Gebäude

Location_ID	Migration_Capacity_B	Quantity_BT_1	Quantity_BT_2
1	8	14	11
3	7	18	20
4	7	17	25

Ziel-Daten Gebäude

Location_ID	Quantity_BT_1	Quantity_BT_2
1	14	10
3	18	22
4	20	25

Bestimmte Migrationsschritte (reduzierter Auszug)

Region_ID	Region_Name	Location_ID	Migration_Category	Migration_Object	Migration_Mode	Migration_Type	Region_MS_ID	Required_Capacity	Duration_Total	Cost_Total	Scaling_Factor	Start_Period	Unique_ID	MS_Assigned_ID	Scheduled?	Progress
1	Europe	1	1_Employee	EQ_1	Increase	Transformation	3	1	13	5.900,00 €	3	4	…	1	Nein	0,00%
1	Europe	1	1_Employee	EQ_2	Decrease	Ext. source/sink	8	2	6	19.500,00 €	3	0	…	2	Ja	50,00%
1	Europe	1	1_Employee	EQ_2	Decrease	Transformation	10	4	4	11.520,00 €	3	0	…	3	Nein	0,00%
1	Europe	1	2_Machine	MT_1	Decrease	Ext. source/sink	14	5	14	30.450,00 €	3	19	…	4	Ja	40,00%
1	Europe	1	2_Machine	MT_2	Decrease	Relocation	20	4	10	68.500,00 €	3	9	…	5	Nein	0,00%
1	Europe	1	3_Area	PA_1	Increase	Ext. source/sink	21	4	11	17.140,00 €	5	5	…	6	Nein	0,00%

■ Primärschlüssel ■ Fremdschlüssel

Abbildung 6.2: Veranschaulichender Auszug der Tabellen für den Datenimport

Klassen zurückgreifen und darauf basierend die erforderlichen Objekte anlegen und in Listen abspeichern, die von den Funktionen ausgegeben werden können:

- Import der Regionsdaten
- Import der Standortinformationen
- Import der Migrationsschrittvorlagen
- Import laufender Migrationsschritte

Für letztgenannte Importfunktion liegt zusätzlich die Variable über den Zustand der Iterationen vor, die durch die Werte „initial“ oder „continuous“ den Aufruf von Teilfunktionen unterscheidet. Je nachdem, ob die Methode erstmalig oder wiederkehrend durchlaufen wird, werden dabei bereits begonnene Schritte beachtet und importiert.

Teil des Optimierungstools ist auch die Implementierung des dritten Moduls zur **Unsicherheitsbewertung**, so wie es zuvor mathematisch formuliert worden war. Die Liste der zuvor erstellten Objekte mit Migrationsschrittvorlagen durchläuft dafür diese Funktion, ergänzt fehlende Daten in den Objekten und gibt sie ergänzt wieder zurück.

Die Funktionen in der Optimierungslösung für das Modul zur **Bestimmung des Migrationspotentials** unterscheiden sich ebenfalls darin, ob sich die Planung im initialen oder kontinuierlichen Verlauf befindet.

- Im **initialen Durchlauf** wird nach dem Import der Standortinformationen durch eine Berechnungsfunktion das Migrationspotenzial kalkuliert. Diese Funktion greift auf die Objekte der Klassen für den Netzwerk-Ist-Zustand sowie den Netzwerk-Ziel-Zustand zu. Für jeden Standort und für jede Migrationskategorie des Netzwerks werden die entsprechenden Migrationsdeltas berechnet. Die Ergebnisse der Rechnung werden in Objekten der Klasse der Migrationsdeltas abgespeichert. Es erfolgt erneut eine Ausgabe als Liste und diese Liste enthält dann alle Migrationsdeltas des Netzwerks und drückt damit das gesamte Migrationspotenzial aus.
- Für **höhere Iterationen des Prozesses** werden die bereits bestimmten Migrationsschritte mit in die Berechnung der Migrationsdeltas mit einbezogen. Ihre Auswirkungen auf die Netzwerkkonfiguration sind noch nicht in der Migrationsdatenbank repräsentiert, da die Schritte noch nicht vollständig abgeschlossen oder gar begonnen wurden. Hierauf nimmt die spezifische Funktion für den Durchlauf in höheren Iterationen Rücksicht, indem die betreffenden Schritte trotzdem in die Differenz der Ziel- und Ist-Konfigurationen einbezogen werden.

Als **Zwischenschritt** werden die insgesamt vier jeweils dazu vorliegenden Objekte zu einem Objekt der Klasse Standort aggregiert. Eine Funktion zur Aggregation fasst die Listen mit Objekten der allgemeinen Standortinformationen, Ist-Zuständen, Ziel-Zuständen und Migrationsdeltas zusammen. Alle für die Migration erforderlichen Informationen liegen in der dadurch ausgegebenen Liste nun gebündelt vor.

Schließlich erfolgt die erste von zwei Optimierungen mit dem Ziel der **Migrationsschrittauswahl und Skalierung**. Für das zu lösende linear-ganzzahlige Optimierungsproblem kommt die Programmbibliothek PuLP in der Version 2.1 zum Einsatz.[626] Diese Optimierungsfunktion dient der Lösung des in Teilkapitel 5.2.3.2 beschriebenen Optimierungsproblems. Dafür werden diverse Daten übergeben: die Listen mit Regionsobjekten und Standortobjekten, die Migrationsschrittvorlagen abhängig vom jeweiligen Standort, relevante Migrationskategorien des Unternehmens, Migrationsressourcen der jeweiligen Kategorien, die Kapazitätsfaktoren und -kosten sowie die Periodenkosten. Für die Implementierung der Nebenbedingungen gibt es Hilfslisten.

Die Optimierung wird als lineares Minimierungsproblem mit den zwei vorgesehenen Entscheidungsvariablen zur Selektion und Skalierung von Migrationsschritten initialisiert. So kann die Zielfunktion alle (denkbar) anfallenden Kosten aus allen in den Migrationsvorlagen hinterlegten Schritten aufsummieren und nach Bedarf der Anwender lange Laufzeiten von Migrationsschritten durch Periodenkosten abwerten. Das Optimierungsergebnis und das Optimierungsproblem werden in Variablen gespeichert und mit den selektierten Migrationsschritten an den Folgeschritt übergeben.

Die nächste Optimierung mit dem Ziel einer **optimalen Reihenfolge der Migrationsschritte** folgt für das zweite linear-ganzzahliges Optimierungsproblem. Erneut wird die Optimierungsbibliothek PuLP eingesetzt. Als Entscheidungsvariable wird binär abgebildet, ob ein Migrationsschritt in einer Periode beginnen soll, oder nicht. Die Zielfunktion wurde in Teilkapitel 5.2.4.1 formuliert und beschreibt die Kapitalwertmethode mit negativem Vorzeichen, also mit Fokus auf Kosten. Nach der Optimierung und unter Berücksichtigung der Nebenbedingungen ist der Migrationsplan vollständig

---

[626] PuLP in der Version 2.1 hat gegenüber anderen Lösungsprogrammen für lineare Optimierungsprobleme, wie GAMS, AMPL oder mathprog, folgende Vorteile: lizenzfrei, einfache Installation in Python, kombinierbar sowohl mit kommerziellen als auch nichtkommerziellen Solvern, verständliche Syntax, umfassende Dokumentation. Vgl. Mitchell et al. (2011) PuLP: A Linear Programming Toolkit for Python, S. 7; Das lineare Minimierungsproblem wird in der PuLP-Syntax durch LpMinimize aufgerufen. Die Lösung linearer Probleme erfolgt beispielsweise durch den Abruf von COIN CLP/CBC oder CPLEX Optimizer von IBM mittels Branch-and-Cut-Verfahren Vgl. Python Package Index (2020) PulP 2.1.

bestimmt. Es erfolgen eine Nachbearbeitung, um die Objekte der Klasse der Migrationsschritte zu aktualisieren, und dann Ausgabe und Übergabe an die Visualisierung.

Nach einer Prüfung, ob die Optimierung Abbruchkriterien gerissen hat, werden die Optimierungsergebnisse mit allen wichtigen Informationen in der Konsole der Optimierungslösung ausgegeben. Das beinhaltet Gesamtdauer, Gesamtkosten und die vorab definierten Abbruchkriterien, etwa ein Zeitlimit oder ein maximales Migrationsbudget. Die **visuelle Darstellung** wird über eine weitere eigens dafür vorgesehene Funktion aufgerufen und initiiert auch den Export der Daten als Excel-Tabelle, sodass alle Informationen zur Übergabe an die Planung einfach und überall lesbar vorliegen.

Der Programmcode besteht aus einem Hauptmodul und neun weiteren Programmmodulen, die in Summe mit 2222 Zeilen Python-Code geschrieben wurden. Das Tool greift auf 21 Tabellen sowie ein Formular innerhalb der Datenbankdatei in Microsoft Access zu.[627] Die entscheidenden Funktionalitäten der Planungsphase sind durch das Optimierungstool abgedeckt. Die reduzierte Komplexität der Optimierung macht die Berechnungen ressourcenschonender und schneller, als diejenigen, die zuerst, und wie im nächsten Unterkapitel thematisiert, zum Einsatz in der App vorgesehen waren. Das Optimierungstool nutzt das entwickelte Minimum Viable Dataset und bietet damit eine ideale Anknüpfung für weiterführende Entwicklungen. Eine Optimierung ist deshalb zur Lösung des Planungsproblems der Migration geeignet, weil der Lösungsraum bereits durch die Vorgaben aus der Konfiguration klar eingeschränkt wurde.

6.1.3 Ergebnisse und Visualisierung der datenbasierten Planung

Die aus der Datengrundlage ausgewählten und skalierten Schritte werden als Zwischenstand vor der Reihenfolgebildung in einem Balkendiagramm dargestellt. Dieses zeigt die tatsächliche Auswahl der Schritte sowie ihre kumulierten Kosten und die jeweilige Zeitdauer. Hier träten Ausreißer oder Inkonsistenzen schnell visuell hervor. Das Balkendiagramm ist in Abbildung 6.4 dargestellt. Die Nomenklatur der Migrationsschritte[628] wird in Abbildung 6.3 erläutert.

---

[627] Die Entwicklung, Anwendung und Validierung des Softwaretools wurden begleitet durch Fachgespräche im Zusammenhang mit der Anleitung der Masterarbeiten von Lars Geesmann (2020) und Dino Hardjosuwito (2020) und flossen darüber hinaus auch in eine Publikation des Autors über das Gesamtvorgehen ein. Vgl. Schuh, G.; Gützlaff, A. et al. (2020) Controlling of Migration in Production Networks

[628] Die Benennung der Migrationsschritte ist inspiriert von der Bezeichnung von Stählen in der Werkstoffkunde, i.A.a. Riehle, M.; Simmchen, E. (2001) Grundlagen der Werkstofftechnik

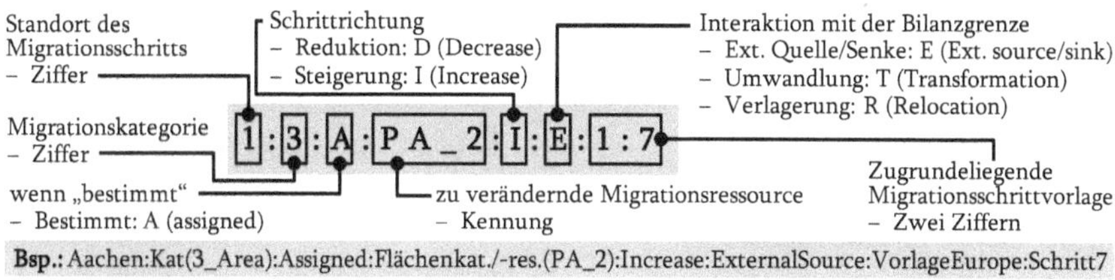

Abbildung 6.3: Aufschlüsselung der Nomenklatur für Migrationsschritte

Das Kernergebnis ist jedoch der Migrationsplan nach der Reihenfolgeoptimierung. Hier werden nach der Vorlage des Gantt-Charts alle ausgewählten Migrationsschritte mit ihren ermittelten Anfangs- und Endzeitpunkten dargestellt. Die Schattierung der Balken ergänzt darüber hinaus die errechnete Unsicherheit.

Eine Rekapitulation der Nebenbedingungen zeigt, dass Verlagerungen korrekt verlaufen, indem Migrationsschritte einer identischen Migrationsressource zuerst reduziert werden, bevor sie erneut aufgebaut werden. Ähnlich für die Umwandlung von Ressourcen am gleichen Standort, deren Schritte zueinander in Sequenz stehen.

Wenn im kontinuierlichen Verlauf der Methodik nun die geplanten oder derzeit umzusetzenden Schritte vergangener Durchläufe berücksichtigt werden, wirkt sich deren Umsetzung auf die verfügbare Kapazität für die Umsetzung des gegenwärtigen Durchlaufs aus. Denn die Ressourcen sind dann noch in vergangenen Vorhaben gebunden. Das wird in der Optimierung des gegenwärtigen Durchlaufs korrekt berücksichtigt.

Beide Projektpläne, initial und kontinuierlich, sind in der Abbildung 6.5 dargestellt.

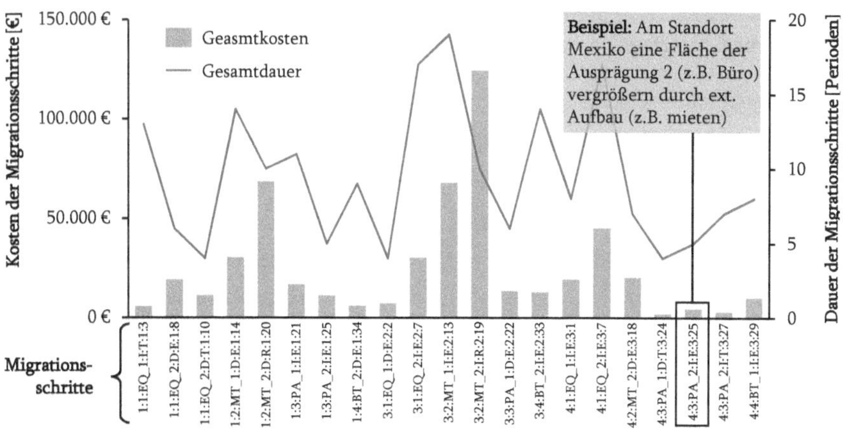

Abbildung 6.4: Balkendarstellung der selektierten Migrationsschritte

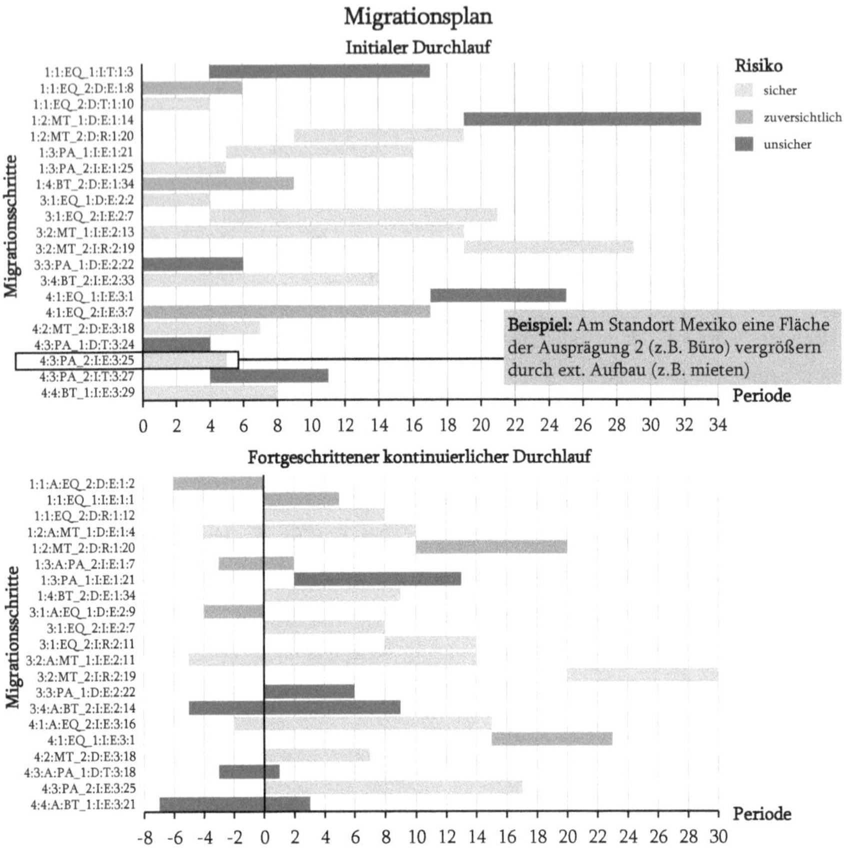

Abbildung 6.5: Datenbasiert optimierte Projektpläne für die Migration

Die Projektpläne zeigen für die datenbasierte Migrationsplanung des in Abschnitt 6.1.1 eingeführten Anwendungsbeispiels eine Durchführung der laufenden Migration über die nächsten 30 Perioden. Sie schlagen hierin folgende Veränderungen vor:

In Aachen, am Standort 1, war Personal der Qualifikation 2 abgebaut worden, es würde Personal der Qualifikation 1 aufgebaut, und weiteres Personal der Qualifikation 2 verlagert. Ein Abbau von Maschinenkapazität läuft und dauert bis in die zehnte Periode. Anschließend werden weitere Produktionsressourcen nach Peking verlagert. Es läuft ein Flächenaufbau, der mit den danach freiwerdenden Ressourcen für die Kategorie 2 fortgesetzt wird und als unsicher markiert wird. Gebäude werden reduziert.

Der Standort 2 existiert nicht mehr; hierfür werden keine Aktivitäten verzeichnet.

In Peking, am Standort 3, endet gerade ein Personalabbau der Qualifikation 1, die Qualifikation 2 wird dann erhöht. Danach wird weiteres Personal der Qualifikation 2 durch eine dann abgeschlossene Verlagerung aus Aachen aufgebaut. Ein langer Produktionsressourcenaufbau dauert bis in Periode 14. Erst nach Periode 20, wenn die Ressourcen in Aachen abgebaut wurden, werden weitere Kapazitäten in Peking aufgebaut. Die Flächen werden leicht verkleinert und Gebäude werden über einen längeren Zeitraum hinweg aufgebaut; beide Schritte sind mit großer Unsicherheit belegt.

Mexico City, Standort 4, durchläuft einen Personalaufbau der Qualifikation 2 und wird danach Qualifikation 1 aufbauen. Im Zuge einer Umwandlung wird Fläche reduziert und andere Fläche aufgebaut. Auch die Gebäude befinden sich im Aufbau.

Es handelt sich um eine kleinere Migration. Die Skalierungsfaktoren der Migrationsschritte liegen zwischen der einmaligen Durchführung eines Migrationsschrittes, zum Beispiel der Flächenaufbau in Mexiko, oder der sechsfach skalierten Anwendung eines Schrittes zum Aufbau einer Produktionsressource. Die Gesamtkosten aller Migrationsschritte setzen sich aus ihren fixen und variablen Anteilen zusammen und würden sich in Summe für dieses Beispiel auf 533.537,00 Euro belaufen. Dieser Wert ist aufgrund der hervorgehobenen Unsicherheiten als qualifizierte Schätzung zu verstehen.

Die unsichere Informationsgrundlage bedingt auch, dass die Flächenveränderungen der Standorte als unsicher markiert wurden. Eine Verbesserung der Datengrundlage wäre nötig, um damit den nächsten Planungslauf zu starten. Der entstehende Projektplan ist dann die Grundlage zur Erstellung des Projektstrukturplans in der Umsetzung.

6.1.4 Exemplarische Umsetzung der der geplanten Migration

Nach der Übergabe eines beschlossenen Migrationsplans, durchläuft das Umsetzungsteam die weiteren Planungsschritte für die Umsetzung. Migrationsschritte, wie zum Beispiel der Aufbau einer Fläche des Typs 2 in Aachen (1:3:A:PA_2:I:E:1:7), werden in dann hinsichtlich der übergebenen Planungsvorgaben und deren Eignung für die Umsetzung überprüft und schließlich in einzelne Arbeitspakete unterteilt und vergeben. Die Umsetzungsbegleitung des Schrittes könnte folgendermaßen aussehen:

Zunächst werden die Grenzwerte und Erhebungsintervalle festgelegt, so wie dies in Abbildung 6.6 gezeigt wird.

Das Überwachungscockpit unterstützt bei der Steuerung mithilfe der modellierten Ist-Werte. Kritische Trends oder Volatilitäten sind durch Blitz-Symbole hervorgehoben.

Warngrenzen		18 %
Eingriffsbereich		18 % ... 33 %
Abbruchgrenzen		> 33 %
Trendwahrnehmung		10 %
Erhebungshäufigkeiten	anfänglich:	$\frac{1}{1\ \text{Tag}}$
	später:	$\frac{1}{1\ \text{Woche}}$

Abbildung 6.6: Exemplarische Grenzwerte und Erhebungsintervalle

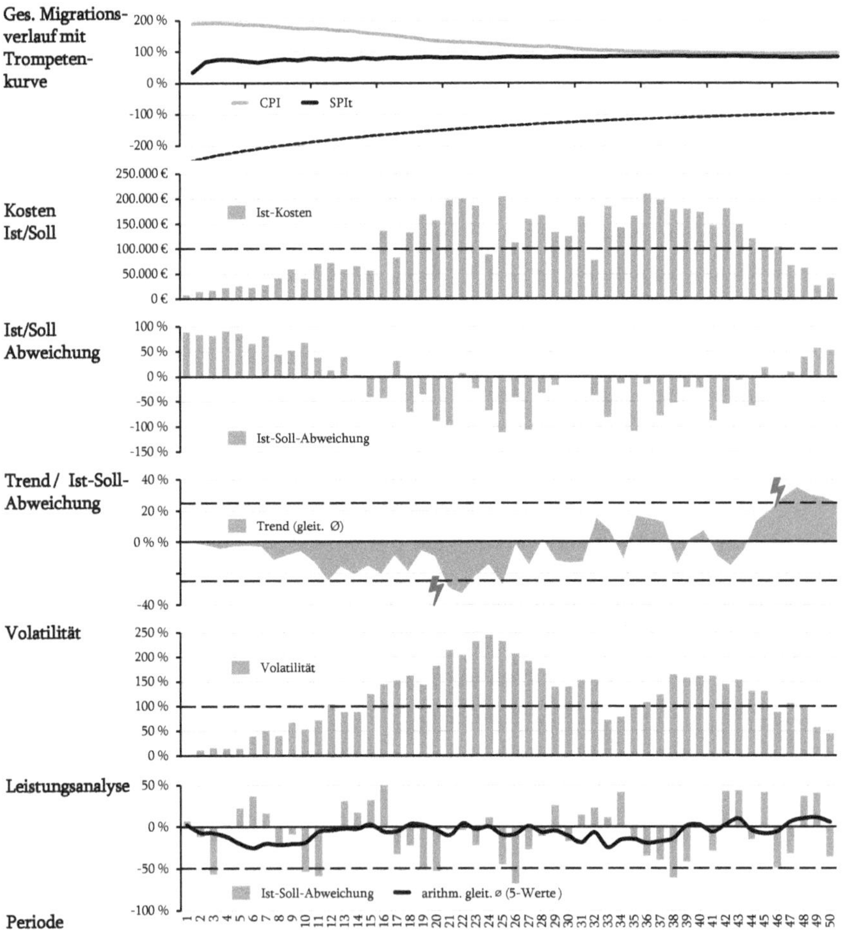

Abbildung 6.7: Ansicht für Steuerung und Analyse der Migrationsschritte

Nachdem ein Migrationsschritt die Umsetzungssteuerung durchlaufen hat, findet dessen Analyse und Erfolgsbewertung statt. So zeigt die Umsetzungsanalyse in Abbildung 6.7 eine leichte Kostenüberschreitung und eine deutlichere Verzögerung. Die formulierten Grenzwerte bleiben unterschritten. Der Verlauf erlaubt die Folgerung, dass die Kosten inmitten der Umsetzung erhöht waren und nicht am Anfang und Ende. So lassen sich die Ursachen gezielt erforschen. Erkenntnisse und Realdaten werden für den spezifischen Schritt zurück in den digitalen Schatten geschrieben.

Bereits der eine Durchlauf, der mit exemplarischen Daten vollzogen wurde, zeigt, dass die vorgesehenen Module ihre Funktion grundsätzlich erfüllen. Ein Einsatz in realen Migrationsvorhaben wird jedoch weitaus akkuratere Daten und damit Ergebnisqualität für die Umsetzung der Migration erzeugen. Bei den Cockpit-Darstellungen handelt es sich um empfohlene Vorschläge, die dazu dienen die Migration fokussierter, proaktiver und so in Summe erfolgreicher umzusetzen. Anwender können gemäß der in Teilkapitel 5.1.2 vorgestellten Entwicklung von App-Anwendungsoberflächen mit diesem Handwerkszeug auch spezifische eigene Ansichten entwickeln.

6.2 Implementierung einer App für das Controlling der Migration

Zur Unterstützung der Planung und Umsetzung der Migration ist im Unterkapitel 5.1 die Schnittstelle zwischen Experten und Daten diskutiert worden. Das Internet of Production sieht dafür den Einsatz spezifischer Apps vor. Diese bereiten Daten mit Hilfe des digitalen Schattens für die Unterstützung von Entscheidungssituationen vor.

Aus User Stories der für den Gesamtprozess der Migration zu erwartenden Rollen waren Anwendungsoberflächen für solche Apps entworfen und mit einem spezifischen digitalen Schatten verknüpft worden.[629]

Die Ergebnisse der App-Entwicklung sollen hier vorgestellt und reflektiert werden. [630]

Die App sieht vor, die Funktionalitäten für Planung und Umsetzung der Migration an ein Web-Tool für die Gestaltung von Produktionsnetzwerken anzubinden.[631]

[629] Siehe Abschnitt 5.1.2 für die Anwendungsoberflächen der Apps und Kapitel 5.1.4 für den digitalen Schatten

[630] Die App wurde am Werkzeugmaschinenlabor WZL der RWTH Aachen entwickelt. Der Autor hat die Entwicklung verantwortet und wurde von Mathematisch-technischen Softwareentwicklerinnen und -entwicklern des WZL im Rahmen eines Projektes der Deutschen Forschungsgemeinschaft DFG unterstützt

[631] Siehe dafür das Softwaretool OptiWo unter https://www.optiwo.de/ und vgl. Schuh, G.; Prote, J.-P. et al. (2019) Gestaltung von Produktionsnetzwerken, S. 8

Der Aufbau der App führt Anwender entlang des Migrationsprozesses. Fünf Module dienen der Erfassung der Eingangsgrößen und Planungsgrundlagen, Detaillierung der Migrationsschritte, Modellierung von Wechselwirkungen, Generierung und Beeinflussung des Migrationspfads sowie Überwachung auf. Weitere Entwicklungen sind denkbar und vorgesehen, aber derzeit nicht umgesetzt. Der Ist-Netzwerk-Datenimport gelingt über eine Schnittstelle an das erwähnte Tool zur Netzwerkkonfiguration.

Der Menüpunkt „Data Collection", dargestellt in Abbildung 6.8, stellt die überführten Daten oder deren manuelle Erfassung oder Bearbeitung dar. Das umfasst allgemeine Daten zu Standorten, Produkten im Netzwerk, Maschinen, Prozessschritten, Transportmöglichkeiten und globaler Nachfrage. Spezifisch für die Migration ist insbesondere die Erfassung der Wandlungstreiber und ihrer vorherzusehenden Auswirkungen.

Die Interdependenzen zwischen Einflüssen im Modell werden in der App in Form von Matrizen für die Anwender übersetzt dargestellt.

Für die Migrationsplanung wird mit den erfassten und modellierten Daten der Migrationsbedarf gebildet – ausgedrückt durch die Errechnung des Migrationspotentials und einzelner Migrationsdeltas[632]. Diese werden in der Abbildung 6.9 in Matrizen ausgedrückt. So wie in der Konzipierung der Planungsphase vorgesehen, liegt im Hintergrund ein Datensatz mit Migrationsschrittvorlagen und ihren Implikationen auf Netzwerk und Umsetzung vor. Hierauf greift die App zu und generiert eine Selektion konkreter Migrationsschritte, zur Überwindung des Migrationspotentials. Diese Schritte werden für die Anwender dargestellt, wie in Abbildung 6.9 gezeigt. Dort können Anwender die ausgegebene Auswahl der Migrationsschritte überprüfen und editieren, indem Schritte hinzugefügt, verändert und konkretisiert oder entfernt werden. Es bleibt entscheidend, dass dabei das Migrationspotential weiterhin überbrückt wird.

Für die Bestimmung des reihenfolgeoptierten Migrationspfades wurde ein Solver zur Lösung nichtlinearer gemischt-ganzzahliger Optimierungsprobleme eingesetzt. Zunächst war eine weit komplexere Optimierung vorgesehen, als sie in den Teilkapiteln 5.2.3.2 und 5.2.4.1 letztlich zum Einsatz kam und in Abschnitt 6.1.2 angewandt wurde. Das hier gewählte Optimierungsvorgehen war zuvor in einer Publikation veröffentlicht worden [633] und stellte sich in der Entwicklung dieser App jedoch als zu komplex

---

[632] Siehe dazu auch Teilkapitel 5.2.3.1

[633] Siehe auch die Diskussion der Optimierungen in Teilkapitel 5.1.3 und die Publikation der ersten Optimierung: vgl. Maibaum, J.; Cremer, S. et al. (2019) Integrated Process for Optimized Planning of Migration

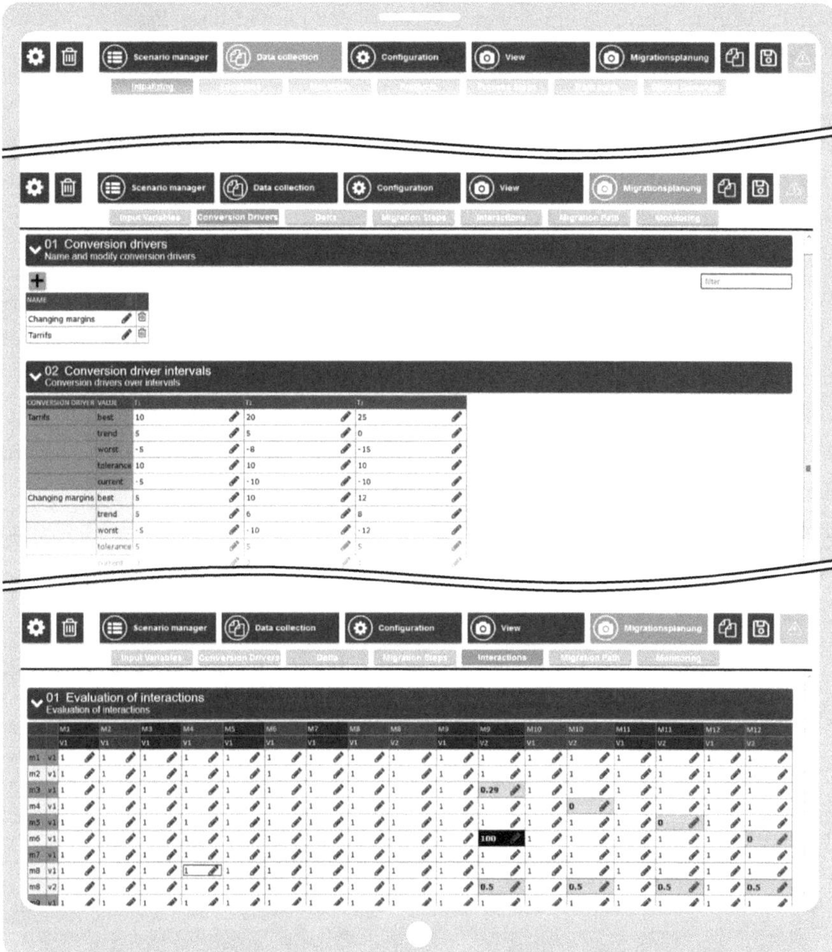

Abbildung 6.8: Daten, Wandlungstreiber und Wechselwirkungen in der App

für die Leistung normaler Bürocomputer oder einfacher Webserver dar. Die Tauglichkeit auf gängigen Systemen war aber aufgrund der weiten Verbreitung in Unternehmen eine Voraussetzung für die Gestaltung dieser App. Daher wurde die Optimierung für die hier gezeigte Anwendung vereinfacht und schließlich in der Form neu erarbeitet, wie sie in den in den Teilkapiteln 5.2.3.2 und 5.2.4.1 dargestellt und in Teilkapitel 6.1.2 angewendet wurde.

Durch die erste Anwendungs-Iteration im Zuge der Entwicklung dieser App ist die Berechnung auf einfachen IT-Systemen nicht gelungen. Diese Erkenntnis hat entsprechend zu einer Verbesserung der Lösung geführt.

So, wie in der Abbildung 6.10 dargestellt, wird der optimierte Migrationsplan schließlich von der App ausgegeben und Anwender können diesen überprüfen. Für die optimierten Migrationsschritte werden die Kosten, die Dauer und Unsicherheiten bestimmt. Im Falle von Änderungen, müssen diese Werte neu berechnet werden.

Damit kann der Migrationsplan schließlich aus der Planungsphase in die Umsetzungsphase übergehen. Die Darstellung des Migrationsplans mitsamt seinem Status steht hierbei im Mittelpunkt; Die Abbildung 6.11 zeigt diese Ansicht und darin liegt der Fokus auf der Überwachung des Umsetzungszustands und so werden – wie in der Umsetzungsphase in Unterkapitel 5.3 vorgesehen – Planungsabweichungen registriert. Sie werden durch Warnmeldungen an die Anwender, etwa in Form von Hervorhebungen durch die auch in Abbildung 6.11 visualisierten Blitze, ausgegeben. So werden schnelle Reaktionen auf Änderungen und Abweichungen der Planung ermöglicht.

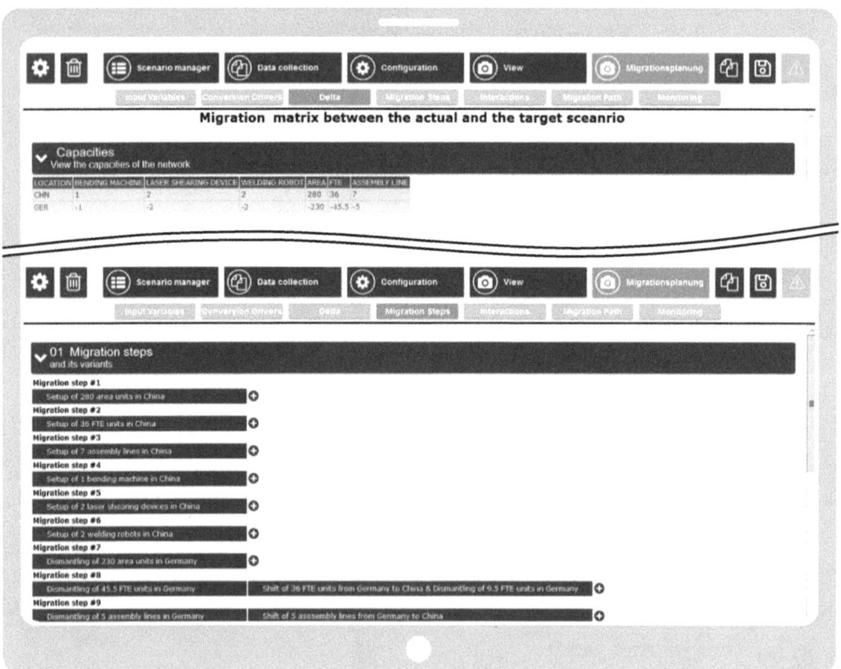

Abbildung 6.9: Migrationsdelta und Migrationsschrittfolge in der App

Zusammenfassend konnte also ein voll funktionsfähiger Prototyp mit den zentralen Grundfunktionalitäten der App aufgebaut werden. Die App führt die Anwender entlang des Gesamtprozesses und kommt für Migrationsvorhaben zu plausiblen optimierten Ergebnissen.

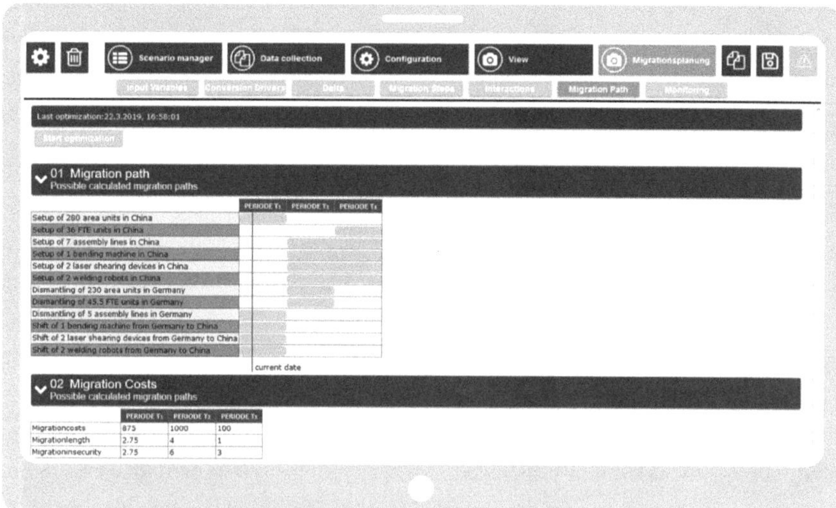

Abbildung 6.10: Migrationsplan in der App

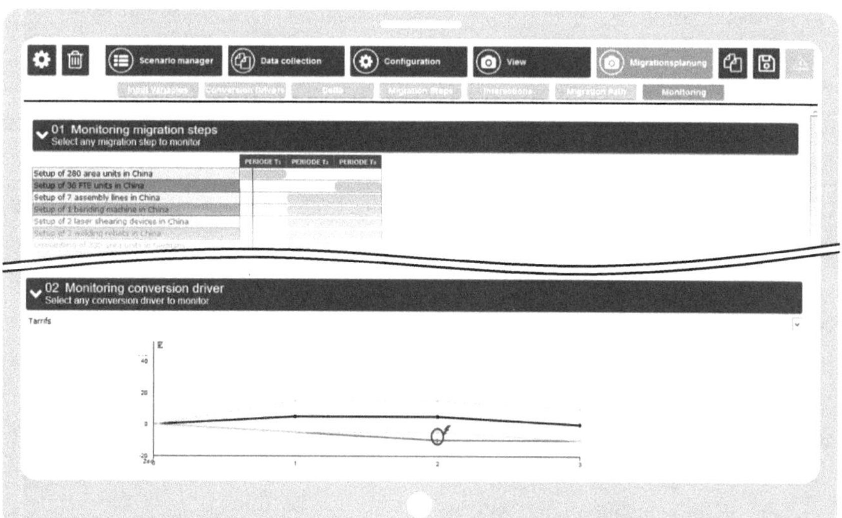

Abbildung 6.11: Überwachung und Abweichungsprüfung in der App

6.3 Kritische Reflexion der Ergebnisse

Mit den bis zum Kapitel 4 hergeleiteten und darin zusammengefassten Anforderungen wurde in Kapitel 5 eine Methodik mit einfacher Infrastruktur erarbeitet und in Kapitel 6 angewendet. Das veranlasst zu einer kritischen Reflexion der Ergebnisse.

Anhand von Beispielen auf Ebene der Teilmodule wird erörtert, wie weit die Anforderungen durch die Methodik erfüllt werden und an welcher Stelle sich Potential verbirgt. Die Abbildung 6.12 ordnet die Elemente des Vorgehens den Anforderungen zu.

Die **inhaltlichen Anforderungen** waren aus den Handlungsbedarfen in Theorie und Praxis abgeleitet worden.

Eine **migrationsgerechte Modellierung** und somit die Übersetzung der Komplexität aus der Problemstellung für das Controlling von Migration in Produktionsnetzwerken entstehen besonders durch die im Zuge des digitalen Schattens diskutierten Datenmodelle. Diese werden in den Modulen der Informationserfassung, bei der Modellbildung für die Planungsoptimierung und bei der Bildung der Migrationspotentiale aufgegriffen. Das vorgestellte Vorgehen wird besonders dann seine großen Potentiale entfalten und zu objektiv akkuraten Ergebnissen führen, wenn die Datengrundlage in deren eingeschwungenen Zustand eines Tages akkurat ist. Ein verbleibender – aber nicht im hiesigen Zusammenhang gelöster – Handlungsbedarf bleibt die Datenanbindung und Spezifikation von Schnittstellen zwischen dem digitalen Schatten für das Controlling der Migration und Datenbank- und Anwendungssystemen in Unternehmen. Es ist davon auszugehen, dass die Forschung des Internet of Production Antworten darauf bieten wird. Dann bestünden auch weitere Werkzeuge zur Harmonisierung heterogener Daten aus dem Produktionsnetzwerk.

Zur **Beherrschung von Dynamik,** dem situativen Erkennen und Mildern veränderlicher Einflüsse, Entwicklungen und Unsicherheit trägt auf Seiten der Planung besonders das Modul zur Beschreibung der Unsicherheit bei. Die Umsetzungsseite sieht neben einzelnen Auswertungen, wie der Volatilität oder den Trendprognosen auch situative Erhebungshäufigkeiten vor und fasst diese insbesondere in echtzeitnah angebundenen Anwendungsoberflächen zusammen und forciert proaktive Steuerung durch die Generierung von Newsfeeds. Die Akzeptanz solcher Anwendungen hängt stark von der Gestaltung einer unaufdringlichen Benutzeroberfläche und der Anbindung akkurater echtzeitnaher Daten ab.

Die **Systematisierung des Gesamtvorgehens** war eine Anforderung, die insbesondere die Etablierung eines kontinuierlichen und unterbrechungsfreien Gesamtprozesses für die Planung und Umsetzung formulierte. Diese Forderung wurde durch das Theoriedefizit unterstrichen. Sie wird natürlich primär durch den kontinuierlich zu durchlaufenden Gesamtprozess erfüllt, der im Zentrum der Methodik steht. Der weitestgehend austomatisierte Durchlauf macht die in anderen Methoden häufig vorgesehenen Bewertungsworkshops obsolet und reduziert damit die zwangsläufigen Haltepunkte im Prozess. Aber auch die klar systematisierte Erfassung und Verarbeitung von Daten, etwa im digitalen Schatten mit seiner Datenmodellierung oder in den Modulen der Informationserfassung, Umsetzungssteuerung, Risikobewertung und Migrationsschrittanalyse tragen dazu bei. Insbesondere der Wissenstransfer durch die Selbstvalidierung und Anreicherung der Planungsdaten tragen hier zu Nachhaltigkeit des Vorgehens bei.

Hinter dem **Explizieren der Migrationsplanung** versteckte sich insbesondere die Forderung nach klaren, auch methodischen, Angeboten für die Planung und Entscheidungsfindung mit belastbarer, auch quantitativer, Ergebnisfindung. Besonders die Optimierungsmodule und ihre Vorbereitung schaffen ein klares mathematisches und belastbares Methodenangebot. Sie berücksichtigen die entscheidenden Faktoren Kosten, Zeit und Unsicherheit, visualisieren diese zur Entscheidungsunterstützung und sie sind zentraler quantitative Fokus auch in der Umsetzung. Die vielfältigen Möglichkeiten zur Einbindung bestehender Methoden, etwa aus dem Projektcontrolling für die Planung der Umsetzung, tragen hier ebenso zu Klarheit bei der der Berücksichtigung von Wechselwirkungen und Möglichkeiten zur Bewertung bei. Nicht zuletzt ist die Methodik so modular aufgebaut, dass einzelne Elemente nach Bedarf übersprungen oder ergänzt werden können. Mit Einführung dieser ersten Ansätze zur Optimierung geht selbstredend weiteres Verbesserungspotential einher: Eigenständige Module könnten künftig die Objektivierung der verfügbaren (Mitarbeiter-)Kapazitäten voranbringen, geteilte Ressourcen zusammenführen oder Transportschritte bündeln. Solange nicht von der Grundidee der linearen Optimierung abgesehen wird, würden konsekutive Optimierungssequenzen ohne direkten Austausch miteinander weiterhin nach der Kostendimension optimieren und nicht das globale, sondern stets hinreichend gut lokale Optima errechnen.

Die Handlungsempfehlungen sollten umsetzungsorientiert hergeleitet werden, damit ein **praxisorientiertes Entscheiden** möglich wird. Hier leistet insbesondere die für die

Methodik zentrale Darstellung eines Projektplans große Dienste, denn sie gilt einerseits als Kommunikationsinstrument zwischen den verschiedenen definierten Rollen im Controlling der Migration, aber sie ermöglicht auch in verschiedenen Modulen der Umsetzung den steten Blick auf Status Quo, einen Abgleich zwischen Soll- und Ist-Zustand und das proaktive Reagieren auf in der Praxis nie zu vermeidende unvorhergesehene Ereignisse. Nicht zuletzt ist die Art und Weise, wie der digitale Schatten zwischen verschiedenen Aggregationsniveaus transformieren kann ein wesentlicher Befähiger für Praxisorientierung auch in der zugrundeliegenden Datenwelt. Besonders die Umsetzungsunterstützung erfordert weiterführende Erprobung in der Praxis in realen Migrationsvorhaben. Trotz diverser datenbasierter Unterstützung und selbst in einer theoretisch vorstellbaren durchgängigen Automatisierung der vorgestellten Apps, sollen diese insbesondere für die Umsetzung, weiter als Hilfestellung und niemals als Korsett dienen. Die erforderliche kooperative Zusammenarbeitskultur wird durch den integrierten Prozess adressiert.

Aus Sicht der **formalen Anforderungen** tragen diverse Aspekte dazu bei, dass **empirische Richtigkeit** sowie **formale Richtigkeit** erzielt werden: Das sind ganz besonders die klar formulierte Datenmodellierung, die Optimierungsmethode mit den auf die Problemstellung zugeschnittenen Nebenbedingungen und die Grundidee einer selbstvalidierenden und die Datenqualität verbessernden Systematik im Prozess. Die **Produktivität** und der **Erstellungsaufwand sowie die Handhabbarkeit** der Methodik decken sich mit zuvor adressierten inhaltlichen Anforderungen. So trägt etwa die Praxisorientierung mit den entscheidungsorientierten Visualisierungen oder mit einer praxisgerechten Verfügbarkeit der Datenaggregation dazu bei.

Es lässt sich zusammenfassend reflektieren, dass die hier vorgestellte Methodik mit ihrem Gesamtprozess, den Optimierungen und Analysen sowie den Daten und der Infrastruktur für die Migration die Defizite aus Praxis und Theorie aufgreift und eine Lösung dafür anbietet. Die Abbildung 6.12 verdeutlicht, wie die Teilmodule dieses Lösungsangebotes hierbei jeweils die zentralen fünf Anforderungen adressieren. Die Methodik wurde dabei besonders mit Blick auf die Optimierungen und Analysen angewendet und somit erprobt. Darüber hinaus wurde eine Software-App implementiert und hier vorgestellt.

Die Teilmodule der Methode adressieren die fünf zentralen Anforderungen:

- MM – Migrationsgerechte Modellierung
- DB – Dynamik beherrschen
- VS – (Gesamt)Vorgehen systematisieren
- ME – Migrationsplanung explizieren
- PE – Praxisorientiert entscheiden

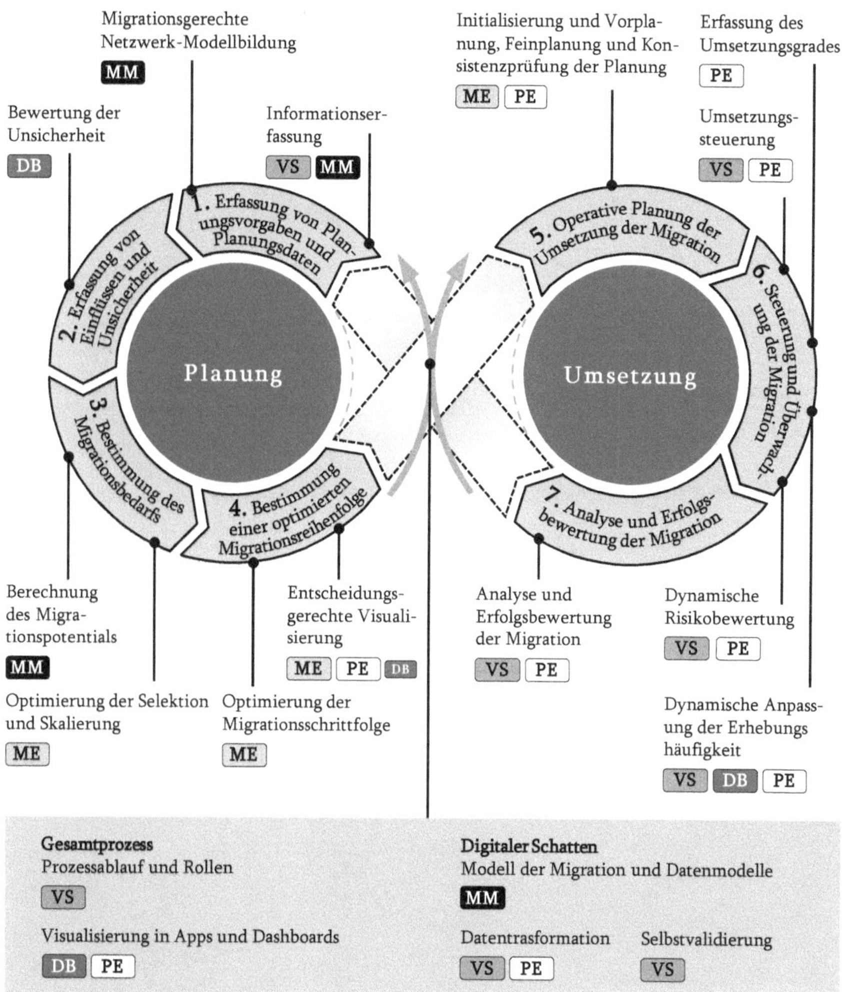

Abbildung 6.12: Reflexion der Anforderungen und Elemente der Methodik

7 Zusammenfassung und Ausblick

Die Globalisierung hat aus den internationalen Märkten eine schnelllebige Wettbewerbsarena geschaffen. Mit Produktionsnetzwerken haben produzierende Unternehmen zunächst Kostenvorteile in der Welt erschließen und lokale Märkte bedienen wollen. Inzwischen sind die Anforderungen an die Netzwerke weitaus komplexer geworden: Unter anderem induzieren insbesondere Schnelllebigkeit, von wechselnden Kundenanforderungen, über neue Technologien, bis veränderten Zulieferern oder Marktbegleitern, und Unsicherheit, von unvorhergesehenen Ereignissen bis schwankenden Wechselkursen, große Dynamik und Komplexität in die Gestaltungsaufgabe. Es gibt inzwischen Ansätze für die strategische Ausrichtung und taktische Konfiguration – die operative Ebene, die Migration von einer Konfiguration zur nächsten, wird hingegen nur in wenigen Ansätze betrachtet. Dabei birgt sie wesentliche wirtschaftliche und organisatorische Potentiale. Eine Systematisierung der Migration ist nötig, um die strategischen und taktischen Überlegungen in die Praxis zu überführen.

Hier setzte diese Dissertation mit dem Ziel eines **Vorgehens zur Planung, Steuerung und Überwachung der Migration** an. Zum Ersten sollte eine datenbasiert optimierte Planung das Vorgehen begleiten und Handlungsempfehlungen in Form einer idealen Reihenfolgeplanung für Migrationsschritte ausgeben. Zum Zweiten sollten die Umsetzung und Erfolgskontrolle sowie die evolutionäre Anreicherung von Planungsdaten manifestiert werden. Und zum Dritten waren die Bereitstellung eines Methodenangebots und die Etablierung einer kontinuierlichen Prozessmentalität gefordert.

Im Kapitel 1 war neben der Ausgangssituation und dieser Zielstellung auch das anwendungsorientierte Forschungsvorgehen beschrieben und begründet worden.

Darauf aufbauend, diente das Kapitel 2 der ersten Erfassung des Anwendungszusammenhangs. Die Migration liegt weit am Ende einer Argumentationskette, die mit der Produktion in globalen Märkten beginnt, über Wandlungstreiber und den Referenzprozess für kontinuierliche Netzwerkgestaltung führt und mit Herausforderungen der Migration endet. Die Migration wurde sodann mit zwei Aspekten zusammengeführt und ebenfalls hinsichtlich des Status Quo untersucht: Controlling und dessen Potentiale für die Migration sowie datenbasiertes Planen und Entscheiden mit Industrie 4.0. Hieraus und aus den Herausforderungen der jeweiligen Themenfelder, folgte ein Praxisdefizit: eine komplexe Problemstellung, ein dynamischer retikularer Lösungsraum, ein arbiträres Planungsvorgehen sowie obskure Entscheidungsfindung. Diese Herausforderungen formten einen Handlungsbedarf und somit den Ruf nach einer migrationsgerechten Modellierung und der Beherrschung der komplexen Problemstellung, nach der Beherrschung von Dynamik und der veränderlichen Einflüsse und Unsicherheiten, nach der Etablierung eines systematisierten unterbrechungsfreien Gesamtvorgehens, nach dem Explizieren der Migrationsplanung in Form klarer und präziser (mathematischer) Methoden mit Fokus auf Wirtschaftlichkeit und zuletzt nach umsetzungsorientierter Unterstützung beim praxisorientierten Entscheiden.

Im Kapitel 3 bildete dieser Handlungsbedarf Anlass und Suchfeld zugleich, um den Stand der Forschung zu Migration in Produktionsnetzwerken zu untersuchen. Es gibt wenige Ansätze, die sich unmittelbar und ausschließlich mit Migration befassen, daher wurden auch angrenzende Beiträge beleuchtet. Die Untersuchung hat gezeigt, dass Teilaspekte der zuvor identifizierten Handlungsbedarfe zwar erfüllt werden, dass die Migration oft aber nur als Randerscheinung in den Ausführungen beleuchtet wird. Die Betrachtung der Theorie konnte das Praxisdefizit bestätigen. Darüber hinaus wurde ersichtlich, dass sich Ansätze zur Migration oft auf nur eine Anwendergruppe fokussieren. So wurden, einfach gesagt, entweder Optimierungen oder ganzheitliche Konzepte entworfen – die Migration erfordert als Aufgabe für ihre Planung und Umsetzung im gesamten Netzwerk aber, dass die hierarchisch, lokal, und aufgabenbezogen unterschiedlichen Anspruchsgruppen gleichermaßen adressiert werden.

Das Kapitel 4 führte die Stränge schließlich zusammen und vereinte die Anforderungen aus Zielstellung, Praxis und Theorie. Die Kernideen zur Lösung der Herausforderungen bildeten den logischen Brückenschlag, um ein Grobkonzept zu erarbeiten.

Dieses Grobkonzept für das Controlling der Migration in Produktionsnetzwerken bildete die Grundlage für Kapitel 5; hier wurden die gesamte Methodik und ihre Teilelemente detailliert erarbeitet und vorgestellt. Die Controlling-Acht der Migration steht im Mittelpunkt. Sie wird durch den Gesamtprozess, Daten und Infrastruktur detailliert. Der Prozessablauf ist von der DevOps-Idee der Informatik inspiriert. Über ein einfaches Rollenmodell wurden App-Anwendungsoberflächen für die Migration konzipiert. Aus diesen wurden notwendige Datenbedarfe sowie Datenanalysen und Optimierungen ersichtlich. Der digitale Schatten der Migration erfüllt schließlich alle Aufgaben der Verarbeitung, Bereitstellung, Transformation und Speicherung der für Prozess und App relevanten Migrationsdaten. Zudem wurden hierin eine Selbstvalidierung und evolutionäre Verbesserungen der Datengrundlage vorgesehen. Die Planungsphase der Migration führt schließlich in vier Schritten und sieben Teilmodulen zu einer datenbasierten Empfehlung einer Migrationsschrittreihenfolge. Neben adäquater Modellierung und Datenverarbeitung wurden hierfür zwei mathematische Optimierungen entworfen. Ein Migrationsplan bildet den Übergabepunkt aus der Planungsphase in die Umsetzungsphase. Die Umsetzungsphase wird in drei Schritten mit acht Bestandteilen durchlaufen. Sie besteht aus der Umsetzungsplanung, der Überwachung und Steuerung der Umsetzung sowie einer rekapitulierenden Analyse und Erfolgsbewertung. Im Sinne der Controlling-Acht der Migration wird der Prozess danach erneut und fortwährend durchlaufen.

Die entwickelte Methodik konnte in Kapitel 6 schließlich angewendet und überprüft werden. Dafür war die erfolgreiche Umsetzung der formulierten Optimierungen und Analysen wichtig, denn ihre Funktion ist ein wesentlicher Erfolgsbaustein für das kontinuierliche und datenbasierte Durchlaufen des Prozesses. Außerdem konnte auf Grundlage der Ergebnisse eine erste einfache funktionsfähige App für die Migration in Produktionsnetzwerken entwickelt und vorgestellt werden, denn die mögliche Angliederung an die Referenzinfrastruktur des Internet of Production und die Bereitstellung einer datenbasierten Entscheidungsunterstützung sind ebenfalls ein wichtiger Erfolgsbaustein. In einer abschließenden Reflexion konnten die konsolidierten Anforderungen an die entwickelte Gesamtmethodik und deren Erprobung angelegt werden. Es hat sich gezeigt, dass die Anforderungen erfüllt werden, und es konnte für einige Teilschritte ein Ausblick für noch weiterführendes Entwicklungspotential formuliert werden.

Der **Erkenntnisgewinn für Theorie und Wissenschaft** liegt besonders in der erstmaligen Verbindung der Anspruchsgruppen der Migration miteinander und mit einem unterstützenden spezifischen digitalen Schatten. Hiermit geht das Potential der bereits vorgesehenen Anbindung an etablierte informationstechnische Referenzinfrastrukturen des Produktionswesens einher. Darüber hinaus ermöglicht ein modularer Aufbau der Methodik im Sinne einzelner Dienste die Einbindung etablierter Methoden, auch aus angrenzenden Disziplinen. Ein Beispiel dafür sind die in der Forschung schon beschriebenen Wandlungstreiber; deren Bewertungsergebnisse sollen als eigenständige Methode auch in der hier vorgestellten Methodik sinnvoll eingesetzt werden können. Die Methoden wären je nach Anwendungsfall austauschbar – in der Anwendung oder in der weiteren wissenschaftlichen Erarbeitung des Themenfeldes. Gleiches gilt für die vorgestellten Optimierungen. Nicht zuletzt geht aus ihnen und der Komplexität der dahinterliegenden Modelle ein weiterer Diskussionsbeitrag in Bezug auf das Spannungsfeld zwischen mathematischer Akkuratesse und nachvollziehbarer Praxistauglichkeit hervor: Die gewählten Methoden haben das gesamtheitlich durchoptimierte globale Optimum der Bewertungen hinter eine Anwendbarkeit auf typischen Computersystemen in Unternehmen gestellt.

Der **Erkenntnisgewinn für Praxis und Industrie** ermöglicht insbesondere den Wandel etablierter Denkmuster und ein Umdenken der bisherigen Migration in Produktionsnetzwerken. Bislang legten entweder groß angelegte Netzwerkinitiativen und Rekonfigurationsprojekte die Netzwerke auf einen diskreten und zur Fertigstellung längst überfälligen Zustand aus – oder lokal bedarfsinitiierte Veränderungen planten an den Interdependenzen des Netzwerks vorbei. Ein Verständnis des Controllings der Migration als kontinuierliche Aufgabe, bei der verschiedene Rollen im Unternehmen miteinander wirken und die von guten datenbasierten Analysen und Optimierungen unterstützt werden, vermögen die Überwindung dieses Zielkonflikts.

Im weiteren **Ausblick auf den nächsten Forschungsbedarf** steht zunächst die konkrete Weiterentwicklung der vorgestellten Methodik, etwa durch das Ergänzen neuer Module für weitere Anwendungsfälle, wie es in Unterkapitel 6.3 schon diskutiert wurde.

Der Beitrag der Produktion zur Nachhaltigkeit in den Dimensionen Umwelt, Soziales und Unternehmensführung wird auch für die Migration weiter zu erforschen sein.

Und die Verbindung geeigneter Ansätze von Netzwerkstrategie über Konfiguration bis zur Migration in einem Gesamtvorgehen wird die Forschung hierzu abrunden.

8 Literaturverzeichnis

Abele, Eberhard; **Dervisopoulos**, Marina; **Liebeck**, Tobias **(2006)**
Herausforderungen globaler Produktionsnetzwerke – Wie Unternehmen ihr Produktionsnetzwerk optimal aufstellen. In: wt Werkstattstechnik online, Nr. 4, 96. Jg. 2006, S. 219 - 225.

Abele, Eberhard; **Kluge**, Jürgen; **Näher**, Ulrich **(2006)**
Handbuch globale Produktion, Carl Hanser, München, 2006.

Abele, Eberhard; **Liebeck**, Tobias; **Merz**, Niklas **(2008)**
Globale Produktion – eine Frage des Standorts – Wie Unternehmen systematisch die Struktur ihres Produktionsnetzwerks gestalten können, Darmstadt, 2008.

Abele, Eberhard; **Liebeck**, Tobias; **Wörn**, Arno **(2006)**
Measuring Flexibility in Investment Decisions for Manufacturing Systems. In: CIRP Annals, Nr. 1, 55. Jg. 2006, S. 433 - 436.

Abele, Eberhard; **Meyer**, Tobias; **Näher**, Ulrich; **Strube**, Gernot; **Sykes**, Richard **(2008)**
Global Production, Springer, Berlin, Heidelberg, 2008.

Alter, Roland **(1991)**
Integriertes Projektcontrolling – Ein ganzheitlicher Ansatz auf der Grundlage des Lebenszyklus von Systemen, 1991.

Ameri, Farhad; **Stecke**, Kathryn E.; **Cieminski**, Gregor **von; Kiritsis**, Dimitris **(2019)**
Advances in Production Management Systems. Towards Smart Production Management Systems, Springer International Publishing, Cham, 2019.

Arndt, Tobias; **Lemmer**, Christina; **Biegler**, Christoph; **Sihn**, Wilfried; **Lanza**, Gisela **(2017)**
Steuerung globaler Produktionsnetzwerke – Entwicklung eines Standortrollenmodells zur dynamischen Bewertung von Gestaltungsmaßnahmen. In: wt Werkstattstechnik online, Nr. 4, 107. Jg. 2017, S. 241 - 246.

Arpe, Jan **(2012)**
Die Globalisierung und ihre Komplexität, Bertelsmann Stiftung (Hrsg.), 2012.

Bankhofer, Udo **(2001)**
Industrielles Standortmanagement – Aufgabenbereiche, Entwicklungstendenzen und problemorientierte Lösungsansätze, Deutscher Universitätsverlag, Wiesbaden, 2001.

Bauer, Hermann **(2007)**
Baubetrieb, Springer, 2007.

Bauer, Wilhelm; **Schlund**, Sebastian; **Marrenbach**, Dirk; **Ganschar**, Oliver **(2014)**
Industrie 4.0 – Volkswirtschaftliches Potenzial für Deutschland, 2014

Bauernhansl, Thomas; **Krüger**, Jörg; **Reinhart**, Gunther; **Schuh**, Günther **(2016)**
WGP-Standpunkt Industrie 4.0, Darmstadt, 2016.

Bea, Franz X.; **Scheurer**, Steffen; **Hesselmann**, Sabine **(2011)**
Projektmanagement, 2. Aufl. 2011.

Bearing Point (2014)
Herausforderungen globaler Supply Chains im Technologiewandel, Bearing Point und Technische Universität Darmstadt (Hrsg.), 2014.

Becker, Torsten **(2018)**
Prozesse in Produktion und Supply Chain optimieren, Springer, Berlin, Heidelberg, 2018.

Bhardwaj, Sanjeevani; **Kole**, Alok **(2016)**
Review and study of internet of things – It's the future, 2016 International Conference on Intelligent Control Power and Instrumentation (ICICPI), IEEE, 2016, S. 47 - 50.

Biesenbach, Andreas **(2007)**
Multi-Site-Scheduling in der chemischen Industrie, 1. Aufl.; Deutscher Universitätsverlag, s.l. 2007.

Bleicher, Knut **(2011)**
Das Konzept Integriertes Management – Visionen – Missionen – Programme, 8. überarbeitete Aufl.; Campus Verlag, Frankfurt am Main, 2011.

Bollinger, John **(1992)**
Using bollinger bands. In: Stocks & Commodities, Nr. 2, 10. Jg. 1992, S. 47 - 51.

Boston Consulting Group (2014)
The Shifting Economics of Global Manufacturing – How Cost Competitiveness Is Changing Worldwide, 2014.

Boston Consulting Group; Fraunhofer IPA (2015)
The Proximity Paradox – Balancing Auto Suppliers' Manufacturing Networks, 2015.

Brandt, Matthias **(2020)**
Größter Einbruch der Exporte seit 1950. URL: https://de.statista.com/infografik/21938/entwicklung-der-deutschen-exporte-gegenueber-vorjahresmonat/, 09.06.2020, zuletzt abgerufen am 24.07.2021.

Brecher, Christian; **Klocke**, Fritz; **Schmitt**, Robert; **Schuh**, Günther **(2017)**
Internet of Production für agile Unternehmen – AWK Aachener Werkzeugmaschinen-Kolloquium 2017, 18. bis 19. Mai, 1. Auflage; Apprimus, Aachen, 2017.

Bundeszentrale für politische Bildung (2021)
Thema: Globalisierung. URL: http://www.bpb.de/nachschlagen/zahlen-und-fakten/globalisierung/52543/entwicklung-des-warenhandels, 28.10.2021, zuletzt abgerufen am 30.10.2021.

Bungenstock, Christian **(1995)**
Entscheidungsorientierte Kostenrechnungssysteme – Eine entwicklungsgeschichtliche Analyse, Deutscher Universitätsverlag, Wiesbaden, 1995.

Canel, Cem; **Khumawala**, Basheer M. **(1997)**
Multi-period international facilities location – An algorithm and application. In: International Journal of Production Research, Nr. 7, 35. Jg. 1997, S. 1891 - 1910.

Capgemini (2008)
Manufacturing in 2020 – Envisioning a Future Characterised by Increased Internationalisation, Collaboration and Complexity, 2008.

Chakravarty, Amiya K. **(2005)**
Global plant capacity and product allocation with pricing decisions. In: European Journal of Operational Research, Nr. 1, 165. Jg. 2005, S. 157 - 181.

Chang, Andrew S.-T. **(2001)**
Defining cost/schedule performance indices and their ranges for design projects. In: Journal of Management in Engineering, Nr. 2, 17. Jg. 2001, S. 122 - 130.

Cheng, Yang; **Farooq**, Sami; **Johansen**, John **(2015)**
International manufacturing network: past, present, and future. In: International Journal of Operations & Production Management, Nr. 3, 35. Jg. 2015, S. 392 - 429.

Chu, Zihao; **Xu**, Zhe; **Li**, Haitao **(2019)**
New heuristics for the RCPSP with multiple overlapping modes. In: Computers & Industrial Engineering, 131. Jg. 2019, S. 146 - 156.

Coe, Neil M.; **Dicken**, P.; **Hess**, M. **(2008)**
Global production networks – realizing the potential. In: Journal of Economic Geography, Nr. 3, 8. Jg. 2008, S. 271 - 295.

Daum, Andreas; **Lawa**, D. **(1998)**
Projekt-Controlling – Aufgaben und Instrumente. In: Steinle, C. (Hrsg.), Controlling – Kompendium für Controller/innen und ihre Ausbildung, Schäffer-Poeschel, Stuttgart, 1998, S. 894 - 924.

Deloitte (2016)
Global Manufacturing Competitiveness Index, 2016.

Deutsches Institut für Normung e.V. (2009)
DIN 69901-5:2009, DIN 69901-5 Beuth, Berlin, 2009.

DFG-Projekt SCHU 1495/116-1 (2019)
Abschlussbericht „Rollierende Migrationsplanung für Produktionsnetzwerke", 16.09.2019.

Domschke, Wolfgang; **Drexl**, Andreas; **Klein**, Robert; **Scholl**, Armin **(2015)**
Einführung in Operations Research, 9. überarbeitete und verbesserte Auflage 2015; Springer Gabler, Berlin, Heidelberg, 2015.

Duden (2021)
Stichwort: Migration. URL: https://www.duden.de/rechtschreibung/Migration, zuletzt abgerufen am 24.07.2021.

Duden (2021)
Stichwort: Modus. URL: https://www.duden.de/rechtschreibung/Modus, zuletzt abgerufen am 24.07.2021.

Duden (2021)
Stichwort: Potenzial. URL: https://www.duden.de/rechtschreibung/Potenzial, zuletzt abgerufen am 24.07.2021.

Dyckhoff, Harald **(2006)**
Produktionstheorie – Grundzüge industrieller Produktionswirtschaft, 5. überarb. Aufl.; Springer, Berlin, Heidelberg, New York, 2006.

Eric, Dejan; **Andjelic**, Goran; **Redzepagic**, Srdjan **(2009)**
Application of MACD and RVI indicators as functions of investment strategy optimization on the financial market. In: Zbornik radova Ekonomskog fakulteta u Rijeci: časopis za ekonomsku teoriju i praksu, Nr. 1, 27. Jg. 2009, S. 171 - 196.

Ernst, Josef **(2012)**
Methode zur Ermittlung von Standortstrukturalternativen in Maschinenbauunternehmen, Dissertation, Technische Universität Darmstadt, 2012.

EUROMA 2019 (2019)
26th International EUROMA Conference – Conference Book of Abstracts – Operations Adding Value to Society, 17-19.06.2019 (2019)

Even, Adir; **Shankaranarayanan**, G.; **Berger**, Paul D. **(2007)**
Economics-Driven Data Management: An Application to the Design of Tabular Data Sets. In: IEEE Transactions on Knowledge and Data Engineering, Nr. 6, 19. Jg. 2007, S. 818 - 831.

Eversheim, Walter **(1996)**
Organisation in der Produktionstechnik – Band 1: Grundlagen, Dritte, neu bearbeitete und erweiterte Auflage; Springer Berlin Heidelberg; Imprint; Springer, Berlin, Heidelberg, 1996.

Eversheim, Walter; **Schuh**, Günther **(2014)**
Produktion und Management, Springer, 2014.

Fasse, Markus **(2020)**
Der BMW-Chef macht Nachhaltigkeit zur Überlebensfrage. In: Handelsblatt, 27.07.2020

Fayyad, Usama; **Piatetsky-Shapiro**, Gregory; **Smyth**, Padhraic **(1996)**
From Data Mining to Knowledge Discovery in Databases. In: AI Magazine, Nr. 3, 17. Jg. 1996, S. 37.

Feldbauer-Durstmüller, Birgit; **Mayr**, Stefan **(2019)**
Controlling – Aktuelle Entwicklungen und Herausforderungen, Springer, 2019.

Feldmann, Andreas; **Olhager**, Jan **(2019)**
A taxonomy of international manufacturing networks. In: Production Planning & Control, Nr. 2-3, 30. Jg. 2019, S. 163 - 178.

Ferdows, Kasra **(1997)**
Making the most of foreign factories. In: Harvard Business Review, 1997, S. 73 - 88.

Ferdows, Kasra **(2008)**
Managing the Evolving Global Production Network. In: Galavan, R.; Murray, J. et al. (Hrsg.), Strategy, Innovation, and Change – Challenges for management, Oxford University Press, Oxford, New York, 2008, S. 149 - 162.

Ferdows, Kasra **(2018)**
Keeping up with growing complexity of managing global operations. In: International Journal of Operations & Production Management, Nr. 2, 38. Jg. 2018, S. 390 - 402.

Fiedler, Martin **(2018)**
Lean Construction – Das Managementhandbuch, Springer Gabler, 2018.

Fiedler, Rudolf **(2014)**
Controlling von Projekten, Springer Fachmedien Wiesbaden, Wiesbaden, 2014.

Fiedler, Rudolf **(2020)**
Controlling von Projekten – Mit konkreten Beispielen aus der Unternehmenspraxis – Alle controllingrelevanten Aspekte der Projektplanung, Projektsteuerung und Projektkontrolle, Springer, 2020.

Fink, Andreas; **Schneidereit**, Gabriele; **Voß**, Stefan **(2005)**
Grundlagen der Wirtschaftsinformatik, 2, überarb. Aufl.; Physica-Verlag, Heidelberg, 2005.

Frankfurter Rundschau (2021)
Sorge um Weihnachtsgeschenke – Experte erwartet Engpässe wegen gestörter Lieferketten. In: Frankfurter Rundschau, 17.07.2021, S. 18.

Friedl, Gunther **(2019)**
Neue Aufgaben im Controlling durch digitale Transformation. In: Controlling, Nr. 3, 31. Jg. 2019, S. 38 - 41.

Friedli, Thomas; **Heinzen**, Simone; **Mundt**, Andreas; **Thomas**, Stefan **(2011)**
Strategisches Management globaler Produktionsnetzwerke. In: ZWF Zeitschrift für wirtschaftlichen Fabrikbetrieb, Nr. 9, 106. Jg. 2011, S. 610 - 614.

Friedli, Thomas; **Lanza**, Gisela; **Schuh**, Günther; **Treber**, Stefan; **Wiech**, Michael; **Gützlaff**, Andreas **(2017)**
Aktive Gestaltung globaler Produktionsnetzwerke. In: ZWF Zeitschrift für wirtschaftlichen Fabrikbetrieb, Nr. 5, 112. Jg. 2017, S. 279 - 283.

Friedli, Thomas; **Mundt**, Andreas; **Thomas**, Stefan **(2014)**
Strategic Management of Global Manufacturing Networks, Springer, Berlin, Heidelberg, 2014.

Friedli, Thomas; **Schuh**, Günther **(2012)**
Wettbewerbsfähigkeit der Produktion an Hochlohnstandorten, 2. Aufl.; Springer, Berlin, 2012.

Friedli, Thomas; **Schuh**, Günther; **Lanza**, Gisela; **Remling**, Dominik; **Gützlaff**, Andreas; **Stamer**, Florian **(2019)**
Next Level Production Networks. In: ZWF Zeitschrift für wirtschaftlichen Fabrikbetrieb, Nr. 3, 114. Jg. 2019, S. 101 - 104.

Friedli, Thomas; **Thomas**, Stefan; **Mundt**, Andreas; **Lützner**, Richard **(2013)**
Management globaler Produktionsnetzwerke – Strategie, Konfiguration, Koordination, Carl Hanser, München, 2013.

Friedman, Thomas L. **(2020)**
How We Broke The World. In: The New York TImes, Ausgabe Sunday, 31.05.2020, S. 4.

Gabler Wirtschaftslexikon (2018)
Stichwort: Datenanalyse. URL: https://wirtschaftslexikon.gabler.de/definition/datenanalyse-30331/version-253916, 16.02.2018, zuletzt abgerufen am 23.07.2021.

Gabler Wirtschaftslexikon (2018)
Stichwort: Entscheidung. URL: https://wirtschaftslexikon.gabler.de/definition/entscheidung-36360/version-259815, 19.02.2018, zuletzt abgerufen am 17.06.2021.

Gabler Wirtschaftslexikon (2018)
Stichwort: Entscheidungsprozess. URL: https://wirtschaftslexikon.gabler.de/definition/entscheidungsprozess-35511/version-258991, 19.02.2018, zuletzt abgerufen am 17.06.2021.

Gabler Wirtschaftslexikon (2018)
Stichwort: Migration. URL: https://wirtschaftslexikon.gabler.de/definition/migration-38745/version-262166, 19.02.2018, zuletzt abgerufen am 17.06.2021.

Gabler Wirtschaftslexikon (2018)
Stichwort: Produktion. URL: https://wirtschaftslexikon.gabler.de/definition/produktion-42040/version-265395, 19.02.2018, zuletzt abgerufen am 26.05.2021.

Gabler Wirtschaftslexikon (2019)
Stichwort: Controlling. URL: https://wirtschaftslexikon.gabler.de/definition/controlling-30235/version-370809, 15.07.2019, zuletzt abgerufen am 17.06.2021.

Gadatsch, Andreas **(2017)**
Datenmodellierung für Einsteiger – Einführung in die Entity-Relationship-Modellierung und das Relationenmodell, Springer Fachmedien Wiesbaden, Wiesbaden, 2017.

Galavan, Robert; **Murray**, John; **Markides**, Costas **(2008)**
Strategy, Innovation, and Change – Challenges for management, Oxford University Press, Oxford, New York, 2008.

Gartzen, Thomas **(2012)**
Diskrete Migration als Anlaufstrategie für Montagesysteme, Dissertation, RWTH Aachen, 30.11.2012.

Gausemeier, Jürgen; **Fink**, Alexander; **Schlake**, Oliver **(1996)**
Szenario-Management – Planen und Führen mit Szenarien, 2. bearb. Aufl.; Carl Hanser, München, 1996.

Gausemeier, Jürgen; **Wiendahl**, Hans-Peter **(2011)**
Wertschöpfung und Beschäftigung in Deutschland, Springer, Berlin, Heidelberg, 2011.

Geissbauer, Reinhard; **Schrauf**, Stefan; **Bertram**, Philipp; **Cheraghi**, Farboud **(2017)**
Digital Factories 2020 – Shaping the future of manufacturing, 2017

Gille, Christian; **Zwißler**, Frank **(2011)**
Bewertung von Wandlungstreibern. In: ZWF Zeitschrift für wirtschaftlichen Fabrikbetrieb, Nr. 5, 106. Jg. 2011, S. 310 - 313.

Gottmann, Juliane **(2019)**
Produktionscontrolling – Wertströme und Kosten optimieren, 2. Aufl. 2019, 2019.

Götze, Uwe; **Meyer**, Martin **(1993)**
Strategische Standortstrukturplanung – Planungsprozesse, Modellanalysen und EDV-gestützter analytischer Hierarchie Prozeß, Göttingen, 1993.

Grob, Heinz L. **(1996)**
Positionsbestimmung des Controlling. In: Scheer, A.-W.; Hagemeyer, J. (Hrsg.), Rechnungswesen und EDV – 17. Saarbrücker Arbeitstagung 1996, Physica-Verlag, 1996, S. 137 - 158.

Grundig, Claus-Gerold **(2018)**
Fabrikplanung – Planungssystematik – Methoden – Anwendungen, 6. neu bearbeitete Auflage; Carl Hanser, München, 2018.

Grundig, Claus-Gerold **(2018)**
Grundlagen der Fabrikplanung. In: Grundig, C.-G. (Hrsg.), Fabrikplanung – Planungssystematik – Methoden – Anwendungen, 6. neu bearbeitete Auflage; Carl Hanser, München, 2018, S. 11 - 36.

Gudehus, Timm **(2010)**
Logistik – Grundlagen, Strategien, Anwendungen, 4. aktual. Aufl.; Springer, Berlin, 2010.

Günther, Hans-Otto; **Tempelmeier**, Horst **(2012)**
Produktion und Logistik, Springer, Berlin/Heidelberg, 2012.

Haag, Hans-Christian; **Radimersky**, Aline; **Meyer-Schwickerath**, Ben **(2012)**
Wandlungstreiber in Wertschöpfungsnetzen erkennen – Wandlungsdruck mittels Zukunftsszenarien identifizieren und bewerten. In: wt Werkstattstechnik online, Nr. 9, 102. Jg. 2012, S. 633 - 638.

Haas, Michael; **Obst**, Ngoc I. **(2012)**
Gestaltung von globalen Produktionsnetzwerken – Ein Ansatz zur Berücksichtigung von produkt- und marktspezifischen Bedingungen bei der Planung von Netzwerken. In: ZWF Zeitschrift für wirtschaftlichen Fabrikbetrieb, Nr. 4, 107. Jg. 2012, S. 250 - 255.

Hagedorn, Arnd **(1994)**
Modellgestützte Planung und Kontrolle von Produktionsstandorten, Deutscher Universitätsverlag, Wiesbaden, 1994.

Han, Petrus **(2016)**
Soziologie der Migration: Erklärungsmodelle, Fakten, politische Konsequenzen, Perspektiven, UTB, 2016.

Hansmann, Karl-Werner **(1974)**
Entscheidungsmodelle zur Standortplanung der Industrieunternehmen, Th. Gabler, Wiesbaden, 1974.

Harre, Jan **(2006)**
Strategische Standortstrukturplanung für multinational produzierende Unternehmen, Dissertation, RWTH Aachen, 2006.

Hartkopf, Markus **(2013)**
Systematik für eine kontinuierliche und langfristig ausgerichtete Planung technologischer und kapazitiver Werksentwicklungen, Fraunhofer, Stuttgart, 2013.

Häusling, André **(2018)**
Agile Organisationen – Transformationen erfolgreich gestalten - Beispiele agiler Pioniere, 1. Auflage; Haufe Gruppe, Freiburg, München, Stuttgart, 2018.

Hays (2015)
Von starren Prozessen zu agilen Projekten. URL: https://www.hays.de/documents/10192/118775/Hays-Studie-Von+starren+Prozessen+zu+agilen+Projekten-2015.pdf, zuletzt abgerufen am 24.07.2021.

Hehenberger, Peter; **Bradley**, David **(2016)**
Mechatronic Futures, Springer International Publishing, Cham, 2016.

Heinrich, Bernd; **Klier**, Mathias; **Görz**, Quirin **(2012)**
Ein metrikbasierter Ansatz zur Messung der Aktualität von Daten in Informationssystemen. In: Zeitschrift für Betriebswirtschaft, Nr. 11, 82. Jg. 2012, S. 1193 - 1228.

Heinrich, Peter **(2002)**
Strategische Gestaltung von Produktionssystemen in der Automobilindustrie, Shaker, Aachen, 2002.

Heinzen, Simone; **Fischl**, Maria; **Friedli**, Thomas **(2012)**
Zur Gestaltung globaler Produktionsnetzwerke – Der Standortrollenportfolio-Ansatz. In: ZWF Zeitschrift für wirtschaftlichen Fabrikbetrieb, Nr. 12, 107. Jg. 2012, S. 908 - 912.

Hochdörffer, Jan; **Arndt**, Tobias; **Bürgin**, Jens; **Moser**, Emanuel; **Scherb**, Markus; **Lanza**, Gisela **(2015)**
Evaluation of global manufacturing networks – a matter of perspective. In: 19th Cambridge International Manufacturing Symposium, 2015, S. 1 - 13.

Hofstadler, Christian **(2013)**
Produktivität im Baubetrieb: Bauablaufstörungen und Produktivitätsverluste, Springer, 2013.

Höher, Peter A. **(2011)**
Grundlagen der digitalen Informationsübertragung, Springer, 2011.

Hompel, Michael **ten; Vogel-Heuser**, Birgit; **Bauernhansl**, Thomas **(2020)**
Handbuch Industrie 4.0, Springer Berlin Heidelberg, Berlin, Heidelberg, 2020.

Horváth, Péter; **Gleich**, Ronald; **Seiter**, Mischa **(2019)**
Controlling, 14. Auflage; Franz Vahlen, München, 2019.

Humble, Jez; **Farley**, David **(2011)**
Continuous Delivery – Reliable software releases through build, test, and deployment automation, Addison-Wesley, Upper Saddle River, NJ, 2011.

IEEE (2016)
2016 International Conference on Intelligent Control Power and Instrumentation (ICICPI), 2016 International Conference on Intelligent Control Power and Instrumentation (ICICPI), 21.10.2016 - 23.10.2016. IEEE (2016)

IEEE (2017)
2017 IEEE International Conference on Industrial Engineering & Engineering Management – IEEE IEEM2017: 10-13 Dec, Singapore, 2017 IEEE International Conference on Industrial Engineering & Engineering Management, 10.-13. Dezember 2017. IEEE, Piscataway, NJ (2017)

IEEE (2018)
2018 IEEE International Conference on Industrial Engineering and Engineering Management (IEEM), 2018 IEEE International Conference on Industrial Engineering and Engineering Management (IEEM), 16.-19. Dezember 2018. IEEE (2018)

IEEE (2019)
2019 7th International Engineering, Sciences and Technology Conference – IESTEC 2019: 9-11 October 2019, Panama City, Panama, 2019 7th International Engineering, Sciences and Technology Conference (IESTEC), 9.-11. Oktober 2019. IEEE, Piscataway, NJ (2019)

IEEE (2020)
2020 IEEE International Conference on Industrial Engineering and Engineering Management (IEEM), 2020 IEEE International Conference on Industrial Engineering and Engineering Management (IEEM), 14.12.2020 - 17.12.2020. IEEE (2020)

Ihde, Gösta B. **(2001)**
Transport, Verkehr, Logistik – Gesamtwirtschaftliche Aspekte und einzelwirtschaftliche Handhabung, Franz Vahlen, München, 2001.

International Conference on the Practical Application of Knowledge Discovery and Data Mining (2000)
Proceedings of the Fourth International Conference on the Practical Application of Knowledge Discovery and Data Mining, 11.-13.04.2000 (2000)

International Institution for Production Engineering Research (2004)
Wörterbuch der Fertigungstechnik – Dictionary of production engineering, 2. Aufl.; Springer, Berlin, 2004.

Jacob, Frank **(2006)**
Quantitative Optimierung dynamischer Produktionsnetzwerke, Dissertation, Technische Universität Darmstadt, 2006.

Jacob, Frank; **Strube**, Gernot **(2008)**
Why Go Global? – The Multinational Imperative. In: Abele, E.; Meyer, T. et al. (Hrsg.), Global Production, Springer, Berlin, Heidelberg, 2008, S. 2 - 33.

Jakoby, Walter **(2015)**
Projektmanagement für Ingenieure, Springer, 2015.

Jarre, Florian; **Stoer**, Josef **(2004)**
Optimierung, Springer Berlin Heidelberg, Berlin, Heidelberg, s.l. 2004.

Justus, Axel **(2009)**
Management globaler Produktionsnetzwerke, Verlag Kovac, Hamburg, 2009.

Kagermann, Henning; **Lukas**, Wolf-Dieter; **Wahlster**, Wolfgang **(2011)**
Industrie 4.0: Mit dem Internet der Dinge auf dem Weg zur vierten industriellen Revolution. In: VDI Nachrichten, Jg. 2011, 01.04.2011

Kagermann, Henning; **Wahlster**, Wolfgang **(2021)**
Zehn Jahre Industrie 4.0 – Deutschlands Zukunft. In: Frankfurter Allgemeine Zeitung (F.A.Z.), Ausgabe 74, 29.03.2021, S. 18.

Kaphahn, Alexandra; **Lücke**, Thorsten **(2006)**
Koordination interner Produktionsnetzwerke. In: Schuh, G. (Hrsg.), Produktionsplanung und -steuerung, Springer Berlin Heidelberg, Berlin, Heidelberg, 2006, S. 421 - 466.

Kauffeld, Simone **(2011)**
Arbeits-, Organisations- und Personalpsychologie, Springer, Berlin, Heidelberg, 2011.

Kauffeld, Simone; **Grohmann**, Anna **(2011)**
Personalauswahl. In: Kauffeld, S. (Hrsg.), Arbeits-, Organisations- und Personalpsychologie, Springer, Berlin, Heidelberg, 2011, S. 93 - 111.

Kim, Gene; **Debois**, Patrick; **Willis**, John; **Humble**, Jez; **Allspaw**, John **(2016)**
The DevOps Handbook – How to create world-class agility, reliability, and security in technology organizations, First edition; IT Revolution Press, Portland, OR, 2016.

Kletti, Jürgen; **Schumacher**, Jochen **(2015)**
Die perfekte Produktion: Manufacturing excellence durch short interval technology (SIT), Springer, 2015.

Kleuker, Stephan **(2009)**
Grundkurs Software-Engineering mit UML – Der pragmatische Weg zu erfolgreichen Softwareprojekten, 1. Aufl.; Springer Vieweg, Wiesbaden, 2009.

Knitterscheidt, Kevin **(2021)**
Industrie 4.0 ist eine deutsche Erfolgsgeschichte – nun muss der nächste Schritt folgen. In: Handelsblatt, 09.04.2021

Knüppel, Konja; **Tschöpe**, Sebastian; **Nyhuis**, Peter **(2012)**
Reifegradbasierte Bewertung der Anlauffähigkeit. In: ZWF Zeitschrift für wirtschaftlichen Fabrikbetrieb, Nr. 6, 107. Jg. 2012, S. 427 - 431.

Koch, Eva; **Schneider**, Ulrich **(2013)**
Flächenrecycling durch kontrollierten Rückbau: ressourcenschonender Abbruch von Gebäuden und Industrieanlagen, Springer, 2013.

Köhler, Richard **(1977)**
Empirische und handlungstheoretische Forschungskonzeptionen in der Betriebswirtschaftslehre – Bericht über die Tagung in Aachen, März 1976, Poeschel, Stuttgart, 1977.

König, Georgia; **Kugel**, René **(2019)**
DevOps – Welcome to the Jungle. In: HMD Praxis der Wirtschaftsinformatik, Nr. 2, 56. Jg. 2019, S. 289 - 300.

Kontny, Henning **(1999)**
Standortplanung für internationale Verbundproduktionssysteme, Gabler Edition Wissenschaft; Deutscher Universitätsverlag, Wiesbaden, s.l. 1999.

Koreimann, Dieter S. **(2005)**
Projekt-Controlling – Methoden zur Sicherung des Projekterfolgs, 1. Aufl.; Wiley-VCH, Weinheim, 2005.

Kornwachs, Klaus **(2013)**
Technikwissenschaften – Erkennen – Gestalten – Verantworten, Springer Vieweg, Berlin, 2013.

Koutras, M. V.; **Bersimis**, S.; **Maravelakis**, P. E. **(2007)**
Statistical Process Control using Shewhart Control Charts with Supplementary Runs Rules. In: Methodology and Computing in Applied Probability, Nr. 2, 9. Jg. 2007, S. 207 - 224.

KPMG (2014)
Unternehmen in der digitalen Transformation, 2014.

Krauß, Ina **(2021)**
Wie ein Autokrat die EU vorführt – Die Orban-Methode, Bayrischer Rundfunk, Bayern 2, Dossier Politik. Ausgestrahlt am 17.03.2021, 21:05. URL: https://www.br.de/radio/bayern2/sendungen/dossier-politik/die-orban-methode-wie-ein-autokrat-die-eu-vorfuehrt-100.html, Stand: 24.07.2021.

Kriesel, Clemens **(2005)**
Szenarioorientierte Unternehmensstrukturgestaltung – Strategische Standort- und Produktoinsplanung, Dissertation, Universität Paderborn, 2005.

Kubicek, Herbert **(1977)**
Heuristische Bezugsrahmen und heuristisch angelegte Forschungsdesign als Elemente einer Konstruktionsstrategie empirischer Forschung. In: Köhler, R. (Hrsg.), Empirische und handlungstheoretische Forschungskonzeptionen in der Betriebswirtschaftslehre – Bericht über die Tagung in Aachen, März 1976, Poeschel, Stuttgart, 1977, S. 3 - 36.

Kutschker, Michael; **Schmid**, Stefan **(2011)**
Internationales Management, Oldenbourg Wissenschaftsverlag, s.l. 2011.

Lanza, Gisela; **Ferdows**, Kasra; **Kara**, Sami; **Mourtzis**, Dimitris; **Schuh**, Günther; **Váncza**, József; **Wang**, Lihui; **Wiendahl**, Hans-Peter **(2019)**
Global Production Networks: Design and Operation. In: CIRP Annals, Nr. 2, 68. Jg. 2019, S. 823 - 841.

Lanza, Gisela; **Häfner**, Benjamin; **Verhaelen**, Bastian; **Peukert**, Sina **(2019)**
Produktionsnetzwerke und Fabriktypen der Zukunft. In: ZWF Zeitschrift für wirtschaftlichen Fabrikbetrieb, Nr. 12, 114. Jg. 2019, S. 797 - 801.

Lanza, Gisela; **Moser**, Raphael **(2012)**
Strategic Planning of Global Changeable Production Networks. In: Procedia CIRP, 3. Jg. 2012, S. 257 - 262.

Lanza, Gisela; **Moser**, Raphael **(2014)**
Multi-Objective Optimization of Global Manufacturing Networks taking into Account Multi-Dimensional Uncertainty. In: CIRP Annals, Nr. 1, 63. Jg. 2014, S. 397 - 400.

Lanza, Gisela; **Moser**, Raphael; **Ruhrmann**, Stefan **(2012)**
Wandlungstreiber global agierender Produktionsunternehmen – Sammlung, Klassifikation und Quantifizierung. In: wt Werkstattstechnik online, Nr. 4, 102. Jg. 2012, S. 200 - 205.

Lanza, Gisela; **Moser**, Raphael; **Scholz-Reiter**, Bernd; **Özsahin**, Mehmet-Emin; **Schukraft**, Susanne; **Meil**, Pamela; **Rasp**, Franziska **(2011)**
Planung und Optimierung wandlungsfähiger globaler Wertschöpfungsnetzwerke. In: Industrie Management, Nr. 3, 27. Jg. 2011, S. 57 - 60.

Lanza, Gisela; **Stricker**, Nicole; **Peters**, Steven **(2013)**
Ad-hoc Rescheduling and Innovative Business Models for Shock-robust Production Systems. In: Procedia CIRP, 7. Jg. 2013, S. 121 - 126.

Lanza, Gisela; **Treber**, Stefan **(2019)**
Transparency Increase in Global Production Networks based on Multi-Method Simulation and Metamodeling Techniques. In: CIRP Annals, Nr. 1, 68. Jg. 2019, S. 439 - 442.

Lanza, Gisela; **Ude**, Jörg **(2009)**
Configuration of Dynamic Value Added Networks. In: Proceedings of the Institution of Mechanical Engineers, Part B: Journal of Engineering Manufacture, Nr. 5, 223. Jg. 2009, S. 561 - 570.

Laufenberg, Ludger **(1996)**
Methodik zur integrierten Projektgestaltung für die situative Umsetzung des simultaneous engineering, Dissertation, RWTH Aachen, 1996.

Laumer, Sven; **Maier**, Christian; **Eckhardt**, Andreas **(2015)**
The Impact of Business Process Management and Applicant Tracking Systems on Recruiting Process Performance: An Empirical Study. In: Journal of Business Economics, Nr. 4, 85. Jg. 2015, S. 421 - 453.

Laux, Helmut; **Gillenkirch**, Robert M.; **Schenk-Mathes**, Heike Y. **(2014)**
Entscheidungstheorie, Springer, Berlin, Heidelberg, 2014.

Levitt, Theordore **(1983)**
The globalization of markets. In: Harvard Business Review, Nr. May/June, 1983, S. 92 - 102.

Little, Christopher; **Herschmann**, Joachim **(2017)**
Avoid Failure by Developing a Toolchain That Enables DevOps, Gartner (Hrsg.), 2017.

Löffler, Carina **(2011)**
Systematik der strategischen Strukturplanung für eine wandlungsfähige und vernetzte Produktion der variantenreichen Serienfertigung, 2011.

Lück, Wolfgang **(2004)**
Lexikon der Betriebswirtschaft, Oldenbourg Wissenschaftsverlag, 2004.

Maas, Heiko **(2020)**
Außenminister Maas über die USA: „Wir lassen uns das nicht gefallen" – Außenminister Heiko Maas im Interview mit t-online. 03.10.2020.

Maas, Heiko **(2021)**
Außenminister Maas: „Das kam nicht aus heiterem Himmel" – Außenminister Maas im Interview mit der Saarbrücker Zeitung zu den Vorfällen in Washington. 08.01.2021.

Madauss, Bernd-J **(2017)**
Projektmanagement: Theorie und Praxis aus einer Hand, Springer, 2017.

Maibaum, Judith; **Cremer**, Sven; **Prote**, Jan-Philipp; **Schuh**, Günther **(2019)**
Integrated Process for Optimized Planning of Migration in Production Networks. In: Wulfsberg, J. P.; Hintze, W. et al. (Hrsg.), Production at the leading edge of technology – Proceedings of the 9th Congress of the German Academic Association for Production Technology (WGP), September 30th - October 2nd, Hamburg 2019, 1st ed. 2019; Springer Vieweg, Wiesbaden, 2019, S. 633 - 641.

Manyika, James; **Bughin**, Jacques; **Lund**, Susan; **Nottebohm**, Olivia; **Poulter**, David; **Jauch**, Sebastian; **Ramaswamy**, Sree **(2014)**
Global flows in a digital age: How trade, finance, people, and data connect the world economy. In: McKinsey Global Institute, 2014, S. 1 - 17.

Merchiers, Andreas **(2008)**
Bewertung globaler Standortstrukturalternativen im Maschinenbau, Dissertation, RWTH Aachen, 2008.

Meyer, Tobias **(2006)**
Globale Produktionsnetzwerke – Ein Modell zur kostenoptimierten Standortwahl, Dissertation, Technische Universität Darmstadt, 2006.

Molitor, Marco **(2019)**
Generative Montageablaufplanung in der hochiterativen Produktentwicklung, 1. Auflage; Apprimus, Aachen, 2019.

Moon, Ilkyeong; **Lee**, Gyu M.; **Park**, Jinwoo; **Kiritsis**, Dimitris; **Cieminski**, Gregor **von (2018)**
Production management for data-driven, intelligent, collaborative, and sustainable manufacturing, 26.-30. August 2018. Springer, Cham (2018)

Mörth, Oliver; **Hulla**, Maria; **Ramsauer**, Christian **(2020)**
Erfolgsfaktor Agilität in der digitalen Transformation. In: ZWF Zeitschrift für wirtschaftlichen Fabrikbetrieb, Nr. 1-2, 115. Jg. 2020, S. 40 - 43.

Moser, Emanuel **(2018)**
Migrationsplanung globaler Produktionsnetzwerke – Bestimmung robuster Migrationspfade und risiko-effizienter Wandlungsbefähiger, Dissertation, Karlsruher Institut für Technologie KIT, 2018.

Moser, Emanuel; **Stricker**, Nicole; **Lanza**, Gisela **(2016)**
Risk Efficient Migration Strategies for Global Production Networks. In: Procedia CIRP, 57. Jg. 2016, S. 104 - 109.

Moser, Emanuel; **Stricker**, Nicole; **Liebrecht**, C.; **Hiller**, A.; **Ziegler**, Moritz; **Lanza**, Gisela **(2016)**
Migration Planning for Global Production Networks using Markovian Decision Processes. In: IFAC-PapersOnLine, Nr. 12, 49. Jg. 2016, S. 35 - 40.

Moser, Raphael **(2014)**
Strategische Planung globaler Produktionsnetzwerke – Bestimmung von Wandlungsbedarf und Wandlungszeitpunkt mittels multikriterieller Optimierung, Shaker, Aachen, 2014.

Mößmer, Helmut E. **(1999)**
Methode zur simulationsbasierten Regelung zeitvarianter Produktionssysteme, Utz, München, 1999.

Müller, Gerd **(2021)**
Das Lieferkettengesetz ist da – Menschenrechte Schützen. URL: https://www.bmz.de/de/entwicklungspolitik/lieferkettengesetz, 11.06.2021, zuletzt abgerufen am 24.07.2021.

Müller, Wolfram **(2012)**
Flow Thinking – mit Critical Chain, Scrum und Kanban zum agilen Unternehmen. In: Rundbrief des Fachausschusses Management der Anwendungsentwicklung und-wartung (WI-MAW): Vol. 18, No. 2, 2012

Neshitov, Timofey; **Puhl**, Jan **(2019)**
Im Labor des Populisten. In: Der Spiegel, 28.12.2019, S. 42.

Neuhold, Martin; **Bley**, Stefan; **Gudat**, Jan **(2018)**
Industrie 4.0: Status Quo und Perspektiven – Ergebnisse einer repräsentativen Unternehmensbefragung in Deutschland und der Schweiz, 2018

Neuner, Christian **(2009)**
Konfiguration internationaler Produktionsnetzwerke unter Berücksichtigung von Unsicherheit, Dissertation, Universität Bayreuth, 2009.

Nöcker, Jan C. **(2012)**
Zustandsbasierte Fabrikplanung, 1. Aufl.; Apprimus, Aachen, 2012.

Nyhuis, Peter; **Deuse**, J.; **Rehwald**, J. **(2013)**
Wandlungsfähige Produktion. Heute für morgen gestalten. In: WaProTek, wandlungsförderliche Prozessarchitekturen. PZH-Verlag, 2013

Nyhuis, Peter; **Reinhart**, Gunther; **Abele**, Eberhard **(2008)**
Wandlungsfähige Produktionssysteme – Heute die Industrie von morgen gestalten, Technische Informationsbibliothek und Universitätsbibliothek; PZH Produktionstechnisches Zentrum, Hannover, Garbsen, 2008.

Paquet, Marc; **Martel**, Alain; **Montreuil**, Benoit **(2008)**
A manufacturing network design model based on processor and worker capabilities. In: International Journal of Production Research, Nr. 7, 46. Jg. 2008, S. 2009 - 2030.

Patzak, Gerold **(1982)**
Systemtechnik – Planung komplexer innovativer Systeme – Grundlagen, Methoden, Techniken, Springer, Berlin, Heidelberg, 1982.

Pavleski, Stefan; **Gabler**, Jana **(2018)**
Rethink! SPMS 2018 – Survey Report – Digitalisierung & Vernetzung der Produktion 2018/2019, 2018

Pfohl, Hans-Christian **(2004)**
Stichwort: Entscheidungsprozess. In: Lück, W. (Hrsg.), Lexikon der Betriebswirtschaft, Oldenbourg Wissenschaftsverlag, 2004, 171 ff.

Plattform Industrie 4.0 von BMWi und BMBF (2021)
Was ist Industrie 4.0. URL: https://www.plattform-i40.de/PI40/Navigation/DE/Industrie40/WasIndustrie40/was-ist-industrie-40.html, zuletzt abgerufen am 24.07.2021.

Pörner, Ronald **(2003)**
Status und aktuelle Trends des Strategischen Managements in den deutschen DAX-30-Unternehmen – Ergebnisse eines empirischen Forschungsprojektes, FHTW, Berlin, 2003.

Prote, Jan-Philipp **(2018)**
Verursachungsgerechte Bewertung von Standortalternativen in Produktionsnetzwerken, Dissertation, RWTH Aachen, 2018.

Ramsauer, Christian; **Kayser**, Detlef; **Schmitz**, Christoph **(2017)**
Erfolgsfaktor Agilität – Chancen für Unternehmen in einem volatilen Marktumfeld, 1. Auflage; Wiley-VCH, Weinheim, 2017.

Reichert, Frederik **(2009)**
Die struktur- und kompetenzbasierte Methodik zur globalen taktischen Produktionsplanung, Dissertation, ETH Zürich, 2009.

Reinheimer, Stefan **(2017)**
Industrie 4.0 – Herausforderungen, Konzepte und Praxisbeispiele, Springer Vieweg, Wiesbaden, 2017.

Reuter, Christina; **Prote**, Jan-Philipp; **Schmitz**, Torben; **Cremer**, Sven **(2015)**
Ermittlung eines strategischen Migrationsplans für globale Produktionsnetzwerke. In: ZWF Zeitschrift für wirtschaftlichen Fabrikbetrieb, Nr. 7-8, 110. Jg. 2015, S. 425 - 428.

Reuter, Christina; **Prote**, Jan-Philipp; **Witthohn**, Carsten **(2016)**
Global Production Networks – An Approach to Find the Optimal Operating Point in the Conflict Between Risk- and Cost-minimization. In: Procedia CIRP, 41. Jg. 2016, S. 532 - 537.

Reuters Staff (2016)
Auswärtiges Amt warnt vor Wahl von US-Präsidentenkandidat Trump, Berlin, Reuters. URL: https://www.reuters.com/article/usa-trump-deutschland-regierung-idDEKCN10L15G, 10.08.2016, Stand: 24.07.2021.

Riehle, Manfred; **Simmchen**, Elke **(2001)**
Grundlagen der Werkstofftechnik – Mit 32 Tabellen, 2. aktualisierte Auflage; Nachdruck der Ausgabe 2000; Wiley-VCH; Dt. Verl. für Grundstoffindustrie, Weinheim, Stuttgart, 2001.

Ries, Eric **(2017)**
The Lean Startup – How today's entrepreneurs use continuous innovation to create radically successful businesses, Currency international edition; Currency, New York, 2017.

Rischar, Klaus **(2005)**
Veränderungsmanagement: praxiserprobte Instrumente für Führungskräfte, expert verlag, 2005.

Rudberg, Martin; **Olhager**, Jan **(2003)**
Manufacturing networks and supply chains: an operations strategy perspective. In: Omega, Nr. 1, 31. Jg. 2003, S. 29 - 39.

Rumpel, Alexander; **Gabler**, Jana **(2019)**
Rethink! SPMS Europe 2019 – Survey Report – Smart Process & Manufacturing Survey 2019, 2019

Runkler, Thomas A. **(2010)**
Data-Mining – Methoden und Algorithmen intelligenter Datenanalyse, 1. Aufl.; Vieweg und Teubner, Wiesbaden, 2010.

Sachverständigenrat (2021)
Konjunkturprognose 2021 und 2022, Sachverständigenrat zur Begutachtung der gesamtwirtschaftlichen Entwicklung (Hrsg.), Wiesbaden, 17.03.2021.

Sager, Benedikt **(2019)**
Konfiguration globaler Produktionsnetzwerke, Dissertation, Technische Universität München, 2019.

Sälzer, Bruno E. **(1985)**
Standortdynamik von Industrieunternehmungen – Eine theoretische und empirische Analyse von Standortstrukturänderungen unter besonderer Berücksichtigung der verkehrswirtschaftlichen Konsequenzen, Lang, Frankfurt am Main, 1985.

Scheer, August-Wilhelm; **Hagemeyer**, J. **(1996)**
Rechnungswesen und EDV – 17. Saarbrücker Arbeitstagung 1996, Physica-Verlag, 1996.

Schellberg, Oliver **(2002)**
Effiziente Gestaltung von globalen Produktionsnetzwerken, Dissertation, RWTH Aachen, 2002.

Schilling, Robert **(2012)**
Manufacturing network development in fast-moving consumer goods industries, Dissertation, Katholische Universität Eichstätt-Ingolstadt, 2012.

Schlabach, Carina **(2018)**
Key Performance Indicators zur Steuerung des Tagesgeschäfts in der Baubranche. In: Fiedler, M. (Hrsg.), Lean Construction – Das Managementhandbuch, Springer Gabler, 2018, S. 363 - 375.

Schmaußer, Thomas **(2011)**
Gestaltung globaler Produktionsnetzwerke in der Automobilindustrie – Grundlagen, Modelle und Fallstudien, Dissertation, Katholische Universität Eichstätt-Ingolstadt, 2011.

Schmelzer, Hermann J.; **Sesselmann**, Wolfgang **(2020)**
Geschäftsprozessmanagement in der Praxis – Kunden zufriedenstellen, Produktivität steigern, Wert erhöhen, 9. vollständig überarbeitete Auflage; Hanser, München, 2020.

Schmitz, Torben **(2018)**
Kalibrierte Kostenmodellierung von Produktallokationen in Produktionsnetzwerken unter Berücksichtigung externe Unsicherheiten, Dissertation, RWTH Aachen, 2018.

Schuh, Günther **(2006)**
Produktionsplanung und -steuerung, Springer Berlin Heidelberg, Berlin, Heidelberg, 2006.

Schuh, Günther **(2007)**
Produktionsplanung und -steuerung – Grundlagen, Gestaltung und Konzepte, Springer, Dordrecht, 2007.

Schuh, Günther; **Brecher**, Christian; **Klocke**, Fritz; **Schmitt**, Robert **(2017)**
Engineering Valley – Internet of Production auf dem RWTH Aachen Campus – Festschrift für Univ.-Prof. em. Dr.-Ing. Dipl.-Wirt. Ing. Dr. h.c. mult. Walter Eversheim, 1. Auflage; Apprimus, Aachen, 2017.

Schuh, Günther; **Brettel**, Malte; **Prote**, Jan-Philipp; **Gützlaff**, Andreas; **Sauermann**, Frederick; **Thomas**, Katharina; **Piel**, Mario **(2019)**
From a Theory of Production to Data-Based Business Models. In: Ameri, F.; Stecke, K. E. et al. (Hrsg.), Advances in Production Management Systems. Towards Smart Production Management Systems, Springer International Publishing, Cham, 2019, S. 277 - 284.

Schuh, Günther; **Gützlaff**, Andreas; **Cremer**, Sven; **Geesmann**, Lars; **Hardjosuwito**, Dino **(2020)**
Controlling of Migration in Production Networks, 2020 IEEE International Conference on Industrial Engineering and Engineering Management (IEEM), IEEE, 2020, S. 862 - 867.

Schuh, Günther; **Potente**, Till; **Kupke**, Daniel; **Varandani**, Rawina.; **Hausberg**, Carlo **(2012)**
An Evolutionary Approach for Global Production Network Optimisation. In: Procedia CIRP, 3. Jg. 2012, S. 382 - 387.

Schuh, Günther; **Potente**, Till; **Varandani**, Rawina; **Schmitz**, Torben **(2014)**
Global Footprint Design based on genetic algorithms – An "Industry 4.0" perspective. In: CIRP Annals, Nr. 1, 63. Jg. 2014, S. 433 - 436.

Schuh, Günther; **Prote**, Jan-Philipp; **Cremer**, Sven; **Wlecke**, Shari; **Maibaum**, Judith **(2019)**
Planning and Controlling Migration in Dynamic Production Networks, 2019 7th International Engineering, Sciences and Technology Conference – IESTEC 2019: 9-11 October 2019, Panama City, Panama, IEEE, Piscataway, NJ, 2019, S. 365 - 369.

Schuh, Günther; **Prote**, Jan-Philipp; **Dany**, Stefan **(2017)**
Internet of Production. In: Schuh, G.; Brecher, C. et al. (Hrsg.), Engineering Valley – Internet of Production auf dem RWTH Aachen Campus – Festschrift für Univ.-Prof. em. Dr.-Ing. Dipl.-Wirt. Ing. Dr. h.c. mult. Walter Eversheim, 1. Auflage; Apprimus, Aachen, 2017, S. 1 - 11.

Schuh, Günther; **Prote**, Jan-Philipp; **Dany**, Stefan **(2017)**
Reference Process for the Continuous Design of Production Networks, 2017 IEEE International Conference on Industrial Engineering & Engineering Management – IEEE IEEM2017: 10-13 Dec, Singapore, IEEE, Piscataway, NJ, 2017, S. 446 - 449.

Schuh, Günther; **Prote**, Jan-Philipp; **Dany**, Stefan; **Gützlaff**, Andreas; **Cremer**, Sven; **Schlosser**, Tino **(2019)**
Method for the continuous migration planning of the design of global production networks. In: EUROMA 2019 (Hrsg.), 26th International EUROMA Conference – Conference Book of Abstracts – Operations Adding Value to Society, 17-19.06.2019, S. 286.

Schuh, Günther; **Prote**, Jan-Philipp; **Fränken**, Bastian; **Ays**, Julian; **Cremer**, Sven **(2018)**
Dedicated Agility: A New Approach for Designing Production Networks, 2018 IEEE International Conference on Industrial Engineering and Engineering Management (IEEM), IEEE, 16.-19. Dezember 2018, S. 1 - 5.

Schuh, Günther; **Prote**, Jan-Philipp; **Fränken**, Bastian; **Dany**, Stefan; **Gützlaff**, Andreas **(2018)**
Reduction of Decision Complexity as an Enabler for Continuous Production Network Design. In: Moon, I.; Lee, G. M. et al. (Hrsg.), Production management for data-driven, intelligent, collaborative, and sustainable manufacturing, Springer, Cham, 2018, S. 246 - 253.

Schuh, Günther; **Prote**, Jan-Philipp; **Gützlaff**, Andreas; **Ays**, Julian; **Donner**, Angelina **(2019)**
Fixed Cost Management as an Enabler for Agile Manufacturing Networks. In: Procedia Manufacturing, 39. Jg. 2019, S. 625 - 634.

Schuh, Günther; **Prote**, Jan-Philipp; **Gützlaff**, Andreas; **Cremer**, Sven; **Wlecke**, Shari **(2020)**
Concept for the cost prognosis in the industrialization of highly iteratively developed physical products. In: Proceedings of the 1st Conference on Production Systems and Logistics (CPSL 2020), 2020

Schuh, Günther; **Prote**, Jan-Philipp; **Gützlaff**, Andreas; **Rodemann**, Niklas **(2019)**
Gestaltung von Produktionsnetzwerken. In: ZWF Zeitschrift für wirtschaftlichen Fabrikbetrieb, Nr. 1-2, 114. Jg. 2019, S. 7 - 10.

Schuh, Günther; **Prote**, Jan-Philipp; **Gützlaff**, Andreas; **Thomas**, Katharina; **Volk**, Moritz J. **(2020)**
Data-based identification of knowledge transfer needs in global production networks. In: Proceedings of the 1st Conference on Production Systems and Logistics (CPSL 2020), 2020

Schuh, Günther; **Prote**, Jan-Philipp; **Molitor**, Marco; **Cremer**, Sven **(2018)**
An Approach for Rolling Planning of Migration in Production Networks, 2018 IEEE International Conference on Industrial Engineering and Engineering Management (IEEM), IEEE, 16.-19. Dezember 2018, S. 17 - 21.

Schuh, Günther; **Prote**, Jan-Philipp; **Molitor**, Marco; **Cremer**, Sven **(2020)**
Internet of Production – Steigerung des Wertschöpfungsanteils durch domänenübergreifende Kollaboration. In: Hompel, M. ten; Vogel-Heuser, B. et al. (Hrsg.), Handbuch Industrie 4.0, Springer Berlin Heidelberg, Berlin, Heidelberg, 2020, S. 1 - 34.

Schuh, Günther; **Reuter**, Christina; **Prote**, Jan-Philipp; **Stöwer**, Margarete; **Witthohn**, Carsten; **Fränken**, Bastian **(2016)**
Konsortial-Benchmarking – Gestaltung von globalen Produktionsnetzwerken, AWD, Alsdorf, Rheinl, 2016.

Schuh, Günther; **Riesener**, Michael; **Prote**, Jan-Philipp; **Dölle**, Christian; **Molitor**, Marco; **Schloesser**, Sebastian; **Liu**, Yuan; **Tittel**, Jonas **(2019)**
Industrie 4.0: Agile Entwicklung und Produktion im Internet of Production, Springer Vieweg, 2019.

Schuh, Günther; **Stich**, Volker; **Basse**, Felix; **Franzkoch**, Bastian; **Harzenetter**, F.; **Luckert**, Melanie; **Prote**, Jan-Philipp; **Reschke**, Jan; **Schmitz**, Stephan; **Tücks**, Gregor; **Weißkopf**, J. **(2017)**
Change Request im Produktionsbetrieb. In: Brecher, C.; Klocke, F. et al. (Hrsg.), Internet of Production für agile Unternehmen – AWK Aachener Werkzeugmaschinen-Kolloquium 2017, 18. bis 19. Mai, 1. Auflage; Apprimus, Aachen, 2017, S. 109 - 131.

Schumann, Heidrun; **Müller**, Wolfgang **(2000)**
Visualisierung – Grundlagen und Allgemeine Methoden, Springer Berlin Heidelberg, Berlin, Heidelberg, 2000.

Schurig, Matthias; **Ramsauer**, Christian **(2015)**
Messung der Agilität von Produktionsnetzwerken. In: ZWF Zeitschrift für wirtschaftlichen Fabrikbetrieb, Nr. 3, 110. Jg. 2015, S. 114 - 117.

Seifert, Ralf; **Langenberg**, Kerstin **(2011)**
Managing business dynamics with adaptive supply chain portfolios. In: European Journal of Operational Research, Nr. 3, 215. Jg. 2011, S. 551 - 562.

Seppänen, Olli **(2018)**
Das Location-Based Management-System. In: Fiedler, M. (Hrsg.), Lean Construction – Das Managementhandbuch, Springer Gabler, 2018, S. 179 - 198.

Shi, Yongjiang; **Gregory**, Mike **(1998)**
International manufacturing networks to develop global competitive capabilities. In: Journal of Operations Management, Nr. 2-3, 16. Jg. 1998, S. 195 - 214.

Sinsel, Alexander **(2020)**
Das Internet der Dinge in der Produktion, Springer Berlin Heidelberg, Berlin, Heidelberg, 2020.

Sokola, Ivana; **Luther**, Carsten **(2021)**
Mindestens 150 Schiffe durch feststeckenden Frachter blockiert – Schlepper und Bagger versuchen den im Sueskanal havarierten Frachter "Ever Given" zu befreien. URL: https://www.zeit.de/wirtschaft/2021-03/suezkanal-ever-given-container-schiff-oelpreis-welthandel-blockade, 25.03.2021, zuletzt abgerufen am 24.07.2021.

Spafford, George; **Head**, Ian **(2017)**
DevOps – Eight Simple Steps to Get It Right, Gartner (Hrsg.), 2017.

Spitta, Thorsten; **Bick**, Markus **(2008)**
Informationswirtschaft, Springer, Berlin, Heidelberg, 2008.

Sprich, Christoph **(2020)**
Globale Wertschöpfungsketten unter Druck. URL: https://bdi.eu/artikel/news/globale-wertschoepfungsketten-unter-druck/, 27.08.2020, zuletzt abgerufen am 24.07.2021.

Srai, Jagijt S.; **Christodoulou**, Paul **(2014)**
Capturing value from global networks – Strategic approaches to configuring international production, supply and service operations, Institute for Manufacturing, Department of Engineering, Cambridge, United Kingdom, 2014.

Stack Overflow (2021)
Stack Overflow Trends. URL: https://insights.stackoverflow.com/trends?tags=r%2Cpython%2Cjavascript%2Cjava%2Cc%2B%2B%2Cc%23, zuletzt abgerufen am 24.07.2021.

Steinle, Claus **(1998)**
Controlling – Kompendium für Controller/innen und ihre Ausbildung, Schäffer-Poeschel, Stuttgart, 1998.

Stengel, Rüdiger **(1999)**
Gestaltung von Wertschöpfungsnetzwerken, Gabler Edition Wissenschaft; Deutscher Universitätsverlag, Wiesbaden, 1999.

Stoffel, Markus **(2016)**
V-Modell zur Auslegung großer Produktionsnetzwerke, Dissertation, RWTH Aachen, 2016.

strategy& (2017)
Manufacturing's new world order – The rise of the point-of-demand model, 2017.

Stremme, Uwe **(2001)**
Internationales Produktionsmanagement. In: Controlling, Nr. 7, 13. Jg. 2001, S. 357 - 364.

Thomas, Stefan **(2013)**
Produktionsnetzwerksysteme – Ein Weg zu effizienten Produktionsnetzwerken, Dissertation, Universität St.Gallen, 2013.

Timinger, Holger **(2017)**
Modernes Projektmanagement: mit traditionellem, agilem und hybridem Vorgehen zum Erfolg, John Wiley & Sons, 2017.

Tomczak, Torsten **(1992)**
Forschungsmethoden in der Marketingwissenschaft. Ein Plädoyer für den qualitativen Forschungsansatz. In: Marketing ZFP, Nr. 2, 14. Jg. 1992, S. 77 - 87.

Torbjørn H. Netland; **Aspelund**, Arild **(2014)**
Multi-plant improvement programmes – A literature review and research agenda. In: International Journal of Operations & Production Management, Nr. 3, 34. Jg. 2014, S. 390 - 418.

Treber, Stefan; **Moser**, Emanuel; **Helming**, S.; **Häfner**, Benjamin; **Lanza**, Gisela **(2019)**
Practice-Oriented Methodology for Reallocating Production Technologies to Production Locations in Global Production Networks. In: Production Engineering, Nr. 3-4, 13. Jg. 2019, S. 283 - 291.

Tzuo, Tien; **Weisert**, Gabe **(2018)**
Subscribed – Why the subscription model will be your company's future – and what to do about it, Portfolio Penguin, New York, 2018.

Ude, Jörg **(2010)**
Entscheidungsunterstützung für die Konfiguration globaler Wertschöpfungsnetzwerke – Ein Bewertungsansatz unter Berücksichtigung multikriterieller Zielsysteme, Dynamik und Unsicherheit, Dissertation, Karlsruher Institut für Technologie KIT, 2010.

Ullrich, André **(2018)**
Eigenschaften wandlungsfähiger Systeme – Erarbeitung eines Indikatorsystems, Dissertation, Universität Potsdam, 2018.

Ulrich, Hans **(1984)**
Management – Schriftenreihe Unternehmung und Unternehmungsführung, Haupt, Bern, 1984.

Ulrich, Peter; **Hill**, Wilhelm **(1976)**
Wissenschaftstheoretische Grundlagen der Betriebswirtschaftslehre. In: Wirtschaftswissenschaftliches Studium: Zeitschrift für Ausbildung und Hochschulkontakt, Nr. 7+8, 5. Jg. 1976, S. 304 - 309.

van der Heijden, Kees **(1996)**
Scenarios – The art of strategic conversation, John Wiley & Sons, Chichester, England, New York, 1996.

Varandani, Rawina M. **(2014)**
Managementkomplexität als Gestaltungsgröße kostenoptimierter globaler Produktionsnetzwerke, Dissertation, RWTH Aachen, 2014.

Verhaelen, Bastian; **Thomas**, Katharina; **Häfner**, Benjamin; **Lanza**, Gisela; **Schuh**, Günther **(2019)**
Potenziale datenbasierter Produktallokationen. In: ZWF Zeitschrift für wirtschaftlichen Fabrikbetrieb, Nr. 3, 114. Jg. 2019, S. 96 - 100.

Wagner, Carsten; **Nyhuis**, Peter **(2009)**
A systematic approach to analysis and design of global production networks. In: Production Engineering - Research and Development, Nr. 3, 2009, S. 295 - 303.

Warnecke, Hans-Jürgen **(1984)**
Der Produktionsbetrieb – Eine Industriebetriebslehre für Ingenieure, Springer Berlin Heidelberg, Berlin, Heidelberg, 1984.

Weber, Jürgen; **Schäffer**, Utz **(2000)**
Controlling als Koordinationsfunktion. In: Controlling und Management, Nr. 2, 44. Jg. 2000, S. 109 - 118.

Weig, Sebastian **(2008)**
Konzept eines integrierten Risikomanagements für die Ablauf-und Strukturgestaltung in Fabrikplanungsprojekten, Herbert Utz Verlag, 2008.

Werner, Martin **(2017)**
Nachrichtentechnik – Eine Einführung für alle Studiengänge, Springer, 2017.

Westkämper, Engelbert; **Löffler**, Carina **(2016)**
Strategien der Produktion, Springer, Berlin, Heidelberg, 2016.

Westkämper, Engelbert; **Zahn**, Erich **(2009)**
Wandlungsfähige Produktionsunternehmen – Das Stuttgarter Unternehmensmodell, Springer, Berlin, Heidelberg, 2009.

Wiendahl, Hans-Peter; **ElMaraghy**, Hoda A.; **Nyhuis**, Peter; **Zäh**, Michael F.; **Wiendahl**, Hans-Hermann; **Duffie**, Neil A.; **Brieke**, Michael **(2007)**
Changeable Manufacturing – Classification, Design and Operation. In: CIRP Annals, Nr. 2, 56. Jg. 2007, S. 783 - 809.

Wiener, Andreas; **Schneider**, Christian; **Stahl**, Kai-Uwe **(2016)**
Managementberichte gekonnt visualisieren – Standards und Design-Grundsätze für ein aussagekräftiges Reporting, 1. Auflage 2016; Haufe Lexware, München, 2016.

Wiezorrek, Anke **(2017)**
Beitrag zur Konfiguration von globalen Wertschöpfungsnetzwerken, Dissertation, Technische Universität Dortmund, 30.03.2017.

Wirdemann, Ralf; **Mainusch**, Johannes **(2017)**
Scrum mit User Stories, 3. erweiterte Auflage; Hanser, München, 2017.

Wirth, Rüdiger; **Hipp**, Jochen **(2000)**
CRISP-DM: Towards a Standard Process Modell for Data Mining. In: International Conference on the Practical Application of Knowledge Discovery and Data Mining (Hrsg.), Proceedings of the Fourth International Conference on the Practical Application of Knowledge Discovery and Data Mining, 2000, S. 29 - 39.

Wirth, Siegfried; **Schenk**, Michael; **Müller**, Egon **(2011)**
Fabrik – Ort innovativer und kreativer Wertschöpfung. In: ZWF Zeitschrift für wirtschaftlichen Fabrikbetrieb, Nr. 10, 106. Jg. 2011, S. 691 - 694.

Wischmann, Steffen; **Wangler**, Leo; **Botthof Alfons (2015)**
Studie Industrie 4.0 – Volks- und betriebswirtschaftliche Faktoren für den Standort Deutschland, 2015

Witthohn, Carsten **(2019)**
Konfiguration globaler Produktionsnetzwerke im Spannungsfeld von Kosten-und Risikominimierung, Apprimus, 2019.

WolframMathWorld (2021)
Central Limit Theorem. URL: https://mathworld.wolfram.com/CentralLimitTheorem.html, zuletzt abgerufen am 24.07.2021.

World Trade Organization (2018)
The future of world trade – How digital technologies are transforming global commerce, WTO Publications, Geneva, 2018.

Wrona, Konstantin; **Belobokov**, Dimitri; **Braun**, Tobias **(2014)**
Planning 4.0 – Mobilizing Potential in the Planning Process, 2014.

Wulfsberg, Jens P.; **Hintze**, Wolfgang; **Behrens**, Bernd-Arno **(2019)**
Production at the leading edge of technology – Proceedings of the 9th Congress of the German Academic Association for Production Technology (WGP), September 30th - October 2nd, Hamburg 2019, 30. September - 2. Oktober 2019. Springer Vieweg, Wiesbaden (2019)

Zanker, Christoph; **Kinkel**, Steffen; **Maloča**, Spomenka **(2013)**
Globale Produktion von einer starken Heimatbasis aus – Verlagerungsaktivitäten deutscher Unternehmen auf dem Tiefstand, Fraunhofer ISI (Hrsg.), Karlsruhe, 2013.

Zantow, Dirk **(2000)**
Prozeßorientierte Bewertung von Produktionsstandorten in Produktionsnetzwerken, Dissertation, Technische Universität Dortmund, 2000.

Zirkler, Bernd; **Nobach**, Kai; **Hofmann**, Jonathan; **Behrens**, Sabrina **(2019)**
Projektcontrolling – Leitfaden für die betriebliche Praxis, Springer Gabler, Wiesbaden, 2019.

Zukunftsinstitut (2021)
Die Potenziale der Globalisierung. URL: https://www.zukunftsinstitut.de/artikel/die-potenziale-der-globalisierung/, zuletzt abgerufen am 24.07.2021.

Zwißler, Frank; **Gebhardt**, Marcel **(2013)**
Vorgehen zur kostentechnischen Beurteilung wandlungsfähiger Gestaltungsalternativen. In: ZWF Zeitschrift für wirtschaftlichen Fabrikbetrieb, Nr. 5, 108. Jg. 2013, S. 315 - 319.

In der Reihe **Ergebnisse aus der Produktionstechnik** zuletzt erschienen:

Schmidhuber, Matthias:
Sozio-technische Problemlösungsfähigkeit von PPS-Systemen
ISBN: 978-3-98555- 143-9
Erscheinungsdatum: 07.02.2023

Ohlert, Marius:
Contact between Abrasive Media and Workpiece in Robot-guided Centrifugal Finishing
ISBN: 978-3-98555- 144-6
Erscheinungsdatum: 07.02.2023

Müller, Tobias:
Modellbildung mittels Symbolischer Regression zur Messunsicherheitsbestimmung komplexer Messprozesse
ISBN: 978-3-98555-146-0
Erscheinungsdatum: 30.01.2023

Kreß, Julian Maximilian:
Erbringung hybrider Leistungsangebote in Wertschöpfungsnetzwerken
ISBN: 978-3-98555-128-6
Erscheinungsdatum: 24.01.2023

Bickendorf, Philipp:
Tribologische und geometrische Auslegung von additiv hergestellten Werkzeug-einsätzen zur Feinblech-umformung
ISBN: 978-3-98555-133-0
Erscheinungsdatum: 24.01.2023

Schwarberg, Thomas:
Bestimmung der Logik von Innovationsideen für technische Systeme
ISBN: 978-3-98555- 142-2
Erscheinungsdatum: 07.02.2023

Graberg, Tim:
Operationalisierung von digitalen Schatten im Werkzeugbau
ISBN: 978-3-98555-141-5
Erscheinungsdatum: 06.02.2023

Nienheysen, Philipp:
Werkstattgerechte Schadensanalyse in CFK-Strukturbauteilen mit optisch georteter Ultraschallmesstechnik
ISBN: 978-3-98555-136-1
Erscheinungsdatum: 30.01.2023

Behrens, Jan:
Selbstkalibrierung von 5-Achs-Bearbeitungszentren mit Dreh-/Schwenktisch
ISBN: 978-3-98555-124-8
Erscheinungsdatum: 24.01.2023

Vierschillung, Sebastian Patrick:
Automatisierung der Standortauswahl in der Fabrikplanung
ISBN: 978-3-98555-134-7
Erscheinungsdatum: 09.01.2023

Edition Wissenschaft
Apprimus

Wenning, Marius:
Kontextabhängige Anomaliedetektion zur visuellen Hinderniserkennung für automatisierte PKW im End-of-Line-Bereich
ISBN: 978-3-98555-121-7
Erscheinungsdatum: 19.12.2022

Schlegel, Peter:
Bewertung und Optimierung der Vollständigkeit von Betriebsdaten im Kontext der Fehlerprädiktion
ISBN: 978-3-98555-120-0
Erscheinungsdatum: 18.11.2022

Kiesel, Raphael:
Techno-Economic Evaluation of 5G Technology for Latency-Critical Applications in Production
ISBN: 978-3-98555-115-6
Erscheinungsdatum: 19.10.2022

Schäkel, Martin:
Adaptiver laserunterstützter Tapewickelprozess für die Herstellung von Druckbehältern aus endlosfaserverstärkten Thermoplasten
ISBN: 978-3-98555-107-1
Erscheinungsdatum: 12.08.2022

Elser, Hannes:
Fähigkeit von Bluetooth Low Energy zur signalstärkebasierten Rückverfolgung von Bauteilen in der Einzel- und Kleinserienfertigung
ISBN: 978-3-98555-099-9
Erscheinungsdatum: 12.08.2022

Helbig, Jens:
Typisierung und Auswahl von Referenzstrategien für den Werkzeugeinkauf
ISBN: 978-3-98555-122-4
Erscheinungsdatum: 19.12.2022

Kukla, Christian:
Prozesstemperaturregelung in der laserunterstützten Verarbeitung von faserverstärkten thermoplastischen Verbundkunststoffen
ISBN: 978-3-98555-116-3
Erscheinungsdatum: 19.10.2022

Hahn, Viviane:
Bewertung der Wandlungsfähigkeit in der automatisierten Fabrikplanung
ISBN: 978-3-98555-102-6
Erscheinungsdatum: 10.10.2022

Solf, Mareike:
Modellierung der Schleifkraft beim Kegelradschleifen
ISBN: 978-3-98555-106-4
Erscheinungsdatum: 12.08.2022

Henkel, Jérôme
Strategien zur Steigerung der Flächeneffizienz von Fabriken im urbanen Umfeld ISBN
ISBN: 978-3-98555-098-2
Erscheinungsdatum: 27.07.2022

Edition Wissenschaft
Apprimus

FSC
www.fsc.org
MIX
Papier | Fördert gute Waldnutzung
FSC® C083411

Zeitfracht Medien GmbH
Ferdinand-Jühlke-Straße 7
99095 Erfurt, Deutschland
produktsicherheit@kolibri360.de